环境监测技术

曲磊　石琛　主编

天津出版传媒集团

天津科学技术出版社

图书在版编目（CIP）数据

环境监测技术：汉英对照 / 曲磊，石琛主编．—
天津：天津科学技术出版社，2020.11
双语教材
ISBN 978-7-5576-8742-7

Ⅰ．①环… Ⅱ．①曲… ②石… Ⅲ．①环境监测—双
语教学—高等职业教育—教材—汉、英 Ⅳ．① X83

中国版本图书馆 CIP 数据核字 (2020) 第 215279 号

环境监测技术：汉英对照
HUANJING JIANCE JISHU:HANYING DUIZHAO

责任编辑：陈　雁
责任印制：兰　毅

出　　版：天津出版传媒集团
　　　　　天津科学技术出版社
地　　址：天津市西康路 35 号
邮　　编：300051
电　　话：(022)23332390
网　　址：www.tjkjcbs.com.cn
发　　行：新华书店经销
印　　刷：天津市宏博盛达印刷有限公司

开本 787×1092　1/16　印张 23　字数 490 000
2020 年 11 月第 1 版第 1 次印刷
定价：68.00 元

编委会

主　编:曲　磊　石　琛

副主编:陈　曦　孙　波　侯　玮

参　编:李文君　王云飞

前　　言

　　环境监测技术是高职环境类专业的一门主干课程。本书针对高职高专教育的特点和培养目标,注重理论与实践相结合,突出环境监测的专业素质和技能培养,以监测对象为主线,按环境监测现有岗位的监测项目和方法,形成理论知识与技能训练相结合的整体结构,力求内容全面,反映当前国内外环境监测技术的发展水平。

　　全书共分十个项目,主要内容包括地表水、工业废水和城镇污水处理厂水质监测,环境空气质量、工业废气和室内空气监测,土壤和固体废物污染监测,噪声监测等。在内容上有以下特点:

　　(1)突出具体环境指标的测定,理论知识以实际够用和必需为度,力求将学生的认知规律和实践应用相结合;

　　(2)响应国家"一带一路"政策,中国高职教育"走出去"需求,开发汉英对照教材;

　　(3)以技能培养为主导,围绕职业岗位能力,在每一个项目前明确知识目标和技能目标,在必备理论知识后有大量技能训练内容;

　　(4)所选内容与环境监测技术紧密结合,注重新技术、新方法的运用。本书可以作为高等职业技术学院环境类专业学生的教材,也可供环境监测部门技术人员和管理人员参考使用。

　　本教材是 2019 年天津市现代化职业教育质量提升计划项目环境工程技术专业建设内容,与天津市生态环境监测中心、摩天众创(天津)检测服务有限公司等行业企业共同开发,结合天津市高等职业教育"环境监测与治理技术专业国际化"专业教学标准,开发出汉英对照教材。由天津现代职业技术学院环境工程学院专业教师和天津市生态环境监测中心李文君、摩天众创(天津)检测服务有限公司王云飞共同编写完成,由天津现代职业技术学院教师曲磊、石琛担任主编。其中,曲磊参与编写项目一、项目二和项目三,石琛、李文君参与编写项目四和项目六,陈曦、王云飞参与编写项目五和项目八,孙波、李文君参与编写项目七和项目十,侯玮参与编写项目九。全书由曲磊负责统稿和修改工作。

　　由于编者水平所限,书中难免存在错误和疏漏之处,敬请各位读者批评指正。

编者

2020 年 5 月

目　　录

项目一　教材导读 ……………………………………………………………… 1

项目二　环境监测导论 …………………………………………………………… 4

　知识目标 …………………………………………………………………………… 4

　技能目标 …………………………………………………………………………… 4

　工作情境 …………………………………………………………………………… 4

　Knowledge goal …………………………………………………………………… 4

　Skills goal ………………………………………………………………………… 5

　Work situation …………………………………………………………………… 5

　项目导入 …………………………………………………………………………… 5

　思考与练习 ………………………………………………………………………… 5

　Project import …………………………………………………………………… 5

　Thinking and practicing ………………………………………………………… 6

　　任务一　环境监测的目的和分类 …………………………………………… 6

　思考与练习 ………………………………………………………………………… 7

　　任务二　环境监测特点与环境监测技术概述 ……………………………… 7

　　任务三　环境标准 …………………………………………………………… 11

　　任务四　监测实验室的质量保证 …………………………………………… 28

　　任务五　数据处理的质量保证 ……………………………………………… 33

　思考与练习 ………………………………………………………………………… 42

　本项目小结 ………………………………………………………………………… 42

项目三　地表水监测 …………………………………………………………… 44

　知识目标 …………………………………………………………………………… 44

　技能目标 …………………………………………………………………………… 44

　工作情境 …………………………………………………………………………… 44

　Knowledge goal …………………………………………………………………… 44

　Skills goal ………………………………………………………………………… 44

　Work situation …………………………………………………………………… 45

　项目导入 …………………………………………………………………………… 45

　思考与练习 ………………………………………………………………………… 46

　Project import …………………………………………………………………… 46

　Thinking and practicing ………………………………………………………… 48

　　任务一　地表水监测方案的制定 ……………………………………………48

　思考与练习 …………………………………………………………………53

　　任务二　水样采集与处理 ………………………………………………54

　思考与练习 …………………………………………………………………64

　　任务三　水质连续自动监测（河流） …………………………………64

　思考与练习 …………………………………………………………………71

　　任务四　地表水水质指标测定 …………………………………………71

　本项目小结 …………………………………………………………………88

项目四　工业废水监测 ……………………………………………………89

　知识目标 ……………………………………………………………………89

　技能目标 ……………………………………………………………………89

　工作情境 ……………………………………………………………………89

　Knowledge goal ……………………………………………………………89

　Skills goal …………………………………………………………………89

　Work situation ……………………………………………………………90

　项目导入 ……………………………………………………………………90

　思考与练习 …………………………………………………………………92

　Project import ……………………………………………………………92

　Thinking and practicing …………………………………………………94

　　任务一　工业废水监测方案的制定 ……………………………………95

　思考与练习 …………………………………………………………………106

　　任务二　水样采集与流量测定 …………………………………………106

　思考与练习 …………………………………………………………………111

　　任务三　工业废水指标测定 ……………………………………………111

　本项目小结 …………………………………………………………………127

项目五　城镇污水处理厂水质监测 ……………………………………128

　知识目标 ……………………………………………………………………128

　技能目标 ……………………………………………………………………128

　工作情境 ……………………………………………………………………128

　Knowledge goal ……………………………………………………………128

　Skills goal …………………………………………………………………128

　Work situation ……………………………………………………………129

　项目导入 ……………………………………………………………………129

　思考与练习 …………………………………………………………………130

　Project import ……………………………………………………………130

　Thinking and practicing …………………………………………………132

　　任务一　城镇污水处理厂水质监测方案的制定 ················ 132

　思考与练习 ·· 136

　　任务二　城镇污水处理厂水污染物监控 ······················ 136

　思考与练习 ·· 137

　　任务三　城镇污水处理厂水质指标测定 ······················ 137

　本项目小结 ·· 176

项目六　环境空气质量监测 ··· 177

　知识目标 ·· 177

　技能目标 ·· 177

　工作情境 ·· 177

　Knowledge goal ·· 177

　Skill goal ··· 178

　Working situation ··· 178

　项目导入 ·· 178

　思考与练习 ·· 181

　Project introduction ·· 181

　Thinking and practicing ··· 184

　　任务一　空气质量监测方案的制定 ··························· 184

　　任务二　空气样品的采集 ··································· 189

　　任务三　空气质量指数 AQI ·································· 194

　思考与练习 ·· 198

　　任务四　环境空气质量指标测定 ····························· 199

　本项目小结 ·· 215

项目七　工业废气监测 ··· 216

　知识目标 ·· 216

　技能目标 ·· 216

　工作情境 ·· 216

　Knowledge goal ·· 216

　Skills goal ··· 216

　Work situation ·· 216

　项目导入 ·· 217

　思考与练习 ·· 217

　Project import ·· 217

　Thinking and practicing ··· 217

　　任务一　工业废气监测方案的制定 ··························· 217

　　任务二　空气样品的采集方法和采样仪器 ············· 223

任务三 工业废气指标测定 ……………………………………………… 235

项目拓展与思考 ……………………………………………………………… 241

本项目小结 …………………………………………………………………… 252

项目八 室内空气监测 ……………………………………………………… 253

知识目标 ……………………………………………………………………… 253

技能目标 ……………………………………………………………………… 253

工作情境 ……………………………………………………………………… 253

Knowledge goal ……………………………………………………………… 253

Skills goal …………………………………………………………………… 253

Work situation ……………………………………………………………… 254

项目导入 ……………………………………………………………………… 254

思考与练习 …………………………………………………………………… 256

Project import ……………………………………………………………… 256

Thinking and practicing …………………………………………………… 259

任务一 室内空气监测方案的制定 ……………………………………… 259

思考与练习 …………………………………………………………………… 266

任务二 室内空气指标的测定 …………………………………………… 266

本项目小结 …………………………………………………………………… 284

项目九 土壤和固体废物污染监测 ……………………………………… 285

知识目标 ……………………………………………………………………… 285

技能目标 ……………………………………………………………………… 285

工作情境 ……………………………………………………………………… 285

Knowledge goal ……………………………………………………………… 285

Skills goal …………………………………………………………………… 285

Work situation ……………………………………………………………… 286

项目导入 ……………………………………………………………………… 286

思考与联系 …………………………………………………………………… 290

Project import ……………………………………………………………… 290

Thinking and practicing …………………………………………………… 295

任务一 土壤污染监测 …………………………………………………… 295

思考与练习 …………………………………………………………………… 303

任务二 固体废物污染监测 ……………………………………………… 303

思考与练习 …………………………………………………………………… 318

任务三 指标测定 ………………………………………………………… 318

项目十 噪声监测 …………………………………………………………… 327

知识目标 ……………………………………………………………………… 327

技能目标 ·· 327

工作情境 ·· 327

Knowledge goal ·· 327

Skills goal ·· 327

Work situation ··· 328

项目导入 ·· 328

思考与练习 ·· 328

Project import ··· 328

Thinking and practicing ······································ 329

　　任务一　声音的基础知识 ································ 329

　　任务二　噪声的物理量和主观听觉的关系 ··············· 331

　　任务三　噪声测量仪器 ································ 336

　　任务四　噪声标准 ···································· 338

　　任务五　噪声监测 ···································· 341

　　任务六　校园环境噪声监测 ···························· 349

　　任务七　道路交通噪声的测量 ·························· 351

本项目小结 ·· 353

项目一　教材导读
Teaching material guide

项目一　教材导读

教材内容一览

项目二　环境监测导论

该项目是环境监测工作的核心技能之一。通过实施该项目使得学习者对环境监测意义、环境监测工作程序与工作内容、环境监测技术管理核心—环境监测质量保证有一定的认识和理解，了解环境监测概念、类型、工作程序及内容，理解质量保证的目的即保证监测数据的准确度、精密度、完整性、代表性及可比性，理解质量保证主要内容包括制订计划，根据需要和可能确定监测指标及数据的质量要求，规定相应的分析监测系统等，为开展有效的环境监测内容学习奠定基础。

项目三　地表水监测

该项目是环境监测工作的核心技能之一。通过实施该项目使得学习者对地表水常规监测有一定的认识和理解，熟练掌握河流监测调查分析、布设采样点、确定采样时间和采样频率，熟练掌握水体环境中各污染因子的具体采样方法、分析方法、数据处理及全过程质量控制及河流水环境质量评价等，同时全面理解水质自动监测系统，并能针对具体监测活动进行综合评价出具相应报告，为评价和保护地表水水体质量提供依据。

项目四　工业废水监测

该项目是环境监测工作的核心技能之一。通过实施该项目使得学习者了解，在确保监测结果的准确性及实用价值的前提下，制订出一份科学合理便于实施的工业废水监测方案。样品采集时，严格执行方案中确定的第一类污染物、第二类污染物的采样点位置、时间和采样频率。样品测试时能进行样品预处理和测定仪器的操作。从而提高学习者对整个工业废水监测有更深刻的理解，为适应今后社会监测工作多变的情况打下良好的基础。

项目五　城镇污水处理厂水质监测

该项目是环境监测工作中的一项污水监测的核心技能，所涉及的工作任务直接体现在各级环境监测站、城镇污水处理厂、工矿企业环境监测机构等工作岗位上。通过该项目实施使学习者对污水监测方案制订、进出水物理指标、有机污染综合指标和非金属无机物含量的测定，判定处理后的污水是否符合排放要求。

项目六　环境空气质量监测

该项目是环境监测工作的核心技能之一。通过实施该项目使得学习者对常规空气质量监测有全面认识和理解，熟练掌握空气监测调查分析、布设采样点、确定采样时间和采样频率，熟练掌握空气环境中各污染因子的具体采样方法、分析方法、数据处理及全过程质量控制等，同时全面理解大气连续自动监测系统，并能针对具体监测活动进行综合评价出具相应报告，为评价空气质量提供依据。

项目七 工业废气监测

该项目是环境监测工作中固定源废气监测工作的核心技能。所涉及的工作任务直接体现在各级环境监测站、工业企业环境监测机构等开展固定源废气污染物排放监测、建设项目竣工环保验收监测、污染防治设施治理效果监测、烟气连续排放监测系统验证监测等。通过该项目实施使学习者对固定源废气污染物监测方案制订、废气污染源各种污染物的检测、监测过程质量保证等有全面理解与熟练掌握。

项目八 室内空气监测

该项目是环境监测工作的核心技能之一。通过实施该项目使得学习者对室内空气监测意义、采样布点方法、检测项目选择及方法确定、样品采集、主要污染物（如甲醛）的分析测试、数据计算及结果表达及过程质量控制有全面理解与掌握，能从事常规室内环境监测工作。

项目九 土壤和固体废物污染监测

该项目是环境监测工作的核心技能之一。通过实施该项目使得学习者对土壤质量监测、固体废物监测有全面认识和理解，熟练掌握土壤样品的采集、制备及典型指标铜、锌及农药残留的测定，熟练掌握固体废物样品的采集、制备及相关指标的测定，能进行相应数据处理与结果评价，并能在全过程采取质量控制措施等，为评价土壤、固体废物质量和分析潜在危害提供依据。

项目十 噪声监测

该项目是环境监测工作的核心技能之一。通过实施该项目使得学习者对环境噪声监测、辐射监测等监测目的、标准规范查阅、布点方法、评价量及测量方法、测定仪器使用与维护、结果表达、质量评价及过程质量控制等有全面理解与掌握，能独立进行环境噪声、电离辐射、电磁辐射等测量工作。

项目二　环境监测导论
Environmental and monitoring theory

知识目标

1. 了解环境监测国内外的发展状况；
2. 理解本课程的性质、特点及与其他学科的关系；
3. 掌握环境监测目的、分类、特点、技术及主要环境标准；
4. 掌握环境监测的基本概念以及环境监测在环境分析评价和环境保护中的作用；
5. 掌握监测数据的统计处理和结果的表述方法；
6. 了解实验室质量控制方法。

技能目标

能独立进行分析结果的统计处理和检验。

工作情境

1. 工作地点：多媒体教室。
2. 工作场景：掌握环境监测相关基本知识，主要进行实验数据处理和实验室质量控制等工作。

Knowledge goal

1. Understand the development of environmental monitoring at home and abroad;

2. Understand the nature, characteristics and relationship with other disciplines;

3. Master the purpose, classification, characteristics, technology and main environmental standards of environmental monitoring;

4. Master the basic concepts of environmental monitoring and the role of environmental monitoring in environmental analysis and evaluation and environmental protection;

5. Master the statistical processing of monitoring data and the presentation of results;

6. Understand the laboratory quality control methods.

Skills goal

Can perform statistical processing and inspection of analysis results independently.

Work situation

1. Work location: multimedia classroom.

2. Work scenario: Master the basic knowledge of environmental monitoring, mainly work on experimental data processing and laboratory quality control.

项目导入

环境监测是环境科学的一个重要分支学科。环境化学、环境物理学、环境地学、环境工程学、环境医学、环境管理学、环境经济学以及环境法学等所有环境科学的分支学科,都需要在了解、评价环境质量及其变化趋势的基础上,才能进行各项研究和制订有关管理、经济的法规。"监测"一词的含义可理解为监视、测定、监控等,因此环境监测就是通过对影响环境质量因素的代表值的测定,确定环境质量(或污染程度)及其变化趋势。随着工业和科学的发展,监测含义的内容也扩展了。由工业污染源的监测逐步发展到对大环境的监测,即监测对象不仅是影响环境质量的污染因子,还延伸到对生物、生态变化的监测。

环境监测的过程一般为:现场调查→监测方案制订→优化布点→样品采集→运送保存→分析测试→数据处理→综合评价等。

思考与练习

1. 环境监测的定义?

2. 环境监测的一般过程?

Project import

Environmental monitoring is an important subdiscipline of environmental science. All branches of environmental science, such as environmental chemistry, environmental physics, environmental geology, environmental engineering, environmental medicine, environmental management, environmental economics, and environmental law, need to understand and evaluate environmental quality and its changing trends. In order to carry out various studies and formulate regulations on management and economy. The meaning of the word "monitoring" could be understood as obervation, measurement, surveillance. Therefore, environmental monitoring determines the environmental quality (or pollution degree) and its changing trends by measuring the representative value of factors affecting enviromental quality. With the development of industry and science, the definition and meaning of "Monitoring" has also gradually expanded from monitoring on industrial pollution sources to that on macro-environment, that is, the monitoring targets are not only pollution factors affecting environmental quality, but also extend to include biological and ecological changes.

The general process of environmental monitoring: site survey → monitoring plan development → optimized layout → sample collection → transport preservation → analysis test → data processing → comprehensive evaluation.

Thinking and practicing

1. What is the definition of environmental monitoring?
2. The general process of environmental monitoring?

任务一　环境监测的目的和分类

一、环境监测的目的

环境监测的目的是准确、及时、全面地反映环境质量现状及发展趋势,为环境管理、污染源控制、环境规划等提供科学依据。具体可归纳为:

(1)根据环境质量标准,评价环境质量。

(2)根据污染分布情况,追踪寻找污染源,为实现监督管理、控制污染提供依据。

(3)收集本底数据,积累长期监测资料,为研究环境容量、实施总量控制、目标管理、预测预报环境质量提供数据。

(4)为保护人类健康、保护环境、合理使用自然资源、制订环境法规、标准、规划等服务。

二、环境监测的分类

环境监测可按其监测目的或监测介质对象进行分类,也可按专业部门进行分类,如气象监测、卫生监测和资源监测等。

(一)按监测目的分类

1. 监视性监测(又称为例行监测或常规监测)

对指定的有关项目进行定期的、长时间的监测,以确定环境质量及污染源状况、评价控制措施的效果,衡量环境标准实施情况和环境保护工作的进展。这是监测工作中量最大面最广的工作。

监视性监测包括对污染源的监督监测(污染物浓度、排放总量、污染趋势等)和环境质量监测(所在地区的空气、水质、噪声、固体废物等监督监测)。

2. 特定目的监测(又称为特例监测或应急监测)

根据特定的目的可分为以下四种:

（1）污染事故监测：在发生污染事故时进行应急监测，以确定污染物扩散方向、速度和危及范围，为控制污染提供依据。这类监测常采用流动监测（车、船等）、简易监测、低空航测、遥感等手段。

（2）仲裁监测：主要针对污染事故纠纷、环境法执行过程中所产生的矛盾进行监测。仲裁监测应由国家指定的具有权威的部门进行，以提供具有法律责任的数据（公证数据），供执法部门、司法部门仲裁。

（3）考核验证监测：包括人员考核、方法验证和污染治理项目竣工时的验收监测。

（4）咨询服务监测：为政府部门、科研机构、生产单位所提供的服务性监测。例如建设新企业应进行环境影响评价，需要按评价要求进行监测。

3.研究性监测（又称科研监测）

研究性监测是针对特定目的科学研究而进行的高层次的监测。例如环境本底的监测及研究；有毒有害物质对从业人员的影响研究；为监测工作本身服务的科研工作的监测，如统一方法、标准分析方法的研究、标准物质的研制等。这类研究往往要求多学科合作进行。

（二）按监测介质对象分类

可分为水质监测、空气监测、土壤监测、固体废物监测、生物监测、噪声和振动监测、电磁辐射监测、放射性监测、热监测、光监测、卫生（病原体、病毒、寄生虫等）监测等。

（三）按环境监测的工作性质划分

1.环境质量监测

分为大气、水、土壤生物等环境要素以及固体废物的环境质量，主要由各级环境监测站负责，都有一系列环境质量标准以及环境质量监测技术规范等。

2.污染源监测（排放污染物监测）

由各级监测站和企业本身负责。按污染源的类型划分为：工业污染源、农业污染源、生活污染源（包括交通污染源）、集中式污染治理设施和其他产生、排放污染物的设施。

思考与练习

1.环境监测的目的有哪些？

2.环境监测的分类有哪些？

任务二　环境监测特点与环境监测技术概述

一、环境监测的特点

（一）环境污染的特点

环境污染是各种污染因素本身及其相互作用的结果。同时，环境污染还受社会评价的影响而具有社会性。它的特点可归纳为：

1. 时间分布性

污染物的排放量和污染因素的强度随时间而变化。例如工厂排放污染物的种类和浓度往往随时间而变化的。由于河流的潮汛和丰水期、枯水期的交替,都会使污染物浓度随时间而变化。随着气象条件的改变会造成同一污染物在同一地点的污染浓度相差高达数十倍。交通噪声的强度随着不同时间内车辆流量的变化而变化。

2. 空间分布性

污染物和污染因素进入环境后,随着水和空气的流动而被稀释扩散。不同污染物的稳定性和扩散速度与污染物性质有关,因此,不同空间位置上污染物的浓度和强度分布是不同的。

由上可见,为了正确表述一个地区的环境质量,单靠某一点监测结果是无法说明的,必须根据污染物的时间、空间分布特点,科学地制订监测计划(包括网、点设置、监测项目、采样频率等),然后对监测数据进行统计分析,才能得到较全面而客观的评述。

3. 环境污染与污染物含量(或污染因素强度)的关系

有害物质引起毒害的量与其无害的自然本底值之间存在一界限(放射性和噪声的强度也有同样情况)。所以,污染因素对环境的危害有一阈值。对阈值的研究,是判断环境污染及污染程度的重要依据,也是制订环境标准的科学依据。

4. 污染因素的综合效应

环境是一个复杂体系,必须考虑各种因素的综合效应。从传统毒理学观点看,多种污染物同时存在对人或生物体的影响有以下几种情况:①单独作用,即当机体中某些器官只是由于混合物中某一组分发生危害,没有因污染物的共同作用而加深危害的,称为污染物的单独作用。②相加作用,混合污染物各组分对机体的同一器官的毒害作用彼此相似,且偏向同一方向,当这种作用等于各污染物毒害作用的总和时,称为污染的相加作用。如大气中二氧化硫和硫酸气溶胶之间、氯和氯化氢之间,当它们在低浓度时,其联合毒害作用即为相加作用,而在高浓度时则不具备相加作用。③相乘作用,当混合污染物各组分对机体的毒害作用超过个别毒害作用的总和时,称为相乘作用。如二氧化硫和颗粒物之间、氮氧化物与一氧化碳之间,就存在相乘作用。④拮抗作用,当两种或两种以上污染物对机体的毒害作用彼此抵消一部分或大部分时,称为拮抗作用。如动物试验表明,当食物中有 30 ppm 甲基汞,同时又存在 12.5 ppm 硒时,就可能抑制甲基汞的毒性。环境污染还会不同程度地改变某些生态系统的结构和功能。

5. 环境污染的社会评价

环境污染的社会评价是与社会制度、文明程度、技术经济发展水平、民族的风俗习惯、哲学、法律等问题有关。有些具有潜在危险的污染因素,因其表现为慢性危害,往往不引起人们注意,而某些现实的、直接感受到的因素容易受到社会重视。如河流被污染程度逐渐增大,人们往往不予注意,而因噪声、烟尘等引起的社会纠纷却很普遍。

(二)环境监测的特点

环境监测就其对象、手段、时间和空间的多变性、污染组分的复杂性等,其特点可归纳为：

1. 环境监测的综合性

环境监测的综合性表现在以下几个方面：

（1）监测手段包括化学、物理、生物、物理化学、生物化学及生物物理等一切可以表征环境质量的方法。

（2）监测对象包括空气、水体（江、河、湖、海及地下水）、土壤、固体废物、生物等客体，只有对这些客体进行综合分析，才能确切描述环境质量状况。

（3）对监测数据进行统计处理、综合分析时，需涉及该地区的自然和社会各个方面情况，因此，必须综合考虑才能正确阐明数据的内涵。

2. 环境监测的连续性

由于环境污染具有时空性等特点，因此，只有坚持长期测定，才能从大量的数据中揭示其变化规律，预测其变化趋势，数据越多，预测的准确度就越高。因此，监测网络、监测点位的选择一定要有科学性，而且一旦监测点位的代表性得到确认，必须长期坚持监测。

3. 环境监测的追踪性

环境监测包括监测目的的确定、监测计划的制订、采样、样品运送和保存、实验室测定到数据整理等过程，是一个复杂而又有联系的系统，任何一步的差错都将影响最终数据的质量。特别是区域性的大型监测，由于参加人员众多、实验室和仪器的不同，必然会发生技术和管理水平不同。为使监测结果具有一定的准确性，并使数据具有可比性、代表性和完整性。需有一个量值追踪体系予以监督。为此，需要建立环境监测的质量保证体系。

4. 环境监测的高难性

环境监测所涉及的项目众多，其中一些待测物质含量低且有毒有害。

5. 环境监测的规范性

环境监测必须严格按环境标准和监测规范进行。

二、环境监测技术概述

环境监测技术包括采样技术、测试技术和数据处理技术。关于采样以及噪声、放射性等方面的监测技术在后面有关项目中叙述，这里以污染物的测试技术为重点作一概述。

（一）化学、物理技术

对环境样品中污染物的成分分析及其状态与结构的分析，目前，多采用化学分析方法和仪器分析方法。

如重量法常用作残渣、降尘、油类、硫酸盐等的测定。

容量分析被广泛用于水中酸度、碱度、化学需氧量、溶解氧、硫化物、氰化物的测定。

仪器分析是以物理和物理化学方法为基础的分析方法。它包括光谱分析法（可见分光光度法、紫外分光光度法、红外光谱法、原子吸收光谱法、原子发射光谱法、X-荧光射线分析法、荧光分析法、化学发光分析法等）；色谱分析法（气相色谱法、高效液相色谱法、薄层色谱法、离子色谱法、色谱-质谱联用技术）；电化学分析法（极谱法、溶出伏安法、电导分析法、电位分析法、离子选择电极法、库仑分析法）；放射分析法（同位素稀释法、中子活化分析法）和流动注射分析法等。

目前,仪器分析方法被广泛用于对环境中污染物进行定性和定量的测定。如分光光度法常用于大部分金属、无机非金属的测定;气相色谱法常用于有机物的测定;对于污染物状态和结构的分析常采用紫外光谱、红外光谱、质谱及核磁共振等技术。

（二）生物技术

这是利用植物和动物在污染环境中所产生的各种反映信息来判断环境质量的方法,这是一种最直接也是一种综合的方法。

生物监测包括生物体内污染物含量的测定;观察生物在环境中受伤害症状;生物的生理生化反应;生物群落结构和种类变化等手段来判断环境质量。例如:利用某些对特定污染物敏感的植物或动物（指示生物）在环境中受伤害的症状,可以对空气或水的污染做出定性和定量的判断。

三、环境监测的发展

（一）被动监测

环境污染虽然自古就有,但环境科学作为一门学科是在 20 世纪 50 年代才开始发展起来。最初危害较大的环境污染事件主要是由于化学毒物所造成,因此,对环境样品进行化学分析以确定其组成和含量的环境分析就产生了。由于环境污染物通常处于痕量级（ppm、ppb）甚至更低,并且基体复杂,流动性变异性大,又涉及空间分布及变化,所以对分析的灵敏度、准确度、分辨率和分析速度等提出了很高要求。因此,环境分析实际上是分析化学的发展。这一阶段称之为污染监测阶段或被动监测阶段。

（二）主动监测

到了 70 年代,随着科学的发展,人们逐渐认识到影响环境质量的因素不仅是化学因素,还有物理因素,例如噪声、光、热、电磁辐射、放射性等。所以用生物（动物、植物）的生态、群落、受害症状等的变化作为判断环境质量的标准更为确切可靠。此外,某一化学毒物的含量仅是影响环境质量的因素之一,环境中各种污染物之间、污染物与其他物质、其他因素之间还存在着相加和拮抗作用。所以环境分析只是环境监测的一部分。环境监测的手段除了化学的,还有物理的、生物的等等。同时,从点污染的监测发展到面污染以及区域性的监测,这一阶段称之为环境监测阶段,也称为主动监测或目的监测阶段。

（三）自动监测

监测手段和监测范围的扩大,虽然能够说明区域性的环境质量,但由于受采样手段、采样频率、采样数量、分析速度、数据处理速度等限制,仍不能及时地监视环境质量变化,预测变化趋势,更不能根据监测结果发布采取应急措施的指令。80 年代初,发达国家相继建立了自动连续监测系统,并使用了遥感、遥测手段,监测仪器用电子计算机遥控,数据用有线或无线传输的方式送到监测中心控制室,经电子计算机处理,可自动打印成指定的表格,画成污染态势、浓度分布。可以在极短时间内观察到空气、水体污染浓度变化、预测预报未来环境质量。当污染程度接近或超过环境标准时,可发布指令、通告并采取保护措施。这一阶段称为污染防治监测阶段或自动监测阶段。

目前监测技术的发展较快,许多新技术在监测过程中已得到应用。如 GC-AAS(气相色谱-原子吸收光谱)联用仪,使两项技术互促互补,扬长避短,在研究有机汞、有机铅、有机砷方面表现了优异性能。再如,利用遥测技术对整条河流的污染分布情况进行监测,是以往监测方法很难完成的。

对于区域甚至全球范围的监测和管理,其监测网络及点位的研究、监测分析方法的标准化、连续自动监测系统、数据传送和处理的计算机化的研究、应用也是发展很快的。

在发展大型、自动、连续监测系统的同时,研究小型便携式、简易快速的监测技术也十分重要。例如,在污染突发事故的现场、瞬时造成很大的伤害,但由于空气扩散和水体流动,污染物浓度的变化十分迅速,这时大型仪器无法使用,而便携式和快速测定技术就显得十分重要,在野外也同样如此。

任务三 环境标准

标准化和标准的实施是现代社会的重要标志。所谓标准化,按国际标准化组织(ISO)的定义是:"为了所有有关方面的利益,特别是为了促进最佳的全面经济效果,并适当考虑产品使用条件与安全要求,在所有有关方面的协作下,进行有秩序的特定活动,制定并实施各项规则的过程"。而标准则是"经公认的权威机构批准的一项特定标准化工作成果",它通常以一项文件、并规定一整套必须满足的条件或基本单位来表示。

环境标准就是为了保护人群健康、防治环境污染、促使生态良性循环,同时又合理利用资源,促进经济发展,依据环境保护法和有关政策,对环境中有害成分含量及其排放源规定的限量阈值和技术规范。环境标准是政策、法规的具体体现。

一、环境标准的作用

(1)环境标准既是环境保护和有关工作的目标,又是环境保护的手段。它是制订环境保护规划和计划的重要依据。

(2)环境标准是判断环境质量和衡量环保工作优劣的准绳。评价一个地区环境质量的优劣、评价一个企业对环境的影响,只有与环境标准相比较才能有实现。

(3)环境标准是执法的依据:不论是环境问题的诉讼、排污费的收取、污染治理的目标等执法的依据都是环境标准。

(4)环境标准是组织现代化生产的重要手段和条件。通过实施标准可以制止任意排污,促使企业对污染进行治理和管理;采用先进的无污染、少污染工艺;设备更新;资源和能源的综合利用等。

总之,环境标准是环境管理的技术基础。

二、环境标准的分类和分级

(一)中国环境标准体系

中国环境标准体系分为:国家环境保护标准、地方环境保护标准和国家环境保护行业标准。

国家标准是适用于全国范围的标准。我国幅员辽阔,人口众多,各地区对环境质量要求也不相同,各地工业发展水平、技术水平和构成污染的状况、类别、数量等都不相同;环境中稀释扩散和自净能力也不相同,完全执行国家质量标准和排放标准是不适宜的。

为了更好地控制和治理环境污染,结合当地的地理特点,水文气象条件、经济技术水平、工业布局、人口密度等因素,进行全面规划,综合平衡,划分区域和质量等级,提出实现环境质量要求,同时增加或补充国家标准中未规定的当地主要污染物的项目及容许浓度,有助于治理污染,保护和改善环境。

地方标准应该符合以下两点:国家标准中所没有规定的项目;地方标准应严于国家标准,以起到补充、完善的作用。

(二)国家环境保护标准

国家环境保护标准包括环境质量标准、污染物排放标准、环境基础标准、环境方法标准、环境标准物质标准、环保仪器设备标准等六类。环境质量标准和污染物排放标准分国家标准和地方标准两级,其中环境基础标准和环境方法标准和标准物质标准等只有国家标准,并尽可能与国际标准接轨。

1.环境质量标准

环境质量标准是为了保护人群健康、维持生态平衡和保障社会物质财富,并考虑技术经济条件,对环境中有害物质和因素所做的规定,是环境政策目标,是制订污染物排放标准的依据。是以环境质量基准(环境质量基准是由污染物与人或生物之间的剂量-反应关系确定的,不考虑社会、经济、技术等人为因素,不随雾时间而变化,不具有法律效力)为依据,并考虑社会、经济、技术等因素而制定的;它既具有法律强制性,又可以根据技术、经济以及人们对环境保护的认识变化而不断修改、补充。标准要定在最佳实用点上,既不能强调技术先进而使大多数企业难以达到,也不能强调可能,迁就现有的落后生产技术与工艺设备。

2.污染物排放标准(污染物控制标准)

污染物排放标准是为了实现环境质量标准目标,结合技术经济条件和环境特点,对排入环境的污染物或有害因素所做的控制规定。

3.环境基础标准

环境基础标准是在环境标准化工作范围内,对有指导意义的符号、代号、指南、程序、规范等所做的规定,是制定其他环境标准的基础。

4.环境方法标准

环境方法标准是在环境保护工作范围内,以试验、检查、分析、抽样、统计计算为对象制订的标准。

（5）环境标准样品标准

环境标准样品是在环境保护工作中，用来标定仪器、验证测量方法、进行量值传递或质量控制的材料或物质。环境标准样品标准就是对这类材料或物质必须达到的要求所作的规定。

（6）环保仪器、设备标准

为了保证污染治理设备的效率和环境监测数据的可靠性和可比性，对环保仪器、设备的技术要求所做的规定。

三、制订环境标准的原则

（一）标准要有充分的科学依据

标准中指标值的确定，要以科学研究的结果为依据。如环境质量标准，要以环境质量基准为基础。所谓环境质量基准，是指经科学试验确定污染物（或因素）对人或生物不产生不良或有害影响的最大剂量或浓度。例如，经研究证实，大气中二氧化硫年平均浓度超过 $0.115mg/m^3$ 时对人体健康就会产生有害影响，这个浓度值就是大气中二氧化硫的基准。制订监测方法标准要对方法的准确度、精密度、干扰因素及各种方法的比较等进行试验。制订控制标准的技术措施和指标，要考虑它们的成熟程度、可行性及预期效果等。

（二）既要技术先进，又要经济合理

基准和标准是两个不同的概念。环境质量基准是由污染物（或因素）与人或生物之间的剂量-反应关系确定的，不考虑社会、经济、技术等人为因素，也不随时间而变化。而环境质量标准是以环境质量基准为依据，考虑社会、经济、技术等因素而制定，它既具有法律强制性，又可以根据技术、经济以及人们对环境保护的认识变化而不断修改、补充。

制定环境标准要有充分的科学依据，要体现国家关于环境保护的方针、政策、法律、法规和符合我国国情，促进环境效益、经济效益、社会效益的统一；使标准的依据和采用的技术措施达到技术先进、经济合理、切实可行。

（三）以人为本的原则

保护人体健康和改善环境质量是制定环境标准的主要目的，也是制定标准的出发点和归宿，是各类环境标准都要贯彻的主要原则。

（四）与有关标准、规范、制度协调配套

质量标准与排放标准、排放标准与收费标准、国内标准与国际标准之间应该相互协调才能有效贯彻执行。

（五）积极采用或等效采用国际标准

一个国家的标准是反映该国的技术、经济和管理水平。积极采用或等效采用国际标准，是我国重要的技术经济政策，也是技术引进的重要部分，它能了解当前国际先进技术水平和发展趋势。

四、水质标准

水质量标准是对水体中污染物和其他物质的最高容许浓度所做的规定。我国的水环境质量标准是根据不同水域及其使用功能分别制定不同的水环境质量标准。由于各种标准制定的目的、适用范围和要求的不同,同一污染物在不同标准中规定的标准值也是不同的。水质量标准规定了供水水质要求、水源水质要求、水质检验和监测、水质安全规定。我国现行的有关水质标准有:

水环境质量标准;地表水环境质量标准(GB 3838-2002);海水水质标准(GB 3097-1997);生活饮用水卫生标准(GB 5749-2006);渔业水质标准(GB 11607-89);农业灌溉水质标准(GB 5084-2005)等。

排放标准:污水综合排放标准(GB 8978-1996);医院污水排放标准(GB J48-83)和一批工业污染排放标准,例如,制浆造纸工业水污染物排放标准(GB 3544-2008);甘蔗制糖工业水污染排放标准(GB 3546-83);石油炼制工业水污染排放标准(GB 3551-83);纺织染整工业水污染排放标准(GB 4287-92)等。

根据技术、经济及社会发展情况,标准通常几年修订一次。例如, GB 8978-1996 代替GB 8978-88。环境质量标准和排放标准,一般配套多个测定方法标准,便于执行。

1. 地表水环境质量标准(GB 3838-2002)

标准适用于全国领域内江河、湖泊、运河、渠道、水库等具有使用功能的地表水域。具有特定功效的水域,执行相应的专业用水水质标准。其目的是保障人体健康、维护生态平衡、保护水资源、控制水污染,以及改善地面水质量和促进生产。依据地表水水域环境功能和保护目标、控制功能高低依次划分为 5 类:

Ⅰ类:主要适用于源头水、国家自然保护区;

Ⅱ类:主要适用于集中式生活饮用水地表水源地一级保护区、珍稀水生生物栖息地、鱼虾类产卵场、仔稚幼鱼的索饵场等;

Ⅲ类:主要适用于集中式生活饮用水地表水源地二级保护区、鱼虾类越冬场、洄游通道、水产养殖区等渔业水域及游泳区;

Ⅳ类:主要适用于一般工业用水区及人体非直接接触的娱乐用水区;

Ⅴ类:主要适用于农业用水区及一般景观要求水域。

对应地表水上述 5 类水域功能,将地表水环境质量标准基本项目标准值分为 5 类,不同功能类别分别执行相应类别的标准值。水域功能类别高的标准值严于水域功能类别低的标准值。同一水域兼有多类使用功能,执行最高功能类别对应的标准值。实现水域功能与达功能类别标准为同一含义。

地表水环境质量标准见表 2-1,表 2-2 和表 2-3。

表 2-1 地表水环境质量标准基本项目标准限值 单位:mg/L

序号	项目	标准值	分类				
			I	II	III	IV	V
1	水温 / ℃		人为造成的环境水温变化应限制在:周平均最大温升≤1,周平均最大温降≤2				
2	pH 值(无量纲)		6~9				
3	溶解氧	≥	饱和率 90%(或 7.5)	6	5	3	2
4	刚锰酸盐指数	≤	2	4	6	10	15
5	化学需氧量(COD)	≤	15	15	20	30	40
6	五日生化需氧量(BOD_5)	≤	3	3	4	6	10
7	氨氮(NH_3-N)	≤	0.15	0.5	1.0	1.5	2.0
8	总磷(以 P 计)	≤	0.02(湖、库 0.01)	0.1(湖、库 0.025)	0.2(湖、库 0.05)	0.3(湖、库 0.1)	0.4(湖、库 0.2)
9	总氮(湖、库,以 N 计)	≤	0.2	0.5	1.0	1.5	2.0
10	铜	≤	0.01	1.0	1.0	1.0	1.0
11	锌	≤	0.05	1.0	1.0	2.0	2.0
12	氟化物(以 F^- 计)	≤	1.0	1.0	1.0	1.5	1.5
13	硒	≤	0.01	0.01	0.01	0.02	0.02
14	砷	≤	0.05	0.05	0.05	0.1	0.1
15	汞	≤	0.000 05	0.000 05	0.000 1	0.001	0.001
16	镉	≤	0.001	0.005	0.005	0.005	0.01
17	铬(六价)	≤	0.01	0.05	0.05	0.05	0.1
18	铅	≤	0.01	0.01	0.05	0.05	0.1
19	氰化物	≤	0.005	0.05	0.2	0.2	0.2
20	挥发酚	≤	0.002	0.002	0.005	0.01	0.1
21	石油类	≤	0.05	0.05	0.05	0.5	1.0
22	阴离子表面活性剂	≤	0.2	0.2	0.2	0.3	0.3
23	硫化物	≤	0.05	0.1	0.2	0.5	1.0
24	粪大肠菌群/(个·L^{-1})	≤	200	2 000	10 000	20 000	40 000

表 2-2 集中式生活饮用水地表水源地补充项目标准限值 单位:mg/L

序 号	项 目	标准值
1	硫酸盐(以 SO_4^{2-} 计)	250
2	氯化物(以 Cl 计)	250
3	硝酸盐(以 N 计)	10

序　号	项　目	标　准　值
4	铁	0.3
5	锰	0.1

表 2-3　集中式生活饮用水地表水源地特定项目标准限值　　　　　单位:mg/L

序号	项目	标准值	序号	项目	标准值
1	三氯甲烷	0.06	41	丙烯酚胺	0.000 5
2	四氯化碳	0.002	42	丙烯腈	0.1
3	三溴甲烷	0.1	43	邻苯二甲酸二丁酯	0.003
4	二氯甲烷	0.02	44	邻苯二甲酸二(2-乙基己基)酯	0.008
5	1,2-二氯乙烷	0.03	45	水合肼	0.01
6	环氧氯丙烷	0.02	46	四乙基铅	0.000 1
7	氯乙烯	0.005	47	吡啶	0.2
8	1,1-二氯乙烯	0.03	48	松节油	0.2
9	1,2-二氯乙烯	0.05	49	苦味酸	0.5
10	三氯乙烯	0.07	50	丁基黄原酸	0.005
11	四氯乙烯	0.04	51	活性氯	0.01
12	氯丁二烯	0.002	52	滴滴涕	0.001
13	六氯丁二烯	0.000 6	53	林丹	0.002
14	苯乙烯	0.02	54	环氧七氯	0.000 2
15	甲醛	0.9	55	对硫磷	0.003
16	乙醛	0.05	56	甲基对硫磷	0.002
17	丙烯醛	0.1	57	马拉硫磷	0.05
18	三氯乙醛	0.01	58	乐果	0.08
19	苯	0.01	59	敌敌畏	0.05
20	甲苯	0.7	60	敌百虫	0.05
21	乙苯	0.3	61	内吸磷	0.03
22	二甲苯①	0.5	62	百菌清	0.01
23	异丙苯	0.25	63	甲萘威	0.05
24	氯苯	0.3	64	溴氰菊酯	0.02
25	1,2-二氯苯	1.0	65	阿特拉津	0.003
26	1,4-二氯苯	0.3	66	苯并(α)芘	2.8×10^{-6}
27	三氯苯②	0.02	67	甲基汞	1.0×10^{-6}
28	四氯苯③	0.02	68	多氯联苯⑥	2.0×10^{-5}
29	六氯苯	0.05	69	微囊藻毒素-LR	0.001

序号	项目	标准值	序号	项目	标准值
30	硝基苯	0.017	70	黄磷	0.003
31	二硝基苯④	0.5	71	钼	0.07
32	2,4-二硝基甲苯	0.000 3	72	钴	1.0
33	2,4,6-三硝基甲苯	0.5	73	铍	0.002
34	硝基氯苯⑤	0.05	74	硼	0.5
35	2,4-二硝基氯苯	0.5	75	锑	0.005
36	2,4-二氯苯酚	0.093	76	镍	0.02
37	2,4,6-三氯苯酚	0.2	77	钡	0.7
38	五氯酚	0.009	78	钒	0.05
39	苯胺	0.1	79	钛	0.1
40	联苯胺	0.000 2	80	铊	0.000 1

注:①二甲苯:只对-二甲苯、间-二甲苯、邻-二甲苯;

②三氯苯:指1,2,3,-三氯苯、1,2,4,-三氯苯、1,3,5-三氯苯;

③四氯苯:指1,2,3,4-四氯苯、1,2,3,5-四氯苯、1,2,4,5,-四氯苯;

④二硝基苯:指对-二硝基苯、间-二硝基苯、铃-二硝基苯;

⑤硝基氯苯:指对-硝基氯苯、间-硝基氯苯、铃-硝基氯苯;

⑥多氯联苯:指 PCB-1016、PCB-1221、PCB-1232、PCB-1242、PCB-1248、PCB-1254、PCB-1260。

　　表中水温属于感官性状指标,pH 值、五日生化需氧量、高锰酸盐指数和化学需氧量是保证水质自净的指标,磷和氮是防止封闭水域富营养化的指标,大肠菌群是细菌学指标,其他属于化学、毒理指标。

　　2. 生活饮用水卫生标准(GB 5749-2006)

　　目前我国有生活饮用水卫生标准(GB5749-2006)。新标准具有以下三个特点:一是加强了对水质有机物、微生物和水质消毒等方面的要求。新标准中的饮用水水质指标由原标准的 35 项增至 106 项,增加了 71 项。其中,微生物指标由 2 项增至 6 项;饮用水消毒剂指标由 1 项增至 4 项;毒理指标中无机化合物由 10 项增至 21 项;毒理指标中有机化合物由 5 项增至 53 项;感官性状和一般理化指标由 15 项增至 20 项;放射性指标仍为 2 项。二是统一了城镇和农村饮用水卫生标准。三是实现饮用水标准与国际接轨。新标准水质项目和指标值的选择,充分考虑了我国实际情况,并参考了世界卫生组织的《饮用水水质准则》,参考了欧盟、美国、俄罗斯和日本等国饮用水标准。新《标准》适用于各类集中式供水的生活饮用水,也适用于分散式供水的生活饮用水。

　　生活饮用水是指:由集中式供水单位直接供给居民作为饮水和生活用水,该水的水质必须确保居民终身饮用安全,它与人体健康有直接关系。集中式供水指由水源集中取水,经统一净化处理和消毒后,由输水管网送到用户供水方式,它可以由城建部门建设,也可以由单位自建。制定标准的原则和方法基本上与地表水环境质量标准相同,所不同的是饮用水不存在自净问题。因此,无 BOD、DO 等指标。

细菌总数是指 1 毫升水样在营养琼脂培养基上,于 37℃ 经 24 h 培养后生长的细菌菌落总数。细菌不一定都有害,因此,这一指标主要是反应微生物的情况。

对人体健康有害的病菌很多,如果在标准中一一列出,那么不仅在制定标准过程中有很大困难,而且在执行标准过程中也会带来很多困难。因此,在实用上只需选择一种在消毒过程中抗消毒剂能力最强、在环境水域中最常见(即有代表性)、监测方法较容易的病菌为代表。大肠菌群是一种需氧气及兼性厌氧在 37℃ 生长时能使乳糖发酵,在 24 h 内产酸、产气的革兰氏阴性无芽孢杆菌,在有动物生存的有关水域常见,它对消毒剂的抵抗能力大于伤寒、副伤寒、痢疾杆菌等。通常当它的浓度降低 13 个/L 时,其他病原菌均已被杀死(但对肝炎病毒不一定有效),因此,以它作为代表比较合适。

我国饮用水用氯气或漂白粉消毒,游离性余氯是表征消毒效果的指标。接触 30 min 后游离氯不低于 0.3 mg/L,可保证杀灭大肠杆菌和肠道致病菌,但也不应过高,因为它是强氧化剂,直接饮用对人体有害;如果水中含有机物,会生成氯胺、氯酚,前者有毒,后者有强烈臭味,故国外已普遍改用臭氧和二氧化氯作为消毒剂,以避免这些弊病。

表 2-4　生活饮用水水质常规检验项目及限值　　　　　　　　单位:mg/L

项　目		限　值
感官性状和一般化学指标	色(铂钴色度单位)	15
	浑浊度 (NTU-散射浑浊度单位)	1 水源与净水技术条件限制时为 3
	臭和味	无异臭、异味
	肉眼可见物	无
	pH 值	6.5~8.5
	总硬度(CaCO₃ 计)	450
	铝	0.2
	铁	0.3
	锰	0.1
	铜	1.0
	锌	1.0
	挥发酚类(以苯酚计)	0.002
	阴离子合成洗涤剂	0.3
	硫酸盐	250
	氯化物	250
	溶解性总固体	1 000
	耗氧量(COD_{Mn} 法,以 O_2 计)	3 水源限制,原水耗氧量>6 mg/L 时为 5

续表

项 目		限 值
毒理学指标	砷	0.01
	镉	0.005
	铬(六价)	0.05
	氰化物	0.05
	氟化物	1.0
	铅	0.01
	汞	0.001
	硝酸盐(以 N 计)	10 地下水源限制时为 20
	硒	0.01
	三氯甲烷	0.06
	四氯化碳	0.002
	溴酸盐(使用臭氧时)	0.01
	甲醛(使用臭氧时)	0.9
	氯酸盐(使用复合二氧化氯消毒时)	0.7
	亚氯酸盐(使用二氧化氯消毒时)	0.7
细菌学指标①	菌落总数	100(CFU/ml)③
	总大肠菌群(MPN/100 ml 或 CFU/100 ml)	不得检出
	耐热大肠菌群(MPN/100 ml 或 CFU/100 ml)	不得检出
	大肠埃希氏菌(MPN/100 ml 或 CFU/100 ml)	不得检出
放射性指标②	总 α 放射性	0.5(Bq/L)
	总 β 放射性	1(Bq/L)

注:① MPN 表示最可能数;CFU 表示菌落形成单位。当水样检出总大肠菌群时,应进一步检验大肠埃希氏菌或耐热大肠菌群;水样未检出总大肠菌群,不必检验大肠埃希氏菌或耐热大肠菌群;②放射性指标超过指导值,应进行核素分析和评价,判定能否饮用。

生活饮用水水质标准制定遵循下述原则:

(1)流行病学上安全可靠,不含各种病源细菌和寄生虫卵,防治传染病的传播;

(2)化学组成上对人体无害,所含的有毒有害物质的浓度对人体健康不产生毒害或不

良影响感;

（3）感官性状良好,对感官无不良刺激。

3. 污水综合排放标准(GB 8978-1996)

污水排放标准是为了保证环境水体质量,对排放污水的一切企、事业单位所做的规定。这里可以是浓度控制,也可以是总量控制。前者执行方便,后者是基于受纳水体的功能和实际,得到允许总量,再进行分配的方法,它更科学,但实际执行较困难。发达国家大多采用排污许可证和行业排放标准相结合的方法,这是以总量控制为基本的双重控制,许可证规定了在有效期内向指定受纳水体排放限定的污染物种类和数量控制为基础的双重控制,实际是以总量为基础,而行业排放标准则是根据各行业的特点所制定,符合生产实际。这种方法需要大量的基础研究为前提,例如,美国有超过 100 个行业标准,每个行业下还有很多子类。中国由于基础工作尚有待完善,总体上采用按收纳水体的功能区别分类规定排放标准值,重点行业实行行业排放标准,非重点行业执行综合污水排放标准,分时段、分级控制。部分地区也已实施与排污许可证相结合,总体上逐步向国际接轨。

污水综合排放标准(GB8978-1996)适用于排放污水和废水的一切企、事业单位。按地表水域使用功能要求和污水排放去向,分别执行一、二、三级标准,对于保护区禁止新建排污口,已有的排污口应按水体功能要求,实行污染物总量控制。

（1）排入 GB3838III 类水域(划定的保护区和游泳区除外)和排入 GB3097 中二类海域的污水,执行一级标准

（2）排入 GB 3838 中 IV、V 类水域和排入 GB3097 中三类海域的污水,执行二级标准

（3）排入设置二级污水处理厂的城镇排水系统的污水,执行三级标准

（4）GB3838 中 I、II 类水域和 III 类水域中划定的保护区,GB3097 中一类海域,禁止新建排污口,现有排污口应按水体功能要求,实行污染物总量控制,以保证受纳水体水质符合规定用途的水质标准。

标准将排放的污染物按期性质及控制方式分为两类:

第一类污染物,不分行业和污水排放方式,也不区分受纳水体的功能类别,一律在车间或车间处理设施排放口采样,其最高允许排放浓度必须符合表 2-5 的规定。第一类污染物是指能在环境或动植物内蓄积,对人体健康产生长远不良影响者。

第二类污染物,指长远影响小于第一类污染物质,在排污单位排放口采集时其最高允许的排放浓度必须符合表 2-6 的规定。

表 2-5　第一类污染物最高允许排放浓度　　　　　　　　　　　　　　　单位:mg/L

序号	污染物	最高允许排放浓度
1	总汞	0.05
2	烷基汞	不得检出
3	总镉	0.1
4	总铬	1.5

续表

序号	污染物	最高允许排放浓度
5	六价铬	0.5
6	总砷	0.5
7	总铅	1.0
8	总镍	1.0
9	苯并(a)芘	0.000 03
10	总铍	0.005
11	总银	0.5
12	总 α 放射性	1Bq/L
13	总 β 放射性	10Bq/L

表 2-6　第二类污染物最高允许排放浓度（1998 年 1 月 1 日后建设的单位）　　　单位：mg/L

序号	污染物	适用范围	一级标准	二级标准	三级标准
1	pH 值	一切排污单位	6-9	6-9	6-9
2	色度（稀释倍数）	一切排污单位	50	80	—
3	悬浮物（SS）	采矿、选矿、选煤工业	70	300	—
		脉金选矿	70	400	—
		边远地区沙金选矿	70	800	—
		城镇二级污水处理厂	20	30	—
		其他排污单位	70	150	400
4	五日生化需氧量（BOD$_5$）	甘蔗制糖、苎麻脱胶、湿法纤维板、染料、洗毛工业	20	60	600
		甜菜制糖、酒精、味精、皮革、化纤浆粕工业	20	100	600
		城镇二级污水处理厂	20	30	—
		其他排污单位	20	30	300
5	化学需氧量（COD）	甜菜制糖、合成脂肪酸、湿法纤维板、染料、洗毛、有机磷农业工业	100	200	1 000
		味精、酒精、医药原料药、生物制药、苎麻脱胶、皮革、化纤浆粕工业	100	300	1 000
		石油化工工业（包括石油炼制）	60	120	—
		城镇二级污水处理厂	60	120	500
		其他排污单位	100	150	—

序号	污染物	适用范围	一级标准	二级标准	三级标准
6	石油类	一切排污单位	5	10	500
7	动植物油	一切排污单位	10	15	20
8	挥发酚	一切排污单位	0.5	0.5	100
9	总氰化物	一切排污单位	0.5	0.5	2.0
10	硫化物	一切排污单位	1.0	1.0	1.0
11	氨氮	医药原料药、染料、石油化工工业	15	50	—
		其他排污单位	15	25	—
12	氟化物	黄磷工业	10	15	20
		低氟地区（水体含氟量<0.5 mg/L）	10	20	30
		其他排污单位	10	10	20
13	磷酸盐（以 P 计）	一切排污单位	0.5	1.0	—
14	甲醛	一切排污单位	1.0	2.0	5.0
15	苯胺类	一切排污单位	1.0	2.0	5.0
16	硝基苯类	一切排污单位	2.0	3.0	5.0
17	阴离子表面活性剂（LAS）	一切排污单位	5.0	10	20
18	总铜	一切排污单位	0.5	1.0	2.0
19	总锌	一切排污单位	2.0	5.0	5.0
20	总锰	合成脂肪酸工业	2.0	5.0	5.0
		其他排污单位	2.0	2.0	5.0
21	彩色显影剂	电影洗片	1.0	2.0	3.0
22	显影剂及氧化物总量	电影洗片	3.0	3.0	6.0
23	元素磷	一切排污单位	0.1	0.1	0.3
24	有机磷农药（以 P 计）	一切排污单位	不得检出	0.5	0.5
25	乐果	一切排污单位	不得检出	1.0	2.0
26	对硫磷	一切排污单位	不得检出	1.0	2.0
27	甲基对硫磷	一切排污单位	不得检出	1.0	2.0
28	马拉硫磷	一切排污单位	不得检出	5.0	10
29	五氯酚及五氯酚钠（以五氯酚计）	一切排污单位	5.0	8.0	10
30	可吸附有机卤化物（AOX）（以 Cl 计）	一切排污单位	1.0	5.0	8.0

序号	污染物	适用范围	一级标准	二级标准	三级标准
31	三氯甲烷	一切排污单位	0.3	0.6	1.0
32	四氯化碳	一切排污单位	0.03	0.063	0.5
33	三氯乙烯	一切排污单位	0.3	0.6	1.0
34	四氯乙烯	一切排污单位	0.1	0.2	0.5
35	苯	一切排污单位	0.1	0.2	0.5
36	甲苯	一切排污单位	0.1	0.2	0.5
37	乙苯	一切排污单位	0.4	0.6	1.0
38	邻-二甲苯	一切排污单位	0.4	0.6	1.0
39	对-二甲苯	一切排污单位	0.4	0.6	1.0
40	间-二甲苯	一切排污单位	0.4	0.6	1.0
41	氯苯	一切排污单位	0.2	0.4	1.0
42	邻-二氯苯	一切排污单位	0.4	0.6	1.0
43	对-二氯苯	一切排污单位	0.4	0.6	1.0
44	对-硝基氯苯	一切排污单位	0.5	1.0	5.0
45	2,4-二硝基氯苯	一切排污单位	0.5	1.0	5.0
46	苯酚	一切排污单位	0.3	0.4	1.0
47	间-甲酚	一切排污单位	0.1	0.2	0.5
48	2,4-二氯酚	一切排污单位	0.6	0.8	1.0
49	2,4,6-三氯酚	一切排污单位	0.6	0.8	1.0
50	邻苯二甲酸二丁酯	一切排污单位	0.2	0.4	2.0
51	邻苯二甲酸二辛酯	一切排污单位	0.3	0.6	2.0
52	丙烯腈	一切排污单位	2.0	5.0	5.0
53	总硒	一切排污单位	0.1	0.2	0.5
54	粪大肠菌群数	医院[1]、兽医院及医疗机构含病原体污水	500 个/L	1 000 个/L	5 000 个/L
		传染病、结核病医院污水	100 个/L	500 个/L	1 000 个/L
55	总余氯(采用氯化消毒的医院污水)	医院[1]、兽医院及医疗机构含病原体污水	<0.5[2]	>3(接触时间≥1 h)	>2(接触时间≥1 h)
		传染病、结核病医院污水	<0.5[2]	>6.5(接触时间≥1.5 h)	>5(接触时间≥1.5 h)

序号	污染物	适用范围	一级标准	二级标准	三级标准
56	总有机碳（TOC）	合成脂肪酸工业	20	40	—
		苎麻脱胶工业	20	60	—
		其他排污单位	20	30	—

注：其他排污单位：指除在该控制项目中所列行业以外的一切排污单位。

①指 50 个床位以上的医院；②指加氯消毒后须进行脱氯处理，达到本标准。

4. 回用水标准

我国人均淡水资源仅为 2 100 m³，仅为世界人均水平的 28%，特别是北方和西北地区水资源非常短缺，因此水资源经使用、处理后再回用十分重要。回用水水质应根据生活杂用、行业及生产工艺要求来制定，在美国有近 30 种回用水水质标准，我国正在逐步制定，已经颁布的有：《城市污水再生利用 景观环境用水水质》（GB/T 18921-2019）和《城市污水再生利用 城市杂用水水质》（GB/T 18920-2002），见表 2-7 和表 2-8。

表 2-7　再生水回用景观水体的水质标准　　　　　　　　单位①:mg/L

序号	项目	观赏性景观环境用水			娱乐性景观环境用水			景观湿地环境用水
		河道类	湖泊类	水景类	河道类	湖泊类	水景类	
1	基本要求	无漂浮物，无令人不愉快的嗅和味						
2	pH 值（无量纲）	6.0~9.0						
3	五日生化需氧量（BOD_5）	≤10	≤6	≤10	≤6			≤10
4	浊度/NTU	≤10	≤5	≤10	≤5			≤10
5	总磷（以 P 计）	≤0.5	≤0.3	≤0.5	≤0.3			≤0.5
6	总氮（以 N 计）	≤15	≤10	≤15	≤10			≤15
7	氨氮（以 N 计）	≤5	≤3	≤5	≤3			≤5
8	类大肠菌群（个／L）	≤1 000			≤1 000		≤3	≤1 000
9	余氯	-					0.05~0.1	-
10	色度（度）	≤20						

注：①未采用加氯消毒方式的再生水，其补水点无余氯要求；

②"-"表示对此项无要求。

表 2-8　生活杂用水水质标准　　　　　　　　　　　　　　　　　　　　单位: mg/L

项目	冲厕	道路清扫、消防	城市绿化	车辆冲洗	建筑施工
pH 值	6.0~9.0				
色度（度）　　　≤	30				
嗅	无不快感				
浊度（NTU）　　≤	5	10	10	15	20
溶解性总固体（mg/L）	1 500	1 500	1 000	1 000	-
五日生化需氧量 BOD_5（mg/L）≤	10	15	20	10	15
氨氮（以 N 计）（mg/L）　≤	10	10	20	10	20
阴离子表面活性剂（mg/L）　≤	1.0	1.0	1.0	0.5	1.0
铁（mg/L）　　　≤	0.3	-	-	0.3	-
锰（mg/L）　　　≤	0.1	-	-	0.1	-
溶解氧（mg/L）　　≥	1.0				
总余氯（mg/L）	接触 30min 后≥1.0,管道末端≥0.2				
总大肠菌群（个/L）　≤	3				

5. 行业用水水质标准

（1）工业用水水质标准主要分为以下几类

①生产技术用水——原料用水、生产工艺用水和生产过程用水。

②锅炉用水——悬浮固体、硬度、溶解氧指标。

③冷却用水——尽可能低的水温、无水垢或泥渣沉积、对金属腐蚀小、避免微生物或其他生物的繁殖。

（2）农业用水水质标准

①灌溉用水水质指标中,总含盐量是一个重要指标。

②用总含盐量小于 500 mg/L 的水灌溉农田不会引起盐碱化问题,我国规定灌溉用水的总含盐量不得超过 1 500 mg/L。

（3）渔业用水水质标准

考虑鱼类的生存和繁殖以及毒物通过食物链在鱼体内的富集。

五、大气标准

我国现行的大气标准主要有:《环境空气质量标准》(GB 3095-2012),《室内空气质量标准》(GB /T 18883-2002),《工业企业设计卫生标准》(GBZ 1-2010),《饮食业油烟排放标准》(GB 18483-2001),《锅炉大气污染物排放标准》(GB 13271-2014),《工业炉窑大气污染物排放标准》(GB 9078-1996),《柴油车自由加速烟度污染物排放标准》(GB 3843-83),《汽车柴油机全负荷烟度污染物排放标准》(GB 3844-83),《恶臭污染物排放标准》(GB 14554-

93），以及一些行业排放标准中有关气体污染物排放限值。

（一）《环境空气质量标准》(GB 3095-2012)

《环境空气质量标准》的制定目的是为改善环境空气质量,防止生态破坏,创造清洁适宜的环境,保护人体健康。

根据地区的地理、气候、生态、政治、经济和大气污染程度,划分了两类环境空气质量功能区。

一类区:自然保护区、风景名胜区和其他需要特殊保护的区域。

二类区:为城市规划中确定的居民区、商业交通居民混合区、文化区、工业区和农村地区。

标准规定了一类区适用一级浓度限值;二类区适用二级浓度限值。标准还规定了监测分析方法,空气污染物二级标准浓度限值见表2-9。

表 2-9　各项污染物的浓度限值

污染物名称	取值时间	浓度限值		浓度单位
		一级标准	二级标准	
二氧化硫 （SO$_2$）	年平均	20	60	μg/m³
	24 小时平均	50	150	
	1 小时平均	150	500	
二氧化氮 （NO$_2$）	年平均	40	40	
	24 小时平均	80	80	
	1 小时平均	200	200	
一氧化碳 （CO）	24 小时平均	4.00	4.00	mg/m³
	1 小时平均	10.00	10.00	
臭氧（O$_3$）	日最大 8 小时平均	100	160	
	1 小时平均	160	200	
颗粒物（粒径小于等于 10μg）	年平均	40	70	
	24 小时平均	50	150	
颗粒物（粒径小于等于 2.5μg）	年平均	15	35	
	24 小时平均	35	75	
总悬浮颗粒物（TSP）	年平均	80	200	μg/m³
	24 小时平均	120	300	
氮氧化物（NOx）	年平均	50	50	
	24 小时平均	100	100	
	1 小时平均	250	250	
铅（Pb）	季平均	1	1	
	年平均	0.5	0.5	
苯并[a]芘 （B[a]P）	年平均	0.001	0.001	
	24 小时平均	0.002 5	0.002 5	

（二）《锅炉大气污染物排放标准》（GB 13271-2014）

锅炉废气是我国大气污染的重要原因，为了控制锅炉污染物排放，改善大气质量、保护人民健康，制定了本标准，相关如下：

（1）10t/h 以上在用蒸汽锅炉和 7 MW 以上在用热水锅炉 2015 年 9 月 30 日前执行 GB13271-2001 中规定的排放限值，10 t/h 及以下在用蒸汽锅炉和 7 MW 及以下在用热水锅炉 2016 年 6 月 30 日前执行 GB13271-2001 中规定的排放限值。

（2）10t/h 以上在用蒸汽锅炉和 7 MW 以上在用热水锅炉自 2015 年 10 月 1 日起执行表 1 规定的大气污染物排放限值，10 t/h 及以下在用蒸汽锅炉和 7 MW 及以下在用热水锅炉自 2016 年 7 月 1 日起执行表 2-10 规定的大气污染物排放限值。

表 2-10 在用锅炉大气污染物排放浓度限值 单位：mg/m³

污染物项目	限 值			污染物排放监控位置
	燃煤锅炉	燃油锅炉	燃气锅炉	
颗粒物	80	60	30	烟囱或烟道
二氧化硫	400	300	100	烟囱或烟道
	500①			
氮氧化物	400	400	400	
汞及其化合物	0.05	-	-	
烟气黑度（林格曼黑度，级）	≤1			烟囱排放口

注：①位于广西壮族自治区、重庆市、四川省和贵州省的燃煤锅炉执行该限值。

（3）自 2014 年 7 月 1 日起，新建锅炉执行表 2-11 规定的大气污染物排放限值。

表 2-11 新建锅炉大气污染物排放浓度限值 单位：mg/m³

污染物项目	限 值			污染物排放监控位置
	燃煤锅炉	燃油锅炉	燃气锅炉	
颗粒物	50	30	20	烟囱或烟道
二氧化硫	300	200	50	烟囱或烟道
氮氧化物	300	250	200	
汞及其化合物	0.05	-	-	
烟气黑度（林格曼黑度，级）	≤1			烟囱排放口

（4）重点地区锅炉执行表 2-12 规定的大气污染物特别排放限值。执行大气污染物特别排放限值的地域范围、时间，由国务院环境保护主管部门或省级人民政府规定。

表 2-12　大气污染物特别排放浓度限值　　　　　　　　　单位: mg/m³

污染物项目	限　　值			污染物排放监控位置
	燃煤锅炉	燃油锅炉	燃气锅炉	
颗粒物	30	30	20	烟囱或烟道
二氧化硫	200	100	50	
氮氧化物	200	200	150	
汞及其化合物	0.05	-	-	
烟气黑度(林格曼黑度,级)	≤1			烟囱排放口

（5）每个新建燃煤锅炉房只能设一根烟囱,烟囱高度应根据锅炉房装机总容量,按表2-13 规定执行,燃油、燃气锅炉烟囱不低于 8 米,锅炉烟囱的具体高度按批复的环境影响评价文件确定。新建锅炉房的烟囱周围半径 200 m 距离内有建筑物时,其烟囱应高出最高建筑物 3 m 以上。

表 2-13　燃煤锅炉烟囱最低允许高度

锅炉房装机总容量（D）	MW	D<0.7	0.7≤D<1.4	1.4≤D<2.8	2.8≤D<7	7≤D<14	14≤D
	t/h	D<1	1≤D<2	2≤D<4	4≤D<10	10≤D<20	20≤D
烟囱最低允许高度	m	20	25	30	35	40	45

（6）不同时段建设的锅炉,若采用混合方式排放烟气,且选择的监控位置只能监测混合烟气中的大气污染物浓度,应执行各个时段限值中最严格的排放限值。

任务四　监测实验室的质量保证

实验室质量保证是测定系统中的重要部分,它分为实验室内质量控制和实验室间质量控制,目的是保证测量结果有一定的精密度和准确度。实验室质量保证必须建立在完善的实验室基础工作之上,以下讨论的前提是假定实验室的各种条件和分析人员是符合一定要求的。

一、质量保证指标

（一）准确度

准确度是用一个特定的分析程序所获得的分析结果(单次测定值和重复测定值的均值)与假定的或公认的真值之间符合程度的度量。它是反映分析方法或测量系统存在的系统误差和随机误差两者的综合指标,并决定其分析结果的可靠性。准确度用绝对误差和相对误差表示。

评价准确度的方法有两种:第一种是用某一方法分析标准物质,据其结果确定准确度;

第二种是"加标回收"法,即在样品中加入标准物质,测定其回收率,以确定准确度,多次回收试验还可发现方法的系统误差,这是目前常用而方便的方法,其计算式是:

回收率=[(加标试样测定值-试样测定值)/加标量]%

所以,通常加入标准物质的量应与待测物质的浓度水平接近为宜。因为加入标准物质量的大小对回收率有影响。

(二)精密度

精密度是指用一特定的分析程序在受控条件下重复分析均一样品所得测定值的一致程度,它反映分析方法或测量系统所存在随机误差的大小。极差、平均偏差、相对平均偏差、标准偏差和相对标准偏差都可用来表示精密度大小,较常用的是标准偏差。

在讨论精密度时,常要遇到如下一些术语:

1. 平行性

平行性系指在同一实验室中,当分析人员、分析设备和分析时间都相同时,用同一分析方法对同一样品进行双份或多份平行样测定结果之间的符合程度。

2. 重复性

重复性系指在同一实验室内,当分析人员、分析设备和分析时间三因素中至少有一项不相同时,用同一分析方法对同一样品进行的两次或两次以上独立测定结果之间的符合程度。

3. 再现性

再现性系指在不同实验室(分析人员、分析设备、甚至分析时间都不相同),用同一分析方法对同一样品进行多次测定结果之间的符合程度。

通常室内精密度是指平行性和重复性的总和;而室间精密度(即再现性),通常用分析标准溶液的方法来确定。

(三)灵敏度

分析方法的灵敏度是指该方法对单位浓度或单位量的待测物质的变化所引起的响应量变化的程度,它可以用仪器的响应量或其他指示量与对应的待测物质的浓度或量之比来描述,因此常用标准曲线的斜率来度量灵敏度。灵敏度因实验条件而变。标准曲线的直线部分以下式表示:

$$A = kc+a$$

式中　A——仪器的响应量;

c——待测物质的浓度;

a——校准曲线的截距;

k——方法的灵敏度,k 值大,说明方法灵敏度高。

在原子吸收分光光度法中,国际理论与应用化学联合会(IUPAC)建议将以浓度表示的"1%吸收灵敏度"叫作特征浓度,而将以绝对量表示的"1%吸收灵敏度"称为特征量。特征浓度或特征量越小,方法的灵敏度越高。

(四)空白试验

空白试验又叫空白测定。是指用蒸馏水代替试样的测定。其所加试剂和操作步骤与试验测定完全相同。空白试验应与试样测定同时进行,试样分析时仪器的响应值(如吸光度、峰高等)不仅是试样中待测物质的分析响应值,还包括所有其他因素,如试剂中杂质、环境及操作进程的沾污等的响应值,这些因素是经常变化的,为了了解它们对试样测定的综合影响,在每次测定时,均作空白试验,空白试验所得的响应值称为空白试验值。对试验用水有一定的要求,即其中待测物质浓度应低于方法的检出限。当空白试验值偏高时,应全面检查空白试验用水、试剂的空白、量器和容器是否沾污、仪器的性能以及环境状况等。

(五)校准曲线

校准曲线是用于描述待测物质的浓度或量与相应的测量仪器的响应量或其他指示量之间的定量关系的曲线。校准曲线包括"工作曲线"(绘制校准曲线的标准溶液的分析步骤与样品分析步骤完全相同)和标准曲线(绘制校准曲线的标准溶液的分析步骤与样品分析步骤相比有所省略。如省略样品的前处理)。

监测中常用校准曲线的直线部分。某一方法的标准曲线的直线部分所对应的待测物质浓度(或量)的变化范围,称为该方法的线性范围。

(六)检测限

某一分析方法在给定的可靠程度内可以从样品中检测待测物质的最小浓度或最小量。所谓检测是指定性检测,即断定样品中确定存在有浓度高于空白的待测物质。

检测限有几种规定,简述如下:

(1)分光光度法中规定以扣除空白值后,吸光度为 0.01 相对应的浓度值为检测限。

(2)气相色谱法中规定检测器产生的响应信号为噪声值两倍时的量。最小检测浓度是指最小检测量与进样量(体积)之比。

(3)离子选择性电极法规定某一方法的标准曲线的直线部分外延的延长线与通过空白电位且平行于浓度轴的直线相交时,其交点所对应的浓度值即为检测限。

(4)《全球环境监测系统水监测操作指南》中规定,给定置信水平为 95% 时,样品浓度的一次测定值与零浓度样品的一次测定值有显著性差异者,即为检测限(L)。当空白测定次数 n 大于 20 时,$L=4.6\sigma wb$

检测上限是指校准曲线直线部分的最高限点(弯曲点)相应的浓度值。

(七)测定限

测定限分测定下限和测定上限。测定下限是指在测定误差能满足预定要求的前提下,用特定方法能够准确地定量测定待测物质的最小浓度或量;测定上限是指在限定误差能满足预定要求的前提下,用特定方法能够准确地定量测定待测物质的最大浓度或量。

最佳测定范围又叫有效测定范围,系指在限定误差能满足预定要求的前提下,特定方法的测定下限到测定上限之间的浓度范围。方法运用范围是指某一特定方法检测下限至检测上限之间的浓度范围。显然,最佳测定范围应小于方法适用范围。

二、质量控制方法

用加标回收率来判断分析的准确度,由于方法简单、结果明确,故而是常用方法。但由于在分析过程中对样品和加标样品的操作完全相同,以致干扰的影响、操作损失或环境污染也很相似,使误差抵消,因而分析方法中某些问题尚难以发现,此时可采用以下方法:

1.比较实验

对同一样品采用不同的分析方法进行测定,比较结果的符合程度来估计测定准确度。对于难度较大而不易掌握的方法或测定结果有争议的样品,常采用此法,必要时还可以进一步交换操作者,交换仪器设备或两者都交换。将所得结果加以比较,以检查操作稳定性和发现问题。

2.对照分析

在进行环境样品分析的同时,对标准物质或权威部门制备的合成标准样进行平行分析,将后者的测定结果与已知浓度进行比较,以控制分析准确度。也可以由他人(上级或权威部门)配制(或选用)标准样品,但不告诉操作人员浓度值——密码样,然后由上级或权威部门对结果进行检查,这也是考核人员的一种方法。

三、标准分析方法和分析方法标准化

1.标准分析方法

一个项目的测定往往有多种可供选择的分析方法,这些方法的灵敏度不同,对仪器和操作的要求不同;而且由于方法的原理不同,干扰因素也不同,甚至其结果的表示含义也不尽相同。当采用不同方法测定同一项目时就会产生结果不可比的问题,因此有必要进行分析方法标准化活动。标准方法的选定首先要达到所要求的检出限度,其次能提供足够小的随机和系统误差,同时对各种环境样品能得到相近的准确度和精密度,当然也要考虑技术、仪器的现实条件和推广的可能性。

标准分析方法又称分析方法标准,是技术标准中的一种,它是一项文件,是权威机构对某项分析所作的统一规定的技术准则和各方面共同遵守的技术依据,它必须满足以下条件:

(1)按照规定的程序编制。

(2)按照规定的格式编写。

(3)方法的成熟性得到公认。通过协作试验,确定了方法的误差范围。

(4)由权威机构审批和发布。

编制和推行标准分析方法的目的是为了保证分析结果的重复性、再现性和准确性,不但要求同一实验室的分析人员分析同一样品的结果要一致,而且要求不同实验室的分析人员分析同一样品的结果也要一致。

2.分析方法标准化

标准是标准化活动的结果,标准化工作是一项具有高度政策性、经济性、技术性、严密性和连续性的工作,开展这项工作必须建立严密的组织机构。由于这些机构所从事工作的特殊性,要求它们的职能和权限必须受到标准化条例的约束。

(1)由一个专家委员会根据需要选择方法,确定准确度、精密度和检测限指标。

(2)专家委员会指定一个任务组(通常是有关的中央实验室负责)。任务组负责设计实

验方案,编写详细的实验程序,制备和分发实验样品和标准物质。

（3）任务组负责抽选 6~10 个参加实验室。其任务是熟悉任务组提供的实验步骤和样品,并按任务要求进行测定,将测定结果写出报告,交给任务组。

（4）任务组整理各实验室报告,如果各项指标均达到设计要求,则上报权威机构出版公布;如达不到预定指标,需修正实验方案,重做实验,直到达到预定指标为止。

四、监测实验室间的协作试验

协作试验是指为了一个特定的目的和按照预定的程序所进行的合作研究活动。协作试验可用于分析方法标准化、标准物质浓度定值、实验室间分析结果争议的仲裁和分析人员技术评定等项工作。

分析方法标准化协作试验的目的,是为了确定拟作为标准的分析方法在实际应用的条件下可以达到的精密度和准确度,制定实际应用中分析误差的允许界限,以作为方法选择、质量控制和分析结果仲裁的依据。

进行协作试验预先要制定一个合理的试验方案。并应注意下列因素:

1.实验室的选择

参加协作试验的实验室要选择在地区和技术上有代表性,并具备参加协作试验的基本条件。如分析人员、分析设备等,避免选择技术太高和太低的实验室,实验室数目以多为好,一般要求 5 个以上。

2.分析方法

选择成熟和比较成熟的方法,方法应能满足确定的分析目的,并已写成了较严谨的文件。

3.分析人员

参加协作试验的实验室应指定具有中等技术水平的分析人员参加工作,分析人员应对被估价的方法具有实际经验。

4.实验设备

参加的实验室要尽可能用已有的可互换的同等设备。各种量器、仪器等按规定校准,如同一实验有两人以上参加,除专用设备外,其他常用设备(如天平、玻璃器皿和分光光度计等)不得共用。

5.样品的类型和含量

样品基体应有代表性,在整个试验期间必须均匀稳定。由于精密度往往与样品中被测物质浓度水平有关,一般至少要包括高、中、低三种浓度。如要确定精密度随浓度变化的回归方程,且至少要使用 5 种不同浓度的样品。

只向参加实验室分送必需的样品量,不得多余,样品中待测物质含量不应恰为整数或一系列有规则的数,作为商品或浓度值已为人们知道的标准物质不宜作为方法标准化协作试验或考核人员的样品,使用密码样品可避免"习惯性"偏差。

6.分析时间和测定次数

同一名分析人员至少要在两个不同的时间进行同一样品的重复分析。一次平行测定的平行样数目不得少于两个。每个实验室对每种含量的样品的总测定次数不应少于 6 次。

7.协作试验中质量控制

在正式分析以前要分发类型相似的已知样,让分析人员进行操作练习,取得必要的经验,以检查和消除实验室的系统误差。

协作试验设计不同,数据处理的方法也不尽相同。以方法标准化为例,一般计算步骤是:

（1）整理原始数据,汇总成便于计算的表格。

（2）核查数据并进行离群值检验。

（3）计算精密度,并进行精密度与含量之间相关性检验。

（4）计算允许差。

（5）计算准确度。

任务五　数据处理的质量保证

水质分析中所得到的许多物理、化学和生物学数据,是描述和评价环境质量的基本依据。由于监测系统的条件限制以及操作人员的技术水平,测试值与真值之间常存在差异;环境污染的流动性、变异性以及与时空因素关系,使某一区域的环境质量由许多因素综合所决定;描述某一河流的环境质量,必须对整条河流按规定布点,以一定频率测定,根据大量数据综合才能表述它的环境质量,所有这一切均需通过统计处理。

一、数据的处理和结果表述

1.数据修约规则

各种测量、计算的数据需要修约时,应遵守下列规则:四舍六入五考虑,五后非零则进一,五后皆零视奇偶,五前为偶应舍去,五前为奇则进一。

[例 1-1]　将下列数据修约到只保留一位小数: 14.342 6、14.263 1、14.250 1、14.250 0、14.050 0、14.150 0

解:按照上述修约规则

表 2-14　数据修约前后一览表

数据	14.342 6	14.263 1	14.250 1	14.250 0	14.050 0	14.150 0
修约前	14.342 6	14.263 1	14.250 1	14.250 0	14.050 0	14.150 0
修约后	14.3	14.3	14.3	14.2	14.0	14.2

解析:

（1）修约前修约后因保留一位小数,而小数点后第二位数小于、等于 4 者应予舍弃。

（2）小数点后第二位数字大于或等于6,应予进一。

（3）小数点后第二位数字为5,但5的右面并非全部为零,则进一。

（4）小数点后第二位数字为5,其右面皆为零,则视左面一位数字,若为偶数（包括零）则不进,若为奇数则进一。若拟舍弃的数字为两位以上数字,应按规则一次修约,不得连续多次修约。

[例1-2] 将15.454 6修约成整数

表2-15　数据修约前后比较

数据15.4546修约成整数						
正确的做法		不正确的做法				
修约前	修约后	修约前	一次修约	二次修约	三次修约	四次修约
15.454 6	15	15.454 6	15.455	15.46	15.5	16

2. 可疑数据的取舍

与正常数据不是来自同一分布总体、明显歪曲实验结果的测量数据,称为离群数据。可能会歪曲实验结果,但尚未经检验断定其是离群数据的测量数据,称为可疑数据。

在数据处理时,必须剔除离群数据以使测量结果更符合客观实际。正确数据总有一定的分散性,如果人为地删去一些误差较大但并非离群的测量数据,由此得到精密度的测量结果并不符合客观实际。因此对可疑数据的取舍必须遵循一定的原则。

测量中若发现明显的系统误差和过失,则由此产生的数据应随时剔除。而可疑数据的取舍应采用系统方法判别,即离群数据的统计检验。检验的方法很多,现介绍最常用的两种。

（1）狄克松（Dixon）检验法

此法适用于一组测量值的一致性检验和剔除离群值,本法中对最小可疑值和最大可疑值进行检验的公式因样本容量（n）不同而异,检验方法如下：

①将一组测量数据按从小到大顺序排列为x_1、$x_2 \cdots x_n$,x_1和x_n分别为最小可疑值和最大可疑值。

②按表2-16计算式求Q值。

③根据给定的显著性水平（α）和样本容量（n）,从表2-17查的临界值（Q_α）。

④若$Q \leqslant Q_{0.05}$,则可疑值为正常值;若$Q_{0.05} \leqslant Q \leqslant Q_{0.01}$,则可疑值为偏离值;若$Q > Q_{0.01}$,则可疑值为离群值。

表2-16　狄克松检验法Q值积算式

n值范围	可疑数据为最小值x_1时	可疑数据为最大值x_n时	n值范围	可疑数据为最小值x_1时	可疑数据为最大值x_n时
3~7	$Q = \dfrac{x_2 - x_1}{x_n - x_1}$	$Q = \dfrac{x_n - x_{n-1}}{x_n - x_1}$	11~13	$Q = \dfrac{x_3 - x_1}{x_{n-1} - x_1}$	$Q = \dfrac{x_n - x_{n-2}}{x_n - x_2}$

续表

n 值范围	可疑数据为最小值 x_1 时	可疑数据为最大值 x_n 时	n 值范围	可疑数据为最小值 x_1 时	可疑数据为最大值 x_n 时
8~10	$Q=\dfrac{x_2-x_1}{x_{n-1}-x_1}$	$Q=\dfrac{x_n-x_{n-1}}{x_n-x_2}$	14~25	$Q=\dfrac{x_3-x_1}{x_{n-2}-x_1}$	$Q=\dfrac{x_n-x_{n-2}}{x_n-x_3}$

表 2-17　狄克松检验法临界值(Q)

n	显著性水平(α) 0.05	0.01	n	显著性水平(α) 0.05	0.01
3	0.941	0.988	15	0.525	0.616
4	0.765	0.889	16	0.507	0.595
5	0.642	0.780	17	0.490	0.577
6	0.560	0.698	18	0.475	0.561
7	0.507	0.637	19	0.462	0.547
8	0.554	0.683	20	0.450	0.535
9	0.512	0.635	21	0.440	0.524
10	0.477	0.597	22	0.430	0.514
11	0.576	0.679	23	0.421	0.505
12	0.546	0.642	24	0.413	0.497
13	0.521	0.615	25	0.406	0.489
14	0.546	0.641			

[例 1-3]　一组测量值从大到小顺序排列为：14.65、14.90、14.90、14.92、14.95、14.96、15.00、15.01、15.01、15.02。检验最小值 14.65 和最大值 15.02 是否为离群值。

解：检验最小值 x_1=14.65，n=10，x_2=14.90，x_{n-1}=15.01，则：

$$Q=\frac{x_2-x_1}{x_{n-1}-x_n}=\frac{14.90-14.65}{15.01-14.65}=0.69$$

查表 2-16，当 n=10，给定显著性水平 α=0.01 时，$Q_{0.01}$=0.597。

$Q>Q_{0.01}$，故最小值 14.65 为离群值，应予剔除。

检验最大值 x_n=15.02，有：

$$Q=\frac{x_n-x_{n-1}}{x_n-x_2}=\frac{15.02-15.01}{15.02-14.90}=0.083$$

查表 2-17 可知，$Q_{0.05}$=0.477。

$Q<Q_{0.05}$，故最大值 15.02 为正常值。

（2）格鲁布斯(Grubbs)检验法

此法适用于检验多组测量值均值的一致性和剔除多组测量值中的离群均值；也可用于

检验一组测量值的一致性和剔除一组测量值中的离群值,方法如下:

①有1组测量值,每组 n 个测量值的均值分别为 $\overline{x_1}$、$\overline{x_2} \cdots \overline{x_i} \cdots \overline{x_l}$,其中最大均值记为 $\overline{x}_{\max}$,最小均值记为 $\overline{x}_{\min}$。

②由1个均值计算总均值($\overline{\overline{x}}$)和标准偏差($s_{\overline{x}}$):

$$\overline{\overline{x}} = \frac{1}{l}\sum_{i=1}^{l}\overline{\overline{x_i}}$$

$$s_{\overline{x}} = \sqrt{\frac{1}{l-1}\sum_{i=1}^{l}\left(\overline{x_t} - \overline{\overline{x}}\right)^2}$$

③可疑均值为最大均值($\overline{x}_{\max}$)时,按下式计算统计量(T):

$$T = \frac{\overline{x}_{\max} - \overline{\overline{x}}}{s_{\overline{x}}}$$

可疑均值为最小值($\overline{x}_{\min}$)时,按下式计算统计量(T):

$$T = \frac{\overline{\overline{x}} - \overline{x}_{\min}}{s_x}$$

④根据测量值组数和给定的显著性水平(α),从表2-18查得临界值(T_α)。

⑤若 $T \leqslant T_{0.05}$,则可疑均值为正常均值;若 $T_{0.05} < T \leqslant T_{0.01}$,则可疑均值为偏离均值;若 $T > T_{0.01}$,则可疑均值为离群均值,应予剔除,即剔除含有该均值的一组数据。

表 2-18 格鲁布斯检验法临界值(T_α)

l	显著性水平(α)		l	显著性水平(α)	
	0.05	0.01		0.05	0.01
3	1.153	1.155	15	2.409	2.705
4	1.463	1.492	16	2.443	2.747
5	1.672	1.749	17	2.475	2.785
6	1.822	1.944	18	2.504	2.821
7	1.938	2.097	19	2.532	2.854
8	2.032	2.221	20	2.557	2.884
9	2.110	2.322	21	2.580	2.912
10	2.176	2.410	22	2.603	2.939
11	2.234	2.485	23	2.624	2.963
12	2.285	2.050	24	2.644	2.987
13	2.331	2.607	25	2.663	3.009
14	2.371	2.695			

3. 监测结果的表述

对一个样品某一指标的测定,其结果表达方式一般有如下几种:

①用算术平均值($\overline{x_1}$)表示测量结果与真值的几种趋势

测量过程中排除系统误差和过失后,只存在随机误差,根据正态分布的原理,当测定次数无限多($n \rightarrow \infty$)时的总体均值(u)应与真值($\overline{x_1}$)很接近,但实际测量次数有限。因此样本的算术平均值是表示测量结果与真值的集中趋势以表达监测结果的最常用的方式。

②用算术平均值和标准偏差表示测量结果的精密度($\overline{x} \pm S$)

算术平均值代表集中趋势,标准偏差表示离散程度。算术平均值代表性的大小与标准偏差的大小有关,即标准偏差大,算术平均值代表性小,反之依然,故而检测结果常以($\overline{x} \pm S$)表示。

③用($\overline{x} \pm S$,CV)表示结果

标准偏差大小还与所测均值水平或测量单位有关。不同水平或单位的测量结果之间,其标准偏差是无法进行比较的,而变异系数是相对值,故可在一定范围内用来比较不同水平或单位测量结果之间的差异。例如:镉试剂分光光度法测量镉,当镉质量浓度小字 0.1 mg/L 时,标准偏差和变异系数分别为 7.3% 和 9.0%。

二、误差和偏差

1. 真值(x_t)

在某一时刻和某一位置或状态下,某量的效应体现出客观值或实际值称为真值。真值包括:

(1)理论真值:例如三角形内角之和等于 180°;

(2)约定真值:由国际计量大会定义的国际单位制,包括基本单位、辅助单位和导出单位。由国际单位制所定义的真值叫约定真值;

(3)标准器(包括标准物质)的相对真值:高一级标准器的误差为低一级标准器或普通仪器误差的 1/5(或 1/3~1/20)时,则可认为前者是后者的相对真值。

2. 误差及其分类

由于被测量的数据形式通常不能以有限位数表示,同时由于认识能力不足和科学技术水平的限制,使测量值与真值不一致,这种矛盾在数值上表现即为误差。任何测量结果都有误差,并存在于一切测量全过程之中。误差按其性质和产生原因,可分为系统误差、随机误差和过失误差。

(1)系统误差:又称可测误差、恒定误差或偏倚(bias)。指测量值的总体均值与真值之间的差别,是由测量过程中某些恒定因素造成的,在一定条件下具有重现性,并不因增加测量次数而减少系统误差,它的产生可以是方法、仪器、试剂、恒定的操作人员和恒定的环境所造成。

(2)随机误差:又称偶然误差或不可测误差。是由测定过程中各种随机因素的共同作用所造成,随机误差遵从正态分布规律。

(3)过失误差:又称粗差。是由测量过程中犯了不应有的错误所造成,它明显地歪曲测

量结果,因而一经发现必须及时改正。

（4）误差的表示方法:分绝对误差和相对误差。绝对误差是测量值（x,单一测量值或多次测量的均值）与真值（x_t）之差,绝对值有正负之分。

$$A=x-x_t$$

式中　　x——单一测量值或多次测量值的均值;

　　　　x_t——真值;

　　　　A——绝对误差;

相对误差指绝对误差与真值之比（常以百分数表示）:

$$B = \frac{A}{X_t} \times 100\%$$

式中　　A——绝对误差;

　　　　B——相对误差;

　　　　X_t——真值;

3.偏差

相对偏差、平均偏差、相对平均偏差和标准偏差等。

（1）绝对偏差（d_i）是测定值与均值之差,即

$$d_i = X_i - \overline{X}$$

式中　　d_i——绝对偏差;

　　　　x_i——测定值;

　　　　$\overline{x}$——均值;

（2）相对偏差是绝对偏差与均值之比（常以百分数表示）:

$$b_i = \frac{d_i}{\overline{x}}$$

式中　　b_i——相对偏差;

　　　　d_i——绝对偏差;

　　　　$\overline{x}$——均值;

（3）平均偏差是绝对偏差绝对值之和的平均值:

$$\overline{d} = \frac{1}{n}\sum_{i=1}^{n}|d_i| = \frac{1}{n}\left(|d_1|+|d_2|+\cdots+|d_n|\right)$$

式中　　$\overline{d}$——平均偏差;

　　　　d_i——绝对偏差,其中（$i=1、2\cdots n$）;

（4）相对平均偏差是平均偏差与均值之比（常以百分数表示）:

$$M = \frac{\overline{d}}{\overline{x}}$$

式中　　M——相对平均偏差;

　　　　$\overline{d}$——平均偏差;

　　　　$\overline{x}$——均值;

4.标准偏差和相对标准偏差

（1）差方和：亦称离差平方或平方和。是指绝对偏差的平方之和，以 S 表示：

（2）样本方差用 s_2 或 V 表示：

$$s^2 = \frac{1}{n-1}\sum_{i=1}^{n}\left(x_i - \bar{x}\right)^2 = \frac{1}{n-1}s$$

（3）样本标准偏差用 s 或 sD 表示：

$$S = \sqrt{\frac{1}{n-1}\sum_{i=1}^{n}\left(x_i - \bar{x}\right)^2} = \sqrt{\frac{1}{n-1}S} = \sqrt{\frac{\sum x_i^2 - \frac{\left(\sum x_i\right)^2}{n}}{n-1}}$$

（4）样本相对标准偏差：又称变异系数，是样本标准偏差在样本均值中所占的百分数，记为 C_v。

$$C_v = \frac{s}{\bar{x}} \times 100\%$$

（5）总体方差和总体标准偏差分别以 σ^2 和 σ 表示：

$$\sigma^2 = \frac{1}{N}\sum_{i=1}^{n}\left(x_i - \mu\right)^2$$

$$\sigma = \sqrt{\sigma^2} = \sqrt{\frac{1}{N}\sum_{i=1}^{n}\left(x_i - \mu\right)^2} = \sqrt{\frac{\sum x_i^2 - \frac{\left(\sum x_i\right)^2}{N}}{N}}$$

式中　N——总体容量；

　　　μ——总体均值。

（6）极差：一组测量值中最大值（X_{max}）与最小值（X_{min}）之差，表示误差的范围，以 R 表示

$$R = X_{max} - X_{min}$$

5.总体和个体

研究对象的全体称为总体，其中一个单位叫个体。

6.样本和样本容量

总体中的一部分叫样本，样本中含有个体的数目叫此样本的容量，记作 n。

7.平均数

平均数代表一组变量的平均水平或集中趋势，样本观测中大多数测量值靠近

（1）算术均数：简称均数，最常用的平均数，其定义为：

$$\text{总体均数 } \mu = \frac{\sum x_i}{n} \quad n \to \infty$$

（2）几何均数：当变量呈等比关系，常需用几何均数，其定义为：

$$X_g = \sqrt[n]{X_1 \cdot X_2 \cdot X_3 \cdots X_n}$$

（3）中位数：将各数据按大小顺序排列，位于中间的数据即为中位数，若为偶数取中间两数的平均值，适用于一组数据的少数呈"偏态"分散在某一侧，使均数受个别极数的影响较大。

（4）众数：一组数据中出现次数最多的一个数据。

平均数表示集中趋势,当监测数据是正态分布时,其算术均数、中位数和众数三者重合。

三、正态分布

相同条件下对同一样品测定中的随机误差,均遵从正态分布。正态概率密度函数为:

$$\sigma(x) = \frac{1}{\sigma\sqrt{2\pi}} e^{-\frac{(x-\mu)^2}{2\sigma^2}}$$

式中　x——由此分布中抽出的随机样本值;

　　　μ——总体均值,是曲线最高点的横坐标,曲线对 μ 对称;

　　　σ——总体标准偏差,反映了数据的离散程度。

从统计学知道,样本落在下列区间内的概率如表 2-19 所示。

表 2-19　正态分布总体的样本落在下列区间内的概率

区间	落在区间的概率(%)	区间	落在区间的概率(%)
$\mu \pm 1.000\sigma$	68.26	$\mu \pm 2.000\sigma$	95.44
$\mu \pm 1.645\sigma$	90.00	$\mu \pm 2.576\sigma$	99.00
$\mu \pm 1.960\sigma$	95.00	$\mu \pm 3.000\sigma$	99.732 97

实际工作中,有些数据本身不呈正态分布,但将数据通过数学转换后可显示正态分布,最常用的转换方式是将数据取对数。若监测数据的对数呈正态分布,称为对数正态分布。例如,大气监测当 SO_2 成颗粒物浓度较低时,数据经实验证明一般呈对数的正态分布,有些工厂排放废水的浓度数据也呈对数正态分布。差别无显著意义,即两种分析方法的可比性很好。

四、直线相关和回归

在环境监测中经常要了解各种参数之间是否有联系,例如,BOD 和 TOC 都是代表水中有机污染的综合指标,它们之间是否有关? 又如在水稻田施农药,水稻叶上农药残留量与施药后天数之间是否有关? 下面将介绍怎样判断各参数之间的联系。

1.相关和直线回归方程

变量之间关系有两种主要类型:

(1)确定性关系

例如欧姆定律 $V=IR$,已知三个变量中任意两个就能按公式求第三个量。

(2)相关关系

有些变量之间既有关系又无确定性关系,称为相关关系,它们之间的关系式叫回归方程式,最简单的直线回归方程为:

$$\bar{y} = ax + b$$

式中 a、b 为常数,当 x 为 x_1 时,实际 y 值在按计算所得 $\bar{y}$ 左右波动。

上述回归方程可根据最小二乘法来建立。即首先测定一系列 x_1、$x_2\cdots x_n$ 和相对应的 y_1、$y_2\cdots y_n$，然后按下式求常数 a 和 b。

$$a=\frac{n\sum xy-\sum x\sum y}{\sum x^2-\left(\sum x\right)^2}$$

$$b=\frac{\sum x^2\sum y-\sum x\sum xy}{n\sum x^2-\left(\sum x\right)^2}$$

2.相关系数及其显著性检验

相关系数是表示两个变量之间关系的性质和密切程度的指标,符号为 v,其值在-1——+1之间。公式为:

$$v=\frac{\sum(x-\bar{x})(y-\bar{y})}{\sqrt{\sum(x-x)^2\sum(y-y^2)}}$$

x 与 y 的相关关系有如下几种情况:

(1)若 x 增大,y 也相应增大,称 x 与 y 呈正相关。此时 $0<v<1$,若 $v=1$,称完全正相关。

(2)若 x 增大,y 相应减小,称 x 与 y 呈负相关。此时,$-1<v<0$,当 $v=-1$ 时,称完全负相关。

(3)若 y 与 x 的变化无关,称 x 与 y 不相关。此时 $v=0$。

若总体中 x 与 y 不相关,在抽样时由于偶然误差,可能计算所得 $v\neq0$。所以应检验 v 值有无显著意义,方法如下:

①求出 v 值。

②按求出 $t=|v|\sqrt{\dfrac{n-2}{1-v^2}}$,求出 t 值,n 为变量配对数,自由度 $n^1=n-2$

③查 t 值表(一般单侧检验)。

若 $t>t_{0.01(n)}$ $P<0.01v$ 有非常显著意义而相关;

若 $t<t_{0.1(n)}$ $P>0.1v$ 关系不显著。

[例1-4] 用 Ag-DDC 法测砷时得到下表所列数据。求其线性关系如何,并作显著性检验。

x(μg)	0	0.50	1.00	2.00	3.00	5.00	8.00	10.00
y(A)	0	0.014	0.032	0.060	0.094	0.144	0.230	0.300

解: $\sum x$ =29.50　　$\sum y$ =0.874

$\bar{x}$ =29.50/8=3.69

$\bar{y}$ =0.874/8=0.109

$$v=\frac{\sum\left(x-\bar{x}\right)\left(y-\bar{y}\right)}{\sqrt{\sum\left(x-\bar{x}\right)^2\left(y-\bar{y}\right)^2}}=0.999\,3$$

从 v=0.999 3 可知 x 与 y 几乎成完全正相关。

显著性检验:

$$t=|v|\sqrt{(n-2)/1-v^2}=0.999\,3\sqrt{(8-2)/1-0.999\,3^2}=65.42$$

因本例是正相关,不会出现负相关,用单侧检验,查表得 $t_{0.01(6)}$ 单侧=3.14

t=65.42>>3.14 $= t_{0.01(6)}$

所以相关有非常显著意义。

思考与练习

1.既然有了国家排放标准,为什么还允许制定和执行地方排放标准?

2.环境监测的主要任务是什么?

2.根据环境污染的特点说明对近代环境监测提出哪些要求?

3.环境监测和环境分析有何区别?

4.为什么分光光度法在目前环境监测中还是较常用的方法?

5.试分析我国环保标准体系的特点。

6.什么叫不确定度,典型的不确定度源包括哪些方面? 误差和不确定度有什么关系? 怎样提高分析测试的准确度,减少不确定度?

7.实验室内质量控制技术包括哪几方面的内容?

8.怎样来进行实验室外部质量评定?

9.质量控制图分为哪几类? 怎样来绘制质量控制图?

10.实验室质量保证有哪些内容? 什么是 QA 和 QC?

11.再现性和重复性的差别是什么?

12.什么是标准物质? 标准物质的特点、性质和主要应用是什么?

13.有证标准物质的作用和定义各是什么?

14.什么是实验室认可、计量认可和审查认可? 三者的异同点如何?

本项目小结

学习内容总结

知识内容	实践技能
环境监测 环境监测分类 环境监测特点 环境监测要求 环境监测工作程序 环境监测技术 环境标准 环境监测质量保证 实验室质量控制 误差与偏差 准确度与精密度 有效数字	分析方法的选择 实验用水制取 异常值的判断和处理 空白试验 标准曲线的绘制 线性检验 标准物质的测定 加标回收试验 平行样分析

英文对照专业术语

序号	中文	英文
1	环境监测	Environmental monitoring
2	环境质量标准	Environmental quality standards
3	污染物排放标准	Pollutant discharge standards
4	水质标准	Water quality standards
5	大气标准	Atmospheric standard
6	校准曲线	Calibration curve
7	数据修约规则	Data rounding rules
8	数据处理	data processing
9	实验室质量控制	Laboratory quality control
10	有效数字	effective number

项目三　地表水监测
Surface Water Monitoring

知识目标

1.了解地表水污染物的种类、特点及水质标准；

2.熟悉地表水监测方案的制订；

3.掌握水样的采集、运输和保存的方法；

4.掌握水样的主要预处理方法；

5.掌握主要地表水水质指标的监测分析方法。

技能目标

1.能够制订地表水监测方案；

2.能够对地表水主要水质项目进行监测。

工作情境

1.工作地点：水质监测实训室、校外某地表水。

2.工作场景：环境保护系统要对某地表水的某次污染事故调查或长期进行对水质情况监测，主要进行水体的采样、分析和监测报告的书写等工作。

Knowledge goal

1. Understand the types, characteristics and water quality standards of surface water pollutants；

2. Familiar with the formulation of surface water monitoring program；

3. Grasp the water sample collection, transportation and preservation methods；

4. Grasp the main pretreatment methods of water samples；

5. Grasp monitoring and analysis methods of major surface water quality indicators.

Skills goal

1. Able to formulate surface water monitoring plan；

2. To monitor the surface water of major water quality projects.

Work situation

1. work place：Water quality training room, a surface water outside the school.

2. Work scene：Environmental protection system to a surface water pollution accident investigation or long-term monitoring of water quality, the main water sampling, analysis and monitoring reports written work.

项目导入

地表水监测概述

一、我国水资源及水体污染

目前,全世界都为面临洁净水危机而惧怕,我国也逃脱不了厄运。由于中国人口众多,本来水资源丰富的大国人均拥有水量明显不足,人均值约为世界人均水量的1/4。面对中国严峻的水资源短缺的情况,中国更加令人棘手的是水污染,这更加剧了水资源不足的问题。

我国水体污染严重,损失巨大。据水利部对全国 700 余条河流约 10 万 km 河长开展的水资源质量评价, 46.5%河床受到污染; 10.6%的河床严重污染,水体已丧失使用价值。90%以上的城市水域污染严重。全国约有 1/4 的人口在饮用不符合卫生标准的水。水污染直接影响着我国百姓的生活、生存环境。

二、水体污染的类型

从自然地理的角度来解释,水体是指地表被水覆盖区域的自然综合体。因此,水体不仅包括水,而且也包括水中的悬浮物、溶解性物质、底泥和水生生物等,它是一个完整的自然生态系统。

水体污染是由于人类的生产和生活活动,将大量的工业污水、生活污水、农业回流水及其他废物未经处理排入水体,使排入水体的污染物的含量超过了一定程度,使水体受到损害直至恶化,水体的物理、化学性质和生物群落生态平衡发生变化,破坏了水体功能,降低水体的使用价值。

水体污染可分为化学型污染、物理型污染和生物型污染三种主要类型。

1.化学型污染

指随污水及其他废物排入水体中的酸、碱性物质,重金属或其化合物,氮、磷等营养元素和碳水化合物、脂肪和酚、蛋白质、醇等耗氧性有机物等造成的水体污染。又可分为无机物污染和有机物污染。

2.物理型污染

包括色度和浊度物质污染、悬浮固体污染、热污染和放射性污染。色度和浊度物质来源于植物的叶、根、腐殖质、可溶性矿物质、泥沙及有色废水等;悬浮固体污染是由于生活废水、垃圾和一些工农业生产排放的废物泄入水体或农田水土流失引起的;热污染是由于将高于常温的废水、冷却水排入水体造成的;放射性污染是由于开采、使用放射性物质,进行核试验等过程中生产的废水、沉降物泄入水体造成的。

3.生物型污染

是指病原微生物排入水体后,直接或间接地使人感染或传染各种疾病的污染。衡量指标主要有大肠菌类指数、细菌总数等。污水排放类型有生活污水排放、医院污水排放水体等。

三、水质监测的对象和目的

水质监测可分为环境水体监测和水污染源监测。环境水体包括地表水(江、河、湖、库、海水)和地下水;水污染包括生活污水、医院污水及各种废水。对它们进行监测的目的可概括为以下几个方面。

(1)对进水江、河、湖泊、水库、海洋等地表水体的污染物质及渗透到地下水中的污染物质进行经常性的监测,以掌握水质现状及其发展趋势。

(2)对生产过程、生活设施及其他排放的各类废水进行监视性监测,为污染源管理等提供依据。

(3)对水环境污染事故进行应急监测,为分析判断事故原因、危害及制定对策提供依据。

(4)为国家政府部门制定水环境保护标准、法规和规划提供有关数据和资料。

(5)为开展水环境质量评价和预测预报及进行环境科学研究提供基础数据和技术手段。

思考与练习

1.水体污染定义

2.水体污染有哪些?

3.水质监测的对象有哪些?

Project import

Surface Water Monitoring Overview

Ⅰ China's water resources and water pollution

At present, the whole world is afraid of facing the crisis of clean water, and our country can not escape bad luck. Owing to China's huge population, the per capita water capacity of the large, water-rich countries is obviously less than that of the world average, with a per capita value of about 1/4 of the world average. In the face of China's severe shortage of water resources, China is even more troubling with water pollution, which exacerbates the problem of insufficient water resources.

China's water pollution is serious, huge loss. According to the assessment of water quality carried out by the Ministry of Water Resources on about 100,000 km of rivers in the country's 700 rivers, 46.5% of the riverbed is polluted; 10.6% of the riverbed is seriously polluted and the water body has lost its use value. More than 90% of urban water pollution is serious. About a quarter of the country's population is drinking water that does not meet sanitation standards. Water pollution directly affects people's lives and living environment in our country.

‖ The type of water pollution

From the perspective of natural geography, water body refers to the natural complex of the surface covered by water. Therefore, the water body includes not only water, but also suspended matter, dissolved matter, sediment and aquatic organisms in the water. It is a complete natural ecosystem.

Water pollution is caused by human production and living activities. A large amount of industrial sewage, domestic sewage, agricultural return water and other wastes are discharged into the water body without treatment, so that the content of pollutants discharged into the water body exceeds a certain level, so that the water body receives The damage to the deterioration, the physical and chemical properties of the water body and the ecological balance of the biome change, destroying the function of the water body and reducing the use value of the water body.

Water pollution can be divided into three main types: chemical pollution, physical pollution and biotype pollution.

1. Chemical pollution

Refers to the water pollution caused by the acid and alkaline substances discharged into the water with sewage and other wastes, heavy metals or their compounds, nitrogen, phosphorus and other nutrients and carbohydrates, fats and phenols, proteins, alcohols and other oxygen-consuming organic substances. It can also be divided into inorganic pollution and organic pollution.

2. Physical pollution

Including chroma and turbidity material pollution, suspended solids pollution, thermal pollution and radioactive pollution. Chroma and turbidity substances are derived from the leaves, roots, humus, soluble minerals, sediment and colored wastewater of plants; suspended solids pollution is caused by domestic wastewater, garbage and some wastes discharged from industrial and agricultural production. Caused by the loss; thermal pollution is caused by discharging waste water and cooling water higher than normal temperature into the water body; radioactive pollution is caused by the discharge of wastewater and sediment produced during the nuclear test and other processes due to mining and use of radioactive materials.

3. Bio-type pollution

It refers to the pollution of various diseases directly or indirectly caused by pathogenic microorganisms discharged into water bodies. The main indicators are coliform index and total number of bacteria. The types of sewage discharge include domestic sewage discharge and hospital sewage discharge water.

Ⅲ the object and purpose of water quality monitoring

Water quality monitoring can be divided into environmental water monitoring and water pollution source monitoring. Environmental waters include surface water（river, river, lake, reservoir, seawater）and groundwater；water pollution includes domestic sewage, hospital sewage and various wastewater. The purpose of monitoring them can be summarized as follows.

（1）The pollutants in the surface water bodies such as the influent rivers, lakes, reservoirs, and oceans, and the pollutants infiltrated into the groundwater are regularly monitored to grasp the current status of water quality and its development trend.

（2）Monitor the production process, living facilities and other types of wastewater discharged, and provide evidence for pollution source management.

（3）Emergency monitoring of water pollution accidents provides a basis for analyzing and judging the causes, hazards and countermeasures.

（4）Provide relevant data and materials for the formulation of water environmental protection standards, regulations and plans for national government departments.

（5）Provide basic data and technical means for conducting water environmental quality assessment and forecasting and environmental science research.

Thinking and practicing

1. Definition of water pollution

2. What are the water pollution?

3. What are the objects of water quality monitoring?

任务一 地表水监测方案的制定

监测方案是完成一项监测任务的程序和技术方法的总体设计,制定时需要首先明确监测目的,然后在调查研究的基础上确定检测项目,布设监测网点,合理安排采样频率和采样时间,选定采样方法和分析方法与技术,提出监测报告要求,制定质量控制和保证措施及实施计划等。不同类型水质的监测目的、监测项目和选择监测分析方法的原则。

一、地面水质监测方案的制订

1.基础资料的收集

在制订监测方案之前,应尽可能完备地收集欲监测水体及所在区域的有关资料,主要有:

(1)水体的水文、气候、地质和地貌资料。如水位、水量、流速及流向的变化;降雨量、蒸发量及历史上的水情;河流的宽度、深度、河床结构及地质状况;湖泊沉积物的特性、间温层分布、等深线等。

(2)水体沿岸城市分布、工业布局、污染源及其排污情况、城市给排水情况等。

(3)水体沿岸的资源现状和水资源的用途;饮用水源分布和重点水源保护区;水体流域土地功能及近期使用计划等。

(4)历年的水质资料等。

2.实地调查

在收集资料的基础上,为了熟悉监测水域的环境,了解某些环境信息的变化情况,使制订监测方案和后续工作有的放矢,实地调查是一项很重要的工作。

二、监测断面和采样点的设置

在对调查研究结果和有关资料进行综合分析的基础上,根据监测目的和监测项目,并考虑人力、物力等因素确定监测断面和采样点。

1.监测断面的设置原则

在水域的下列位置应设置监测断面:

(1)有大量废水排入河流的主要居民区、工业区的上游和下游。

(2)湖泊、水库、河口的主要入口和出口。

(3)饮用水源区、水资源集中的水域、主要风景游览区、水上娱乐区及重大水力设施所在地 等功能区。

(4)较大支流汇合口上游和汇合后与干流充分混合处;入海河流的河口处;受潮汐影响的河 段和严重水土流失区。

(5)国际河流出入国境线的出入口处。

(6)应尽可能与水文测量断面重合,并要求交通方便,有明显岸边标志。

2.河流监测面的布设

(1)监测断面的设置原则

①在确定的调查范围的两端应布设断面。

②调查范围内重点保护水域、重点保护对象附近水域应设断面。

③水文特征突然变化处(支流汇入处)水质急剧变化处(污水排入处)重点水工构建物(取水口桥梁涵洞)水文站附近应设断面。

(2)对于江、河水系或某一河段,要求设置三种断面,即对照断面、控制断面和削减断面。

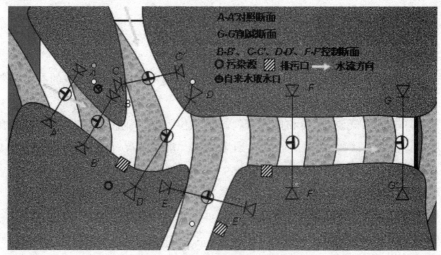

图 3-1　河流监测断面设置示意图

①对照断面

为了解流入监测河段前的水体水质状况而设置。这种断面应设在河流进入城市或工业区以前的地方,避开各种废水、污水流入或回流处。一个河段一般只设一个对照断面。有主要支流时可酌情增加。

②控制断面

为评价、监测河段两岸污染源对水体水质影响而设置。控制断面的数目应根据城市的工业布局和排污口分布情况而定。断面的位置与废水排放口的距离应根据主要污染物的迁移、转化规律,河水流量和河道水力学特征确定。一般设在排污口下游 500~1 000 m 处。

③削减断面

指河流受纳废水和污水后,经稀释扩散和自净作用,使污染物浓度显著下降,其左、中、右三点浓度差异较小的断面,通常设在城市或工业区最后一个排污口下游 1 500 m 以外的河段上。水量小的小河流应视具体情况而定。有时为了取得水系和河流的背景监测值,还应设置背景断面。这种断面上的水质要求基本上未受人类活动的影响,应设在清洁河段上。

(3)断面上采样点的布设

①断面垂线的确定

当水面宽小于 50 m 时,只设一条中泓垂线;当水面宽 50~100 m 时,在左右近岸有明显水流处各设一条垂线;当水面宽为 100~1 000 m 时,设左中右三条垂线(中泓左右近岸有明显水流处);当水面宽大于 1 500 m 时,至少要设置 5 条等距离采样垂线(较宽的河口应酌情增加垂线数)。

在利用以上规律布设垂线时,河流的断面必须是矩形或接近于矩形,如果断面形状十分不规则时,应结合主流线的位置,适当调整垂线的位置或数目。

②采样点位的确定

在一个监测断面上设置的采样垂线数与各垂线上的采样点数应符合表 3-1 和表 3-2 中的内容。

表 3-1　采样垂线数的设置

水面宽	垂线数	说明
≤50 m	一条(中泓)	1.垂线布设应避开污染带,如要测污染带应另加垂线。
50~100 m	二条(近左、右岸有明显水流处)	2.确能证明该断面水质均匀时,可仅设中泓垂线。
>100 m	三条(左、中、右)	3.凡在该断面要计算污染物通量时,必须按本表设置垂线。

表 3-2　采样垂线上采样点的设置

水深	采样点数	说明
≤5 m	上层一点	1.上层水指水面下 0.5 m 处,水深不到 0.5 m 时,在水深 1/2 处。
5~10 m	上、下层两点	2.下层指河底以上 0.5 m 处。
>10 m	上、中、下三层三点	3.中层指 1/2 m 处。 4.凡在该断面要计算污染物通量时,必须按本表设置采样点。

注:三级的小河不论河水深浅,只在一条垂线上一个点取样。

3.湖泊、水库监测断面的设置

对不同类型的湖泊水库应区别对待。为此,首先判断湖库是单一水体还是复杂水体;考虑汇入湖库的河流数量,水体的径流量、季节变化或动态变化,沿岸污染源分布及污染物扩散与自净规律、生态环境特点等。然后按照前面讲的设置原则确定监测断面的位置。

(1)监测断面的设置原则:

①在进出湖泊水库的河流汇合处分别设置监测断面;

②以各功能区(如城市和工厂的排污口、饮用水源、风景游览区、排灌站等)为中心,在其辐射线上设置弧形监测断面;

③在湖库中心,深浅水区,滞流区,不同鱼类的洄游产卵区,水生生物经济区等设置监测断面。

(2)采样点位的确定

对于湖库监测断面上采样点位置和数目的确定方法和河流相同。如果存在间温层,应先测定不同水深处的水温溶解氧等参数,确定成层情况后再确定垂线上采样点的位置。

监测断面和采样点的位置确定后,其所在位置应该有固定而明显的岸边天然标志。如果没有天然标志物,则应设置人工标志物,如竖石柱打木桩等。每次采样要严格以标志物为准,使采的样品取自同一位置上,以保证样品的代表性和可比性。

可考虑用方格布点法设采样点。

①垂线布设

a.大型湖泊水库:

表 3-3　　大型湖泊垂线布设

污水排放量	等级
<50 000 m³/d	一级 1-2.5 km²
	二级 1.5-3.5 km²
	三级 2-4 km²
>50 000 m³/d	一级 3-6 km²
	二三级 4-7 km²

b.小型湖泊水库：

表 3-4　　小型湖泊垂线布设

污水排放量	等级
<50 000 m³/d	一级 0.5-1.5 km²
	二、三级 1-2 km²
>50 000 m³/d	0.5-1.5 km²

②采样位置

表 3-5　　湖泊采样点位置及点数

水深	采样点数及说明
水深<5 m	水面下 0.5 m 处,但距底不应小于 0.5 m
5-10 m	水面下 0.5 m 处,距底 0.5 m 处各取一个点
10-15 m	水面下 0.5 m 处,水深 10 m 处,距底 0.5 m 处各取一个点
>15 m	水面下 0.5 m 处,斜温层上下,距底 0.5 m 处各取一个点

三、地表水监测项目

地表水水质指标(监测项目)要根据水体被污染情况、水体功能和废(污)水中所含污染物及经济条件等因素确定。具体可以见表 3-6。

表 3-6　　地表水监测项目

	必测项目	选测项目
河流	水温、pH 值、溶解氧、高锰酸盐指数、化学需氧量、BOD、氨氮、总氮、总磷、铜、锌、氟化物、硒、砷、汞、铬(六价)、铅、氰化物、挥发酚、石油类、阴离子表面活性剂、硫化物和粪大肠菌群	总有机碳、甲基汞、其他项目参照工业污水监测项目,根据纳污情况确定。

续表

	必测项目	选测项目
集中式饮用水源地	水温、pH 值、溶解氧、悬浮物①、高锰酸盐指数、化学需氧量、BOD、氨氮、总磷、总氮、铜、锌、氟化物、铁、锰、硒、砷、汞、镉、铬（六价）、铅、氰化物、挥发酚、石油类、阴离子表面活性剂、硫化物、硫酸盐、氯化物、硝酸盐和粪大肠菌群	三氯甲烷、四氯化碳、三溴甲烷、苯乙烯、甲醛、乙醛、苯、甲苯、二甲苯、硝基苯、四乙基铅、滴滴涕、对硫磷、乐果、敌敌畏、敌百虫、甲基汞、多氯联苯等
湖泊水库	水温、pH 值、溶解氧、高锰酸盐指数、化学需氧量、BOD、氨氮、总磷、总氮、铜、锌、氟化物、硒、砷、汞、镉、铬、（六价）、铅、氰化物、挥发酚、石油类、阴离子表面活性剂、硫化物和粪大肠菌群	总有机碳、甲基汞、硝酸盐、亚硝酸盐，其他项目参照工业污水监测项目，根据纳污情况确定。
排污河（渠）	根据纳污情况，参照工业废水监测项目	
底质	砷、汞、烷基汞、铬、六价铬、铅、镉、铜、锌、硫化物和有机质	有机氯农药、有机磷农药、除草剂、烷基汞、苯系物、多环芳烃和邻苯二甲酸酯类等

注：①悬浮物在 5 mg/L 以下时，测定浊度。

四、采样时间和采样频率的确定

为使采集的水样具有代表性，能够反应水质在时间和空间上的变化规律，必须确定合理的采样时间和采样频率，一般原则是：

（1）对于较大水系干流和中小河流全年采样不少于 6 次；采样时间为丰水期、枯水期和贫水期，每期采样两次。流经城市工业区污染较重的河流游览水域饮用水源地全年采样不少于 12 次；采样时间为每月一次或视具体情况选定。底泥每年在枯水期采样一次。

（2）潮汐河流全年在丰枯平水期采样，每期采样两天，分别在大潮期和小潮期进行，每次应采集当天涨退潮水样分别测定。

（3）排污渠每年采样不少于三次。

（4）设有专门监测站的湖库，每月采样一次，全年不少于 12 次。其他湖泊、水库全年采样两次，枯丰水期各一次。有废水排入污染较重的湖库，应酌情增加采样次数。

（5）背景断面每年采样一次。

可以看到进行地表水体监测时，必须从宏观、中观、微观三个层次来考虑：

宏观定位：在一条河流上确定要监测的河段

中观定位：在确定的河段上再确定要采样的断面（对照断面　控制　断面　削减断面）

微观定位：在各自的断面上确定采样点位。

思考与练习

1.怎样制订地面水体水质的监测方案？

2.以河流为例,说明如何设置监测断面和采样点?

任务二　水样采集与处理

一、采样前的准备

1.制订采样计划

在采样前需确定采样负责人,主要负责制订采样计划,并组织实施。

采样负责人在制订计划前要充分了解该项监测任务的目的和要求;应对要采集的监测断面的周围情况了解清楚;应熟悉采样方法、水样容器洗涤、样品保存技术;有现场测定项目和任务时,还应了解有关现场测定技术。

采样计划包括:已确定的采样断面和采样点位、测定项目和采样数量、样品保存方法、质量保证措施、采样时间和路线、交通工具、采样人员和分工、采样器材,需要现场测定的项目、安全保障及测流量仪器等。

2.采样器和水样容器

采集表层水水样时,可用适当的容器如塑料筒等直接采取。采集深层水水样时,可用简易采水器、深层采水器、采水泵、自动采水器等。图 3-2 采样器为一种简易采水器,将其沉降至所需深度(可从提绳上的标度看出),上提提绳打开瓶塞,待水充满采样瓶后提出。图 3-3 是一种用于急流水的采水器;它是将一根长钢管固定在铁框上,管内装一根橡胶管,胶管上部用夹子夹紧,下部与瓶塞上的短玻璃管相连,瓶塞上另有一长玻璃管通至采样瓶近底处;采样前塞紧橡胶塞,然后沿船身垂直伸入要求水深处,打开上部橡胶管夹,水样即沿长玻璃管流入样品瓶中,瓶内空气由短玻璃管沿橡胶管排出。这样采集的水样也可用于测定水中溶解性气体,因为它是与空气隔绝的。对采样器具的材质要求化学性能稳定,大小和形状适宜,不吸附欲测组分,容易清洗并可反复使用。

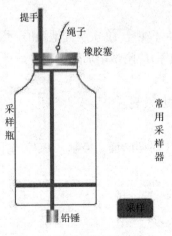

图 3-2　采样器(有机玻璃)

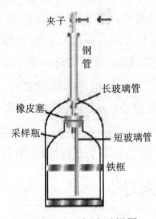

图 3-3　急流采样器

水样容器主要有聚乙烯塑料桶和玻璃瓶等,如新启用容器,则应事先做更充分的清洗,测定油类、BOD、DO、硫化物、余氯、粪大肠菌群、悬浮物、放射性等项目要单独采样,容器应做到定点、定项。

3.水样类型

(1)瞬时水样

瞬时水样是指从水中不连续地随机(就时间和断面而言)采集的单一样品,一般在一定的时间和地点随机采取。对于组分较稳定的水体,或水体的组分在相当长的时间和相当大的空间范围变化不大,采瞬时样品具有很好的代表性。当水体的组成随时间发生变化,则要在适当时间间隔内进行瞬时采样,分别进行分析,测出水质的变化程度、频率和周期。当水体的组分发生空间变化时,就要在各个相应的部位采样。

(2)混合水样

①等比例混合水样:指在某一时段内,在同一采样点位所采水样量随时间或流量成比例的混合水样。

②等时混合水样:指在某一时段内,在同一采样点(断面)按等时间间隔所采等体积水样的混合水样。时间混合样在观察平均浓度时非常有用。当不需要测定每个水样而只需要平均值时混合水样能节省监测分析工作量和试剂等的消耗。(混合水样不适用于测试成分在水样储存过程中发生明显变化的水样,如挥发酚、油类、硫化物等。)

(3)综合水样

是指从不同采样点同时采集的各个瞬时水样混合起来得到的样品。综合水样在各点的采样时间虽然不能同步进行,但越接近越好,以便得到可以对比的资料。

4.水体流量测定

要全面了解水环境状况,除需要水质监测数据外,还需要测量水体水位、流速、流量等参数。

对于较大的河流,水利部门都设有水文测量断面,应尽可能利用此断面。若监测河段无水文测量断面,应选择一个水文参数比较稳定,流量有代表性的断面作为测量断面。下面介绍两种常用的流量测量方法。

(1)流速-面积法

该方法首先将测量断面分成若干小块,测出每小块的面积和流速,计算出相应的流量,再将各小断面的流量累加,即为断面上的水流量,用下式计算:

$$Q = F_1\overline{v_1} + F_2\overline{v_2} + \cdots\cdots + F_n\overline{v_n} \tag{3-1}$$

式中　Q——水流量(m^3/s);

$\overline{v_1}\cdots\overline{v_n}$——各小断面上水平均流速(m/s);

$F_1\cdots F_n$——各小断面面积(m^2)。

一般用流速仪测量流速。

(2)浮标法

浮标法是一种粗略测量小型河、渠中水流速的简易方法。测量时,选择一平直河段,测量该河段 2 m 间距内起点、中点和终点三个过水横断面面积,求出平均横断面面积。在上游投入浮标,测量浮标流经确定河段(L)所需时间,重复测量几次,求出所需时间的平均值(t),即可计算出流速(L/t),再按下式计算流量:

$$Q = K \cdot \bar{v} \cdot S \tag{3-2}$$

式中　Q——水流量(m³/s);

　　　$\bar{v}$——浮标平均流速(m/s),等于 L/t;

　　　S——过水横断面面积(m²);

　　　K——浮标系数,与空气阻力、断面上流速分布的均匀性有关,一般需用流速仪对照标定;其范围为 0.84—0.90。

5. 采集方法

在河流、湖泊、水库、海洋中采样,常乘监测船或采样船、手划船等交通工具到采样点采集,也可涉水和在桥上采集。

(1)一般项目的采样方法:采样前,首先要用水样冲洗水样容器 2~3 次,然后让桶迎着水流方向浸入水中水充满桶后,迅速提出水面,注意不可搅动水底的沉积物,还应避免水面漂浮物进入采样桶。

(2)特殊项目的采样方法:

① pH 值、电导率:由于水中的 pH 值不稳定,且不易保存,因此需使用密闭性较好的容器,采好样品后立即紧密封严,隔绝空气。

②溶解氧、生化需氧量:用碘量法测定水中的溶解氧,水样应直接采到采样瓶中,然后加入保存剂固定。采样时注意不要使水样曝气或有气泡残存在采样瓶中。通常我们用虹吸法采样。

③油类:用棕色广口玻璃瓶单独采样,采集的样品全部用于分析,采样瓶要做一定标记,留占容器 10%~20%的空间,采集样品至标线处,采样时,应连同表层水一并采集,当只测定水中乳化状态和溶解性油类物质时,应避开漂浮在水体表面的油膜层,在水下 20~50 cm 处采样,采样时不可用水样冲洗采样瓶。

④可用通过灭菌处理的带螺旋帽或磨口玻塞的广口瓶采样。采样时可握住瓶子的下部直接插入水中,距水面 10~15 cm 处,拔玻塞,瓶口朝水流方向,使水样灌入瓶内然后盖上瓶塞,将采样瓶从水中取出。采样时不可用水样冲洗采样瓶,采样量一般为采样瓶容量的 80%左右。

采样完毕后,应在采样容器上贴上标签,然后认真填写水质采样与交接记录表,信息量尽量做到全面。

二、水样运输与保存

1.水样的运输

水样采集后,必须尽快送回实验室。根据采样点的地理位置和测定项目最长可保存时间,选用适当的运输方式,并做到以下两点:

（1）为避免水样在运输过程中震动、碰撞导致损失或沾污，将其装箱，并用泡沫塑料或纸条挤紧，在箱顶贴上标记。

（2）需冷藏的样品，应采取制冷保存措施；冬季应采取保温措施，以免冻裂样品瓶。

2.水样的保存方法

各种水质的水样，从采集到分析测定这段时间内，由于环境条件的改变，微生物新陈代谢活动和化学作用的影响，会引起水样某些物理参数及化学组分的变化，不能及时运输或尽快分析时，则应根据不同监测项目的要求，放在性能稳定的材料制作的容器中，采取适宜的保存措施。

（1）冷藏或冷冻法

冷藏或冷冻的作用是抑制微生物活动，减缓物理挥发和化学反应速度。

（2）化学试剂保存法

①加入生物抑制剂：如在测定氨氮、硝酸盐氮、化学需氧量的水样中加入 $HgCl_2$，可抑制生物的氧化还原作用；对测定酚的水样，用 H_3PO_4 调至 pH 值为 4 时，加入适量 $CuSO_4$，即可抑制苯酚菌的分解活动。

②调节 pH 值：测定金属离子的水样常用 HNO_3 酸化至 pH 值为 1~2，既可防止重金属离子水解沉淀，又可避免金属被器壁吸附；测定氰化物或挥发性酚的水样加入 NaOH 调至 pH 值为 12 时，使之生成稳定的酚盐等。

③加入氧化剂或还原剂：如测定汞的水样需加入 HNO_3（至 pH 值<1）和 $K_2Cr_2O_7$（0.05%），使汞保持高价态；测定硫化物的水样，加入抗坏血酸，可以防止被氧化；测定溶解氧的水样则需加入少量硫酸锰和碘化钾固定溶解氧（还原）等。

应当注意，加入的保存剂不能干扰以后的测定；保存剂的纯度最好是优级纯的，还应作相应的空白试验，对测定结果进行校正。水样的保存期限与多种因素有关，如组分的稳定性、浓度、水样的污染程度等。表 3-7 列出我国现行保存方法和保存期。

表 3-7　水样保存方法和保存期

测定项目	容器材质	保存方法	保存期	备注
浊度	P 或 G	4℃，暗处	24 h	尽量现场测定
色度	同上	4℃	48 h	同上
pH 值	同上	4℃	12 h	同上
电导	同上	4℃	24 h	同上
悬浮物	同上	4℃，避光	7 d	
碱度	同上	4℃	24 h	
酸度	同上	4℃	24 h	
高锰酸盐指数	G	加 H_2SO_4，使 pH 值<2，4℃	48 h	
COD	G	加 H_2SO_4，使 pH 值<2，4℃	48 h	

测定项目	容器材质	保存方法	保存期	备注
BOD$_5$	溶解氧瓶（G）	4℃，避光	6 h	最长不超过 24 h
DO	同上	加 MnSO$_4$、碱性 KI-NaN$_3$ 溶液固定，4℃，暗处	24 h	尽量现场测定
TOC	G	加硫酸，使 pH 值<2，4℃	7 d	常温下保存 24 h
氟化物	P	4℃，避光	14 d	
氯化物	P 或 G	同上	30 d	
氰化物	P	加 NaOH，使 pH 值>12，4℃，暗处	24 h	
硫化物	P 或 G	加 NaOH 和 Zn(Ac)$_2$ 溶液固定，避光	24 h	
硫酸盐	同上	4℃，避光	7 d	
正磷酸盐	P 或 G	4℃	24 h	
总磷	同上	加 H$_2$SO$_4$，使 pH 值≤2	24 h	
氨氮	同上	加 H$_2$SO$_4$，使 pH 值<2，4℃	24 h	
亚硝酸盐	同上	4℃，避光	24 h	尽快测定
硝酸盐	同上	4℃，避光	24 h	
总氮	同上	加 H$_2$SO$_4$，使 pH 值<2，4℃	24 h	
铍	同上	加 HNO$_3$，使 pH 值<2；污水加至 1%	14 d	
铜、锌、铅、镉	同上	加 HNO$_3$，使 pH 值<2；污水加至 1%	14 d	
铬（六价）	同上	加 NaOH 溶液，使 pH 值 8—9	24 h	尽快测定
砷	同上	加 H$_2$SO$_4$ 使 pH 值<2；污水加至 1%	14 d	
汞	同上	加 HNO$_3$，使 pH 值≤1；污水加至 1%	14 d	
硒	同上	4℃	24 h	尽快测定
油类	G	加 HCl，使 pH 值<2，4℃	7 d	不加酸，24 h 内测定
挥发性有机物	G	加 HCl，使 pH 值<2，4℃，避光	24 h	
酚类	G	加 H$_3$PO$_4$，使 pH 值<2，加抗坏血酸，4℃，避光	24 h	
硝基苯类	G	加 H$_2$SO$_4$，使 pH 值 1—2，4℃	24 h	尽快测定
农药类	G	加抗坏血酸除余氯，4℃，避光	24 h	
除草剂类	G	同上	24 h	
阴离子表面活性剂	P 或 G	4℃，避光	24 h	
微生物	G	加 Na$_2$S$_2$O$_3$ 溶液除余氯，4℃	12 h	

测定项目	容器材质	保存方法	保存期	备注
生物	G	用甲醛固定,4℃	12 h	
微生物	G	加 $Na_2S_2O_3$ 溶液除余氯,4℃	12 h	
生物	G	加甲醛固定,4℃	12 h	

注:G 为硬质玻璃瓶;P 为聚乙烯瓶(桶)。

3. 水样的过滤或离心分离

如欲测定水样中某组分的含量,采样后立即加入保存剂,分析测定时充分摇匀后再取样。如果测定可滤(溶解)态组分含量,所采水样应用 0.45 μm 微孔滤膜过滤,除去藻类和细菌,提高水样的稳定性,有利于保存。如果测定不可过滤的金属时,应保留过滤水样用的滤膜备用。对于泥沙型水样,可用离心方法处理。对含有机质多的水样,可用滤纸或砂芯漏斗过滤。用自然沉降后取上清液测定可滤态组分是不恰当的。

三、水样预处理

环境水样所含组分复杂,并且多数污染组分含量低,存在形态各异,所以在分析测定之前,往往需要进行预处理,以得到欲测组分适合测定方法要求的形态、浓度和消除共存组分干扰的试样体系。在预处理过程中,常因挥发、吸附、污染等原因,造成欲测组分含量的变化,故应对预处理方法进行回收率考核。下面介绍常用的预处理方法。

1. 水样的消解

当测定含有机物水样中的无机元素时,需进行消解处理。消解处理的目的是破坏有机物,溶解悬浮性固体,将各种价态的欲测元素氧化成单一高价态或转变成易于分离的无机化合物。消解后的水样应清澈、透明、无沉淀。消解水样的方法有湿式消解法和干式分解法(干灰化法)。

（1）湿式消解法

①硝酸消解法

对于较清洁的水样,可用硝酸消解。其方法要点是:取混匀的水样 50~200 ml 于烧杯中,加入 5~10 ml 浓硝酸,在电热板上加热煮沸,蒸发至小体积,试液应清澈透明,呈浅色或无色,否则,应补加硝酸继续消解。蒸至近干,取下烧杯,稍冷后加 2%HNO_3(或 HCl)20 ml,温热溶解可溶盐。若有沉淀,应过滤,滤液冷至室温后于 50 ml 容量瓶中定容,备用。

②硝酸-高氯酸消解法

两种酸都是强氧化性酸,联合使用可消解含难氧化有机物的水样。方法要点是:取适量水样于烧杯或锥形瓶中,加 5~10 ml 硝酸,在电热板上加热、消解至大部分有机物被分解。取下烧杯,稍冷,加 2~5 ml 高氯酸,继续加热至开始冒白烟,试液呈深色,再补加硝酸,继续加热至冒浓厚白烟将尽(不可蒸至干涸)。取下烧杯冷却,用 2%HNO_3 溶解,如有沉淀,应过滤,滤液冷至室温定容备用。因为高氯酸能与羟基化合物反应生成不稳定的高氯酸酯,有发生爆炸的危险,故先加入硝酸,氧化水样中的羟基化合物,稍冷后再加高氯酸处理。

③硝酸-硫酸消解法

两种酸都有较强的氧化能力,其中硝酸沸点低,而硫酸沸点高,二者结合使用,可提高消解温度和消解效果。常用的硝酸与硫酸的比例为 5：2。消解时,先将硝酸加入水样中,加热蒸发至小体积,稍冷,再加入硫酸、硝酸,继续加热蒸发至冒大量白烟,冷却,加适量水,温热溶解可溶盐,若有沉淀,应过滤。为提高消解效果,常加入少量过氧化氢。

④硫酸-磷酸消解法

两种酸的沸点都比较高,其中硫酸氧化性较强,磷酸能与一些金属离子如 Fe^{3+} 等络合,故二者结合消解水样,有利于测定时消除 Fe^{3+} 等离子的干扰。

⑤硫酸-高锰酸钾消解法

该方法常用于消解测定汞的水样。高锰酸钾是强氧化剂,在中性、碱性、酸性条件下都可以氧化有机物,其氧化产物多为草酸根,但在酸性介质中还可继续氧化。消解要点是:取适量水样,加适量硫酸和 5%高锰酸钾,混匀后加热煮沸,冷却,滴加盐酸羟胺溶液破坏过量的高锰酸钾。

⑥多元消解法

为提高消解效果,在某些情况下需要采用三元以上酸或氧化剂消解体系。例如,处理测总铬的水样时,用硫酸、磷酸和高锰酸钾消解。

⑦碱分解法

当用酸体系消解水样造成易挥发组分损失时,可改用碱分解法,即在水样中加入氢氧化钠和过氧化氢溶液,或者氨水和过氧化氢溶液,加热煮沸至近干,用水或稀碱溶液温热溶解。

（2）干灰化法

干灰化法又称高温分解法。其处理过程中是:取适量水样于白瓷或石英蒸发皿中,置于水浴上或用红外灯蒸干,移入马弗炉内,于 450~550℃灼烧到残渣呈灰白色,使有机物完全分解除去。取出蒸发皿,冷却,用适量 2%HNO$_3$（或 HCl）溶解样品灰分,过滤,滤液定容后供测定。

本方法不适用于处理测定易挥发组分（如砷、汞、镉、硒、锡等）的水样。

2.富集与分离

当水样中的欲测组分含量低于测定方法的测定下限时,就必须进行富集或浓集;当有共存干扰组分时,就必须采取分离或掩蔽措施。富集和分离过程往往是同时进行的,常用的方法有过滤、气提、顶空、蒸馏、溶剂萃取、离子交换、吸附、共沉淀、层析等,要根据具体情况选择使用。

气提、顶空和蒸馏法适用于测定易挥发组分的水样预处理。采用向水样中通入惰性气体或加热方法,将被测组分吹出或蒸出,达到分离和富集的目的。

（1）气提法

该方法基于把惰性气体通入调制好的水样中,将欲测组分吹出,直接送入仪器测定,或导入吸收液吸收富集后再测定。例如,用冷原子荧光法测定水样中的汞时,先将汞离子用氯化亚锡还原为原子态汞,再利用汞易挥发的性质,通入惰性气体将其吹出并送入仪器测定;用分光光度测定水中的硫化物时,先使之在磷酸介质中生成硫化氢,再用惰性气体载入乙酸锌-乙酸钠溶液吸收,达到与母液分离和富集的目的,其分离装置示于图3-4。

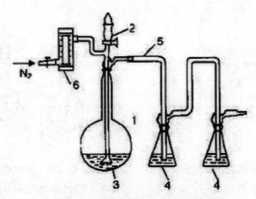

图3-4　测定硫化物的吹气装置图

1. 500 ml 圆底反应瓶;2. 漏斗;3. 多孔砂芯片;4. 150 ml 锥形吸收瓶;5. 玻璃连接管;6. 流量计

（2）顶空法

该方法常用于测定挥发性有机物(VOCs)水样的预处理。例如,测定水样中的挥发性有机物(VOCs)或挥发性无机物(VICs)时,先在密闭的容器中装入水样,容器上部留存一定空间,再将容器置于恒温水浴中,经一定时间,容器内的气液两相达到平衡,欲测组分在两相中的分配系数 K 和两体积比分别为:

$$K = \frac{[X]_G}{[X]_L}$$

$$\beta = \frac{V_G}{V_L}$$

（3-3）

式中,$[X]_G$ 和 $[X]_L$ 分别为平衡状态下欲测物 X 在气相和液相中的浓度;V_G 和 V_L 分别为气相和液相体积。根据物料平衡原理,可以推导出欲测物在气相中的平衡浓度 $[X]_G$ 和其在水样中原始浓度 $[X]_L^0$ 之间的关系式:

$$[X]_G = \frac{[X]_L^0}{K + \beta}$$

（3-4）

K 值大小与被处理对象的物理性质、水样组成、温度有关,可用标准试样在与水样同样条件下测知,而 β 值也已知,故当从顶空装置取气样测得 $[X]_G$ 后,即可利用上式计算出水样中欲测物的原始浓度 $[X]_L^0$。

（3）蒸馏法

蒸馏法是利用水样中各污染组分具有不同的沸点而使其彼此分离的方法,分为常压蒸馏、减压蒸馏、水蒸气蒸馏、分馏法等。测定水样中的挥发酚、氰化物、氟化物时,均需在酸性介质中进行常压蒸馏分离;测定水样中的氨氮时,需在微碱性介质中常压蒸馏分离。在此,蒸馏具有消解、分离和富集三种作用。图3-5为挥发酚和氰化物蒸馏装置;图3-6为氟化物水蒸气蒸馏装置。

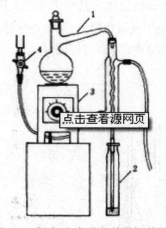

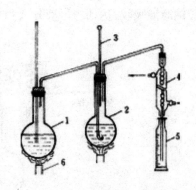

图3-5　挥发酚、氰化物的蒸馏装置

1.500 ml全玻璃蒸馏器;2.接收瓶;3.电炉;4.水龙头

图3-6　氟化物水蒸气蒸馏装置

1.水蒸气发生瓶;2.烧瓶(内装水样);3.温度计;4.冷凝管;

5.接收瓶;6.热源

（4）溶液萃取法

溶剂萃取法是基于物质在互不相溶的两种溶剂中分配系数不同,进行组分的分离和富集。欲分离组分在水相-有机相中的分配系数K用下式表示:

$$K = \frac{\text{有机相中被萃取物浓度}}{\text{水相中欲萃取物浓度}} \qquad （3-5）$$

当水相中某组分的K值大时,表明易进入有机相,而K值很小的组分仍留在水相中。在恒定温度时,K值为常数。

分配系数K中所指欲分离组分在两相中的存在形式相同,而实际并非如此,故常用分配比D表示萃取效果,即:

$$D = \frac{\sum[A]_{\text{有机相}}}{\sum[A]_{\text{水相}}} \qquad （3-6）$$

式中,$\sum[A]_{\text{有机相}}$表示欲分离组分A在有机相中各种存在形式的总浓度;$\sum[A]_{\text{水相}}$表示组分A在水相中的各种存在形式的总浓度。

分配比随被萃取组分的浓度、溶液的酸度、萃取剂的浓度及萃取温度等条件变化。只有在简单的萃取体系中,欲萃取组分在两相中存在形式相同时,K才等于D。分配比反映萃取体系达到平衡时的实际分配情况,具有较大的实用价值。

被萃取组分在两相中的分配情况还可以用萃取率E表示,其表达式为:

$$E(\%) = \frac{\text{有机相中被萃取组分的量}}{\text{水相和有机相中被萃取组分的总量}} \times 100 \qquad （3-7）$$

分配比D和萃取率E的关系如下:

$$E\% = \frac{100D}{D + \dfrac{V_{水}}{V_{有机}}}$$ （3-8）

式中 $V_{水}$——水相体积；

$V_{有机}$——有机相体积。

当水相和有机相的体积相同时，当 $D=\infty$ 时，$E=100\%$，一次即可萃取完全；$D=100$ 时，$E=99\%$，一次萃取不完全；$D=10$ 时，$E=90\%$，需连续多次萃取才趋于萃取完全；$D=1$ 时，$E=50\%$，要萃取完全相当困难。

萃取有以下两种类型：有机物萃取和无机物萃取。

a.有机物质的萃取：分散在水相中的有机物质易被有机溶剂萃取，这是由于与水相比有机物质更容易溶解在有机溶剂中，利用此原理可以富集分散在水样中的有机污染物质。例如，用 4-氨基安替比林分光光度法测定水样中的挥发酚时，当酚含量低于 0.05 mg/L 时，则水样经蒸馏分离后需再用三氯甲烷进行萃取浓缩；用紫外分光光度法测定水中的油和用气相色谱法测定有机农药（如六六六、DDT）时，需先用石油醚萃取等。

b.无机物的萃取：由于有机溶剂只能萃取水相中以非离子状态存在的物质（主要是有机物质），而多数无机物质在水相中均以水合离子状态存在，故无法用有机溶剂直接萃取。为实现用有机溶剂萃取，需先加入一种试剂，使其与水相中的离子态组分相结合，生成一种不带电、易溶于有机溶剂的物质，即将其由亲水性变成疏水性。该试剂与有机相、水相共同构成萃取体系。根据生成可萃取物类型的不同，可分为螯合物萃取体系、离子缔合物萃取体系、三元络合物萃取体系和协同萃取体系等。在水质监测中，螯合物萃取体系用得较多。螯合物萃取体系是指在水相中加入螯合剂，与被测金属离子生成易溶于有机溶剂的中性螯合物，从而被有机相萃取出来。例如，用分光光度法测定水中的 Hg^{2+}、Zn^{2+}、Pb^{2+}、Ni^{2+}、Bi^{2+} 等时加二硫腙（螯合剂）后，能使上述离子生成难溶于水的螯合物，可用三氯甲烷（或四氯化碳）从水相中萃取后测定，三者构成二硫腙-三氯甲烷-水萃取体系。

（5）离子交换法

离子交换法是利用离子交换剂与溶液中的离子发生交换反应进行分离的方法。离子交换剂可分为无机离子交换剂和有机离子交换剂，目前广泛应用的是有机离子交换剂，即离子交换树脂，阴、阳离子交换树脂对不同的离子的亲和力不同，使不同离子分离、富集。离子交换树脂是可渗透的三维网状高分子聚合物，在网状结构的骨架上含有可电离的或可被交换的阳离子或阴离子活性基团。

强酸性阳离子树脂含有活性基团—SO_3H、—SO_3Na 等，一般用于富集金属阳离子。

强碱性阴离子交换树脂含有—$N(CH_3)_3^+X^-$ 基团，其中 X^- 为 OH^-、Cl^-、NO_3^- 等，能在酸性、碱性和中性溶液中与强酸或弱酸阴离子交换，应用较广泛。

（6）共沉淀法

共沉淀系指溶液中一种难溶化合物在形成沉淀过程中，将共存的某些痕量组分一起载带沉淀出来的现象。共沉淀现象在常量分离和分析中是力图避免的，但却是一种分离富集微量组分的手段。例如,在形成硫酸铜沉淀的过程中,可使水样中浓度低至 0.02 ug/L 的 Hg^{2+} 共沉淀出来。共沉淀的原理基于表面吸附、形成混晶、异电核胶态物质相互作用及包藏等。

（7）吸附法

吸附法是利用多孔性的固体吸附剂将水样中一种或数种组分吸附于表面,以达到分离的目的。常用的吸附剂有活性炭、氧化铝、分子筛、大网状树脂等。被吸附富集于吸附表面的污染组分,可用有机溶剂或加热解析出来供测定。

思考与练习

1. 水样保存的目的是什么? 有哪几种保存方法? 试举几个实例说明怎样根据被测物质的性质选用不同的保存方法。

2. 水样在分析测定之前,为什么进行预处理? 预处理包括哪些内容?

3. 现有一废水样品,经初步分析,含有微量汞、铜、铅和痕量酚,欲测定这些组分的含量,试设计一个预处理方案。

4. 怎样用萃取法从水样中分离富集欲测有机污染物质和无机污染物质? 各举一实例。

任务三 水质连续自动监测（河流）

一、概述

相比于人工采样监测,水质自动监测仪具有最佳现场使用效果,可以对水质进行自动、连续监测,数据远程自动传输,随时可以查询到所设站点的水质数据。这对于解决现行的水质监测周期长,劳动强度大,数据采集、传输速度慢等问题,具有深远的社会效益和经济效益。其先进性在于在实验室（中央控制室）可以实时显示现场数据,仪器发生故障时,报警功能可提醒用户并告知故障原因。

河流断面水质在线监测系统可集成固定站、集装箱站等形式,由分析仪表、取水系统、配水系统、预处理系统、控制系统、数据采集/处理/传输系统、动力环境监控系统、视频监控系统、防雷系统、站房等组成。系统具有运行状态监控,系统状态智能诊断,环境动力参数监控,系统远程控制、远程操作、数据状态自动标识等功能。

二、连续自动监测系统

该系统可监测常规五参数（水温、pH 值、电导率、溶解氧、浊度）,支持地理信息系统,图形化的用户界面,操作简单易学具有自动升级功能、完善的数据统计功能和报表输出功能;管理软件将所有水文观测点的各种信息如编号、经度、纬度等以及各个观测点的水位、水质、气压等每天的变化数据记录保存在数据库中,便于历史数据的查询检索。

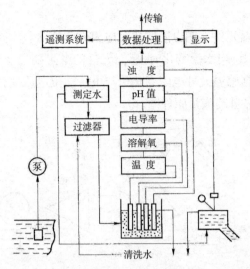

图 3-7　连续自动监测水质一般指标系统示意图

三、水质参数自动监测仪工作原理

系统可监测常规五参数、氨氮、高锰酸盐指数、总磷、总氮、重金属、氰化物、氟化物、流量等参数。主要自动监测项目和方法如下：

表 3-8　河水水质自动监测的项目及方法

项目		监测方法
一般指标	水温	铂电阻法或热敏电阻法
	pH 值	电位法（pH 值玻璃电极法）
	电导率	电导电极法
	浊度	光散射法
	溶解氧	隔膜电极法（极谱或原电池型）
综合指标	化学需氧量（COD）	恒电流库仑法或比色法
	高锰酸盐指数	电位滴定法
	总需氧量（TOD）	高温氧化—氧化锆氧量仪法
	总有机碳（TOC）	燃烧氧化—非色散红外吸收法或紫外催化氧化—非色散红外吸收法
	生化需氧量（BOD）	微生物膜电极法
单项污染指标	总氮	密封燃烧氧化—化学发光法
	总磷	比色法
	氟离子	离子选择电极法
	氯离子	离子选择电极法
	氰离子	离子选择电极法
	氨氮	离子选择电极法或膜浓缩—电导率法
	六价铬	比色法
	苯酚	比色法或紫外吸收法

1.水温监测仪

测量水温一般用感温元件如铂电阻或热敏电阻做传感器。将感温元件浸入被测水中并接入平衡电桥的一个臂上；当水温变化时，感温元件的电阻随之变化，则电桥平衡状态被破坏，有电压讯号输出，根据感温元件电阻变化值与电桥输出电压变化值的定量关系实现对水温的测量。图 3-8 为水温自动测量原理图。

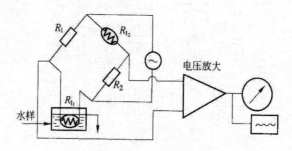

图 3-8　水温自动测量原理

2.电导率监测仪

在连续自动监测中，常用自动平衡电桥法电导率仪和电流测量法电导率仪测定。后者采用了运算放大电路，可使读数和电导率呈线性关系，近年来应用日趋广泛，其工作原理如图 3-9 所示。

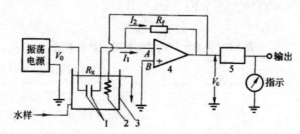

图 3-9　电流法电导率仪工作原理

1.电导电极；2.温度补偿电阻；3.发送池；4.运算放大器；5.整流器

由图可见，运算放大器 4 有两个输入端，其中 A 为反相输入端，B 为同相输入端，它有很高的开环放大倍数。如果把放大器输出电压通过反馈电阻 R_f 向输入端 A 引入深度负反馈，则运算放大器就变成电流放大器，此时流过 R_f 的电流 I_2 等于流过电导池（电阻为 R_x，电导为 L_x）的电流 I_1，即

$$\frac{V_0}{R_x} = \frac{V_c}{R_f} \qquad\qquad (3-9)$$

$$L_x = \frac{1}{R_x} = \frac{V_c}{V_0} \cdot \frac{1}{R_f} \qquad\qquad (3-10)$$

式中 V_0 和 V_c 分别为输入和输出电压。当 V_0 和 R_f 恒定时，则溶液的电导（L_x）正比于输出电压（V_c）。反馈电阻 R_f 即为仪器的量程电阻，可根据被测溶液的电导来选择其值。另外，还可将振荡电源制成多挡可调电压供测定选择，以减少极化作用的影响。

3.pH 值监测仪

图 3-10 为水体 pH 值连续自动测定原理图。它由复合式 pH 值玻璃电极、温度自动补

偿电极、电极夹、电线连接箱、专用电缆、放大指示系统及小型计算机等组成。为防止电极长期浸泡于水中表面黏附污物,在电极夹上带有超声波清洗装置,定时自动清洗电极。

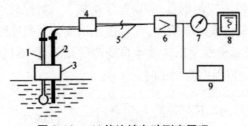

图 3-10 pH 值连续自动测定原理

1. 复合式 pH 值电极;2. 温度自动补偿电极;3. 电极夹;4. 电线连接箱;5. 电缆;
6. 阻抗转换及放大器;7. 指示表;8. 记录仪;9. 小型计算机

4. 溶解氧监测仪

在水污染连续自动监测系统中,广泛采用隔膜电极法测定水中溶解氧。有两种隔膜电极,一种是原电池式隔膜电极,另一种是极谱式隔膜电极,由于后者使用中性内充溶液,维护较简便,适用于自动监测系统中,图 3-11 为其测定原理图。电极可安装在流通式发送池中,也可浸入于搅动的水样(如曝气池)中。该仪器设有清洗装置,定期自动清洗黏附在电极上的污物。

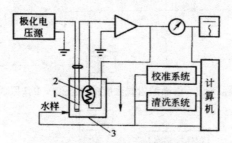

图 3-11 溶解氧连续自动测定原理

1. 隔膜式电极;2. 热敏电阻;3. 发送池

5. 浊度监测仪

图 3-12 为表面散射式浊度监测仪工作原理。被测水经阀 1 进入消泡槽,去除水样中的气泡后,由槽底经阀 2 进入测量槽,再由槽顶溢流流出。测量槽顶经特别设计,使溢流水保持稳定,从而形成稳定的水面。从光源射入溢流水面的光束被水样中的颗粒物散射,其散射光被安装在测量槽上部的光电池接收,转化为光电流。同时,通过光导纤维装置导入一部分光源光作为参比光束输入到另一光电池(图中未画出),两光电池产生的光电流送入运算放大器运算,并转换成与水样浊度呈线性关系的电讯号,用电表指示或记录仪记录。仪器零点可用通过过滤器的水样进行校正,量程可用标准溶液或标准散射板进行校正。光电元件、运算放大器应装于恒温器中,以避免温度变化带来的影响。测量槽内污物可采用超声波清洗装置定期自动清洗。

6. 高锰酸盐指数监测仪

有比色式和电位式两种高锰酸盐指数自动监测仪。图 3-13 示意出根据电位滴定法原理设计的间歇式高锰酸盐指数自动监测仪工作原理。在程序控制器的控制下,依次将水样、硝酸银溶液、硫酸溶液和 0.005 mol/L 高锰酸钾溶液经自动计量后送入置于 100 ℃恒温水浴中的反应槽内,待反应 30 min 后,自动加入 0.012 5 mol/L 草酸钠溶液,将残留的高锰酸钾还原,过量草酸钠溶液再用 0.005 mol/L 高锰酸钾溶液自动滴定,到达滴定终点时,指示电极系统(铂电极和甘汞电极)发出控制信号,滴定剂停止加入。数据处理系统经过运算将水样消耗的标准高锰酸钾溶液量转换成电信号,并直接显示或记录高锰酸钾指数。测定过程一结束,反应液从反应槽自动排出继之用清洗水自动清洗几次,将整机恢复至初始状态,再进行下一个周期测定。每一测定周期需 1 小时。

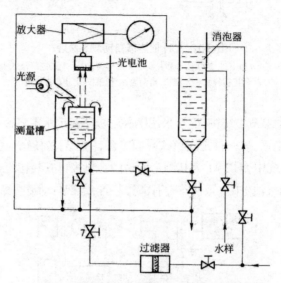

图 3-12　表面散射式浊度自动监测仪工作原理

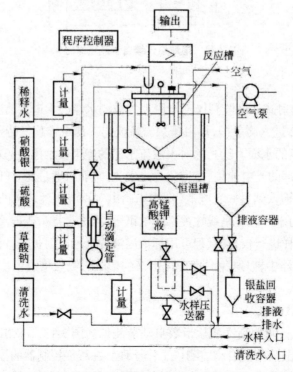

图 3-13　电位滴定式高锰酸盐指数自动监测仪工作原理

7.COD 监测仪

用得比较多的是间歇式比色法和恒电流库仑法 COD 自动监测仪。前者基于在酸性介质中,用过量的重铬酸钾氧化水样中的有机物和无机还原性物质,用比色法测定剩余重铬酸钾量,计算出水样消耗重铬酸钾量,从而得知 COD。仪器利用微机或程序控制器将量取水样、加液、加热氧化、测定及数据处理等操作自动进行。后者是将氧化水样后剩余的重铬酸钾用恒电流库仑法测定,根据其消耗电量与加入的重铬酸钾总量所消耗的电量之差,计算出水样的 COD。仪器也是利用微机将各项操作按预定程序自动进行。两种仪器测定流程示于图 3-14。

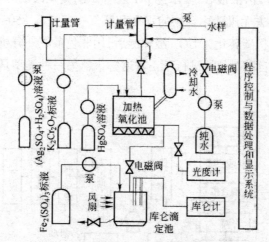

图 3-14 COD 自动监测仪测定流程示意图

8.微生物传感器 BOD 自动监测仪

微生物传感器 BOD 自动监测仪工作原理示于图 3-15,由液体输送系统、传感器系统、信号测量及数据处理、程序控制系统等组成,可在 30min 内完成一次测定。整机按照下列程序完成一个周围期测定:

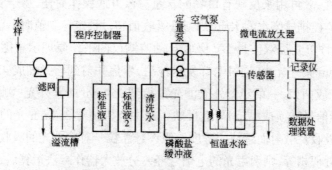

图 3-15 微生物传感器 BOD 自动监测仪

(1)将中性磷酸盐缓冲溶液用定量泵以一定流量打入微生膜传感器下端的发送池,发送池置于 30℃恒温水浴中。因缓冲溶液不含 BOD 物质,故传感器输出信号为一稳态值。

（2）将水样以恒定流量（小于缓冲溶液流量的 1/10）打入缓冲溶液中，与其混合后进入发送池。因此时的溶液含有 BOD 物质，使传感器输出信号减小，其减少值与 BOD 物质的浓度有定量关系，经电子系统运算，直接显示 BOD 值。

（3）一次测定结束后，将清洗水打入发送池，清洗输液管路和发送池。清洗完毕，再自动开始第二个测定周期。根据程序设定要求，每隔一定时间打入 BOD 标准溶液校准仪器。

9.TOC 监测仪

TOC 自动监测仪是根据非色散红外吸收法原理设计的，有单通道和双通道两种类型。图 3-16 是单通道型仪器的流程图。用定量泵连续采集水样并送入混合槽，在混合槽内与以恒定流量输送来的稀盐酸溶液混合，使水样 pH 值达 2~3，则碳酸盐分解为 CO_2，经除气槽随鼓入的氮气排出。已除去无机碳化合物的水样和氧气一起进入 850~950℃ 的燃烧炉（装有催化剂），则水样中的有机碳转化为 CO_2，经除湿后，用非色散红外分析仪测定。用邻苯二甲酸氢钾作标准物质定期自动对仪器进行校正。这种仪器另一种类型是用紫外光—催化剂氧化装置替代燃烧炉。

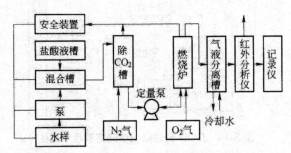

图 3-16　单通道 TOC 自动监测仪工作原理

10.UV（紫外）吸收监测仪

由于溶解于水中的不饱和烃和芳香族化合物等有机物对 254 nm 附近的光有强烈吸收，而无机物对其吸收甚微；实验证明某些废水或地表水对该波长附近光的吸光度与其 COD 值有良好的相关性，故可用来反映有机物的含量。该方法操作简便，易于实现自动测定，目前在国外多用于监控排放废水的水质，当紫外吸收值超过预定控制值时，就按超标处理。

图 3-17 是一种单光程双波长 UV 吸收自动监测仪的工作原理示意图。由低压汞灯发出约 90% 的 254 nm 紫外光束，通过水样发送池后，聚焦并射到与光轴成 45° 角的半透射半反射镜上，将其分成两束，一束经紫外光滤光片得到 254 nm 的紫外光（测量光束），射到光电转换器上，将光信号转换成电信号，它反映了水中有机物对 254 nm 光的吸收和水中悬浮粒子对该波长光吸收及散射而衰减的程度。假设悬浮粒子对紫外光的吸收和散射与对可见光的吸收和散射近似相等，则两束光的电信号经差分放大器作减法运算后，其输出信号即为水样中有机物对 254 nm 紫外光的吸光度，消除了悬浮粒子对测定的影响。仪器经校准后可直接显示有机物浓度。

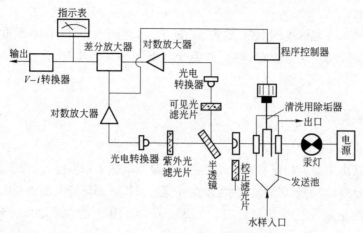

图 3-17　UV 吸收自动监测仪工作原理

思考与练习

1.为什么河水水质自动监测系统多限于一般指标的测定？

2. 说明下列仪器对水质进行间歇或连续自动监测的原理：溶解氧监测仪；浊度监测仪；高锰酸盐指数监测仪；COD 监测仪；UV 吸收监测仪？

任务四　地表水水质指标测定

技能训练 1.水样水温的测定

一、概述

水的物理化学性质与水温有密切关系。水中溶解性气体(如氧、二氧化碳等)的溶解度,水中生物和微生物活动,非离子氨、盐度、pH 值以及碳酸饱和度等都受水温变化的影响。

温度为现场监测项目之一,常用的方法有水温计法、深水温度计法、颠倒温度计法和热敏温度计法。水温计法用于地表水、污水等浅层水温的测量,颠倒温度计用于湖库等深层水温的测量。

二、水温计法

1.仪器

水温计的水银温度计安装在金属半圆槽壳内,开有读数窗孔,下端连接一个金属储水杯,温度表水银球部悬于杯中,其顶端的槽壳带一圆环,拴以一定长度的绳子。测温范围通常为-6~41℃,最小分度为 0.2℃。

2.测量步骤

将水温计插入一定深度的水中,放置 5 min 后,迅速提出水面并读取温度值。当气温与水温相差较大时,尤应注意立即读数,避免受气温影响。必要时,重复插入水中,再一次读数。

三、颠倒温度计法

1.仪器

颠倒温度计由主温表和辅温表构成。主温表是双端式水银温度计,用于观测水温;辅温表为普通水银温度计,用于观测读取水温时的气温,以校正因环境温度改变而引起的主温表读数的变化。测量范围 主温表-2℃~32℃,分度值为 0.1℃。辅温表-20℃~50℃,分度值为0.5℃。

2.测量步骤

颠倒温度计随颠倒采水器沉入一定深度的水层,放置 10 min 后,使采水器完成颠倒动作后,提出水面立即读数(辅温读至一位小数,主温读至两位小数)。

根据主、辅温度的度数,分别查主、辅温度表的器差表(依温度表检定证中的检定值线性内插做成)得相应的校正值。

当水温测量不需要十分精确时,则主温表的订正值可作为水温的测量值。

如需精确测量,则应进行颠倒温度表的校正。

闭端颠倒温度表的校正值 K 的计算公式为:

$$K=(T-t)(T+V_0)/n*[1+(T+V_0)/n]\qquad(3-11)$$

式中　T——主温表经器差订正后的读数;

　　　T——辅温表经器差订正后的读数;

　　　V_0——主温表自接受泡至刻度 0℃处的水银容积,以温度度数表示;

　　　$1/n$——水银与温度表玻璃的相对体膨胀系数。

由主温表的读数加 K 值,即为实际水温。

四、思考题

1.使用玻璃管温度计,为了防止管内液体膨胀时胀破玻璃管,必须注意什么?
2.水温计法和颠倒温度计法测量水温的适用范围?

技能训练 2.水样浊度的测定——分光光度法

一、概述

浊度是指水中悬浮物对光线透过时所发生的阻碍程度。水的浊度大小与水中悬浮物质含量及其微粒等性质有关。

常用测定方法有分光光度法、目视比浊法、浊度计法。分光光度法适用于检测饮用水、天然水和高浊度水,最低检测浊度为 3 度;目视比浊法适用于饮用水和水源水等低浊度水,最低检出浊度为 1 度。下面重点介绍分光光度法。

二、方法原理

将一定量的硫酸肼与六次甲基四胺聚合,生成白色高分子聚合物,以此作为浊度标准溶液,在一定条件下与水样浊度比较。规定 1 L 溶液中含 0.1 mg 硫酸肼和 1 mg 六次甲基四胺为 1 度。

三、仪器试剂

（1）50 ml 比色管。

（2）分光光度计。

（3）无浊度水 将蒸馏水通过 0.2 μm 滤膜过滤,收集于用滤过水荡洗两次的烧瓶中。

（4）浊度标准贮备液

① 1 g/100 ml 硫酸肼溶液:称取 1.000 g 硫酸肼[(N_2H_4)$SO_4 \cdot H_2SO_4$]溶于水,定容至 100 ml。

② 10 g/100 ml 六次甲基四胺溶液:称取 10.00 g 六次甲基四胺[(CH_2)$_6N_4$]溶于水,定容至 100 ml。

③浊度标准贮备液:吸取 5.00 ml 硫酸肼溶液与 5.00 ml 六次甲基四胺溶液于 100 ml 容量瓶中,混匀。于 25±3℃下静置反应 24 h。冷却后用水稀释至标线,混匀。此溶液浊度为 400 度。可保存一个月。

四、分析步骤

步骤 1.标准曲线的绘制

吸取浊度标准液 0, 0.50, 1.25, 2.50, 5.00, 10.00 及 12.50 ml,置于 50 ml 的比色管中,加水至标线。摇匀后,即得浊度为 0, 4, 10, 20, 40, 80 及 100 度的标准系列。于 680 nm 波长,用 30 mm 比色皿,测定吸光度,绘制校准曲线。

步骤 2.水样的测定

吸取 50.0 ml 摇匀水样（无气泡,如浊度超过 100 度可酌情少取,用无浊度水稀释至 50.0 ml）,于 50 ml 比色管中,按绘制校准曲线步骤测定吸光度,由校准曲线上查得水样浊度。

五、注意事项

（1）水样应无碎屑及易沉颗粒。

（2）器皿清洁,水样中无气泡。

（3）在 680 nm 下测定天然水中存在的淡黄色、淡绿色无干扰。

（4）硫酸肼毒性较强,属于致癌物质,取用时注意。

六、数据处理

$$浊度（度）= \frac{A(B+C)}{C}$$　　　　　　　　（3-12）

式中　A——稀释后水样的浊度,度;

　　　B——稀释水体积,ml;

　　　C——原水样体积,ml。

不同浊度范围测试结果的精度要求如下:

浊度范围（度）	精度（度）	浊度范围（度）	精度（度）
1~10	1	400~1 000	50
10~100	5	大于1 000	100
100~400	10		

七、思考题

1.试述分光光度法测定浊度的原理?

2.简述浊度为400度的浊度储备液的配制方法?

3.怎么制备无浊度水?

技能训练 3.水样电导率的测定——电导率仪法

一、概述

电导率是以数字表示溶液传导电流的能力。纯水电导率很小,当水中含有无机酸、碱或盐时,使电导率增加。电导率常用于间接推测水中离子成分的总浓度,水溶液的电导率取决于离子的性质和浓度、溶液的温度和黏度等。

不同类型的水有不同的电导率。新鲜蒸馏水的电导率为 0.5~2 μS/cm,但放置一段时间后,因吸收了二氧化碳,增加到 2~4 μS/cm;超纯水的电导率小于 0.1 μS/cm;天然水的电导率多在 50~500 μS/cm;矿化水可达 500~1 000 μS/cm;含酸、碱、盐的工业废水电导率往往超过 10 000 μS/cm;海水的电导率约为 30 000 μS/cm。

电导率随温度的变化而变化,温度每升高 1℃,电导率增加约 2%,通常规定 25℃为测定电导率的标准温度。如果温度不是 25℃,必须进行温度校正,经验公式为

$$K_t = K_s[1 + \alpha(t-25)]$$　　　　　　　　（3-13）

式中　K_t——25℃电导率;

　　　K_s——温度 t 时的电导率;

　　　α——各种离子电导率的平均温度系数,定为 0.022。

电导率的测定方法是电导率仪法,电导率仪有实验室内使用的仪器和现场测试仪器两种。而现场测试仪器通常可同时测量 pH 值、溶解氧、浊度、总盐度和电导率五个参数。下面重点介绍便携式电导率仪法。

二、方法原理

由于电导是电阻的倒数,因此,当两个电极插入溶液中,可以测出两电极间的电阻 R,根据欧姆定律,温度一定时,这个电阻值与电极的间距 L(cm)成正比,与电极的截面积 A(cm²)成反比。即:$R=\rho L/A$。

由于电极面积 A 与间距 L 都是固定不变的,故 L/A 是一常数,称电导池常数(以 Q 表示)。

比例常数 ρ 称作电阻率。其倒数 $1/\rho$ 称为电导率,以 K 表示。

$$S=1/R=1/\rho Q$$

S 表示电导度,反映导电能力的强弱。所以 $K=QS$ 或 $K=Q/R$。

当已知电导池常数,并测出电阻后,即可求出电导率。

三、仪器试剂

(1)测量仪器为各种型号的便携式电导率仪。

(2)纯水:将蒸馏水通过离子交换柱,电导率小于 1 uS/cm。

(3)仪器配套的标准溶液。

四、分析步骤

注意阅读便携式电导率仪的使用说明书。一般测量操作步骤如下:

步骤 1.在烧杯内倒入足够的电导率标准溶液,使标准溶液进入电极上的小孔。

步骤 2.将电极和温度计同时放入溶液内,电极触底确保排除电极套内的气泡,几分钟后温度达到平衡。

步骤 3.记录测出的标准的温度。

步骤 4.按 ON/OFF 键打开电导率仪。

步骤 5.按 COND/TEMP 显示温度,调整温度旋钮,直到显示记录的标准液温度值。

步骤 6.再按 COND/TEMP 显示电导率测量挡,选择适当的测量范围。注意:若果仪器显示超出范围,需要选择下一个测量挡。

步骤 7.用小螺丝刀调整仪器旁边的校准钮直到显示标准溶液温度时的电导率值,例如 25 ℃,12.88 Ms/cm。随后所有测量都补偿在该温度下。如果想使温度补偿到 20℃(如果水样温度是 20℃),调整旋钮显示 20℃时的电导率值,随后所有测量都补偿在 20℃。

步骤 8.仪器校准完后即可开始测量,测量完毕关闭仪器,清洗电极。

五、注意事项

（1）确保测量前仪器已经校准过（参考标准程序）。

（2）将电极插入水样中，注意电极上的小孔必须浸泡在水面以下。

（3）最好使用塑料容器盛装待测的水样。

（4）仪器必须保证每月校准一次，更换电极或电池时也需校准。

六、思考题

1.电导率仪的温度补偿有何意义？

2.测定电导率的样品应如何保存？

3.为什么电导率仪测量时读书不稳定？

技能训练 4.水样 pH 值的测定——玻璃电极法

一、概述

1.测定意义

pH 值是最常用的水质指标之一，天然水的 pH 值多在 6-9 范围内；饮用水 pH 值要求在 6.5-8.5 之间；某些工业用水的 pH 值应保证在 7.0-8.5 之间，否则将对金属设备和管道有腐蚀作用。pH 值和酸度、碱度既有区别又有联系。pH 值表示的水的酸碱性的强弱，而酸度或碱度是水中所含酸或碱物质的含量。同样酸度的溶液，如 0.1 mol 盐酸和 0.1 mol 乙酸，二者的酸度都是 100 mmol/L，但其 pH 值却大不相同。盐酸是强酸，在水中几乎完全电离，pH 值为 1；而乙酸是弱酸，在水中的电离度只有 1.3%，其 pH 值为 2.9。水质中的 pH 值的变化预示了水污染的程度。

2.测定方法

水的 pH 值测定方法有比色法和玻璃电极法。玻璃电极法用于对饮用水、地表水和工业废水 pH 值的测定，并适于现场测定。比色法适用于测定色度较低的天然水和饮用水的 pH 值。下面重点介绍玻璃电极法。

二、方法原理

pH 值由测量电池的电动势而得。该电池通常由饱和甘汞电极为参比电极，玻璃电极为指示电极，在 25℃时，溶液每变化 1 个 pH 值单位，电位差改变 59.16 mV，据此在 pH 值计上直接以 pH 值的读数表示。

三、仪器试剂

（1）各种型号的 pH 值计。

（2）复合电极。

（3）磁力搅拌器。

（4）50 ml 聚乙烯或四氟乙烯烧杯。

（5）用于校准仪器的标准缓冲溶液,按表3-9规定的数量称取试剂,溶于250℃水中,在容量瓶内定容至 1 000 ml。水的电导率应低于 2 μs/cm,临用前煮沸数分钟,赶除二氧化碳,冷却。取 50 ml 冷却的水,加 1 滴饱和氯化钾溶液,测量 pH 值,如 pH 值在 6~7 之间既可用于配置各种标准缓冲溶液。

表 3-9　pH 值标准溶液的配制

标准物质	pH 值（25℃）	每 1 000 ml 水溶液中所含试剂的质量（25℃）
基本物质		
酒石酸氢钾（25℃饱和）	3.557	$6.4GkHC_4H_4O_6$[①]
柠檬酸二氢钾	3.776	$11.41GKH_2C_6H_5O_7$
邻苯二甲酸氢钾	4.008	$10.12GKHC_8H_4O_4$
磷酸二氢钾+磷酸二氢钠	6.865	$3.388gKH_2PO_4$[②]$+3.533gNa_2HPO_4$[(2,3)]
磷酸二氢钾+磷酸二氢钠	7.413	$1.179gKH_2PO_4$[②]$+4.302Na_2HPO_4$[(2,3)]
四硼酸钠	9.180	$3.80gNa_2B_4O_7 \cdot 10H_2O$[(3)]
碳酸氢钠+碳酸钠	10.012	$2.92gNaHCO_3+2.64Na_2CO_3$
辅助标准		
二水合四草酸钾	1.679	$12.61gKH_3C_4O_8 \cdot 2H_2O$[(4)]
氢氧化钙	12.454	$1.5gCa(OH)_2$[①]

注:①近似溶解度;②在 100~130℃烘干 2 h;（3）用新煮沸过并冷却的无二氧化碳水;（4）烘干温度不可超出 60℃

四、分析步骤

步骤 1.仪器准备

按照仪器使用说明书准备。

步骤 2.仪器校准

将水样与标准溶液调至同一温度,记录测定温度,把仪器温度补充旋钮调至该温度处。选用与水样 pH 值相差不超过 2 个 pH 值单位的标准溶液校准仪器。从第一个标准溶液中取出电极,彻底冲洗,并用滤纸边缘轻轻吸干。再侵入第二个标准溶液中,其 pH 值约与前一个相差 3 个 pH 值单位。如测定值与第二个标准溶液 pH 值之差大于 0.1 pH 值时,就要检查仪器、电极或标准溶液是否有问题。当三者均无异常情况时方可测定水样。

步骤 3.水样测定

先用蒸馏水仔细冲洗电极,再用水样冲洗,然后将电极侵入水样中,小心搅拌或摇动使其均匀,待读数稳定化记录 pH 值。

五、数据记录与处理

仪器条件					
试样名称			试样编号		
仪器名称			仪器型号		
仪器编号			水温		
测定水样 pH 值					
水样	在测量温度下标准缓冲溶液的 pH 值		水样 pH 值测试值	试样 pH 值平均值	相对平均偏差/%
	第 1 点	第 2 点			
1 号	1				
	2				
2 号	1				
	2				

六、思考题

1.温度对 pH 值的测定有何影响? 如何消除? 误差在多少为宜?

2.简述电极法测定 pH 值的主要步骤?

3.什么原因导致第二点校正出错或不能校正?

技能训练 5.水样溶解氧的测定——碘量法

一、概述

1.测定意义

空气中的分子态氧溶解在水中称为溶解氧。溶解氧跟空气里氧的分压、大气压、水温和水质有密切的关系。在 20℃、100 kPa 下,纯水里大约溶解氧 9 mg/L。有些有机化合物在喜氧菌作用下发生生物降解,要消耗水里的溶解氧。如果有机物以碳来计算,根据 $C+O_2=CO_2$ 可知,每 12 g 碳要消耗 32 g 氧气。当水中的溶解氧值降到 5 mg/L 时,一些鱼类的呼吸就发生困难。

溶解氧通常有两个来源:一个来源是水中溶解氧未饱和时,大气中的氧气向水体渗入;另一个来源是水中植物通过光合作用释放出的氧。因此水中的溶解氧会由于空气里氧气的溶入及绿色水生植物的光合作用而得到不断补充。但当水体受到有机物污染,耗氧严重,溶解氧得不到及时补充,水体中的厌氧菌就会很快繁殖,有机物因腐败而使水体变黑、发臭。

溶解氧值是研究水自净能力的一种依据。水里的溶解氧被消耗,要恢复到初始状态,所需时间短,说明该水体的自净能力强,或者说水体污染不严重。否则说明水体污染严重,自净能力弱,甚至失去自净能力。

2.测定方法

测定水中溶解氧常用碘量法及其修正法,还可用溶解氧仪测定。氧化性物质可使碘化物游离出碘,产生正干扰;还原性物质可把碘还原成碘化物,产生负干扰。碘量法适用于含少量还原性物质及硝酸氮<0.1 mg/L、铁不大于 1 mg/L,较为清洁的水样。大部分受污染的地面水和工业废水采用修正的碘量法和电极法。下面重点介绍碘量法。

二、方法原理

碘量法测定水中溶解氧是基于溶解氧的氧化性能。当水样中加入硫酸锰和碱性 KI 溶液时,立即生成 Mn(OH)₂ 沉淀。Mn(OH)₂ 极不稳定,迅速与水中溶解氧化合生成锰酸锰。在加入硫酸酸化后,已化合的溶解氧(以锰酸锰的形式存在)将 KI 氧化并释放出与溶解氧量相当的游离碘。然后用硫代硫酸钠标准溶液滴定,换算出溶解氧的含量。

三、仪器试剂

(1)溶解氧瓶(250 ml)。

(2)锥形瓶(250 ml)。

(3)酸式滴定管。

(4)移液管(50 ml)。

(5)吸耳球。

(6)硫酸锰溶液:称取 480 g MnSO₄·4H₂O,溶于蒸馏水中,过滤后稀释至 1 L(此溶液在酸性时,加入 KI 后,遇淀粉不变色)。

(7)碱性 KI 溶液:称取 500 g NaOH 溶于 300~400 ml 蒸馏水中,称取 150 g KI 溶于 200 ml 蒸馏水中,待 NaOH 溶液冷却后将两种溶液合并,混匀,用蒸馏水稀释至 1 L。若有沉淀,则放置过夜后,倾出上层清液,储于塑料瓶中,用黑纸包裹避光保存。

(8)(1+5)硫酸溶液。

(9)1%淀粉溶液:称取 1 g 可溶性淀粉,用少量水调成糊状,再用刚煮沸的水冲稀至 100 ml。冷却后,加入 0.1 g 水杨酸或 0.4 g 氯化锌防腐。

(10)0.025 00 mol/L(1/6K₂Cr₂O₇)重铬酸钾标准溶液:称取于 105-110 ℃烘干 2 小时并冷却的 K₂Cr₂O₇ 0.306 4 g,溶于水,移入 250 ml 容量瓶中,用水稀释至标线,摇匀。

(11)0.025 mol/L 硫代硫酸钠溶液:称取 3.2 g 硫代硫酸钠(Na₂S₂O₃·5H₂O)溶于煮沸放冷的水中,加入 0.2 g 碳酸钠,用水稀释至 1 000 ml。储于棕色瓶中,使用前用 0.025 00 mol/L 重铬酸钾标准溶液标定。

(12)浓硫酸。

四、分析步骤

步骤 1.硫代硫酸钠溶液的浓度的标定

于 250 ml 碘量瓶中,加入 100 ml 水和 1 g KI,加入 10.00 ml 0.025 00 mol/L 重铬酸钾（ $1/6K_2Cr_2O_7$ ）标准溶液、5 ml（1+5）硫酸溶液,密塞,摇匀。于暗处静置 5 分钟后,用待标定的硫代硫酸钠溶液滴定至溶液呈淡黄色,加入 1 ml 淀粉溶液,继续滴定至蓝色刚好褪去为止,记录用量。

$$K_2CrO_7+6KI+7H_2SO_4=4K_2SO_4+Cr_2(SO_4)_3+3I_2+7H_2O$$

$$C_{Na_2S_2O_3}(mol/L) = \frac{C_{K_2Cr_2O_7} \times V_{K_2Cr_2O_7}}{V_{Na_2S_2O_3}} \tag{3-14}$$

式中　$C_{Na_2S_2O_3}$——硫代硫酸钠溶液的浓度（mol/L）。

$\quad\quad C_{K_2Cr_2O_7}$——重铬酸钾标准溶液的浓度（mol/L）。

$\quad\quad V_{K_2Cr_2O_7}$——重铬酸钾标准溶液的体积（ml）。

$\quad\quad V_{Na_2S_2O_3}$——滴定时消耗硫代硫酸钠溶液的体积（ml）。

步骤 2.自来水中溶解氧的测定

取自来水样:将水龙头接一段乳胶管。打开水龙头,放水 10 分钟之后,将乳胶管插入溶解氧瓶底部,收集水样,直至水样从瓶口溢流 10 分钟左右。取样时应注意水的流速不应过大,严禁气泡产生。若为其他水样,应在水样采集后,用虹吸法转移到溶解氧瓶内,同样要求水样从瓶口溢流。

将移液管插入液面下,依次加入 1 ml 硫酸锰溶液及 2 ml 的碱性碘化钾溶液,盖好瓶塞,勿使瓶内有气泡,颠倒混合 15 次,静置。待棕色絮状沉淀降到一半时,再颠倒几次。

分析时轻轻打开瓶塞,立即将吸管插入液面下,加入 1.5~2.0 ml 浓硫酸,小心盖好瓶塞,颠倒混合摇匀至沉淀物全部溶解为止。若溶解不完全,可继续加入少量浓硫酸,但此时不可溢流出溶液。然后放置暗处 5 分钟。用吸管吸取 100 ml 上述溶液,注入 250 ml 锥形瓶中,用 0.025 mol/L 硫代硫酸钠标准溶液滴定到溶液呈微黄色,加入 1 ml 淀粉溶液,继续滴定至蓝色恰好褪去为止,记录用量。

五、数据记录与处理

1.计算

$$溶解氧（mg/L）= C_{Na_2S_2O_3} \times V_{Na_2S_2O_3} \times \frac{32}{4} \times \frac{1000}{V_水} \tag{3-15}$$

式中　C——硫代硫酸钠标准溶液的浓度,mol/L;

$\quad\quad V$——滴定时消耗硫代硫酸钠标准溶液体积,ml;

$\quad\quad 8$——1/4O_2 的摩尔数,g/mol;

$\quad\quad V_水$——水样体积,ml。

$$O_2 \rightarrow 2Mn(OH)_2 \rightarrow MnO_3 \rightarrow 2I_2 \rightarrow 4Na_2S_2O_3 \tag{3-16}$$

1 mol 的 O_2 和 4 mol 的 $Na_2S_2O_3$ 相当，用硫代硫酸钠的摩尔数乘氧的摩尔数除以 4 可得到氧的质量（mg），再乘 1 000 可得每升水样所含氧的毫克数。

2.数据列表表示如下

（1）标定硫代硫酸钠：

编号	$C(1/6K_2Cr_2O_7)$ （mol/L）	$V(1/6K_2Cr_2O_7)$ （ml）	$V(Na_2S_2O_3)$ （ml）	$C(Na_2S_2O_3)$ （mol/L）	d 相对（%）
1					
2					
3					
平均值					

（2）样品测定：

编号	$C(Na_2S_2O_3)$ （mol/L）	$V(Na_2S_2O_3)$ （ml）	DO （O_2,mg/L）	d 相对（%）
1				
2				
3				
平均值				

六、注意事项

（1）当水样中含有亚硝酸盐时会干扰测定，可加入叠氮化钠使水中的亚硝酸盐分解而消除干扰。其加入方法是预先将叠氮化钠加入碱性碘化钾溶液中。

（2）如水样中含氧化性物质（如游离氯等），应预先加入相当量的硫代硫酸钠去除。

（3）如水样中含 Fe^{3+} 达 100~200 mg/L 时，可加入 1 ml 40%氟化钾溶液消除干扰。

七、思考题

1.在水样中，有时加入 $MnSO_4$ 和碱性 KI 溶液后，只生成白色沉淀，是否还需继续滴定？为什么？

2.碘量法测定水中余氯和溶解氧时，淀粉指示剂加入先后次序对测定有何影响？

技能训练 6.水样高锰酸盐指数的测定——高锰酸钾法

一、概述

1.测定意义

水体受污染以后，必然存有一定的有机物。这些有机物会促使细菌大量繁殖，直接导致水质恶化。因而水中有机物含量的多少，在一定程度上反映了水被污染的状况。但是水中有机物的组成比较复杂,分别测定各种有机物比较困难,常常折合消耗氧化剂量的方法来间接表示水中的有机物含量。而氧化剂不同,其指标也不同。以高锰酸钾溶液为氧化剂测得的化学需氧量称为高锰酸盐指数,以耗氧的质量(mg)表示。水的高锰酸盐指数是生活用水及工业用水的一项重要的分析项目。

2.测定方法

按测定溶液的介质不同,分为酸性高锰酸钾法和碱性高锰酸钾法。因为在碱性条件下高锰酸钾的氧化能力比酸性条件下稍弱,此时不能氧化水中的氯离子,故常用于测定氯离子浓度较高的水样。酸性高锰酸钾法适用于氯离子含量不超过 300 mg/L 的水样。当高锰酸盐指数超过 10mg/L 时,应少取水样并经稀释后再测定。下面重点介绍酸性高锰酸钾法。

二、方法原理

加入硫酸使水样呈酸性后,加入一定量的高锰酸钾溶液,并在沸水浴中加热反应一定的时间。剩余的高锰酸钾,用草酸钠溶液还原并加入过量,再用高锰酸钾溶液回滴过量的草酸钠,通过计算求出高锰酸钾指数数值。

显然高锰酸盐指数是一个相对的条件性指标,其测定结果与溶液的酸度、高锰酸盐浓度、加热温度和时间有关。因此,测定时必须严格遵守操作规定,使结果具可比性。

三、仪器试剂

(1)四孔数显沸水浴装置 1 台。

(2)电子分析天平 1 台。

(3)棕色酸式滴定管:50 ml,1 支。

(4)移液管:100 ml,1 支。

(5)移液管:25 ml,1 支。

(6)移液管:10 ml,3 支。

(7)吸量管:5 ml,1 支。

(8)容量瓶:100 ml,2 个。

(9)棕色容量瓶:250 ml,1 个。

(10)棕色试剂瓶:500 ml,2 个。

(11)锥形瓶:250 ml,9 个。

(12)烧杯:100 ml,3 个。

(13)量筒:50 ml,1 支。

(14)高锰酸钾贮备液 $C(1/5KMnO_4)$ 约为 0.1 mol/L:称取 3.2 g 高锰酸钾溶于 1.2 L 水中,加热煮沸,使体积减少至约 1 L,在暗处放置过夜,用 G-3 玻璃砂芯漏斗过滤,滤液贮于棕色瓶中保存。

(15)高锰酸钾使用液 $C(1/5KMnO_4)$ 约为 0.01 mol/L:吸取 25 ml 上述高锰酸钾溶液,于 250 ml 容量瓶中摇匀、定容,贮于棕色瓶中。

（16）硫酸,密度（$\rho20$）=1.84 g/ml。

（17）硫酸,（8+92）溶液。

（18）硫酸,（1+3）溶液。配制时趁热滴加高锰酸钾溶液至呈微红色。

（19）草酸钠标准贮备液 C（ $1/2Na_2C_2O_4$ ）=0.100 0 mol/L。

（20）草酸钠标准使用液 C（ $1/2Na_2C_2O_4$ ）=0.010 0 mol/L:吸取 10.00 ml 上述草酸钠溶液移入 100 ml 容量瓶中,用水稀释至标线。

四、分析步骤

步骤 1.高锰酸钾标准滴定溶液 C（ $1/5KMnO_4$ ）=0.1 mol/L 的标定

称取 0.25 g 于 105℃电烘箱中干燥至恒重的工作基准试剂草酸钠,溶于 100 ml（8+92）硫酸溶液中,用配制好的高锰酸钾溶液滴定,近终点时加热至约 65℃,趁热用待标定的 $KMnO_4$ 溶液进行滴定,开始时,速度要慢,滴入第一滴溶液后,不断摇动锥形瓶,使溶液充分混合反应,当紫红色褪去后再滴入第二滴。当溶液中有 Mn^{2+}（催化剂）产生后,反应速度会加快,滴定速度也可随之加快,但仍需按照滴定规则进行。接近终点时,紫红色褪去很慢,此时,应该减慢滴定速度,同时充分摇匀,以防滴过终点。最后滴加半滴 $KMnO_4$ 溶液摇匀后 30 s 内不褪色即为达到终点。记下读数,计算 $KMnO_4$ 溶液的准确浓度。同时做空白试验。

两者反应方程式如下:

$$2KMnO_4+8H_2SO_4+5NaC_2O_4=2MnSO_4+10CO_2+5Na_2SO_4+2K_2SO_4+8H_2O$$

高锰酸钾标准滴定溶液的浓度[C（ $1/5KMnO_4$ ）],数值以摩尔每升（mol/L）表示,按下式计算:

$$C\left(\frac{1}{5}KMnO_4\right)=\frac{m}{M\left(\frac{1}{2}Na_2C_2O_4\right)(V_1-V_2)}\times1\ 000 \qquad (3-17)$$

式中　m——草酸钠质量的数值,单位为克（g）;

　　　V_1——高锰酸钾体积的数值,单位为毫升（ml）;

　　　V_2——空白试验高锰酸钾体积的数值,单位为毫升（ml）;

　　　M——草酸钠摩尔质量的数值,单位为 g/mol[M（ 1/2 ）$Na_2C_2O_4$=66.999]。

（2）高锰酸盐指数（酸性法）的测定

步骤 2.草酸钠标准溶液的配置

草酸钠标准贮备液 C（ $1/2Na_2C_2O_4$ ）=0.100 0 mol/L:称取 0.670 5 g 在 105~110℃烘干 1 h 并冷却的优级纯草酸钠于 100 ml 烧杯中,溶于水,定容于 100 ml 容量瓶中。

草酸钠标准使用液 C（ $1/2Na_2C_2O_4$ ）=0.010 0 mol/L:吸取 10.00 ml 上述草酸钠溶液移入 100 ml 容量瓶中,用水稀释至标线。

步骤 3.样品的测定

①用移液管移取 100 ml 混匀水样（如高锰酸盐指数高于 10 mg/L,则酌情少取,并用水稀释至 100 ml）于 250 ml 锥形瓶中。

②加入 5 ml（1+3）硫酸,混匀。

③用滴定管加入 10.00 ml 0.01 mol/L 高锰酸钾溶液,摇匀,立即放入沸水浴中加热 30 min(从水浴重新沸腾起计时)。沸水浴液面应高于反应溶液的液面。

④取下锥形瓶,趁热用移液管加入 10.00 ml 0.010 0 mol/L 草酸钠标准溶液,摇匀。立即用 0.01 mol/L 高锰酸钾溶液滴定至显微红色,记录高锰酸钾溶液消耗量。

⑤高锰酸钾溶液浓度的标定:将上述已滴定完毕的溶液加热至约 70 ℃,用移液管准确加入 10.00 ml 0.010 0 mol/L 草酸钠标准使用液,再用 0.01 mol/L 高锰酸钾溶液滴定至显微红色。记录高锰酸钾溶液的消耗量,按下式求得高锰酸钾溶液的校正系数(K)。

$$K=10.00/V$$

式中　V——高锰酸钾溶液消耗量(ml)。

若水样经稀释时,应同时另取 100 ml 蒸馏水,同水样操作步骤进行空白试验。

对给定水样同时测定三份平行样。

五、数据记录与处理

测定结果记录

1.高锰酸钾标准滴定溶液 $C(1/5KMnO_4)$的标定

项目	测定次数	1	2	3	空白
基准物称量	m 倾样前/g				
	m 倾样后/g				
	m(草酸钠)/g				
移取硫酸试液体积/ml					
滴定管初读数/ml					
滴定管终读数/ml					
滴定消耗高锰酸钾体积/ml					
c/mol/L					
$\bar{c}$/mol/L					
相对极差/%					

2.高锰酸盐指数(酸性法)的测定

项目	测定次数	1	2	3	空白
草酸钠称取量/g					
试液移取	移液管标示体积/ml				
	移液管实际体积/ml				
	样品实际体积/ml				

续表

项目 ＼ 测定次数	1	2	3	空白
滴定管初读数/ml				
滴定管终读数/ml				
滴定消耗高锰酸钾体积/ml				
反滴定时高锰酸钾消耗量/ml				
反滴定时高锰酸钾实际消耗量/ml				
高锰酸钾溶液的校正系数(K)				
高锰酸盐指数(O_2,mg/L)				
高锰酸盐指数(平均)(O_2,mg/L)				
相对极差/%				

计算

1.水样不经稀释

$$高锰酸盐指数(O_2,mg/L) = \frac{\left[(10+V_1)K - 10\right] \times M \times 1\,000 \times 8}{100}$$

（3-18）

式中　V_1——滴定水样时,高锰酸钾溶液的消耗量(ml);

　　　K——校正系数;

　　　M——草酸钠溶液浓度(mol/L);

　　　8——氧(1/2 O)摩尔质量。

2.水样经稀释

$$高锰酸盐指数(O_2,mg/L) = \frac{\left\{\left[(10+V_1)K - 10\right] - \left[(10+V_0)K - 10\right] \times C\right\} \times M \times 8 \times 1\,000}{V_2}$$

（3-19）

式中　V_0——空白试验中高锰酸钾溶液消耗量(ml);

　　　V_2——分取水样(ml);

　　　c——稀释水样中含水的比值,例如:10.0 ml 水样用 90 ml 水稀释至 100 ml,则 c=0.90。

六、注意事项

（1）在水浴中加热完毕后,溶液仍应保持淡红色,如变浅或全部褪去,应将水样的稀释倍数加大后再测定。

（2）在酸性条件下,草酸钠和高锰酸钾反应的温度应保持在 60~80℃,所以滴定操作必须趁热进行,若溶液温度过低,需适当加热。

七、思考题

1.高锰酸盐指数是一个相对的条件性指标,其测定结果与哪些因素有关?

2.水浴加热之后,样品为什么无色? 怎样保持样品的淡红色?

技能训练 7.水中常见阴离子的测定——离子色谱法

一、概述

水中的各种盐类一般均以离子形式存在,所以含盐量是表示水中各种阳离子和阴离子的量的总和。水中的常见阴离子有重碳酸根离子 HCO_3^-、硫酸根离子 SO_4^{2-}、氯离子 Cl^- 等。

水中众多阴离子可以采用多种测定方法进行,比如紫外可见分光光度法、滴定法、气相分子吸收光谱法、原子吸收分光光度法等。而离子色谱法与光度法、原子吸收法相比,主要优点是同时检测样品中的多种成分。只需很短的时间就可得到阴、阳离子以及样品组成的全部信息。

离子色谱主要用于环境样品的分析,包括地面水、饮用水、雨水、生活污水和工业废水、酸沉降物和大气颗粒物等样品中的阴、阳离子,与微电子工业有关的水和试剂中痕量杂质的分析。另外在食品、卫生、石油化工、水及地质等领域也有广泛的应用。

下面重点介绍离子色谱法测定水中常见阴离子。

二、方法原理

离子色谱法中使用的固定相是离子交换树脂。离子交换树脂上分布有固定的带电荷的基团和能离解的离子。当样品加入离子交换树脂后,用适当的溶液洗脱,样品离子即与树脂上能离解的离子进行交换,并且连续进行可逆交换分配,最后达到平衡。不同阴离子(F^-、Cl^-、NO_3^-、NO_2^- 等)与阴离子树脂之间亲和力不同,其在交换柱上的保留时间不同,从而达到分离的目的。根据离子色谱峰的峰高或峰面积可对样品中的阴离子进行定性和定量分析。

三、仪器试剂

(1)离子色谱仪。

(2)732 型强酸 MetrosepASUPP5100 阴离子分析色谱柱。

(3)MetrosepASUPP4/5guard 阴离子分析色谱保护柱。

(4)超声波发生器。

(5)真空过滤装置。

(6)1 ml、10 ml 注射器各一支。

(7)0.20 微米、0.45 微米水相微孔过滤膜。

(8)NaF、KCl、$NaNO_2$、$NaNO_3$ 均为优级纯。

(9)超纯水。

四、分析步骤

步骤 1. 样品预处理

用 0.45 μm 过滤膜过滤。目的是去除样品中所包含的,有可能损坏仪器或者影响色谱柱/抑制器性能的成分-有机大分子;去除有可能干扰目标离子测定的成分。

步骤 2.绘制校准曲线

分别取 2.00、5.00、10.00、50.00 ml 混合标准溶液于 100 ml 容量瓶中,分别加 1.00 ml 淋洗储备液,用水稀释到标线,摇匀。用测定样品相同条件进行测定,绘制校准曲线。

步骤 3.开机

按照离子色谱操作说明书,依次打开离子色谱的电源开关、色谱工作站、启动泵,调节流速为 1 ml/min,使系统平衡 30 min。

步骤 4.设置参数

按下列条件设置仪器参数:淋洗液流量为 2.5 ml/min;数据采集时间为 10 min,设置完后扫基线。

步骤 5.未知水样分析

用注射器注入 0.1 ml 的溶液进入离子色谱仪并观察色谱图,一段时间后记下相关数据(注意试液装入前清洗三次,最后抽取时无气泡)。

定性分析:根据各离子的出峰保留时间确定离子种类。

定量分析:测定未知样的峰高,从标准曲线查得其浓度。

五、数据记录与处理

对不同浓度的标准样品所测得的保留时间和出峰面积绘制标准工作曲线:

$$\bar{y} = bx + a$$

$$b = \frac{\sum_{i=1}^{n}\left(x_i - \bar{x}\right)\left(y_i - \bar{y}\right)}{\sum_{i=1}^{n}\left(x_i - \bar{x}\right)^2}$$

$$a = \bar{y} - b\bar{x}$$

根据上述公式,计算出标准曲线,然后根据标准曲线算出水样中各阴离子浓度。

六、注意事项

(1)淋洗液必须先进行超声脱气处理。

(2)所有进样液体必须经过微孔滤膜过滤。

七、思考题

1.试比较离子色谱法测定阴、阳离子的差异?

2.测定阴离子的方法有哪些? 试比较它们各自的特点?

3.为什么需要在电导检测器前加入抑制器?

本项目小结

学习内容总结

知识内容	实践技能
水体污染	地表水监测方案的制定
水质指标	水样的采集
水样容器	水样预处理
监测断面	水样水温的测定
采样点	水样浊度的测定——分光光度法
水样的类型	水样电导率的测定——电导率仪法
水样的运输	水样 pH 值的测定——玻璃电极法
水样保存方法	水样溶解氧的测定——碘量法
水样的消解	水样高锰酸盐指数的测定——高锰酸钾法
富集与分离	水中常见阴离子的测定——离子色谱法

中英文对照专业术语

序号	中文	英文
1	水体污染	water pollution
2	水质指标	Water quality index
3	水样容器	Water sample container
4	监测断面	Monitoring section
5	采样点	Sampling point
6	水样的消解	Digestion of water samples
7	富集与分离	Enrichment and separation
8	水样预处理	Water sample pretreatment
9	电导率	Conductivity
10	溶解氧	Dissolved oxygen

项目四　工业废水监测
Industrial waste water monitoring

知识目标

1. 了解工业废水污染物的种类和特点；
2. 熟悉工业废水监测方案的制订；
3. 掌握水样的采集与流量测定的方法；
4. 掌握工业废水监测指标测定方法和监测实验室常用仪器设备的使用。

技能目标

1. 能够制订工业废水监测方案；
2. 能够对工业废水主要水质项目进行监测。

工作情境

1. 工作地点：水质监测实训室、校外某污水处理厂。
2. 工作场景：环境保护系统要对某化工厂排放的工业废水进行对水质情况监测，主要进行水体的采样、分析和监测报告的书写等工作。

Knowledge goal

1. Understand the types and characteristics of pollutants in industrial wastewater.

2. Familiar with the formulation of monitoring schemes for industrial wastewater.

3. Mastering the method of water sample collection and flow measurement.

4. Master the methods of measuring industrial wastewater monitoring indicators and the use of commonly used instruments and equipment in monitoring laboratories.

Skills goal

1. Be able to formulate industrial wastewater monitoring program；

2. Monitor the main water quality of industrial waste water.

Work situation

1. work place：Water quality training room，A sewage treatment plant outside school.

2. Work scene：Environmental protection system should monitor the water quality of industrial wastewater discharged from a chemical plant，mainly sampling，analysis and monitoring report writing.

项目导入

工业废水监测概述

一、我国工业废水现状

水是工业的血液，但随着工业的发展而产生的废水也越来越严重，是造成环境污染，特别是水体污染的重要原因。工业废水包括生产废水、生产污水及冷却水，是指工业生产过程中产生的废水和废液，其中含有随水流失的工业生产用料、中间产物、副产品以及生产过程中产生的污染物。工业废水种类繁多，成分复杂。例如电解盐工业废水中含有汞，重金属冶炼工业废水含铅、镉等各种金属，电镀工业废水中含氰化物和铬等各种重金属，石油炼制工业废水中含酚，农药制造工业废水中含各种农药等。由于工业废水中常含有多种有毒物质，污染环境对人类健康有很大危害，因此要开发综合利用，化害为利，并根据废水中污染物成分和浓度，采取相应的净化措施进行处置后，才可排放。工业废水监测主要学习内容包括工业废水监测方案的制定、水样采集、主要指标的测定。

二、工业废水的分类

第一种是按工业废水中所含主要污染物的化学性质分类，含无机污染物为主的为无机废水，含有机污染物为主的为有机废水。例如电镀废水和矿物加工过程的废水是无机废水，食品或石油加工过程的废水是有机废水，印染行业生产过程中的是混合废水，不同的行业排出的废水含有的成分不一样。

第二种是按工业企业的产品和加工对象分类，如冶金废水、造纸废水、炼焦煤气废水、金属酸洗废水、化学肥料废水、纺织印染废水、染料废水、制革废水、农药废水、电站废水等。

第三种是按废水中所含污染物的主要成分分类，如酸性废水、碱性废水、含氰废水、含铬废水、含镉废水、含汞废水、含酚废水、含醛废水、含油废水、含硫废水、含有机磷废水和放射性废水等。

前两种分类法不涉及废水中所含污染物的主要成分，也不能表明废水的危害性。

三、工业废水的处理原则

（1）优先选用无毒生产工艺代替或改革落后生产工艺,尽可能在生产过程中杜绝或减少有毒有害废水的产生。

（2）在使用有毒原料以及产生有毒中间产物和产品过程中,应严格操作、监督,消除滴漏,减少流失,尽可能采用合理流程和设备。

（3）含有剧毒物质废水,如含有一些重金属、放射性物质、高浓度酚、氰废水应与其它废水分流,以便处理和回收有用物质。

（4）流量较大而污染较轻的废水,应经适当处理循环使用,不宜排入下水道,以免增加城市下水道和城市污水处理负荷。

（5）类似城市污水的有机废水,如食品加工废水、制糖废水、造纸废水,可排入城市污水系统进行处理。

（6）一些可以生物降解的有毒废水,如酚、氰废水,应先经处理后,按允许排放标准排入城市下水道,再进一步生化处理。

（7）含有难以生物降解的有毒废水,应单独处理,不应排入城市下水道。工业废水处理的发展趋势是把废水和污染物作为有用资源回收利用或实行闭路循环。

四、工业废水的性质特点和主要危害

工业废水的一个特点是水质和水量因生产工艺和生产方式的不同而差别很大。如电力、矿山等部门的废水主要含无机污染物,而造纸和食品等工业部门的废水,有机物含量很高,BOD_5（五日生化需氧量）常超过 2 000 毫克/升,有的达 30 000 毫克/升。即使同一生产工序,生产过程中水质也会有很大变化,如氧气顶吹转炉炼钢,同一炉钢的不同冶炼阶段,废水的 pH 值可在 4~13 之间,悬浮物可在 250~25 000 毫克/升之间变化。

工业废水的另一特点是:除间接冷却水外,都含有多种同原材料有关的物质,而且在废水中的存在形态往往各不相同,如氟在玻璃工业废水和电镀废水中一般呈氟化氢（HF）或氟离子（F^-）形态,而在磷肥厂废水中是以四氟化硅（SiF_4）的形态存在;镍在废水中可呈离子态或络合态。这些特点增加了废水净化的困难。

工业废水的水量取决于用水情况。冶金、造纸、石油化工、电力等工业用水量大,废水量也大,如有的炼钢厂炼 1 吨钢出废水 200~250 吨。但各工厂的实际外排废水量还同水的循环使用率有关。例如循环率高的钢铁厂,炼 1 吨钢外排废水量只有 2 吨左右。

工业废水造成的污染主要有:有机需氧物质污染,化学毒物污染,无机固体悬浮物污染,重金属污染,酸污染,碱污染,植物营养物质污染,热污染,病原体污染等。许多污染物有颜色、臭味或易生泡沫,因此工业废水常呈现使人厌恶的外观,造成水体大面积污染,直接威胁人民群众的生命和健康,因此控制工业废水尤为重要。

思考与练习

1.什么是工业废水?

2.工业废水有哪些分类?

3.工业废水性质特点有哪些?

Project import

Industrial wastewater Monitoring Overview

Ⅰ The status of industrial wastewater in China

Water is the blood of industry, but the waste water produced with the development of industry is becoming more and more serious, causing environmental pollution.

It is not an important cause of water pollution. Industrial wastewater includes production wastewater, production wastewater and cooling water. It refers to the wastewater and waste liquid produced in the industrial production process, which contains industrial production materials, intermediate products, by-products and pollutants produced in the production process. There are many kinds of industrial wastewater and complex components. For example, electrolytic salt industrial wastewater contains mercury, heavy metal smelting industrial wastewater contains lead, cadmium and other metals, electroplating industrial wastewater contains cyanide and chromium and other heavy metals, petroleum refining industrial wastewater contains phenol, pesticide manufacturing industrial wastewater contains a variety of pesticides. Because industrial wastewater often contains a variety of toxic substances, pollution of the environment is very harmful to human health, it is necessary to develop comprehensive utilization, turn harm into benefit, and according to the composition and concentration of pollutants in wastewater, take appropriate purification measures for disposal before discharge. The main contents of industrial wastewater monitoring include the formulation of industrial wastewater monitoring scheme, water sample collection, and determination of main indicators.

Ⅱ Classification of industrial waste water

The first is classified according to the chemical properties of the main pollutants in industrial wastewater. The inorganic wastewater is mainly composed of inorganic pollutants, and the organic wastewater is mainly composed of organic pollutants. For example, electroplating wastewater and mineral processing wastewater are inorganic wastewater, food or petroleum processing wastewater is organic wastewater, printing and dyeing industry production process is mixed wastewater, the waste water from different industries contains different components.

The second is classified according to the products and processing objects of industrial enterprises, such as metallurgical wastewater, papermaking wastewater, coking gas wastewater, metal pickling wastewater, chemical fertilizer wastewater, textile printing and dyeing wastewater, dyeing wastewater, tannery wastewater, pesticide wastewater, power plant wastewater, etc.

The third is classified according to the main components of pollutants in wastewater, such as acidic wastewater, alkaline wastewater, cyanide wastewater, chromium wastewater, cadmium wastewater, mercury wastewater, phenol wastewater, aldehyde wastewater, oil wastewater, sulfur wastewater, organic phosphorus wastewater and radioactive wastewater.

The first two classifications do not involve the main components of pollutants in wastewater, nor do they indicate the harmfulness of wastewater.

III Principles for treatment of industrial waste water

1. Priority should be given to non-toxic production process instead of backward production process, so as to eliminate or reduce the production of toxic and harmful wastewater in the production process as far as possible.

2. In the process of using poisonous raw materials and producing poisonous intermediate products and products, strict operation and supervision should be carried out to eliminate drip leakage and reduce loss, and reasonable process and equipment should be adopted as far as possible.

3. Wastewater containing highly toxic substances, such as some heavy metals, radioactive substances, high concentrations of phenol and cyanide, should be diverted from other wastewater in order to treat and recover useful substances.

4. Waste water with large discharge and light pollution should be treated and recycled properly, and should not be discharged into sewers, so as to avoid increasing the load of urban sewers and sewage treatment.

5. Organic wastewater similar to municipal wastewater, such as food processing wastewater, sugar making wastewater and papermaking wastewater, can be discharged into the municipal wastewater system for treatment.

6. Some biodegradable toxic wastewater, such as phenol and cyanide wastewater, should be treated first, discharged into urban sewers according to allowable discharge standards, and then further biochemical treatment.

7. toxic waste water containing biodegradation should be treated separately and should not be drained into urban sewers. The development trend of industrial wastewater treatment is to recycle wastewater and pollutants as useful resources or to implement closed-circuit circulation.

IV Characteristics and main hazards of industrial waste water

One of the characteristics of industrial wastewater is that the quality and quantity of water vary greatly with the production process and mode. For example, the wastewater from electric power, mining and other sectors mainly contains inorganic pollutants, while the wastewater from industrial sectors such as paper making and food industry has a very high organic content. BOD_5 (biochemical oxygen demand for five days) often exceeds 2 000 mg/liter, and some of them reach 30 000 mg/liter. Even in the same production process, the water quality in the production process will change greatly, such as oxygen top-blown converter steelmaking, different smelting stages of the same furnace steel, the pH 值 value of wastewater can be between 4-13, suspended matter can be between 250-25 000 mg/L.

Another characteristic of industrial wastewater is that besides indirect cooling water, it contains many substances related to raw materials, and the forms of fluorine in wastewater are often different, such as hydrogen fluoride (HF) or fluoride ion (F-) in glass industry wastewater and electroplating wastewater, and silicon tetrafluoride (SiF4) in phosphorus fertilizer plant wastewater. Form exists; nickel can present ionic or complexing state in waste water. These characteristics increase the difficulty of wastewater purification.

The amount of industrial waste water depends on water consumption. Metallurgy, papermaking, petrochemical, electric power and other industries use large amounts of water, waste water is also large, such as some steelmaking plant 1 ton steel effluent 200-250 tons. However, the actual effluent from factories is also related to the recycling rate of water. For example, iron and steel plants with a high circulation rate will only have about 2 tons of waste water for refining 1 tons of steel.

Industrial wastewater pollution mainly includes organic oxygen demand pollution, chemical poison pollution, inorganic solid suspension pollution, heavy metal pollution, acid pollution, alkali pollution, plant nutrient pollution, heat pollution, pathogen pollution and so on. Many pollutants arc colored, odorous or frothy. Therefore, industrial waste water often presents a disgusting appearance, causing large area pollution of water and directly threatening the lives and health of the people. Therefore, controlling industrial waste water is particularly important.

Thinking and practicing

1. what is industrial waste water?
2. what are the classifications of industrial waste water?
3. what are the characteristics of industrial wastewater?

任务一 工业废水监测方案的制定

制定工业废水监测方案前,首先需要了解废水的类型、明确监测的目的,熟悉有关国家标准和规范,如《地表水和污水监测技术规范》(HJT-91-2002)、《污水综合排放标准》(GB8978-1996)及其他行业污水排放标准,对监测对象进行现场调查,收集相关资料,在此基础上确定监测项目、采样点位等。

一、工业废水的分类

工业废水是指工业生产企业在各种生产过程中排出的废水的统称,其中含有随水流失的工业生产废料、中间产物、副产品以及生产过程中产生的污染物。一般认为其包括企业的生产废水、冷却水和生活污水。为了区分工业废水的种类,了解其性质,认识其危害,研究其处理措施,通常进行废水的分类,一般有以下几种分类方法。

1. 按行业的产品加工对象分类

按行业的产品加工对象,工业废水分为冶金废水、造纸废水、淀粉废水、制革废水、炼焦煤气废水、金属酸洗废水、纺织印染废水、制药废水等。

2. 按所含主要污染物性质分类

按工业废水中所含主要污染物的性质,分为无机废水和有机废水。无机废水以无机污染物为主,有机废水以有机污染物为主。例如电镀和矿物加工过程的废水是无机废水,食品或石油加工过程的废水是有机废水。这种分类方法比较简单,对考虑处理方法有利。如对易生物降解的有机废水一般采用生物处理法,对无机废水一般采用物理、化学和物理化学法处理。但在工业生产过程中,一种废水往往既含无机物也含有机物。

3. 按所含污染物的主要成分分类

按废水中所含污染物的主要成分,可分为酸性废水、碱性废水、含酚废水、含镉废水、含铬废水、含汞废水、含氟废水、含有机磷废水、含放射性废水等。这种分类方法突出了废水中主要污染成分,可有针对性地考虑处理方法或进行回收利用。

实际上,一种工业可以排出几种不同性质的废水,而一种废水又可能含有多种不同的污染物。例如染料工业,既排出酸性废水,又排出碱性废水。纺织印染废水由于织物和染料的不同,其中的污染物和浓度往往有很大差别。

不同类型的工业废水,具体含有哪些污染物、浓度大小,都需要进行监测得到。

二、现场调查和资料的收集

对于工业废水,必须全面掌握与污染源污水排放有关的工艺流程、污水类型、排放规律、污水管网走向等基本情况,才能制定出科学合理的监测方案。排污单位需向地方环境监测站或检测公司提供废水监测基本信息登记表,见表4-1。

表 4-1　废水监测基本信息登记表

污染源名称：			行业类型：	
联系地址：			主要产品：	
（1）总用水量（m³/a）：　　　　新鲜水量（m³/a）：　　　　回用水量（m³/a）： 其中：生产用水（m³/a）：　　　　　　生活用水（m³/a）： 水平衡图（另附图）				
（2）主要原辅材料： 生产工艺： 排污情况：				
（3）厂区平面布置图及排水管网布置图（另附图）				
（4）废水处理设施情况 设计处理量（m³/a）：　　　　实际处理量（m³/a）：　　　　年运行小时数（h/a）： 废水处理基本工艺方框图（另附图） 废水性质：　　　　　　　　　　排放规律： 排放去向：				
废水处理设施处理效果				
污染因子	原始废水（mg/L）		处理后出水（mg/L）	去除率（%）
备注				

三、监测项目及分析方法选择

1. 监测项目选择

工业废水的监测项目因行业不同而异，我国《地表水和污水监测技术规范》（HJT91-2002）规定了各行业工业废水监测项目，见表 4-2；《污水综合排放标准》（GB 8978-1996）中分年限规定了 69 种水污染物最高允许排放浓度及部分行业最高允许排放量，见表 4-3、表 4-4。行业排放标准有多种，其规定的是该行业所排放的各种污染物的容许排放量，监测项目也是针对行业特点来确定的。如《制革及毛皮加工工农业水污染物排放标准》(GB 30486-2013)规定了现有企业和新建企业水污染物排放标准限值,要求更具体,部分指标见表4-5。

表4-2　工业废水监测项目及相关信息

类型	必测项目	选测项目
黑色金属矿山(包括磷铁矿、赤铁矿、锰矿等)	pH值、悬浮物、重金属	硫化物
钢铁工业(包括选矿、烧结、炼焦、炼铁、炼钢、连铸、轧钢等)	pH值、悬浮物、COD、挥发酚、氰化物、油类、六价铬、锌、氨氮	硫化物、氰化物、BOD、铬
有色金属矿山及冶炼(包括选矿、烧结、电解、精炼等)	pH值、COD、悬浮物、氰化物、重金属	硫化物、铍、铝、钒、钴、锑、铋
非金属矿物制品业	pH值、悬浮物、COD、BOD、重金属	油类
煤气生产和供应业	pH值、悬浮物、COD、BOD、油类、重金属、挥发酚、硫化物	多环芳烃、苯并(a)芘、挥发性卤代烃
火力发电(热电)	pH值、悬浮物、硫化物、COD、	BOD
电力、蒸汽、热水生产和供应业	pH值、悬浮物、硫化物、COD、挥发酚、油类	BOD
煤炭采造业	pH值、悬浮物、硫化物	砷、油类、汞、挥发酚、COD、BOD
焦化	COD、悬浮物、挥发酚、氨氮、氰化物、油类、苯并(a)芘	总有机碳
石油开采	COD、BOD、悬浮物、油类、硫化物、总有机碳	挥发酚、总铬
石油加工及炼焦业	COD、BOD、悬浮物、油类、硫化物、挥发酚、总有机碳、多环芳烃	苯并芘、苯系物、铝、氯化物
硫铁矿	pH值、COD、BOD、硫化物、悬浮物、砷	
磷矿	pH值、氟化物、悬浮物、磷酸盐(P)、黄磷、总磷	
汞矿	pH值、悬浮物、汞	硫化物、砷
硫酸	酸度(或pH值)、硫化物、重金属、悬浮物	砷、氟化物、氯化物、铝
氯碱	碱度(或酸度或pH值)、COD、悬浮物	汞

类型	必测项目	选测项目
铬盐	酸度、(或碱度或 pH 值)、六价铬、总铬、悬浮物	汞
有机原料	COD、挥发酚、氰化物、悬浮物、总有机碳	苯系物、硝基苯类、总有机碳、有机氯物、邻苯二甲酸酯等
塑料	COD、BOD、油类、总有机碳、硫化物、悬浮物	氯化物、铝
化学纤维	pH 值、COD、BOD、悬浮物、总有机碳、油类、色度	氯化物、铝
橡胶	COD、BOD、油类、总有机碳、硫化物、六价铬	苯系物、苯并(a)芘、重金属、邻苯二甲酸酯、氯化物等
医药生产	pH 值、COD、BOD、油类、总有机碳、悬浮物、挥发酚	苯胺类、硝基苯类、氯化物、铝
染料	COD、苯胺类、挥发酚、总有机碳、色度、悬浮物	硝基苯类、硫化物、氯化物
颜料	COD、硫化物、悬浮物、总有机碳、汞、六价铬	色度、重金属
油漆	COD、挥发酚、油类、总有机碳、六价铬、铅	苯系物、硝基苯类
合成洗涤剂	COD、阴离子合成洗涤剂、油类、总磷、黄磷、总有机碳	苯系物、氯化物、铝
合成脂肪酸	pH 值、COD、悬浮物、总有机碳	油类
聚氯乙烯	pH 值、COD、BOD、总有机碳、悬浮物、硫化物、总汞、氯乙烯	挥发酚
感光材料,广播电影电视业	COD、悬浮物、挥发酚、总有机碳、硫化物、银、氰化物	
其他有机化工	COD、BOD、悬浮物、油类、挥发酚、氰化物、总有机碳	pH 值、硝基苯类、氯化物
磷肥	pH 值、COD、BOD、悬浮物、磷酸盐、氟化物、总磷	砷、油类
氮肥	COD、BOD、悬浮物、氨氮、挥发酚、总氮、总磷	砷、铜、氰化物、油类
合成氨工业	pH 值、COD、悬浮物、氨氮、总有机碳、挥发酚、硫化物、氰化物、石油类、总氮	镍
有机磷	COD、BOD、悬浮物、挥发酚、硫化物、有机磷、总磷	总有机碳、油类
有机氯	悬浮物、硫化物、挥发酚、有机氯	总有机碳、油类

续表

类型	必测项目	选测项目
除草剂工业	pH 值、COD、悬浮物、总有机碳、百草枯、阿特拉津、吡啶	除草醚、五氯酚、五氯酚钠、2,4-D、丁草胺、绿麦隆、氯化物、铝、苯、二甲苯、氨、氯甲烷、联吡啶
电镀	pH 值、碱度、重金属、氰化物	钴、铝、氯化物、油类
烧碱	pH 值、悬浮物、汞、石棉、活性氯	COD、油类
电气机械及器材制造业	电气机械及器材制造业 pH 值、COD、BOD、悬浮物、油类、重金属	总氮、总磷
普通机械制造	COD、BOD、悬浮物、油类、重金属	氰化物
电子仪器、仪表	pH 值、COD、BOD、氰化物、重金属	氟化物、油类
造纸及纸制品业	酸度(或碱度)、COD、BOD 可吸附有机卤化物(AOX)、pH 值、挥发酚、悬浮物、色度、路、硫化物	木质素、油类
纺织染整业	pH 值、色度、COD、BOD、悬浮物、总有机碳、苯胺类、硫化物、六价铬、铜、氨氮	总有机碳、氯化物、油类、二氧化氯
皮革、毛皮、羽绒服及其制品	pH 值、COD、BOD、悬浮物、硫化物、总铬、六价铬、油类	总氮、总磷
水泥	pH 值、悬浮物	油类
油毡	COD、BOD、悬浮物、油类、挥发酚	硫化物、苯并比(a)芘
玻璃、玻璃纤维	COD、BOD、悬浮物、氰化物、挥发酚、氟化物	铅、油类
陶瓷制品	pH 值、COD、BOD、悬浮物、重金属	
石棉(开采与加工)	pH 值、石棉、悬浮物	挥发酚、油类
木材加工	COD、BOD、悬浮物、挥发酚、pH 值、甲醛	硫化物
食品加工	pH 值、COD、BOD、悬浮物、氨氮、硝酸盐氮、动植物油	总有机碳、铝、氯化物、挥发酚、铅、锌、油类、总氮、总磷
屠宰及肉类加工	pH 值、COD、BOD、悬浮物、动植物油、氨氮、大肠菌群	石油类、细菌总数、总有机碳
饮料制造业	pH 值、COD、BOD、悬浮物、氨氮、粪大肠菌群	细菌总数、挥发酚、油类、总氮、总磷
弹药装药	弹药装药、pH 值、COD、BOD、悬浮物、梯恩梯(TNT)、地恩梯(DNT)、黑索今(RDX)、	硫化物、重金属、硝基苯类、油类
火工品	pH 值、COD、BOD、悬浮物、铅、氰化物、硫氰化物、铁(Ⅰ、Ⅱ)、氰络合物	肼和叠氮化物、(叠氮化钠生产厂为必测)、油类
火炸药	pH 值、COD、BOD、悬浮物、色度、铅、TNT、DNT、硝化甘油(NG)、硝酸盐	油类、总有机碳、氨氮

续表

类型	必测项目	选测项目
航天推进剂	pH 值、COD、BOD、悬浮物、氨氮、氰化物、甲醛、苯胺类、肼、一甲基肼、偏二甲基肼、三乙胺、二乙烯三胺	油类、总氮、总磷
船舶工业	pH 值、COD、BOD、悬浮物、油类、氨氮、氰化物、六价铬	总氮、总磷、硝基苯类、挥发性卤代烃
制糖工业	pH 值、COD、BOD、色度、油类	硫化物、挥发酚
电池	pH 值、重金属、悬浮物	酸度、碱度、油类
发酵和酿造工业	pH 值、COD、BOD、悬浮物、色度、总氮、总磷	硫化物、挥发酚、油类、总有机碳
货车洗刷和洗车	pH 值、COD、BOD 悬浮物、油类、挥发酚	重金属、总氮、总磷
管道运输业	pH 值、COD、BOD、悬浮物、油类、氨氮	总氮、总磷、总有机物
宾馆、饭店、娱乐场所及公共服务业	pH 值、COD、BOD、悬浮物、油类、挥发酚、阴离子洗涤剂、氨氮、总氮、总磷	粪大肠菌群、总有机碳、硫化物
绝缘材料	pH 值、COD、BOD、挥发酚、悬浮物、油类	甲醛、多环芳烃、总有机碳、硫化物
卫生用品制造业	pH 值、COD、悬浮物、油类、挥发酚、总氮、总磷	总有机碳、氨氮
生活污水	pH 值、COD、BOD、悬浮物、氨氮、挥发酚、油类、总氮、总磷、重金属	氯化物
医院污水	pH 值、COD、BOD、悬浮物、油类、挥发酚、总氮、总磷、汞、砷、粪大肠菌群、细菌总数	氟化物、氯化物、醛类、总有机碳

注:表中所列必测项目、选测项目的增减,由县级以上环境保护行政主管部门认定。

表 4-3　污水综合排放标准(GB 8978-1996)　　　　　　单位:mg/L

序号	污染物	最高允许排放浓度	序号	污染物	最高允许排放浓度
1	总汞	0.05	8	总镍	1.0
2	烷基汞	不得检出	9	苯并[a]芘	0.000 03
3	总镉	0.1	10	总铍	0.005
4	总铬	1.5	11	总银	0.5
5	六价铬	0.5	12	总 α 放射性	1Bq/L
6	总砷	0.5	13	总 β 反射性	10Bq/L
7	总铅	1.0			

表 4-4 部分第二类污染物允许排放浓度
（1998 年 1 月 1 日后建设的单位）

单位：mg/L

序号	污染物	适应范围	一级标准	二级标准	三级标准
1	pH 值	一切排污单位	6~9	6~9	6~9
2	色度（稀释倍数）	一切排污单位	50	80	—
3	悬浮物（SS）	采矿、选矿、选煤工业	70	300	—
		脉金选矿	70	400	—
		边远地区砂金选矿	70	800	—
		城镇二级污水处理厂	20	30	—
		其他排污单位	70	150	400
4	五日生化需氧量（BOD$_5$）	甘蔗制糖、湿法纤维板工业、染料、洗毛工业	20	60	600
		甜菜制糖、酒精、味精、皮革、化纤浆粕工业	20	100	600
		城镇二级污水处理厂	20	30	—
		其他排污单位	20	30	300
5	化学需氧量（COD）	甜菜制糖、焦化、合成脂肪酸、湿法纤维板、染料、洗毛、有机磷农药工业	100	200	1 000
		味精、酒精、医药原料药、生物制药、苎麻脱胶、皮革、化纤浆粕工业	100	300	1 000
		石油化工工业（包括石油炼制）	60	120	500
		城镇二级污水处理厂	60	120	—
		其他排污单位	100	150	500
6	石油类	一切排污单位	5	10	20
7	动植物油	一切排污单位	10	15	100
8	挥发酚	一切排污单位	0.5	0.5	2.0
9	总氰化合物	一切排污单位	0.5	0.5	1.0
10	硫化物	一切排污单位	1.0	1.0	1.0
11	氨氮	医药原料药、染料、石油化工工业	15	50	—
		其他排污单位	15	25	—
12	氟化物	黄磷工业	10	15	20
		低氟地区（水体含氟量<0.5 mg/L）	10	20	30
		其他排污单位	10	10	20
13	磷酸盐（以 P 计）	一切排污单位	0.5	1.0	—
14	阴离子表面活性剂（LAS）	一切排污单位	5.0	10	20

序号	污染物	适应范围	一级标准	二级标准	三级标准
…	…				
54	粪大肠菌群数	医院①、兽医院及医疗机构含病原体污水	500 个/L	1 000 个/L	5 000 个/L
		传染病、结核病医院污水	100 个/L	500 个/L	1 000 个/L
55	总余氯(采用氯化消毒的医院污水)	医院①、兽医院及医疗机构含病原体污水	<0.5②	>3(接触时间 ≥1 h)	>2(接触时间 ≥1 h)
		传染病、结核病医院污水	<0.5②	>6.5(接触时间 ≥1.5 h)	>5(接触时间 ≥1.5 h)

①指 50 个床位以上的医院。

②加氯消毒后须进行脱氯处理,达到本标准

注:一切排污单位指本标准适用范围所包括的一切排污单位。其他排污单位指在某一控制项目中,除所列行业外的一切排污单位。

表 4-5　制革及皮毛加工企业水污染物排放浓度限值及单位产品基准排水量

(2016 年 1 月 1 日起,现有和新建企业均执行该标准)

单位:mg/L(pH 值、色度除外)

序号	污染物项目	直接排放限值		间接排放值	污染物排放监控位置
		制革企业	毛皮加工企业		
1	pH 值	6~9	6~9	6~9	
2	色度	30	30	100	
3	悬浮物	50	50	120	
4	五日生化需氧量(BOD_5)	30	30	80	
5	化学需氧量(COD_{Cr})	100	100	300	企业废水总排放口
6	动植物油	10	10	30	
7	硫化物	0.5	0.5	1.0	
8	氨氮	25	15	70	
9	总氮	50	30	140	
10	总磷	1	1	4	
11	氯离子	3 000	4 000	4 000	

12	总铬	1.5			车间或生产设施废水排
13	六价铬	0.1			放口
单位产品基准排放量/(m³/t 原料皮)		55	70	注①	排水量计量位置与污染物排放监控位置相同

①制革及皮毛加工企业的单位产品基准排放量的间接排放限值与各自的直接排放限值相同。

在制定某工业废水的监测项目时,首先查阅是否有该行业废水排放标准,如有,则查阅该行业排放标准;如没有行业排放标准的,则根据《污水综合排放标准》和《地表水和污水监测技术规范》中的规定来确定监测项目。比如确定制革废水监测项目,则根据《制革及毛皮加工工业水污染物排放标准》中的规定。

2. 分析方法选择

(1)选择原则　优先选用国家标准分析方法,再考虑统一分析方法或行业标准方法,实际选用时根据水样干扰及污染物含量等实际情况从提供分析的标准分析方法中选择合适的预处理及分析方法。

(2)分析方法《地表水和污水监测技术规范》(HJT 91-2002)中规定了污水监测项目分析方法,行业排放标准中也具体规定了该行业废水监测指标的分析方法,部分监测项目分析方法见表4-6,其他金属化合物危害、分析方法及可测定的浓度范围见表4-7。

表 4-6　部分监测项目分析方法

序号	监测项目	分析方法	有效数字最多位数	小数点后最多位数	方法类别	方法来源
1	pH 值	玻璃电极法	2	2	A	GB/T6920
2	悬浮物	重量法	3	0	A	GB/T11901
3	色度	稀释倍数法	–	–	A	GB/T11903
4	化学需氧量	重铬酸盐法	3	0	A	HJ 828-2017
		氯气校正法(高氯废水)	3	1	A	HJ/T 70-2001
5	五日生化需氧量	稀释与接种法	3	1	A	HJ505-2009
6	石油类和动植物油	红外分光光度法	3	2	A	HJ 637-2018
7	硫化物	亚甲蓝分光光度法	3	3	A	GB/T16489
8		碘量法	3	3	A	HJ/T60-2000

序号	监测项目	分析方法	有效数字最多位数	小数点后最多位数	方法类别	方法来源
9	氨氮	纳氏试剂分光光度法	4	3	A	HJ535-2009
		水杨酸分光光度法	4	3	A	HJ536-2009
		蒸馏-中和滴定法	4	2	A	HJ537-2009
		气相分子吸收光谱法	3	4	A	HJ/T195-2005
10	总磷	钼酸铵分光光度法	3	3	A	GB/T11893
11	总氮	碱性过硫酸钾消解紫外分光光度法	3	2	A	HJ636-2012
		气相分子吸收色谱法	3	2	B	
12	总铬	高锰酸钾氧化-二苯碳酰二肼分光光度法	3	3	A	GB/T7466
13	六价铬	二苯碳酰二肼分光光度法	3	3	A	GB/T7467

表 4-7　其他金属化合物的分析方法

元素	危害	分析方法	测定浓度范围
铍	单质及其化合物毒性都极强	石墨炉原子吸收法	0.04~4 μg/L
		活性炭吸附-铬天菁 S 分光光度法	最低 0.1 μg/L
镍	具有致癌性,对水生生物有明显危害,镍盐引起过敏性皮炎	原子吸收法	0.01~8 mg/L
		丁二酮分光光度法	0.1~4 mg/L
		示波极谱法	最低 0.06 mg/L
硒	为生物必需微量元素,但过量能引起中毒。二价态毒性最大,单质态毒性较小	3,3-二氨基联苯胺分光光度法	2.5~50 μg/L
		原子荧光法	0.2~10 μg/L
		气相色谱法(ECD)	最低 0.2 μg/L
锑	单质态毒性低,氢化物毒性大	5-Br-PADP 分光光度法	0.05~1.2 mg/L
		原子吸收法	0.2~40 mg/L
铁	具有低毒性,工业用水含量高时,产品上形成黄斑	原子吸收法	0.03~5.0 mg/L
		邻菲罗啉分光光度法	0.03~5.00 mg/L
		EDTA 滴定法	5~20 mg/L
锰	具有低毒性,工业用水含量高时,产品上形成斑痕	原子吸收法	0.01~3.0 mg/L
		钾氧化吸收法	最低 0.05 mg/L

续表

元素	危害	分析方法	测定浓度范围
钙	人体必需元素,但过高会引起肠胃不适; 结垢	EDTA 滴定法	2~100 mg/L
		原子吸收法	0.02~5.0 mg/L
镁	人体必需元素,过量有导泻和利尿作用; 结垢	EDTA 滴定法	2~100 mg/L
		原子吸收法	0.002~0.5 mg/L

四、采样点的设置

在制订监测方案时,首先也要进行调查研究,收集有关资料,查清用水情况、废水或污水的类型、主要污染物及排污去向和排放量,车间、工厂或地区的排污口数量及位置,废水处理情况,是否排入江、河、湖、海,流经区域是否有渗坑等。然后进行综合分析,确定监测项目、监测点位,选定采样时间和频率、采样和监测方法及技术,制订质量保证程序、措施和实施计划等。

1.工业废水采样点的设置

(1)在车间或车间设备废水排放口设置采样点监测第一类污染物。

这类污染物主要有汞、镉、砷、铅的无机化合物,六价铬的无机化合物及有机氯化合物和强致癌物质等。

(2)在工厂废水总排放口布设采样点监测第二类污染物。

这类污染物主要有悬浮物、硫化物、挥发酚、氰化物、有机磷化合物、石油类、铜、锌、氟的无机化合物、硝基苯类、苯胺类等。

(3)已有废水处理设施的工厂,在处理设施的排放口布设采样点。为了解废水处理效果,可在进出口分别设置采样点。

(4)在排污渠道上,采样点应设在渠道较直、水量稳定,上游无污水汇入的地方。

2.采样点位的管理

(1)采样点位确定后应设明显标志,一经确定不能随意改变,如因生产工艺变化或其他原因需变更采样点时,应由当地环保行政主管部门重新确认。排污单位必须经常进行排污口的清障、疏通工作。

(2)经设置的采样点应建立采样点管理档案,内容包括采样点的名称、位置和编号,采样点的测流装置,排污规律和排污去向,采样频次及污染因子等。

五、采样时间和频率

工业废水的污染物含量和排放量常随工艺条件及开工率的不同而有很大差异,故采样时间、周期和频率的选择是一个比较复杂的问题。由于废水的性质和排放特点各不相同,因此无论是天然水水质还是工业企业废水和城市生活污水的水质在不同时间里也往往是有变化的。采样时间和频率的选取主要也应根据分析的目的和排污的均匀程度。一般说来,采样次数越多的混合水样,结果更加准确,即真实代表性越好。为了使水样有代表性,就要根据分析目的和现场实际情况来选定采样的方式。通常,水样采集的方式有瞬时水样、平均混合水样、平均比例混合水样等。

　　一般情况下,可在一个生产周期内每隔半小时或 1 小时采样 1 次,将其混合后测定污染物的平均值。如果取几个生产周期(如 3~5 个周期)的废水监测,可每隔两小时取样 1 次。对于排污情况复杂,浓度变化的废水,采样时间间隔要缩短,有时需要 5~10 分钟采样 1 次,这种情况最好使用连续自动采样装置。对于水质和水量变化比较稳定或排放规律性较好的废水,待找出污染物浓度在生产周期内的变化规律后,采样频率可大大降低,如每月采样测定两次。

　　城市排污管道大多数受纳 10 个以上工厂排放的废水,由于在管道内废水已进行了混合,故在管道出水口,可每隔 1 小时采样 1 次,连续采集 8 小时,也可连续采集 24 小时,然后将其混合制成混合样,测定各污染组分的平均浓度。我国《环境监测技术规范》中对向国家直接保送数据的废水排放源规定:工业废水每年采样监测 2~4 次;生活污水每年采样监测 2 次,春夏季各一次;医院污水每年采样监测 4 次,每季度 1 次。

思考与练习

　　1.工业废水是怎样分类的?
　　2.如何确定工业废水的监测项目?
　　3.对于工业废水,采样点确定的原则是如何规定的?
　　4.对于企业的废水自我监测,采样频率是如何规定的?
　　5.工业废水排污单位自行监测的采样频次如何确定?

任务二　水样采集与流量测定

一、采样方法

　　工业废水流量一般较小,且都有固定的排污口,所处位置也不复杂,因此所用采样方法和采样器比较简单。采样方法一般包括以下几类。

　　1.浅水采样

　　水面距地面很近时,可用容器直接采集,或用聚乙烯塑料长把勺采样。注意手不要接触污水。

　　2.深水采样

　　水面距地面有一定距离时,可将聚乙烯塑料样品容器、玻璃试剂瓶固定于负重架内,或用金属桶,沉入一定深度的污水中采样。

　　3.自动采样

　　自动采样用自动采样器进行,有时间比例采样和流量比例采样。当污水排放量比较稳定时,可采用时间比例采样,否则必须采用流量比例采样,所用的自动采样器必须符合国家环境保护部颁布的污水采样器技术要求。

二、水样类型

1.瞬时污水样

对于一些生产工艺连续恒定、污水中污染组分及浓度随时间变化不大的企业污水,采集瞬时水样具有较好的代表性。瞬时水样也适用于某些特定要求,如平均浓度合格而高峰排放浓度超标的污水,可间隔一定时间采集瞬时水样,然后分别测定,绘制浓度-时间关系曲线,确定其平均浓度和高峰排放时的浓度。

2.平均污水样

生产的周期性影响排污规律,使工业污水的排放量及污染组分的浓度随时间大幅度变化,只有增大采样和测定频率,才能使监测结果具有代表性,此时最好采集平均混合水样或平均比例混合水样。

平均比例混合水样是指在污水流量不稳定时,在不同时间依据流量大小按比例采集污水样混合而成的水样。

有时需要同时采集几个排污口的污水样,按比例混合,其监测结果代表采样时的综合排放浓度。这类水样不适合测定 pH 值,对于测定 pH 值得水样,每次采用必须单独测定。

三、采样注意事项

(1)用样品容器直接采样时,必须用水样冲洗三次后再进行采样。但当水面有浮油时,采油的容器不能冲洗。

(2)采样时应注意除去水面的杂物、垃圾等漂浮物。

(3)用于测定悬浮物、BOD_5(五日生化需氧量)、硫化物、油类、余氯的水样,必须单独定容采样,全部用于测定。

(4)在选用特殊的专用容器(如油类采样器)时,应按照采样器的使用方法采样。

(5)采样时应认真填写"污水采样记录表",表中应包含以下内容:污染源名称、监测目的、监测项目、采样点位、采样时间、样品编号、污水性质、污水流量、采样人姓名及其他有关事项等。

(6)凡需要现场监测的项目,应在现场进行监测。其他注意事项可参见地表水质监测中相关内容。

四、水样的保存、运输和记录

1.水样的运输

水样采集后,必须尽快送回实验室。根据采样点的地理位置和测定项目最长可保存时间,选用适当的运输方式,并做到以下两点:

(1)为避免水样在运输过程中震动、碰撞导致损失或沾污,将其装箱,并用泡沫塑料或纸条挤紧,在箱顶贴上标记。

（2）需冷藏的样品,应采取制冷保存措施;冬季应采取保温措施,以免冻裂样品瓶。

2.水样的保存方法

各种水质的水样,从采集到分析测定这段时间内,由于环境条件的改变,微生物新陈代谢活动和化学作用的影响,会引起水样某些物理参数及化学组分的变化,不能及时运输或尽快分析时,则应根据不同监测项目的要求,放在性能稳定的材料制作的容器中,采取适宜的保存措施。

（1）冷藏或冷冻法

冷藏或冷冻的作用是抑制微生物活动,减缓物理挥发和化学反应速度。

（2）化学试剂保存法

①加入生物抑制剂:如在测定氨氮、硝酸盐氮、化学需氧量的水样中加入 $HgCl_2$,可抑制生物的氧化还原作用;对测定酚的水样,用 H_3PO_4 调至 pH 值为 4 时,加入适量 $CuSO_4$,即可抑制苯酚菌的分解活动。

②调节 pH 值:测定金属离子的水样常用 HNO_3 酸化至 pH 值为 1~2,既可防止重金属离子水解沉淀,又可避免金属被器壁吸附;测定氰化物或挥发性酚的水样加入 NaOH 调至 pH 值为 12 时,使之生成稳定的酚盐等。

③加入氧化剂或还原剂:如测定汞的水样需加入 HNO_3（至 pH 值<1）和 $K_2Cr_2O_7$（0.05%）,使汞保持高价态;测定硫化物的水样,加入抗坏血酸,可以防止被氧化;测定溶解氧的水样则需加入少量硫酸锰和碘化钾固定溶解氧（还原）等。

应当注意,加入的保存剂不能干扰以后的测定;保存剂的纯度最好是优级纯的,还应作相应的空白试验,对测定结果进行校正。水样的保存期限与多种因素有关,如组分的稳定性、浓度、水样的污染程度等。表4-8列出我国现行保存方法和保存期。

表4-8 水样保存方法和保存期

测定项目	容器材质	保存方法	保存期	备注
浊度	P 或 G	4℃,暗处	24 h	尽量现场测定
色度	同上	4℃	48 h	同上
pH 值	同上	4℃	12 h	同上
电导	同上	4℃	24 h	同上
悬浮物	同上	4℃,避光	7 d	
碱度	同上	4℃	24 h	
酸度	同上	4℃	24 h	
高锰酸盐指数	G	加 H_2SO_4,使 pH 值<2,4℃	48 h	
COD	G	加 H_2SO_4,使 pH 值<2,4℃	48 h	

测定项目	容器材质	保存方法	保存期	备注
BOD$_5$	溶解氧瓶（G）	4℃,避光	6 h	最长不超过 24 h
DO	同上	加 MnSO$_4$、碱性 KI-NaN$_3$ 溶液固定,4℃,暗处	24 h	尽量现场测定
TOC	G	加硫酸,使 pH 值<2,4℃	7 d	常温下保存 24 h
氟化物	P	4℃,避光	14 d	
氯化物	P 或 G	同上	30 d	
氰化物	P	加 NaOH,使 pH 值>12,4℃,暗处	24 h	
硫化物	P 或 G	加 NaOH 和 Zn(Ac)$_2$ 溶液固定,避光	24 h	
硫酸盐	同上	4℃,避光	7 d	
正磷酸盐	P 或 G	4℃	24 h	
总磷	同上	加 H$_2$SO$_4$,使 pH 值≤2	24 h	
氨氮	同上	加 H$_2$SO$_4$,使 pH 值<2,4℃	24 h	
亚硝酸盐	同上	4℃,避光	24 h	尽快测定
硝酸盐	同上	4℃,避光	24 h	
总氮	同上	加 H$_2$SO$_4$,使 pH 值<2,4℃	24 h	
铍	同上	加 HNO$_3$,使 pH 值<2;污水加至 1%	14 d	
铜、锌、铅、镉	同上	加 HNO$_3$,使 pH 值<2;污水加至 1%	14 d	
铬（六价）	同上	加 NaOH 溶液,使 pH 值 8—9	24 h	尽快测定
砷	同上	加 H$_2$SO$_4$ 使 pH 值<2;污水加至 1%	14 d	
汞	同上	加 HNO$_3$,使 pH 值≤1;污水加至 1%	14 d	
硒	同上	4℃	24 h	尽快测定
油类	G	加 HCl,使 pH 值<2,4℃	7 d	不加酸,24 h 内测定
挥发性有机物	G	加 HCl,使 pH 值<2,4℃,避光	24 h	
酚类	G	加 H$_3$PO$_4$,使 pH 值<2,加抗坏血酸,4℃,避光	24 h	
硝基苯类	G	加 H$_2$SO$_4$,使 pH 值 1—2,4℃	24 h	尽快测定
农药类	G	加抗坏血酸除余氯,4℃,避光	24 h	
除草剂类	G	同上	24 h	
阴离子表面活性剂	P 或 G	4℃,避光	24 h	

测定项目	容器材质	保存方法	保存期	备注
微生物	G	加 $Na_2S_2O_3$ 溶液除余氯,4℃	12 h	
生物	G	用甲醛固定,4℃	12 h	
微生物	G	加 $Na_2S_2O_3$ 溶液除余氯,4℃	12 h	
生物	G	加甲醛固定,4℃	12 h	

注:G 为硬质玻璃瓶;P 为聚乙烯瓶(桶)。

3. 水样的过滤或离心分离

如欲测定水样中某组分的含量,采样后立即加入保存剂,分析测定时充分摇匀后再取样。如果测定可滤(溶解)态组分含量,所采水样应用 0.45 μm 微孔滤膜过滤,除去藻类和细菌,提高水样的稳定性,有利于保存。如果测定不可过滤的金属时,应保留过滤水样用的滤膜备用。对于泥沙型水样,可用离心方法处理。对含有机质多的水样,可用滤纸或砂芯漏斗过滤。用自然沉降后取上清液测定可滤态组分是不恰当的。

五、流量测定方法

1. 污水流量计法
使用污水流量计测量流量,流量计的性能指标必须满足污水流量计技术要求。

2. 其他测定流量方法
(1)容积法 将污水纳入已知体积的容积中,测定其充满容器所需要的时间,从而计算污水流量。本法简单易行,测量精度较高,适用于计算污水量较小的连续或间歇排放的污水。

(2)流速仪法 通过测量排污渠道的过水截面积,以流速仪测量污水流速,计算污水流量。适当选用流速仪,可用于很宽范围的流量测量。多数用于渠道较宽的污水流量测量。本方法简单,但易受污水水质影响,难用于污水流量的连续测定。

(3)溢流堰法 溢流堰法是在固定形状的渠道上安装特定形状的开口堰板,过堰水头与流量有固定关系,据此测量污水流量。根据污水量大小可选择三角堰、矩形堰、梯形堰等。溢流堰法精度较高,在安装液位计后可实行连续自动测量。利用堰板测流,由于堰板的安装会造成一定的水头损失,另外固体沉积物在堰前堆积或藻类等物质在堰板上黏附均会影响测量精度。

为进行连续自动测量液位,已有的传感器有浮子式、电容式、超声波式等,目前超声波式流量计应用比较普遍,均应定期进行计量测定。

(4)超声波式流量计 采用超声波通过空气以非接触的方式测量明渠内堰槽前指定位置的水位高度,再根据标准规定的液位—流量换算公式计算水的流量,仪器能自动显示流量,适用于水利、水电、环保及其他各种明渠条件下的流量测量,该法为常用的流量测定方法。

以上方法均可选用,但应注意各自的测量范围和所需条件。

思考与练习

1. 工业废水采样方法有哪些？常用的采样器有哪些？

2. 工业废水采样应注意哪些问题？

3. 工业废水水样类型有哪些？

4. 工业废水的流量测量方法主要有哪些？

5. 测定工业废水挥发酚和氰化物时常用的预处理方法是怎样的？

6. 测定废水中某成分的总含量时一般都需要对水样进行消解，请问水样消解的目的是什么？消解好的水样应具备什么特征？

任务三　工业废水指标测定

技能训练 1.水样色度的测定——铂钴比色法、稀释倍数法

一、概述

色度、浊度、透明度、悬浮物都是水质的外观指标。纯水无色透明，天然水中含有泥土、有机质、无机矿物质、浮游生物等，往往呈现一定的颜色。工业废水含有染料、生物色素、有色悬浮物等，是环境水体着色的主要来源。有颜色的水减弱水的透光性，影响水生生物生长和观赏的价值。

水的颜色分为表色和真色。真色指去除悬浮物后的水的颜色，没有去除悬浮物的水具有的颜色称为表色。对于清洁或浊度很低的水，真色和表色相近；对于着色深的工业废水或污水，真色和表色差别较大。水的色度一般是指真色。水的颜色常用铂钴标准比色法和稀释倍数法测定。

1.铂钴标准比色法

该方法用氯铂酸钾与氯化钴配成标准色列，与水样进行目视比色确定水样的色度。规定每升水中含 1 mg 铂和 0.5 mg 钴所具有的颜色为 1 个色度单位，称为 1 度。因氯铂酸钾昂贵，故可用重铬酸钾代替氯铂酸钾，用硫酸钴代替氯化钴，配制标准色列。如果水样浑浊，应放置澄清，也可用离心法或用孔径 0.45 μm 的滤膜过滤除去悬浮物，但不能用滤纸过滤。

本方法适用于清洁的、带有黄色色调的天然水和饮用水的色度测定。如果水样中有泥土或其他分散很细的悬浮物，用澄清、离心等方法处理仍不透明时，则测定表色。

2.稀释倍数法

该方法适用于受工业废水污染的地面水和工业废水颜色的测定。测定时，首先用文字描述水样的颜色种类和深浅程度，如深蓝色、棕黄色、暗黑色等。然后取一定量水样，用蒸馏水稀释到刚好看不到颜色，以稀释倍数表示该水样的色度，单位为倍。

所取水样应无树叶、枯枝等杂物;取样后应尽快测定,否则应冷藏保存。

还可以用国际照明委员会(CIE)制定的分光光度法测定水样的色度,其结果可定量地描述颜色的特征。

二、测定方法

铂钴比色法

(一)方法原理

以氯铂酸钾和氯化钴配成标准色列,和待测水样进行比较,目测色度的大小。

(二)干扰及消除

如水样浑浊,则放置澄清,亦可用离心法或用孔径为 0.45 μm 滤膜过滤以去除悬浮物。但不能用滤纸过滤,因滤纸可吸附部分溶解于水的颜色。

(三)仪器与试剂

1.仪器

具塞比色管(50 ml)(注:其刻线高度应一致)、移液管

2.试剂

铂钴标准溶液:称取 1.246 g 氯铂酸钾(K_2PtCl_6)(相当于 500 mg 铂)及 1.000 g 氯化钴($CoCl_2 \cdot 6H_2O$)(相当于 250 mg 钴),溶于 100 ml 水中,加 100 ml 盐酸,用水定容至 1 000 ml。此溶液色度为 500 度,保存在密塞玻璃瓶中,存放暗处。

(四)实训内容

1.标准色列的配制

向 50 ml 比色管中加入 0、0.50 ml、1.00 ml、1.50 ml、2.00 ml、2.50 ml、3.00 ml、3.50 ml、4.00 ml、4.50 ml、5.00 ml、6.00 ml 及 7.00 ml 铂钴标准溶液,用水稀释至标线,混匀。各管的色度依次为 0 度、5 度、10 度、15 度、20 度、25 度、30 度、35 度、40 度、45 度、50 度、60 度和 70 度。密塞保存。

2.水样的测定

(1)分取 50.0 ml 澄清透明水样于比色管中,如水样色度较大,可酌情少取水样,用水稀释至 50.0 ml。

(2)将水样与标准色列进行目视比较。观察时,可将比色管置于白瓷板或白纸上,使光线从管底部向上透过液柱,目光自管口垂直向下观察,记下与水样色度相同的铂钴标准色列的色度。

(五)数据处理

$$色度（度）= \frac{A \times 50}{B}$$

式中　A——稀释后水样相当于铂钴标准色列的色度;

　　　B——水样的体积(ml)

（六）注意事项

（1）可用重铬酸钾代替氯铂酸钾配制标准色列。方法是：称取 0.043 7 g 重铬酸钾和 1.000 g 硫酸钴（$CoSO_4 \cdot 7H_2O$），溶于少量水中，加入 0.50 ml 硫酸，用水稀释至 500 ml。此溶液的色度为 500 度。不宜久存。

（2）如果样品中有泥土或其他分散很细的悬浮物，虽经预处理而得不到透明水样时，则只测其表色。

稀释倍数法

（一）方法原理

把水样用光学纯水稀释到目视比较和光学纯水相比刚好看不见颜色时的稀释倍数，以此表示水样的色度，单位是倍。同时目视观察水样，用文字描述水样的颜色种类，如深蓝色、棕黄色或暗黑色等。如有可能应包括水样的透明度。所以结果以稀释倍数值和文字描述相结合来表示水样的色度。

（二）仪器与试剂

同铂钴比色法。

（三）实训内容

（1）首先用文字描述水样颜色的种类。取 100 ml 或 150 ml 澄清水样于烧杯中，将烧杯置于白瓷片或白纸上，观测描述其颜色的种类。

（2）分别取澄清水样，用蒸馏水稀释成不同的倍数。然后各取 50 ml 稀释后的水样分别置于 50 ml 比色管中，以白瓷板为背景，自管口向下观察水样的颜色，并与光学纯水作对比，直到刚刚看不出颜色，根据此水样稀释的倍数，以此表示该水样的色度。

（四）数据处理

根据观测结果，以水样稀释倍数和文字描述颜色给出待测水样的色度。

（五）注意事项

（1）所取水样应无树叶、枯枝等杂物。

（2）如果测定水样的真色，应用离心法去除悬浮物。如测定水样的表色，水样中大颗粒悬浮物干扰测定，应放置待其沉降后测定。

（3）取样后应尽快测定，若保存于 4℃也要 48 h 内测定。

三、思考题

1.试述铂钴比色法测定水色度的原理？

2.说明色度的标准单位——度的物理意义？

3.测定工业废水色度时，如何消除干扰？

技能训练 2.水样硬度的测定——EDTA 滴定法

一、概述

水总硬度是指水中 Ca^{2+}、Mg^{2+} 的总量,它包括暂时硬度和永久硬度。水中 Ca^{2+}、Mg^{2+} 以酸式碳酸盐形式存在的部分,因其遇热即形成碳酸盐沉淀而被除去,称之为暂时硬度;而以硫酸盐、硝酸盐和氯化物等形式存在的部分,因其性质比较稳定,不能够通过加热的方式除去,故称为永久硬度。

硬度是水质的一个重要监测指标,通过监测可以知道其是否可以用于工业生产及日常生活,如硬度高的水可使肥皂沉淀使洗涤剂的效用大大降低,纺织工业上硬度过大的水使纺织物粗糙且难以染色;烧锅炉易堵塞管道,引起锅炉爆炸事故;高硬度的水,难喝、有苦涩味,饮用后甚至影响胃肠功能等;喂牲畜可引起孕畜流产等。因此水硬度的测定是不容忽视的。

二、方法原理

乙二胺四乙酸二钠盐(习惯上称 EDTA)是有机配位剂,能与大多数金属离子形成稳定的 1:1 型的螯合物,计量关系简单,故常用作配位滴定的标准溶液。

通常采用间接法配制 EDTA 标准溶液。标定 EDTA 溶液的基准物有 Zn、ZnO、$CaCO_3$、Bi、Cu、$MgSO_4 \cdot 7H_2O$、Ni、Pb 等。选用的标定条件应尽可能与测定条件一致,以免引起系统误差。如果用被测元素的纯金属或化合物作基准物质,就更为理想。本实验采用 $MgSO_4 \cdot 7H_2O$ 作基准物标定 EDTA,以铬黑 T(EBT)作指示剂,用 pH 值 $\approx$ 10 的氨性缓冲溶液控制滴定时的酸度。因为在 pH 值 $\approx$ 10 的溶液中,铬黑 T 与 Mg^{2+} 形成比较稳定的酒红色螯合物(Mg—EBT),而 EDTA 与 Mg^{2+} 能形成更为稳定的无色螯合物。因此,滴定至终点时,EBT 便被 EDTA 从 Mg—EBT 中置换出来,游离的 EBT 在 pH 值 = 8~11 的溶液中呈蓝色。

滴定前:M+EBT=M—EBT(酒红色)

主反应:M+EDTA =M—EDTA

终点时:M—EBT + EDTA =M— EDTA + EBT

　　　　酒红色　　　　　　　　　蓝色

$$(cV)_{\text{EDTA}} = \left(\frac{m}{M}\right)_{\text{MgSO}_4 \cdot \text{H}_2\text{O}}$$

含有钙、镁离子的水叫硬水。测定水的总硬度就是测定水中钙、镁离子的总含量,可用 EDTA 配位滴定法测定。滴定时,Fe^{3+}、Al^{3+} 等干扰离子可用三乙醇胺予以掩蔽;Cu^{2+}、Pb^{2+}、Zn^{2+} 等重金属离子可用 KCN、Na_2S 或巯基乙酸予以掩蔽。

水的硬度有多种表示方法,本实验要求以每升水中所含 Ca^{2+}、Mg^{2+} 总量(折算成 CaO 的质量)表示,单位 $mg \cdot L^{-1}$。

$$\rho_{\text{ca}}(\text{mg/L}) = \frac{(c\bar{V}_2)_{\text{EDTA}} \times M_{\text{ca}} \times 10^3}{V_{\text{水}}}$$

$$\rho_{Mg}(mg \cdot L^{-1}) = \frac{c(\bar{V}_1 - \bar{V}_2)_{EDTA} \times M_{Mg} \times 10^3}{V_{水}}$$

$$总硬度(mg \cdot L^{-1}) = \frac{(c\bar{V}_1)_{EDTA} \times M_{CaO} \times 10^3}{V_{水}}(mg \cdot L^{-1})$$

$$= \frac{(c\bar{V}_1)_{EDTA} \times M_{CaO}}{V_{水}} \times 100(°)$$

三、方法的适用范围

本方法用 EDTA 滴定法测定地下水和地表水中钙和镁的总量。不适用于含盐量高的水,诸如海水。本方法测定的最低浓度为 0.05 mmol/L。

四、干扰及消除

如试样中含铁离子≤30 mg/L,可在临滴定前加入 250 mg 氰化钠或数毫升三乙醇胺掩蔽,氰化物使锌、铜、钴的干扰减至最小,三乙醇胺能减少铝的干扰。加氰化钠前必须保证溶液呈碱性。

如试样中正磷酸盐超出 1 mg/L,在滴定的 pH 值条件下可使钙生成沉淀。如滴定速度太慢,或钙含量超出 100 mg/L 会析出磷酸钙沉淀。如上述干扰未能消除,或存在铝、钡、铅、锰等离子干扰时,需改用火焰原子吸收法或等离子发射光谱法测定。

五、仪器与试剂

1.仪器

电子天平(0.1 mg)

容量瓶(100 ml)

移液管(20 ml)

酸式滴定管(50 ml)

锥形瓶(250 ml)

2.试剂

0.2 mol $\cdot L^{-1}$ EDTA($Na_2H_2Y \cdot 2H_2O$)

$MgSO_4 \cdot 7H_2O$ 基准试剂

NH_3-NH_4Cl 缓冲溶液(pH 值=10.0)

1 mol $\cdot L^{-1}$ NaOH

铬黑 T 指示剂

钙指示剂

六、实训内容

1.0.01 mol·L⁻¹ EDTA 标准溶液的配制

取 30 ml 0.1 mol·L⁻¹ 的 EDTA 于试剂瓶中,加水稀释至 300 ml,摇匀,备用。

2.0.01 mol·L⁻¹ 镁标准溶液的配制

准确称取 $MgSO_4 \cdot 7H_2O$ 基准试剂 0.25~0.3 g,置于小烧杯中,加 30 ml 蒸馏水溶解,定量转移到 100 ml 容量瓶中,加水稀释至刻度,摇匀。计算其准确浓度。

3.EDTA 标准溶液浓度的标定

用移液管吸取镁标准溶液 20.00 ml 置于 250 ml 锥形瓶中,加 5 ml pH 值 ≈ 10 的 NH_3-NH_4Cl 缓冲溶液,加入铬黑 T 指示剂少许,用 EDTA 标准溶液滴定至溶液由酒红色恰变为蓝色,即达终点,平行测定三次。根据消耗的 EDTA 标准溶液的体积,计算其浓度。

4.水的总硬度测定

用 100 ml 移液管或量筒取 100 ml 水样于 250 ml 锥形瓶中,加氨性缓冲溶液 5 ml,EBT 指示剂少许,用 EDTA 标准溶液滴定,至溶液由酒红色变为蓝色即为终点,记录所消耗 EDTA 的体积 V_1。平行测定 3 次。

5.钙的测定

取与步骤 4 等量的水量于 250 ml 锥形瓶中,加 5 ml 1 mol·L⁻¹ NaOH,钙指示剂少许,用 EDTA 标准溶液滴定至溶液由酒红色变为蓝色即为终点,记录所消耗 EDTA 的体积 V_2。平行测定 3 次。

七、数据处理

1.EDTA 的标定

表 4-9　EDTA 的标定

	1	2	3
$m(MgSO_4 \cdot 7H_2O)(g)$			
$c(MgSO_4 \cdot 7H_2O)(mol \cdot L^{-1})$			
$V_{终}(EDTA)(ml)$			
$V_{始}(EDTA)(ml)$			
$V(ml)$			
$c_{EDTA}(mol \cdot L^{-1})$			
$\bar{c}_{EDTA}(mol \cdot L^{-1})$			
相对平均偏差			

2.水的硬度的测定

表 4-10 水的硬度的测定

	1	2	3
V_{H_2O}（ml）	100.00	100.00	100.00
$\bar{c}_{EDTA}$（mol·L^{-1}）			
$V_{终}$（EDTA）（ml）			
$V_{始}$（EDTA）（ml）			
V_1（ml）			
$\bar{V}_1$（ml）			
$V_{终}$（EDTA）（ml）			
$V_{始}$（EDTA）（ml）			
V_2（ml）			
$\bar{V}_2$（ml）			
Ca^{2+}的含量（mg·L^{-1}）			
Mg^{2+}的含量（mg·L^{-1}）			
总硬度（mg·L^{-1}）			

八、注意事项

（1）络合滴定速度不能太快,特别是近终点时要逐滴加入,并充分摇动。因为络合反应速度较中和反应要慢一些;

（2）在络合滴定中加入金属指示剂的量是否合适对终点观察十分重要,应在实践中细心体会;

（3）络合滴定法对去离子水质量的要求较高,不能含有 Fe^{3+}、Al^{3+}、Cu^{2+}、Mg^{2+}等离子。

九、思考题

1.什么叫水的总硬度? 怎样计算水的总硬度?

2.为什么滴定 Ca^{2+}、Mg^{2+}总量时要控制 pH 值≈ 10 ?

3.测定水的硬度时,缓冲溶液的作用是什么?

技能训练 3.水样六价铬的测定——二苯碳酰二肼分光光度法

一、概述

铬是生物体必需的微量元素之一,金属铬对人体是无毒的,缺乏铬反而引起动脉粥样硬化。自然形成的铬常以元素或三价态存在,污染的水中铬有三价和六价两种价态,铬的毒性与其存在价态有关,六价铬毒性比三价铬高约 100 倍,而且六价铬更容易被人体吸收,并在体内蓄积导致肝癌。铬会抑制水体自净,易积累于鱼体内,也可以使水生生物致死。用含铬的水灌溉农作物,铬会富集于果实中。

铬的污染来源主要是含铬矿石的加工、金属表面处理、皮革鞣制、印染、制药、化工等行业的工业废水。铬为第一类污染物,对于工业废水。需在车间排放口或车间处理设施排放口采样。《污水综合排放标准》中总铬最高允许排放浓度为 1.5 mg/L,六价铬为 0.5 mg/L。

二、方法原理

在酸性溶液中,六价铬离子与二苯碳酰二肼反应,生成紫红色络合物,其最大吸收波长为 540 nm,吸光度与浓度的关系符合比尔定律。

如果测定总铬,需先用高锰酸钾将水样中的三价铬氧化为六价,再用本法测定。

三、方法的适用范围

测定地面水和工业废水中六价铬的含量。

四、干扰及消除

含铁量大于 1 mg/L 水样显黄色,六价钼和汞也和显色剂反应生成有色化合物,但在本方法的显色酸度下反应不灵敏。钼和汞达 200 mg/L 不干扰测定。钒有干扰,其含量高于 4 mg/L 即干扰测定。但钒与显色剂反应后 10 min,可自行褪色。氧化性及还原性物质,如:ClO^-、Fe^{2+}、SO_3^{2-}、$S_2O_3^{2-}$ 等,以及水样有色或混浊时,对测定均有干扰,须进行预处理。

五、仪器与试剂

1.仪器

容量瓶、可见分光光度计、实验室常用仪器。

2.试剂

(1)丙酮。

(2)(1+1)硫酸溶液。

(3)(1+1)磷酸溶液。

(4)4 g/L 氢氧化钠溶液。

(5)氢氧化锌共沉淀剂,用时将 100 ml 80 g/L 硫酸锌($ZnSO_4 \cdot 7H_2O$)溶解和 120 ml 20 g/L 氢氧化钠溶液混合。

(6)40 g/L 高锰酸钾溶液,称取高锰酸钾($KMnO_4$)4 g,在加热和搅拌下溶于水,最后稀释至 100 ml。

(7)铬标准储备液,称取于 110℃ 干燥 2 h 的重铬酸钾(K_2CrO_7,优级纯)(0.282 9 ± 0.000 1)g,用于溶解后,移入 1 000 ml 容量瓶中,用水稀释至标线,摇匀。此溶液

1 ml 含 0.10 mg 六价铬。

（8）铬标准溶液 A，吸取 5.00 ml 铬标准储备液置于 500 ml 容量瓶中，用水稀释于标线线，摇匀。此溶液 1 ml 含 1.00 g 六价铬。使用当天配制。

（9）铬标准溶液 B 吸取 25.00 ml 铬标准储备液置于 500 ml 容量瓶中，用水稀释于标线线，摇匀。此溶液 1 ml 含 5.00 g 六价铬。使用当天配制。

（10）200 g/L 尿素溶液，将[（NH_2）$_2$CO]20 g 溶于水并稀释于 100 ml。

（11）20 g/L 亚硝酸钠溶液，将亚硝酸钠（$NaNO_2$）2 g 溶于水并稀释至 100 ml。

（12）显色剂 A，称取二苯碳酰二肼（$C_{13}N_{14}H_4O$）0.2 g，溶于 50 ml 丙酮中，加水稀释到 100 ml，摇匀，储于棕色瓶，置冰箱中（色变深后不能使用）。

（13）显色剂 B，称取二苯碳酰二肼 2 g，溶于 50 ml 丙酮中，加水稀释到 100 ml 同上操作。

六、实训内容

1.采样

按采样方法采取具有代表性水样，实验室样品应该用玻璃容器采集。采集时，加入氢氧化钠，调节 pH 值约为 8。并在采集后尽快测定，如放置，不要超过 24 h。

2.样品的预处理

（1）样品中应不含悬浮物，低色度的清洁地表水可直接测定，不需预处理。

（2）色度校正，当样品有色但不太深时，另取一份水样，以 2 ml 丙酮代替显色剂，其他步骤同步骤 4。水样测得的吸光度扣除此色度校正吸光度后，再行计算。

（3）对浑浊、色度较深的样品可用锌盐沉淀分离法进行前处理。取适量水样（含六价铬少于 100 g）于 150 ml 烧杯中，加水至 50 ml。滴加氢氧化钠溶液，调节溶液 pH 值为 7~8。在不断搅拌下，滴加氢氧化锌共沉淀剂至溶液 pH 值为 8~9。将此溶液转移至 100 ml 容量瓶中，用水稀释至标线。用慢速滤纸过滤，弃去 10~20 ml 初滤液，取其中 50.0 ml 滤液供测定。

（4）二价铁、亚硫酸盐、硫代硫酸盐等还原性物质的消除。取适量水样（含六价铬少于 50 g）于 50 ml 比色管中，用水稀释至标线，加入 4 ml 显色剂 B 混匀，放置 5 min 后，加入 1 ml 硫酸溶液摇匀。5~10 min 后，在 540 nm 波长处，用 10 或 30 mm 光程的比色皿，以水做参比，测定吸光度。扣除空白试验测得的吸光度后，从校准曲线查得六价铬含量。用同法做校准曲线。

（5）次氯酸盐等氧化性物质的消除。取适量水样（含六价铬少于 50 g）于 50 ml 比色管中，用水稀释至标线，加入 0.5 ml 硫酸溶液、0.5 ml 磷酸溶液、1.0 ml 尿素溶液，摇匀，逐滴加入 1 ml 亚硝酸钠溶液，边加边摇，以除去由过量的亚硝酸钠与尿素反应生成的气泡，待气泡除尽后，按步骤 4（免去加硫酸溶液和磷酸溶液）的方法进行操作。

3.空白试验

按与水样完全相同的处理步骤进行空白试验，仅用 50 ml 蒸馏水代替水样。

4. 水样测定

取适量（含六价铬少于 50 g）无色透明水样，置于 50 ml 比色管中，用水稀释至标线。加入 0.5 ml 硫酸溶液和 0.5 ml 磷酸溶液,摇匀。加入 2 ml 显色剂 A,摇匀放置 5~10 min 后,在 540 nm 波长处,用 10 或 30 mm 的比色皿,以水做参比,测定吸光度,扣除空白试验测得的吸光度后,从校准曲线上查得六价铬含量(如经锌盐沉淀分离、高锰酸钾氧化法处理的样品,可直接加入显色剂测定)。

5.校准曲线制作

向一系列 50 ml 比色管中分别加入 0,0.20 ml,0.50 ml,1.00 ml,2.00 ml,4.00 ml,6.00 ml,8.00 ml 和 10.00 ml 铬标准溶液 A 或铬标准溶液 B(如经锌盐沉淀分离法前处理,则应加倍吸取),用水稀释至标线。然后按照测定水样的步骤 4 进行处理。

从测得的吸光度减去空白试验的吸光度后所得的数据,绘制以六价铬的量对吸光度的校准曲线。

七、数据处理

1.测定结果记录

表 4-11　水样中六价铬含量测定结果记录

序号	测量对象	样品编号	Abs	体积	实际浓度	SD	RSD

2.计算

按下式计算水样中六价铬含量(mg/L)

$$C = \frac{m}{V}$$

式中　m——由校准曲线查得的水样含六价铬质量,g;

　　　V——水样的体积,ml。

六价铬含量以三位有效数字表示。

八、注意事项

(1)氧化性、还原性物质均有干扰,水样浑浊时亦不便测定。

(2)所有玻璃仪器容器不能用铬酸洗液洗涤。

(3)有机物有干扰,可加高锰酸钾氧化后再测定。

九、思考题

1.如何运用二苯碳酰二肼比色法测定水中总铬?

2. 二苯碳酰二肼比色法测定地面水和工业废水中六价铬的条件有哪些?

技能训练 4.水样挥发酚的测定——4-氨基安替比林分光光度法

一、概述

根据酚类能否与水蒸气一起蒸出,分为挥发酚和不挥发酚。挥发酚是指能随水蒸气蒸馏出并能和 4—氨基安替比林反应生成有色化合物的挥发酚类化合物,通常是指沸点在 230℃以下的酚类,多属一元酚,以苯酚表示。

酚类有机物属高毒物质,不溶于水,易溶于有机溶剂和脂肪,人体摄入一定量时,可出现急性中毒症状;长期饮用被酚污染的水,可引起头昏、出疹、贫血及各种神经系统疾病;水中含低浓度(0.1~0.1 mg/L)酚类时,可使生长鱼的鱼肉有异味,高浓度(>5 mg/L)时则造成中毒死亡;含酚浓度高的废水不宜用于农田灌溉,否则会使农作物枯死或减产;水中含微量酚类,在加氯消毒时,可产生特异的氯酚臭。

酚类主要来自炼油、煤气洗涤、炼焦、合成氨、造纸、木材防腐和化工等废水。

二、方法原理

测定方法选择

酚的主要分析方法有容量法、分光光度法、色谱法等。目前各国普遍采用的是 4-氨基安替吡林分光光度法;高浓度含酚废水可采用溴化容量法;如果水样中挥发酚类浓度低于 0.5 mg/L 时,采用 4-氨基安替比林萃取分光光度法。

（1）4-氨基替比林直接光度法

酚类化合物于 pH 值=10.0 ± 0.2 介质中,在铁氰化钾存在下,与 4-氨基安替比林反应,生成橙红色的吲哚酚安替比林染料,其水溶液在 510 nm 波长处有最大吸收。

研究指出,酚类化合物中,羟基对位的取代基可阻止反应进行,但卤素、羧基、磺酸基、羟基和甲氧基除外,这些基团多半是能被取代下的,邻位硝基阻止反应生成,而间位硝基不完全地阻止反应,氨基安替比林与酚的偶合在对位较邻位多见,当对位被烷基、芳基、酯、硝基、苯酰基、亚硝基或醛基取代,而邻位未被取代时,不呈现颜色反应。

（2）4-氨基安替比林萃取光度法

如果水样中挥发酚类浓度低于 0.5 mg/L 时,采用 4-氨基安替比林萃取分光光度法。酚类化合物在 pH 值=10.0 ± 0.2 介质中,在铁氰化钾的存在下,与 4-氨基安替比林反应所生成的橙红色安替比林染料可被三氯甲烷所萃取,并在 460 nm 波长处具有最大吸收。

（3）溴化滴定法

在含过量溴(由溴酸钾和溴化钾产生)的溶液中,酚与溴反应生成三溴酚,并进一步生成溴代三溴酚。剩余的溴与碘化钾作用释放出游离碘。与此同时,溴代三溴酚也与碘化钾反应置换出游离碘。用硫代硫酸钠标准溶液滴定释出的游离碘,并根据其消耗量,计算出以苯酚计的挥发酚含量。

无论溴化容量法还是分光光度法,当水样中存在氧化剂、还原剂、油类及某些金属离子时,均应设法消除并进行预蒸馏。如对游离氯加入硫酸亚铁还原;对硫化物加入硫酸铜使之沉淀,或者在酸性条件下使其以硫化氢形式逸出;对油类用有机溶剂萃取除去等。蒸馏的作用有二,一是分离出挥发酚,二是消除颜色、浑浊和金属离子等的干扰。

下面着重介绍前两种方法。

三、水样预处理

(1)水样保存

用玻璃仪器采集水样。水样采集后应及时检查有无氧化剂存在。必要时加入过量的硫酸亚铁,立即加磷酸酸化至 pH 值=4.0,并加入适量硫酸铜(1 g/L)以抑制微生物对酚类的生物氧化作用,同时应冷藏(5~10℃),在采集后 24 h 内进行测定。

(2)预蒸馏

水中挥发酚经过蒸馏以后,可以消除颜色、浑浊度等干扰。但当水样中含氧化剂、油、硫化物等干扰物质时,应在蒸馏前先做适当的预处理。

①干扰物质的排除

氧化剂(如游离氯):当水样经酸化后滴于碘化钾—淀粉试纸上出现蓝色时,说明存在氧化剂。遇此情况,可加入过量的硫酸亚铁。

硫化物:水样中含少量硫化物时,用磷酸把水样 pH 值调至 4.0(用甲基橙或 pH 值计指示),加入适量硫酸铜(1 g/L)使生成硫化铜而被除去:当含量较高时,则应用磷酸酸化的水样置于通风柜内进行搅拌曝气,使其生成硫化氢逸出。

油类:将水样移入分液漏斗中,静置分离出浮油后,加粒状氢氧化钠调节至 pH 值 12~12.5。用四氯化碳萃取(每升样品用 40 ml 四氯化碳萃取两次),弃去四氯化碳层,萃取后的水样移入烧杯中,在通风柜中于水浴上加温以除去残留的四氯化碳,用磷酸调节至 pH 值为 4.0。当石油类浓度较高时,用正己烷处理较四氯化碳为佳。

甲醛、亚硫酸盐等有机或无机还原性物质:可分取适量水样于分液漏斗中,加硫酸溶液使水样呈酸性,分次加入 50 ml、30 ml、30 ml 乙醚或二氯甲烷萃取酚,合并二氯甲烷或乙醚层于另一分液漏斗中,分次加入 4 ml、3 ml、3 ml 10%氢氧化钠溶液进行反萃取,使酚类转入氢氧化钠溶液中。合并碱萃取液,移入烧杯中,置于水浴上加热,以除去残余萃取溶剂,然后用水将碱萃取液稀释至原分取水样的体积。

同时以水做空白试验。

注意:乙醚为低沸点、易燃和具麻醉作用的有机溶剂,使用时要小心,周围应无明火,并在通风柜内操作。室温较高时,水样和乙醚应先置于冰水浴中降温后,再进行萃取操作,每次萃取应尽快地完成。

芳香胺类:芳香胺类亦可与 4-氨基安替比林产生显色反应,使结果偏高。可在 pH 值 <0.5 的介质中蒸馏,以减小其干扰。

②仪器

500 ml 全玻璃蒸馏器。

分光光度计。

50 ml 具塞比色管（或容量瓶）。

③试剂

无酚水：实验用水应为无酚水，于 1 L 水中加入 0.2 g 经 200 ℃活化 0.5 h 的活性炭粉末，充分振摇后，放置过夜。用双层中速滤纸过滤，或加氢氧化钠使水呈强碱性，并滴加高锰酸钾溶液至紫红色，移入蒸馏瓶中加热蒸馏，收集馏出液备用。注意：无酚水应贮于玻璃瓶中，取用时应避免与橡胶制品（橡皮塞或乳胶管）接触。

硫酸铜溶液：称取 50 g 硫酸铜（$CuSO_4 \cdot 5H_2O$）溶于水，稀释至 500 ml。

磷酸溶液：量取 50 ml 磷酸（$\rho20=1.69$ g/ml），用水稀释至 500 ml。

甲基橙指示液：称取 0.05 g 甲基橙溶于 100 ml 水中。

④步骤

a.量取 250 ml 水样置于蒸馏瓶中，加数粒小玻璃珠以防暴沸，再加入二滴甲基橙指示液，用磷酸溶液调节至 pH 值=4（溶液呈橙红色），加 5.0 ml 硫酸铜溶液（如采样时已加过硫酸铜，则适量补加）。

注：如加入硫酸铜溶液后产生较多量的黑色硫化铜沉淀，则应摇匀后放置片刻，待沉淀后，再加硫酸铜溶液，直至不再产生沉淀为止。

b.连接冷凝器加热蒸馏，至蒸馏出约 225 ml 时，停止加热，放冷。向蒸馏瓶中加入 25 ml 水，继续蒸馏至溶液为 250 ml 为止。

注：蒸馏过程中，如发现甲基橙的红色褪去，应在蒸馏结束后，再加 1 滴甲基橙指示液。如发现蒸馏后残液不呈酸性，则应重新取样，增加磷酸加入量，进行蒸馏。

四、分析步骤

（一）4-氨基替比林直接光度法

1. 方法的适用范围

用光程长为 20 mm 比色皿测量时，酚的最低检出浓度为 0.1 mg/L。

2. 仪器

分光光度计

3. 试剂

（1）苯酚标准贮备液：称取 1.00 g 无色苯酚（C_6H_5OH）溶于水，移入 1 000 ml 容量瓶中，稀释至标线。置 4℃冰箱内保存，至少稳定一个月。

（2）贮备液的标定

①吸取 10.00 ml 苯酚贮备液于 250 ml 碘量瓶中，加水稀释至 100 ml，加 10.0 ml 0.1 mol/L 溴酸钾—溴化钾溶液，立即加入 5 ml 盐酸，盖好瓶塞，轻轻摇匀，于暗处放置 10 min。加入 1 g 碘化钾，密塞，再轻轻摇匀，放置暗处 5 min。用 0.012 5 mol/L 硫代硫酸钠标准溶液

滴定至淡黄色,加入 l ml 淀粉溶液,继续滴定至蓝色刚好褪去,记录用量。

②同时以水代替苯酚贮备液做空白试验,记录硫代硫酸钠标准溶液用量。

③苯酚贮备液浓度由下式计算:

$$苯酚（ mg/ml ）= \frac{(V_1 - V_2)C \times 15.68}{V}$$

式中　V_1——空白试验中消耗的硫代硫酸钠标准溶液体积（ ml ）;

　　　V_2——滴定苯酚贮备液时消耗的硫代硫酸钠标准溶液体积（ ml ）;

　　　V——苯酚贮备液体积（ ml ）;

　　　C——硫代硫酸钠标准溶液浓度（ mol/L ）;

　　　15.68——摩尔质量（ $1/6C_6H_5OH$ ）（ g/mol ）。

（ 3 ）苯酚标准中间液:取适量苯酚贮备液,用水稀释至每毫升含 0.010 mg 苯酚。使用时当天配制。

（ 4 ）溴酸钾—溴化钾标准参考溶液 C($1/6KBrO_3$): 0.1 mol/L:称取 2.784 g 溴酸钾（ $KbrO_3$ ）溶于水,加入 10 g 溴化钾（ KBr ）使溶解,移入 1 000 ml 容量瓶中,稀释至标线。

（ 5 ）碘酸钾标准溶液 C($1/6KIO_3$)=0.025 0 mol/L:称取预先经 180℃烘干的碘酸钾 0.891 7 g 溶于水,移入 1 000 ml 容量瓶中,稀释至标线。

（ 6 ）硫代硫酸钠标准滴定溶液 C($Na_2S_2O_3 \cdot 5H_2O$)≈ 0.025 mmol/L:

①称取 6.2 g 硫代硫酸钠溶于煮沸放冷的水中,加入 0.2 g 碳酸钠,稀释至 1 000 ml 用前,用碘酸钾溶液标定。

②标定:分取 20.00 ml 碘酸钾溶液置于 250 ml 碘量瓶中,加水稀释至 100 ml,加 1 g 碘化钾,再加 5 ml(1+5)硫酸,加塞,轻轻摇匀。置暗处放置 5 min,用硫代硫酸钠溶液滴定至淡黄色,加 l ml 淀粉溶液,继续滴定至蓝色刚褪为止,记录硫代硫酸钠溶液用量。

③按下式计算硫代硫酸钠溶液浓度（ mol/L ）:

$$C(Na_2S_2O_3 \times 5H_2O) = \frac{0.025\ 0 \times V_4}{V_3}$$

式中　V_3——硫代硫酸钠标准滴定溶液滴定用量（ ml ）;

　　　V_4——移取碘酸钾标准溶液量（ ml ）:

　　　0.025 0——碘酸钾标准溶液浓度（ mol/L ）。

（ 7 ）淀粉溶液:称取 1 g 可溶性淀粉,用少量水调成糊状,加沸水至 100 ml,冷却后置冰箱内保存。

（ 8 ）缓冲溶液(pH 值约为 10):称取 20 g 氯化铵（ NH_4Cl ）溶于 100 ml 氨水中,加塞,置冰箱中保存。

注:应避免氨挥发所引起 pH 值的改变,注意在低温下保存和取用后立即加塞盖严,并根据使用情况适量配制。

（ 9 ）2% 4-氨基安替比林溶液:称取 2 g 4-氨基安替比林（ $C_{11}H_{13}N_3O$ ）溶于水,稀释至 100 ml,置冰箱中保存。可使用一周。

（ 10 ）8%铁氰化钾溶液:称取 8 g 铁氰化钾{ $K_3[Fe(CN)_6]$ }溶于水,稀释至 100 ml,置冰

箱内保存,可使用一周。

4. 步骤

(1)校准曲线的绘制:于一组八支 50 ml 比色管中,分别加入 0、0.50、1.00、3.00、5.00、7.00、10.00、12.50 ml 酚标准中间液,加水至 50 ml 标线。加 0.5 ml 缓冲溶液,混匀,此时 pH 值为 10.0 ± 0.2,加 4-氨基安替比林溶液 1.0 ml 混匀。再加 1.0 ml 铁氰化钾溶液,充分混匀,放置 10 min 后立即于 510 nm 波长,用光程为 20 mm 比色皿,以水为参比,测量吸光度。经空白校正后,绘制吸光度对苯酚含量(mg)的校准曲线。

(2)水样的测定:分取适量的馏出液放入 50 ml 比色管中,稀释至 50 ml 标线。用与绘制校准曲线相同步骤测定吸光度,最后减去空白试验所得吸光度。

(3)空白试验:以水代替水样,经蒸馏后,按水样测定相同步骤进行测定,以其结果作为水样测定的空白校正值。

5. 计算

$$挥发酚(以苯酚计)= \frac{m}{V} \times 1\,000$$

式中 m——由水样的校正吸光度,从校准曲线上查得的苯酚含量(mg);

V——移取馏出液体积(ml)。

注:如水样含挥发酚较高,移取适量水样并加水至 250 ml 进行蒸馏,则在计算时应乘以稀释倍数。

(二)4-氨基安替比林萃取光度法

1. 方法的适用范围

本方法适用于饮用水、地表水、地下水和工业废水中挥发酚的测定。其最低检出浓度为 0.002 mg/L;测定上限为 0.12 mg/L。

2. 仪器

500 ml 分液漏斗,分光光度计。

3. 试剂

实验用水均为无酚水。除了与 4-氨基它替比林直接光度法所需相同的试剂外,增加下述试剂:

(1)苯酚标准使用液:取适量苯酚标准中间液,用水稀释于至每毫升含 1.00 μg 苯酚。配制后在 2 h 内使用。

(2)三氯甲烷。

4. 步骤

(1)校准曲线的绘制

于一组八个分液漏斗中,分别加入 100 ml 水,依次加入 0、0.50、1.00、3.00、5.00、7.00、10.00 和 15.00 ml 苯酚标准使用液,再分别加水至 250 ml,加 2.0 ml 缓冲溶液混匀。此时 pH 值为 10.0 ± 0.2,加 1.50 ml 4-氨基安替比林溶液,混匀,再加 1.5 ml 铁氰化钾溶液,充分混匀后,放置 10 min。准确加入 10.0 ml 三氯甲烷,加塞,剧烈振摇 2 min,静置分层。用干脱脂棉或滤纸筒拭干分液漏斗颈管内壁,于颈管内塞一小团干脱脂棉或滤纸,放出三氯甲烷层,弃去最初滤出的数滴萃取液后,直接放入光程为 20 mm 的比色皿中,于 460 nm 波长处,以三氯甲烷为参比,测量吸光度。经空白校正后,绘制吸光度对苯酚含量的校准曲线。

(2)水样的测定

分取馏出液于分液漏斗中,加水至 250 ml,用与绘制校准曲线相同操作步骤测量吸光度,再减去空白试验吸光度。

(3)空白试验

用水代替水样进行蒸馏后,按水样测定相同步骤进行测定,以其结果作为水样测定的空白校正值。

5. 结果计算

$$挥发酚(以苯酚计,\text{mg/L}) = \frac{m}{V}$$

式中　m——由水样的校正吸光度,从校准曲线上查得的苯酚含量(μg);

　　　V——分取馏出液体积(ml)。

注:如水样含挥发酚较高,移取适量水样并加水至 250 ml 进行蒸馏,计算时应乘以稀释倍数。

6. 注意事项

(1)4-氨基安替比林的纯度对空白试验的吸光度影响较大,必要时做提纯处理。将 4-氨基安替比林置干燥的烧杯中,加约 10 倍量的苯,用玻璃棒充分搅拌,并使块状物粉碎,将溶液连同沉淀移至干燥滤纸上过滤,再用少量苯洗至滤液为淡黄色为止。将滤纸上的沉淀物摊铺于表面皿上,利用通风柜的机械通风,在较短的时间内使残留的苯挥发,去除后,置干燥器内避光保存。

注意:苯有毒性,提纯操作应在通风柜内进行。

(2)当水样含挥发性酸时,可使馏出液 pH 值降低,必要时,应加氨水于馏出液中使呈中性后再加入缓冲溶液。

四、注意事项

(1)如果水样含挥发酚较高,移取适量水样并加水至 250 ml 进行蒸馏,则在计算时应乘以稀释倍数。

(2)当水样中含游离氯等氧化剂、硫化物、油类、芳香胺类及甲醛和亚硫酸钠等还原剂时,应在蒸馏前先做适应的预处理。

五、思考题

1. 如何检验含酚废水中是否存在氧化剂? 如有,怎样消除?

2. 测定水中挥发酚时,进行预蒸馏的目的是什么?

3. 蒸馏时,向水样中加入硫酸铜的目的是什么? 加入磷酸将水样调成酸性介质的目的是什么?

本项目小结

学习内容总结

知识内容	实践技能
工业废水	工业废水采样点的设置
工业废水的分类	工业废水水样的采集与流量测量
工业废水的性质和特点	水样色度的测定,铂钴比色法、稀释倍数法
工业废水的危害	水样硬度的测定,EDTA滴定法
工业废水样品的运输	水样六价铬的测定,二苯碳酰二肼分光光度法
工业废水样品的保存方法	水样挥发酚的测定,4-氨基安替比林分光光度法

中英文对照专业术语

序号	中文	英文
1	工业废水	Industrial waste water
2	第一类污染物	Pollutants for the first species
3	第二类污染物	Pollutants for the second species
4	瞬时污水样	Instantaneous sewage sample
5	平均污水样	Average sewage sample
6	水样的运输	Transportation of water samples
7	水样的保存	Preservation of water samples
8	水样色度	Chroma of water sample
9	水样硬度	Hardness of water sample
10	水样挥发酚	Volatile phenol in water sample

项目五　城镇污水处理厂水质监测

Urban sewage treatment plant water quality monitoring

知识目标

1.了解城镇污水处理厂水污染物的种类、特点及水质标准;

2.熟悉城镇污水监测方案的制定;

3.掌握城镇污水处理厂水污染物监控方法;

4.掌握城镇污水水质指标的监测分析方法。

技能目标

1.能够制定城镇污水监测方案;

2.能够对城镇污水主要水质项目进行监测。

工作情境

1.工作地点:城镇污水处理厂、水质监测实训室。

2.工作场景:环境保护系统要对某城镇污水处理厂的污水进行长期的水质监测,主要进行水体采样、分析及监测报告的编制等工作。

Knowledge goal

1. Understand the types, characteristics and water quality standards of water pollutants in urban sewage treatment plants;

2. Familiar with the formulation of urban sewage monitoring plan;

3. Master the monitoring method of water pollutants in urban sewage treatment plants;

4. Master the monitoring and analysis methods of urban sewage water quality indicators.

Skills goal

1. Ability to develop urban sewage monitoring programs;

2. Ability to monitor major urban water quality projects.

Work situation

1.work place：Urban sewage treatment plant, water quality monitoring training room.

2.Work scene：The environmental protection system shall conduct long-term water quality monitoring of the sewage of a municipal sewage treatment plant, mainly for the preparation of water sampling, analysis and monitoring reports.

项目导入

城镇污水处理厂水质监测概述

一、水质监测任务

城镇污水处理厂水质监测是指通过物理以及化学生物等技术手段和相应的方式,针对水质样品的各种参数、性质、物质的含量、形态的特征以及相关的危害等等多个方面的内容,进行全面性的分析,针对水质,在定量以及定性等两个方面进行研究。对于水质分析的工作而言,其基本的任务指标,就是通过各种技术手段来对水资源进行准确的鉴定,进而可以对其各方面的参数指标等,有着详尽的了解和掌握,进而为生活以及生产工作等提供必要的指导,更好地针对水治理工程的建设以及水资源的污染防治等工作并做出指导,为此项工作的不断进步做出积极的贡献。水质监测的任务具体包括以下几方面:

（1）可用来鉴定多种用水的水质,主要包括杂质种类和水的浓度是否达到了用水的标准。

（2）按用水排水的要求,对其水质进行系统的分析,以进行水处理的研究,设计再到运行的过程。

（3）对自然环境进行环保作用,防止水污染,从而对各种用水进行水质监测。

二、水质监测对象和目的

1.水质监测对象

水质监测可分为环境水体监测和水污染源监测。环境水体包括地表水（江、河、湖、库、海水）和地下水;水污染包括生活污水、医院污水及各种废水。对它们进行监测的目的可概括为以下几个方面:

（1）对进水江、河、湖泊、水库、海洋等地表水体的污染物质及渗透到地下水中的污染物质进行经常性的监测,以掌握水质现状及其发展趋势。

（2）对生产过程、生活设施及其他排放的各类废水进行监视性监测,为污染源管理等提供依据。

2.水质监测目的

一般而言,经常性监测地表水及地下水是为了评价环境质量监测;监视性监测生产和生活过程排放的水是为了使其达标排放;应急监测之事故监测是为了采取应急治理方案;为环境管理——提供数据和资料;为环境科学研究——提供数据和资料。这次的水体监测目的,一方面是环境监测课程的要求,是对我们平时监测理论知识掌握的考核,加强我们自主实验动手的能力;另一方面,有助于巩固我们对环境监测一般工作程序的理解,尤其是对水质监测方案的掌握。

三、水质监测意义

(1)可为确定水质标准提供数据,具有法律意义。

(2)判别水质情况,预报水质的污染趋势。

(3)为不同用途的用水提供水源。

(4)为环境科学研究提供数据(建立模型和数据推导)。

(5)可鉴定生产工艺和净化设备的效益(经济效益、环境效益)。

思考与练习

1.水质监测的目的是什么?

2.水质监测具有什么意义?

Project import

Overview of water quality monitoring in urban sewage treatment plants

| Water quality monitoring task

The water quality monitoring of urban sewage treatment plants refers to the various parameters, properties, content, morphological characteristics and related hazards of water quality samples throµgh physical and chemical means and corresponding methods. Conduct a comprehensive analysis, research on water quality, quantitative and qualitative. For the work of water quality analysis, the basic task indicator is to accurately identify water resources throµgh various technical means, and then to have a detailed understanding and mastery of various aspects of the parameters, and then for life. As well as production work, etc., provide necessary guidance to better guide and guide the construction of water treatment projects and pollution prevention of water resources, and make positive contributions to the continuous progress of this work. The tasks of water quality monitoring include the following aspects:

1. Can be used to identify the water quality of a variety of water, mainly including whether

the impurity type and water concentration meet the water standard.

2. According to the requirements of water and drainage, systematically analyze its water quality for water treatment research, design and operation.

3. Environmental protection of the natural environment to prevent water pollution, thus monitoring water quality for various uses.

II Water quality monitoring object and purpose

1. Water quality monitoring object

Water quality monitoring can be divided into environmental water monitoring and water pollution source monitoring. Environmental waters include surface water (river, river, lake, reservoir, seawater) and groundwater; water pollution includes domestic sewage, hospital sewage and various wastewater. The purpose of monitoring them can be summarized as the following aspects:

(1) Regularly monitor pollutants in surface water bodies such as the influent rivers, rivers, lakes, reservoirs, and oceans, and pollutants that penetrate into groundwater to grasp the current status of water quality and its development trend.

(2) Monitor and monitor the production process, living facilities and other types of wastewater discharged, and provide basis for pollution source management.

2. Water quality monitoring purpose

In general, surface water and groundwater are regularly monitored to assess environmental quality monitoring; monitoring of water discharged from production and living processes is to achieve compliance; emergency monitoring of accident monitoring is for emergency management; for environmental management - Providing data and information; providing data and information for environmental science research. The purpose of this water monitoring is, on the one hand, the requirements of the environmental monitoring course, the assessment of our usual monitoring theory knowledge, and the ability to strengthen our own experimental hands-on; on the other hand, it helps to consolidate our general working procedures for environmental monitoring. The understanding, especially the mastery of water quality monitoring programs.

III Water quality monitoring significance

1. Provides data for determining water quality standards and has legal implications.

2. Discriminate water quality and forecast pollution trends of water quality.

3. Provide water for different uses of water.

4. Provide data for environmental science research (modeling and data derivation).

5. Can identify the benefits of production processes and purification equipment (economic and environmental benefits).

Thinking and practicing

1. What is the purpose of water quality monitoring?

2. What is the significance of water quality monitoring?

任务一　城镇污水处理厂水质监测方案的制定

城镇污水指城镇居民生活污水,机关、学校、医院、商业服务机构及各种公共设施排水,以及允许排入城镇污水收集系统的工业废水和初期雨水等。城镇生活污水中一般有机物含量高, N、P 含量逐年增多。本项目所介绍城镇污水监测即是针对城镇污水处理厂污水的监测。城镇污水处理厂指对进入城镇污水收集系统的污水进行净化处理的污水处理厂。城镇污水监测方案的制定应依据监测目的要求及国家有关标准和规范,如《城镇污水处理厂污染物排放标准》(GB 18918-2002)、《城镇污水处理厂运行监督管理技术规范》(HJ 2038-2014)等进行。

一、城镇污水监测目的和对象

1. 监测目的

通过对城镇污水处理厂总排放口水质的监测,评价处理后出水水质达标情况,通过对进水口水质监测,可及时发现进水异常情况,及时采取有效控制措施,调整运行参数,防止发生运行事故。通过对整个处理工艺进水口、总排放口水质的监测,可评价污水处理工艺的处理效果;也可通过对各处理单元进水口和出水口的水质监测,评价该处理单元的处理效果。

2. 监测对象

城镇污水处理厂水质监测的对象包括进水口水质、总排放口水质及各单元处理设施进出口水质。

二、城镇污水监测指标和方法

1. 监测指标选择

《城镇污水处理厂污染物排放标准》(GB 18918-2002)中规定了城镇污水处理厂水污染物排放基本控制项目(12 项)、一类污染物最高允许排放浓度(7 项)和选择控制项(43 项),适用于城镇污水处理厂出水控制的管理,分别见表 5-1~表 5-3。

基本控制项目主要包括影响水环境和城镇污水处理厂一般处理工艺可以去除的常规污染物,以及部分一类污染物;选择控制项目包括对环境有较长期影响或毒性较大的污染物。

基本控制项目必须执行;选择控制项目,由地方环境保护行政主管部门根据污水处理厂接纳的工业污染物的类别和水环境质量要求选择控制。

2. 标准级别确定

根据城镇污水处理厂排入地表水域环境功能和保护目标以及污水处理厂处理工艺,将基本控制项目的常规污染物标准值分为一级标准、二级标准和三级标准。一级标准分为 A 标准和 B 标准,一类重金属污染物和选择控制项目不分级。确定级别后,执行相应标准值。

表 5-1　基本控制项目最高允许排放浓度(日均值)　单位:mg/L

序号	基本控制项目		一级标准		二级标准	三级标准
			A 标准	B 标准		
1	化学需氧量(COD)		50	60	100	120①
2	生化需氧量(BOD_5)		10	20	30	60①
3	悬浮物(SS)		10	20	30	50
4	动植物油		1	3	5	20
5	石油类		1	3	5	15
6	阴离子表面活性剂		0.5	1	2	5
7	总氮(以 N 计)		15	20	——	——
8	氨氮(以 N 计)②		5(8)	8(15)	25(30)	——
9	总磷(以 P 计)	2005 年 12 月 31 日前建设的	1	1.5	3	5
		2006 年 1 月 1 日起建设的	0.5	1	3	5
10	色度(稀释倍数)		30	30	40	50
11	pH 值		6-9			
12	粪大肠菌群数/(个/L)		10^3	10^4	10^4	

注:①下列情况下按去除率指标执行:当进水 COD 大于 350 mg/L 时,去除率应大于 60%;BOD_5 大于 160 mg/L 时,去除率应大于 50%。②括号外数值为水温>12℃时的控制指标,括号内数值为水温≤12℃时的控制指标。

表 5-2　部分一类污染物最高允许排放浓度(日均值)　单位:mg/L

序号	项目	标准值
1	总汞	0.001
2	烷基汞	不得检出
3	总镉	0.01
4	总铬	0.1
5	六价铬	0.05
6	总砷	0.1
7	总铅	0.1

表 5-3　部分选择控制项目的最高允许排放浓度（日均值）　　　　　单位：mg/L

序号	选择控制项目	标准值	序号	选择控制项目	标准值
1	总镍	0.05	11	硫化物	1.0
2	总铍	0.002	12	甲醛	1.0
3	总银	0.1	13	苯胺类	0.5
4	总铜	0.5	14	总硝基化合物	2.0
5	总锌	1.0	15	有机磷农药（以 P 计）	0.5
6	总锰	2.0	16	马拉硫磷	1.0
7	总硒	0.1	17	乐果	0.5
8	苯并[a]芘	0.00003	18	对硫磷	0.05
9	挥发酚	0.5	…	…	…
10	总氰化物	0.5	43	可吸附有机卤化物（以 Cl 计）	…

（1）一级标准的 A 标准是城镇污水处理厂出水作为回用水的基本要求。当污水处理厂出水引入稀释能力较小的河湖作为城镇景观用水和一般回用水等用途时，执行一级标准 A 标准。

（2）城镇污水处理厂出水排入 GB 3838 地表水Ⅲ类功能水域（划定的饮用水水源保护区和游泳区除外）、GB 3097 海水二类功能水域和湖、库等封闭或半封闭水域时，执行一级标准的 B 标准。

（3）城镇污水处理厂出水排入 GB 3838 地表水Ⅳ类、Ⅴ类功能水域或 GB 3097 海水三类、四类功能海域，执行二级标准。

（4）非重点控制流域和非水源保护区的建制镇污水处理厂，根据当地经济条件和水污染控制要求，采用一级强化处理工艺时，执行三级标准，但必须预留二级处理设施位置，分期达到二级标准。

3.分析方法选取

《城镇污水处理厂污染物排放标准》（GB 18918-2002）中规定了城镇污水处理厂水污染物监测分析方法，部分指标监测分析方法见表 5-4。

表 5-4　部分水污染物监测分析方法

序号	控制项目	测定方法	测定下限/（mg/L）	方法来源
1	化学需氧量（COD）	重铬酸钾法	30	GB 11914
2	生化需氧量（BOD_5）	稀释与接种法	2	HJ 505-2009
3	悬浮物（SS）	重量法	-	GB 11901
4	石油类及动植物油	红外分光光度法	0.04	HJ 637-2012

序号	控制项目	测定方法	测定下限/(mg/L)	方法来源
5	阴离子表面活性剂	亚甲蓝分光光度法	0.05	GB 7494
6	总氮	碱性过硫酸钾消解紫外分光光度法	0.05	HJ 636-2012
7	氨氮	蒸馏-中和滴定法 纳氏试剂分光光度法	0.05 0.025	HJ 537-2009 HJ 535-2009
8	总磷	钼酸铵分光光度法	0.01	GB 11893
9	色度	稀释倍数法	-	GB 11903
10	pH 值	玻璃电极法	-	GB 6920
11	粪大肠菌群数	多管发酵法和滤膜法	-	HJ/T 347-2007
12	总大肠菌群和粪大肠菌群	纸片快速法	20MPN/L	HJ 755-2015
13	总铬	高锰酸钾氧化-二苯碳酰二肼分光光度法	0.004	GB 7466
14	六价铬	二苯碳酰二肼分光光度法	0.004	GB 7467
15	总砷	二乙基二硫代氨基甲酸银分光光度法	0.007	GB 7485
16	挥发酚	4-氨基安替比林分光光度法	0.04	HJ 503-2009
17	总氰化物	异烟酸-吡唑啉酮分光光度法	0.016	HJ 484-2009

三、水样采集

1.取样位置

《城镇污水处理厂污染物排放标准》(GB 18918-2002)规定,水质取样应在污水处理厂处理工艺末端总排放口,以评价出水水质是否达到排放标准要求。此外,在排放口还应设置污水水量自动计量装置、自动比例采样装置,pH 值、COD、氨氮等主要水质指标应安装在线监测装置。

《城镇污水处理厂运行监督管理技术规范》(HJ 2038-2014)规定,应在污水厂进水口、排放口布设采样点,安装连续采样装置和在线连续监测装置,装置产生的废液应进行收集和处理,运行记录应归档和保存。

2.取样频率

城镇污水处理厂取样频率为至少每 2 小时一次,取 24 小时混合样,以日均值计。

3.取样注意事项

（1）用样品容器直接采样时,必须用水样冲洗三次后再进行采样。当水面有浮油时,采样容器不能冲洗。

（2）采样时应注意除去水面的杂物、垃圾等漂浮物。

（3）用于测定悬浮物、BOD_5、硫化物、油类、余氯的水样，必须单独定容采样，全部用于测定。

（4）在选用特殊的专用采样器（如油类采样器）时，应按照该采样器的使用方法采样。

（5）采样时应认真填写"污水采样记录表"，表中应包含以下内容:污染源名称、监测目的、监测项目、采样点位、采样时间、样品编号、污水性质、污水流量、采样人姓名及其他有关事项等。

（6）凡需现场监测的项目，应在现场进行监测。

4.水样记录

由于污水样品的组成往往相当复杂，其稳定性通常比地表水样更差，因此，应尽快测定。采样后要及时记录，并在每个样品瓶上贴好标签，标明采样点位编号、采样日期、测定项目和保存方法等。

思考与练习

1.对于城镇污水处理厂出水，适用的评价标准是哪种？

2.城镇污水处理厂污水监测的目的是什么？

3.城镇污水处理厂污水监测的取样点位置是怎样的？

4.城镇污水处理厂污水监测的取样频率是怎样的？

任务二　城镇污水处理厂水污染物监控

城镇污水处理厂应设置专用化验室，具备污染物检测和全过程监控能力，按相关规定实施全过程检测；应制定化验分析质量控制标准，定期检定和校验化验计量设备，以提高监测数据的可靠性。

一、对进水水质检测

城镇污水处理厂应按照《水质自动采样器技术要求及检测方法》（ HJ/T 372-2007 ）和《水污染源在线监测系统运行与考核技术规范（试行）》（ HJ/T 355-2007 ）的规定，在进水口安装进水连续采样装置和水质在线连续监测装置。应按《城镇污水处理厂污染物排放标准》（ GB 18918-2002 ）规定的污染指标（表 5-4 ）和采样化验频率检测进水水质。

二、排放口检测控制

1.基本要求

城镇污水处理厂排放口应规范化，排放口环境保护图形标志牌应符合《环境保护图形标志——排放口》（ GB 15562.1-1995 ）的相关规定；排放口应安装污水厂出水在线连续监测装置,并符合《水污染源在线监测系统运行与考核技术规范》(HJ/T 355-2007)的相关要求,运行记录应归档和保存;运行单位应建立排放口维护管理制度,配备专业技术人员进行维护管理,保证设施正常运转,运行记录齐全、真实;污水厂应将在线连续监测装置产生的废液进行收集和处理,防止产生环境污染。

2.水质检测化验要求

排放口安装和运行的水质自动采样器应符合《水质自动采样器技术要求及检测方法》(HJ/T 372-2007)的相关规定;污水厂应按照《城镇污水处理厂污染物排放标准》(GB 18918-2002)的规定进行污水厂出水的采样和水质检测。

污水厂应按规定检测并记录进水和出水的水质指标,包括:化学需氧量(COD)、五日生化需氧量(BOD_5)、悬浮物(SS)、pH 值、氨氮(以 N 计)、总氮(以 N 计)、总磷(以 P 计)和粪大肠菌群等。

三、监控数据记录和显示

中控系统应实时记录污水厂的进、出水流量(含累计流量)和进、出水水质(COD、氨氮等关键指标)等运行数据,并依据记录数据自动生成动态变化曲线。

将进水和出水的总氮(以 N 计)、总磷(以 P 计)、悬浮物(SS)等作为选择性指标时,中控系统可作相关记录并依据数据生成动态变化曲线。

污水厂应安装再生水流量计并记录和传送流量数据,应具有表征再生水水质的色度、浊度等特征性指标的监测和数据记录,有明确用途的再生水应同时监测和记录其他选择性水质指标。

思考与练习

1.依据监控数据记录生成动态变化曲线有什么意义?

2.城镇污水处理厂按规定检测并记录进水和出水的水质指标有哪些?

3.水污染自动监测系统的组成有哪些?

任务三　城镇污水处理厂水质指标测定

技能训练 1.水样悬浮物的测定——重量法

一、概述

1.含义及测定意义

水中悬浮物,简称 SS(suspended substance),是指水样通过孔径为 0.45 μm 的滤膜,截留在滤膜上并于 103~105 ℃烘干至恒重得到的固体物质。

悬浮物包括不溶于水的泥沙、各种污染物、微生物以及难溶无机物等。地表水中存在悬浮物使水体浑浊,降低透明度,影响水生生物的呼吸和代谢,甚至造成鱼类窒息死亡。悬浮物多时,还可能造成河道阻塞。造纸、制革、选矿、冲渣、喷淋除尘等工业操作中产生大量含无机、有机的悬浮物废水,因此,在水和废水处理中,测定悬浮物具有特定意义。

2.测定方法选择

水中悬浮物的测定方法为重量法(GB/T 11901-1989),该法适用于地面水、地下水、生活污水和工业废水中悬浮物的测定。

二、重量法

1.原理

悬浮固体系指剩留在滤料上并于 103~105℃烘至恒重的固体。测定的方法是将水样通过滤料后,烘干固体残留物及滤料,将所称重量减去滤料重量,即为悬浮固体(总不可滤残渣)。

2.仪器

(1)烘箱。

(2)分析天平。

(3)干燥器。

(4)孔径为 0.45 μm 滤膜及相应的滤器或中速定量滤纸。

(5)玻璃漏斗。

(6)内径为 30~50 mm 称量瓶。

3.测定步骤

(1)将滤膜放在称量瓶中,打开瓶盖,在 103~105℃烘干 2 h,取出冷却后盖好瓶盖称重,直至恒重(两次称量相差不超过 0.000 5 g)。

(2)去除漂浮物后振荡水样,量取均匀适量水样(使悬浮物大于 2.5 mg),通过上面称至恒重的滤膜过滤;用蒸馏水洗残渣 3~5 次。如样品中含油脂,用 10 ml 石油醚分两次淋洗残渣。

(3)小心取下滤膜,放入原称量瓶内,在 103~105 ℃烘箱中,打开瓶盖烘 2 h,冷却后盖好盖称重,直至恒重为止。

4.计算

$$悬浮固体(mg/L) = \frac{(A-B) \times 1\,000 \times 1\,000}{V} \tag{5-1}$$

式中　　A——悬浮固体+滤膜及称量瓶重(g);

　　　　B——滤膜及称量瓶重(g);

　　　　V——水样体积(ml)。

5.注意事项:

(1)树叶、木棒、水草等杂质应先从水中除去。

(2)废水黏度高时,可加 2~4 倍蒸馏水稀释,振荡均匀,待沉淀物下降后再过滤。

（3）也可采用石棉坩埚进行过滤。

三、思考题

1.悬浮物是指什么？

2.重量法测定悬浮物的原理是什么？

3.测定水中悬浮物过程中烘箱的温度是否可以改变？

技能训练 2. 水样氨氮的测定——纳氏试剂分光光度法

一、概述

1.危害及来源

氨氮（NH_3-N）是指水中以游离氨（NH_3）或铵盐（NH_4^+）形式存在的氮。两者的组成比取决于水体的 pH 值和水温。当 pH 值偏高时，游离氨比例较高，反之铵盐比例较高，水温则相反。鱼类对水中氨氮比较敏感，当氨氮含量高时会导致鱼类死亡，对其他水生生物也有不同程度的危害。

水中氨氮主要来源于生活污水中含氮有机物受微生物作用的分解产物以及某些工业污水（如焦化污水、合成氨化肥厂污水等）和农田排水。

2.测定方法选择

氨氮的测定方法有蒸馏-中和滴定法（HJ 537-2009）。纳氏试剂分光光度法（HJ 535-2009）、水杨酸分光光度法（HJ 536-2009）、气相分子吸收光谱法（HJ/T 195-2005）等。

此外还有流动注射-水杨酸分光光度法（HJ 666-2013）、连续流动-水杨酸分光光度法（HJ 665-2013），这两类方法均适用于地表水、地下水、生活污水和工业废水中氨氮的测定，需分别使用专用的流动注射分析仪和连续流动分析仪测定。

蒸馏-中和滴定法适用于生活污水和工业污水中氨氮的测定。当试样体积为 250 ml 时,本方法的检出限为 0.05 mg/L（以 N 计）。

纳氏试剂分光光度法适用于地表水、地下水、生活污水和工业污水中氨氮的测定。样品经预处理后,用一组 50 ml 比色管进行显色测定,具有操作简单、灵敏的特点。

水杨酸分光光度法也适用于地下水、地表水、生活污水和工业污水中氨氮的测定。样品经预处理后,用一组 10 ml 比色管进行显色测定,所用试剂较多,显色时间比较长（达 60 min）,操作费时。

气相分子吸收光谱法适用于地表水、地下水、海水、饮用水、生活污水和工业污水中氨氮的测定。方法的最低检出限为 0.020 mg/L,测定下限为 0.080 mg/L,测定上限为 100 mg/L,需使用专用的气相分子吸收光谱仪进行分析测定。

下面介绍最常用的蒸馏-中和滴定法和纳氏试剂分光光度法。

二、纳氏试剂分光光度法

1.实训目的

（1）测定水中氨氮的含量。

（2）掌握分光光度计的分析方法。

2.方法原理

以游离态的氨或铵离子等形式存在的氨氮与纳氏试剂反应生成淡红棕色络合物，该络合物的吸光度与氨氮含量成正比，于波长 420 nm 处测量吸光度。

3.方法的适用范围

测定水中氨氮的纳氏试剂分光光度法。本方法适用于地表水、地下水、生活污水和工业废水中氨氮的测定。当水样体积为 50 ml，使用 20 mm 比色皿时，本方法的检出限为 0.025 mg/L，测定下限为 0.10 mg/L，测定上限为 2.0 mg/L（均以 N 计）。

4.干扰及消除

水样中含有悬浮物、余氯、钙镁等金属离子、硫化物和有机物时会产生干扰，含有此类物质时要作适当处理，以消除对测定的影响。若样品中存在余氯，可加入适量的硫代硫酸钠溶液去除，用淀粉-碘化钾试纸检验余氯是否除尽。在显色时加入适量的酒石酸钾钠溶液，可消除钙镁等金属离子的干扰。若水样浑浊或有颜色时可用预蒸馏法或絮凝沉淀法处理。

5.仪器与试剂

（1）仪器

①可见分光光度计：具 20 mm 比色皿。

②氨氮蒸馏装置：由 500 ml 凯式烧瓶、氮球、直形冷凝管和导管组成，冷凝管末端可连接一段适当长度的滴管，使出口尖端浸入吸收液液面下。亦可使用 500 ml 蒸馏烧瓶。

（2）试剂

①无氨水可选用下列方法之一进行制备：

蒸馏法：每升蒸馏水中加 0.1 ml 硫酸，在全玻璃蒸馏器中重蒸馏，弃去 50 ml 初馏液，按取其余馏出液于具塞磨口的玻璃瓶中，密塞保存。

离子交换法：使蒸馏水通过强酸型阳离子交换树脂柱。

② 1 mol/L 盐酸溶液、1 mol/L 氢氧化钠溶液。

③轻质氧化镁（MgO）：将氧化镁在 500℃下加热，以出去碳酸盐。

④ 0.05%溴百里酚蓝指示液：pH 值 6.0~7.6。

⑤防沫剂，如石蜡碎片。

⑥吸收液的制备：

硼酸溶液：称取 20 g 硼酸溶于水，稀释至 1 L。

0.01 mol/L 硫酸溶液。

⑦纳氏试剂：可选择下列方法之一制备。

称取 20 g 碘化钾溶于约 100 ml 水中，边搅拌边分次少量加入氯化汞（ $HgCl_2$ ）结晶粉末（约 10 g），至出现朱红色沉淀不易溶解时，改写滴加饱和氯化汞溶液，并充分搅拌，当出现微量朱红色沉淀不再溶解时，停止滴加氯化汞溶液。另称取 60 g 氢氧化钾溶于水，并稀释至 250 ml，冷却至室温后，将上述溶液徐徐注入氢氧化钾溶液中，用水稀释至 400 ml，混匀静置过夜将上清液移入聚乙烯瓶中，密塞保存。

称取 16 g 氢氧化钠，溶于 50 ml 水中，充分冷却至室温。另称取 7 g 碘化钾和碘化汞（ HgI_2 ）溶于水，然后将此溶液在搅拌下徐徐注入氢氧化钠溶液中，用水稀释至 100 ml，贮于聚乙烯瓶中，密塞保存。

⑧酒石酸钾钠溶液：称取 50 g 酒石酸钾钠（ $KNaC_4H_4O_6 \cdot 4H_2O$ ）溶于 100 ml 水中，加热煮沸以除去氨，放冷，定容至 100 ml。

⑨铵标准贮备溶液：称取 3.819 g 经 100℃ 干燥过的优级纯氯化铵（ NH_4Cl ）溶于水中，移入 1 000 ml 容量瓶中，稀释至标线。此溶液每毫升含 1.00 mg 氨氮。

⑩铵标准使用溶液：移取 5.00 ml 铵标准贮备液于 500 ml 容量瓶中，用水稀释至标线。此溶液每毫升含 0.010 mg 氨氮。

6.实训内容

（1）水样预处理：取 250 ml 水样（如氨氮含量较高，可取适量并加水至 250 ml，使氨氮含量不超过 2.5 mg），移入凯氏烧瓶中，家数滴溴百里酚蓝指示液，用氢氧化钠溶液或演算溶液调节至 pH 值 7 左右加入 0.25 g 轻质氧化镁和数粒玻璃珠，立即连接氮球和冷凝管，导管下端插入吸收液液面下。加热蒸馏，至馏出液达 200 ml 时，停止蒸馏，定容至 250 ml。采用酸滴定法或纳氏比色法时，以 50 ml 硼酸溶液为吸收液；采用水杨酸-次氯酸盐比色法时，改用 50 ml 0.01 mol/L 硫酸溶液为吸收液。

（2）标准曲线的绘制：吸取 0、0.50、1.00、3.00、7.00 和 10.0 ml 铵标准使用液分别于 50 ml 比色管中，加水至标线，家 1.0 ml 酒石酸钾溶液，混匀加 1.5 ml 纳氏试剂，混匀.放置 10 min 后，在波长 420 nm 处，用光程 20 mm 比色皿，以水为参比，测定吸光度。由测得的吸光度，减去零浓度空白管的吸光度后，得到校正吸光度，绘制以氨氮含量（mg）对校正吸光度的标准曲线。

（3）水样的测定：

①分取适量经絮凝沉淀预处理后的水样（使氨氮含量不超过 0.1 mg），加入 50 ml 比色管中，稀释至标线，加 0.1 ml 酒石酸钾钠溶液。以下同标准曲线的绘制。

②分取适量经蒸馏预处理后的馏出液，加入 50 ml 比色管中，加一定量 1 mol/L 氢氧化钠溶液，以中和硼酸，稀释至标线。加 1.5 ml 纳氏试剂，混匀放置 10 min 后，同标准曲线步骤测量吸光度。

（4）空白实验：以无氨水代替水样，做全程序空白测定。

7.数据处理

（1）测定结果记录（数据表格）

序号	测量对象	样品编号	Abs	体积	实际浓度	SD	RSD

（2）计算

由水样测得的吸光度减去空白实验的吸光度后，从标准曲线上查得氨氮量（mg）后，按下式计算：

$$氨氮（N, mg/L） = \frac{m}{V} \times 1\,000 \tag{5-2}$$

式中　m——由标准曲线查得的氨氮量，mg；

　　　V——水样体积，ml

8.注意事项

（1）纳氏试剂中碘化汞与碘化钾的比例，对显色反应的灵敏度有较大影响.静置后生成的沉淀应除去。

（2）滤纸中常含痕量铵盐，使用时注意用无氨水洗涤，所用玻璃皿应避免实验室空气中氨的玷污。

三、蒸馏–中和滴定法

1.原理

滴定法仅适用于已进行蒸馏预处理的水样。调节水样至 pH 值在 6.0~7.4 范围，加入氧化镁使呈微碱性。加热蒸馏，释出的氨被吸收入硼酸溶液中，以甲基红-亚甲蓝为指示剂，用酸标准溶液滴定馏出液中的铵。

当水样中含有在此条件下，可被蒸馏出并在滴定时能与酸反应的物质，如挥发性胺类等，则将使测定结果偏高。

2.试剂

（1）混合指示液：称取 200 mg 甲基红溶于 100 ml 95%乙醇，另称取 100 mg 亚甲蓝溶于 50 ml 95%乙醇，以两份甲基红溶液与一份亚甲蓝溶液混合后备用。混合液一个月配制一次。

（2）硫酸标准溶液：分取 5.6 ml（1+9）硫酸溶液于 1 000 ml 容量瓶中，稀释至标线，混匀。按下列操作进行标定。称取 180℃干燥 2 h 的基准试剂级无水碳酸钠（Na_2CO_3）约 0.5 g（称准至 0.000 1 g），溶于新煮沸放冷的水中，移入 500 ml 容量瓶中，加 25 ml 水，加 1 滴 0.05%甲基橙指示液，用硫酸溶液滴定至淡橙红色止。记录用量，用下式计算硫酸溶液的浓度。

$$C_{1/2H_2SO_4}(\text{mol/L}) = \frac{W \times 1\,000}{V \times 52.995} \times \frac{25}{500} \tag{5-3}$$

式中 W——碳酸钠的重量(g);

$\quad\quad V$——消耗硫酸溶液的体积(ml)。

(3)0.05%甲基橙指示液。

3.测定步骤

(1)水样预处理:同纳氏比色法。

(2)水样的测定:向硼酸溶液吸收的、经预处理后的水样中,加 2 滴混合指示液,用 0.020 mol/L 硫酸溶液滴定至绿色转变成淡紫色止,记录硫酸溶液的用量。

(3)空白试验:以无氨水代替水样,同水样全程序步骤进行测定。

4.计算

$$氨氮(\text{N,mg/L}) = \frac{(A-B) \times M \times 14 \times 1\,000}{V} \tag{5-4}$$

式中 A——滴定水样时消耗硫酸溶液体积(ml);

$\quad\quad B$——空白试验消耗硫酸溶液体积(ml);

$\quad\quad M$——硫酸溶液浓度(mol/L);

$\quad\quad V$——水样体积(ml);

$\quad\quad 14$——氨氮(N)摩尔质量。

四、思考题

1.纳氏试剂比色法测定水中氨氮含量的原理是什么?

2.测定氨氮时哪些物质会有干扰? 如何消除?

3.样品蒸馏前 pH 值调节对测定结果有什么影响?

技能训练 3. 水样总氮的测定——过硫酸钾消解紫外分光光度法

一、概述

1.含义及来源

总氮是指在规定的测定条件下,样品中能测定的溶解态氮及悬浮物中氮的总和,包括亚硝酸盐氮、硝酸盐氮、无机铵盐、溶解态氨以及大部分有机含氮化合物中的氮,水中的氮通过生物化学作用可以互相转化。大量生活污水、农田排水或含氮工业废水排入水体,使水中有机氮和各种无机氮化物含量增加,水体呈现富营养化状态,生物和微生物大量繁殖,消耗水中溶解氧,使水质恶化。因此,总氮是衡量水质的重要指标之一。

2.测定方法选择

总氮测定方法有碱性过硫酸钾消解紫外分光光度法(HJ 636-2012)、流动注射-盐酸萘乙二胺分光光度法(HJ 668-2013)、连续流动-盐酸萘乙二胺分光光度法(HJ 667-2013)和气相分子吸收光谱法(HJ/T 199-2005)等,以上方法均适用于地表水、地下水、工业废水和生活污水中总氮的测定。

碱性过硫酸钾消解紫外分光光度法为实验室常用测定方法,仪器设备相对较简单;流动注射-盐酸萘乙二胺分光光度法和连续流动-盐酸萘乙二胺分光光度法需分别使用专用的流动注射分析仪和连续流动分析仪等仪器测定。

这里重点介绍常用的过硫酸钾消解紫外分光光度法(HJ 636-2012)。

二、过硫酸钾消解紫外分光光度法

1.方法原理

在 60℃以上的水溶液中过硫酸钾按如下反应式分解,生成氢离子和氧。

$$K_2S_2O_8 + H_2O \rightarrow 2KHSO_4 + 1/2O_2$$

$$KHSO_4 \rightarrow K^+ + HSO_4^-$$

$$HSO_4^- \rightarrow H^+ + SO_4^{2-}$$

加入氢氧化钠用以中和氢离子,使过硫酸钾分解完全。在 120~124℃的碱性介质条件下,压过硫酸钾作氧化剂,不仅可将水样中的氨氮和亚硝酸盐氮氧化为硝酸盐,同时将水样中大部分有机氮化合物氧化为硝酸盐。而后,用紫外分光光度法分别于波长 220 nm 与 275 nm 处测定其吸光度,按 $A=A_{220}-2A_{275}$ 计算硝酸盐氮的吸光度值,从而计算总氮的含量。其摩尔吸光系数为 1.47×10^3 L/(mol*cm)。

2.干扰及消除

(1)水样中含有六价铬离子及三价铁离子时,可加入 5%盐酸羟胺溶液 1~2 ml 以消除其对测定的影响。

(2)碘离子及溴离了对测定有干扰。测定 20 μg 硝酸盐氮时,碘离子含量相对于总氮含量的 0.2 倍时无干扰;溴离子含量相对于总氮含量的 3.4 倍时无干扰。

(3)碳酸盐及碳酸氢盐对测定的影响,在加入一定量的盐酸后可消除。

(4)硫酸盐及氯化物对测定无影响。

3.适用范围

该法主要适用于湖泊、水库、江河水中总氮的测定。方法检测下限为 0.05 mg/L,上限为 4 mg/L。

4.仪器

(1)紫外分光光度计;

(2)压力蒸汽消毒器或民用压力锅,压力为 1.1~1.3 kg/cm²,相应温度为 120~124℃;

(3)25 ml 具塞玻璃磨口比色管。

5.试剂

(1)无氨水:每升水中加入 0.1 ml 浓硫酸,蒸馏。收集馏出液于玻璃容器中或用新制备的去离了水。

(2)20%氢氧化钠溶液:称取 20 g 氢氧化钠,溶于无氨水中,稀释至 100 ml。

（3）碱性过硫酸钾溶液：称取 40 g 过硫酸钾（$K_2S_2O_8$），15 g 氢氧化钠,溶于无氨水中,稀释至 1 000 ml. 溶液存放在聚乙烯瓶内,可贮存一周。

（4）（1+9）盐酸。

（5）硝酸钾标准溶液：

①标准贮备液：称取 0.721 8 g 经 105~110 ℃烘干 4 h 的优级纯硝酸钾（KNO_3）溶于无氨水中,移至 1 000 ml 容量瓶中定容。此溶液每毫升含 100 μg 硝酸盐氮。加入 2 ml 三氯甲烷为保护剂,至少可稳定 6 个月。

②硝酸钾标准使用液：将贮备液用无氨水稀释 10 倍而得,此溶液每毫升含 10 μg 硝酸盐氮。

6.步骤

（1）校准曲线的绘制

①分别吸取 0、0.50、1.00、2.00、3.00、5.00、7.00、8.00 ml 硝酸钾标准使用溶液于 25 ml 比色管中,用无氨水稀释至 10 ml 标线。

②加入 5 ml 碱性过硫酸钾溶液,塞紧磨口塞,用纱布及纱绳裹紧管塞,以防迸溅出。

③将比色终置于压力蒸汽消毒器中,加热 0.5 h,放气使压力指针回零。然后升温至 120℃ ~124℃开始计时（或将比色管置于民用压力锅中,加热至顶压溅吹气开始计时）,使比色管在过热水蒸气中加热 0.5 h.

④自然冷却,开阀放气,移去外盖,取出比色管并冷至室温。

⑤加入（1+9）盐酸 1 ml,用无氨水稀释至 25 ml 标线。

⑥在紫外分光光度计上,以无氨水作参比,用 10 mm 石英比色皿分别在 220 nm 及 275 nm 波长处测定吸光度。用校正的吸光度绘制校准曲线。

（2）样品测定步骤

取 10 ml 水样,或取适量水样（使氮含量为 20~80 μg）。按校准曲线绘制步骤②至⑥操作。然后按校正吸光度,在校准曲线上查出相应的总氮量,再用下列公式计算总氮含量:

$$总氮（mg/L）= \frac{m}{V} \hspace{5cm} （5\text{-}5）$$

式中　m——从校准曲线上查得的含氮量（μg）;

　　　V——所取水样体积（ml）。

7.精密度和准确度

（1）21 个实验室对两种含总氮 1.15~2.64 mg/L 的统一样品进行了测定,室内相对标准偏差为 1.6%~2.5%;空间相对标准偏差为 1.9%~4.9%。

（2）21 个实验室,共测定 64 种水样（水库、湖水、河水等地表水 55 种,井水两种,废水七种）。每种水样重复测定六次。相对标准偏差一般小于 5%,最大为 7%;平均回收率在 95%~105%之间,仅两种水样回收率为 90%。

8.注意事项

（1）参考吸光度比值 A275/A220 × 100%大于 20%时,应予鉴别（参见硝酸盐氮测定中的紫外分光光度法）。

（2）玻璃具塞比色管的密合性应良好。使用压力蒸汽消毒器时,冷却后放气要缓慢;使用民用压力锅时,要充分冷却方可揭开锅盖,以免比色管塞蹦出。

（3）玻璃器皿可用 10%盐酸浸洗,用蒸馏水冲洗后再用无氨水冲洗。

（4）使用高压蒸汽消毒器时,应定期校核压力表;使用民用压力锅时,应检查橡胶密封圈,使不致漏气而减压。

（5）测定悬浮物较多的水样时,在过硫酸钾氧化后可能出现沉淀。遇此情况,可吸取氧化后的上清液进行紫外分光光度法测定。

三、思考题

1.样品消解和测定时应注意哪些问题?

2.总氮测定的质量保证和控制措施有哪些?

技能训练 4. 水样总磷的测定——过硫酸钾消解-钼酸铵分光光度法

一、概述

1.含义及测定意义

在天然水和废水中,磷几乎都以各种磷酸盐的形式存在,它们分为正磷酸盐、缩合磷酸盐（焦磷酸盐、偏磷酸盐和多磷酸盐）和有机结合的磷（如磷脂等）,它们存在于溶液中、腐殖质粒子中或水生生物中。

总磷包括溶解的、颗粒的、有机磷和无机磷。地表水中氮、磷含量过高时（超过 0.2 mg/L）,水体呈现富营养化状态,微生物大量繁殖,浮游植物生长旺盛,水质恶化,如赤潮等,因此水体总磷含量是评价水质污染程度的重要指标之一。一般天然水中磷酸盐含量不高,地表水中的磷主要来源于化肥、冶炼、合成洗涤剂等行业的废水和生活污水。

2.测定方法选择

总磷测定常用的方法有过硫酸钾消解-钼酸铵分光光度法（GB/T 11893-1989）,该法适用于地面水、污水及工业废水中总磷的测定。

此外,总磷的测定方法还有流动注射-钼酸铵分光光度法（HJ 671-2013）,磷酸盐和总磷的测定有连续流动-钼酸铵分光光度法（HJ 670-2013）,这两类方法需分别使用专用的流动注射分析仪和连续流动分析仪等仪器测定。

这里重点介绍实验室分析常用的过硫酸钾消解-钼酸铵分光光度法。

二、过硫酸钾消解-钼酸铵分光光度法

1.实训目的

（1）掌握总磷的测定方法与原理。

（2）了解水体中过量的磷对水环境的影响。

2.方法原理

在中性条件下用过硫酸钾（或硝酸—高氯酸）使试样消解，将所含磷全部氧化为正磷酸盐。在酸性介质中，正磷酸盐与钼酸铵反应，在锑盐存在下生成磷钼杂多酸后，立即被抗坏血酸还原，生成蓝色的络合物。

总磷包括溶解的、颗粒的、有机的和无机磷。本标准适用于地面水、污水和工业废水。取 25 ml 水样，本标准的最低检出浓度为 0.01 mg/L，测定上限为 0.6 mg/L。在酸性条件下，砷、铬、硫干扰测定。

3.方法的适用范围

适用于地面水、地下水的测定。本法可测定水中亚硝酸盐氮、硝酸盐氮、无机铵盐、溶解态氨及大部分有机含氮化合物中氮的总和。

4.干扰及消除

测定中干扰物主要是碘离子与溴离子，碘离子相对于总氮含量的 2.2 倍以上，溴离子相对于总氮含量的 3.4 倍以上有干扰。

某些有机物在本法规定的测定条件下不能完全转化为硝酸盐时对测定有影响。

5.仪器与试剂

（1）仪器

①手提式蒸汽消毒器或一般压力锅（1.1~1.4 kg/cm²）。

② 50 ml 比色管。

③分光光度计。

注：所有玻璃器皿均应用稀盐酸或稀硝酸浸泡。

（2）试剂

①硫酸，密度为 1.84 g/ml。

②高氯酸，优级纯，密度为 1.68 g/ml。

③硫酸，约 0.5 mol/L，将 27 ml 硫酸加入到 973 ml 水中。

④ 1 mol/L 氢氧化钠溶液，将 40 g 氢氧化钠溶于水并稀释至 1 000 ml。6 mol/L 氢氧化钠溶液，将 240 g 氢氧化钠溶于水并稀释至 1 000 ml。

⑤过硫酸钾溶液，50 g/L，将 5 g 过硫酸钾（$K_2S_2O_8$）溶于水，并稀释至 100 ml。

⑥抗坏血酸溶液，100 g/L，将 10 g 抗坏血酸溶于水中，并稀释至 100 ml。此溶液贮于棕色的试剂瓶中，在冷处可稳定几周，如不变色可长时间使用。

⑦钼酸盐溶液：将 13 g 钼酸铵[$(NH4)_6MO_7O_{24} \cdot 4H_2O$]溶于 100 ml 水中，将 0.35 g 酒石酸锑钾[$KSbC_4HO_7 \cdot 0.5H_2O$]溶于 100 ml 水中。在不断搅拌下分别把上述钼酸铵溶液、酒石酸锑钾溶液徐徐加到 300 ml 硫酸中，混合均匀。此溶液贮存于棕色瓶中，在冷处可保存三个月。

⑧磷标准贮备溶液，称取 0.219 7 g 于 110 ℃干燥 2 h 在干燥器中放冷的磷酸二氢钾（KH_2PO_4），用水溶解后转移到 1 000 ml 容量瓶中，加入大约 800 ml 水，加 5 ml 硫酸，然后用水稀释至标线，混匀。1.00 ml 此标准溶液含 50.0 g 磷。本溶液在玻璃瓶中可贮存至少六

个月。

⑨磷标准使用溶液,将 10.00 ml 磷标准贮备溶液转移至 250 ml 容量瓶中,用水稀释至标线并混匀。1.00 ml 此标准溶液含 2.0 g 磷。使用当天配制。

⑩浊度—色度补偿液,混合二体积硫酸和一体积抗坏血酸。使用当天配制。酚酞溶液,10 g/L,将 0.5 g 酚酞溶于 50 ml95%的乙醇中。

6.实训内容

(1)空白试样

按规定进行空白试验,用蒸馏水代替试样,并加入与测定时相同体积的试剂。

(2)测定

①消解

过硫酸钾消解:向试样中加 4 ml 过硫酸钾,将比色管的盖塞塞紧后,用一小块布和线将玻璃塞扎紧,放在大烧杯中置于高压蒸汽消毒器中加热,待压力达 1.1 kg/cm²,相应温度为 120℃时、保持 30 min 后停止加热。待压力表读数降至零后,取出放冷。然后用水稀释至标线。

注:如用硫酸保存水样。当用过硫酸钾消解时,需先将试样调至中性。若用过硫酸钾消解不完全,则用硝酸—高氯酸消解。

硝酸—高氯酸消解:取 25 ml 试样于锥形瓶中,加数粒玻璃珠,加 2 ml 硝酸在电热板上加热浓缩至 10 ml。冷后加 5 ml 硝酸,再加热浓缩至 10 ml,冷却。再后加 3 ml 高氯酸,加热至高氯酸冒白烟,此时可在锥形瓶上加小漏斗或调节电热板温度,使消解液在瓶内壁保持回流状态,直至剩下 3~4 ml,冷却。加水 10 ml,加 1 滴酚酞指示剂,滴加氢氧化钠溶液至刚好呈微红色,再滴加硫酸溶液使微红刚好退去,充分混匀,移至具塞刻度管中,用水稀释至标线。

注:a.用硝酸-高氯酸消解需要在通风橱中进行。高氯酸和有机物的混合物经加热易发生危险,需将试样先用硝酸消解,然后再加入高氯酸消解。

b.绝不可把消解的试样蒸干。

c.如消解后有残渣时,用滤纸过滤于具塞比色管中。

d.水样中的有机物用过硫酸钾氧化不能完全破坏时,可用此法消解。

②发色

分别向各份消解液中加入 1 ml 抗坏血酸溶液混匀, 30 s 后加 2 ml 钼酸盐溶液充分混匀。

注:a.如试样中含有浊度或色度时,需配制一个空白试样(消解后用水稀释至标线),然后向试料中加入 3 ml 浊度-色度补偿液,但不加抗坏血酸溶液和钼酸盐溶液。然后从试料的吸光度中扣除空白试料的吸光度。

b.砷大于 2 mg/L 干扰测定,用硫代硫酸钠去除。硫化物大于 2 mg/L 干扰测定,通氮气去除。铬大于 50 mg/L 干扰测定,用亚硫酸钠去除。

③分光光度测量

室温下放置 15 min 后,使用光程为 30 mm 比色皿,在 700 nm 波长下,以水做参比,测定吸光度。扣除空白试验的吸光度后,从工作曲线上查得磷的含量。

注:如显色时室温低于 13℃,可在 20~30℃水浴上显色 15 min 即可。

④工作曲线的绘制

取 7 支具塞比色管分别加入 0.0、0.50 ml、1.00 ml、3.00 ml、5.00 ml、10.0 ml、15.0 ml 磷酸盐标准使用溶液。加水至 25 ml。然后按测定步骤进行处理。以水做参比,测定吸光度。扣除空白试验的吸光度后,和对应的磷的含量绘制工作曲线。

7.数据处理

(1)测定结果记录

序号	测量对象	样品编号	Abs	体积	实际浓度	SD	RSD

(2)计算

总磷含量以 C(mg/L)表示,按下式计算:

$$C = \frac{m}{V} \tag{5-6}$$

式中　m——试样测得含磷量,g;

　　　V——测定用试样体积,ml。

8.注意事项

(1)如试样中色度影响测量吸光度时,需做补偿校正。在 50 ml 比色管中,分取与样品测定相同量的水样,定容后加入 3 ml 浊度补偿液,测量吸光度,然后从水样的吸光度中减去校正吸光度。

(2)室温低于 13℃时,可在 20~30℃水浴中显色 15 min。

(3)操作所用的玻璃器皿,可用 1+5 盐酸浸泡 2 h,或用不含磷酸盐的洗涤剂洗刷。

(4)比色皿用后应以稀硝酸或铬酸洗液浸泡片刻,以除去吸附的钼蓝有色物。

三、思考题

1.在测定总磷过程中过硫酸钾的作用是什么?

2.影响总磷测定的因素有哪些? 如何避免?

技能训练 5. 水样化学需氧量的测定——重铬酸钾法

一、概述

1.含义及测定意义

化学需氧量,简称 COD_{Cr}(chemical oxygen demand),反映水体受还原性物质主要是有机物污染的程度,具体是指在一定条件下,氧化 1 L 水样中还原性物质所消耗强氧化剂重铬酸钾的量,换算为氧量,以 O_2 的 mg/L 表示,COD_{Cr} 可简写为 COD。

水中还原性物质既包括有机物,也包括无机物(如氯离子、亚硝酸盐、亚铁盐等),它们大多具有毒性,并能使水体中溶解氧减少,使水生生物窒息死亡,对生态系统产生严重影响,导致水质恶化。

化学需氧量高意味着水中含有大量还原性物质,水中的还原性物质有各种有机物、亚硝酸盐、硫化物、亚铁盐等。但主要的是有机物。因此,化学需氧量(COD)又往往作为衡量水中还原性有机物质含量多少的指标。化学需氧量越高,就表示水体的有机物污染越严重,这些有机物污染的来源可能是农药、化工厂、有机肥料等。如果不进行处理,许多有机污染物可在水体底部被底泥吸附而沉积下来,在今后若干年内对水生生物造成持久的毒害作用。在水生生物大量死亡后,河中的生态系统即被摧毁。人若以水中的生物为食,则会大量吸收这些生物体内的毒素,积累在体内,这些毒物常有致癌、致畸形、致突变的作用,对人极其危险。另外,若以受污染的江水进行灌溉,则植物、农作物也会受到影响,容易生长不良,而且人也不能取食这些作物。但化学需氧量高不一定就意味着有前述危害,具体判断要做详细分析,如分析有机物的种类,到底对水质和生态有何影响,是否对人体有害等。

化学需氧量是一个条件性指标,其测定结果随所用氧化剂的种类、浓度、反应温度和时间、反应液的酸度及催化剂有无等的变化而不同,因此必须严格按要求操作,测得结果才具有可比性。

COD 是环境监测和水处理技术中一个非常重要的监测和控制指标,需要重点掌握。

2.方法选择

水中化学需氧量的测定方法有重铬酸盐法(GB 11914-1989)、快速消解分光光度法(HJ/T 399-2007)、氯气校正法(HJ/T 70-2001)和碘化钾碱性高锰酸钾法(HJ/T 132-2003)等。

重铬盐酸法适用于各种类型的含 COD 值大于 30 mg/L 的水样,测定上限为 700 mg/L。本标准不适应与含氯化物浓度大于 100 mg/L(稀释后)的含盐水。测定时使用 0.025 mol/L 的重铬酸钾标准溶液(对应使用浓度相应减倍的硫酸亚铁铵标准溶液),样品最低检出浓度为 5 mg/L,测定上限为 50 mg/L。

快速消解分光光度法适用于地表水、地下水、生活污水和工业废水中化学需氧量的测定。对未经稀释的水样,COD 测定下限为 50 mg/L,测定上限为 1 000 mg/L,其氯离子浓度不应大于 1 000 mg/L,如大于此值,可经适当稀释后进行测定。

氯气校正法(HJ/T 70-2001)适用于氯离子含量小于 20 000 mg/L 的高氯废水中 COD 的测定;碘化钾碱性高锰酸钾法适于测定油气田氯离子含量高达几万或十几万毫克每升高氯废水中的 COD,方法的最低检出限位 0.2 mg/L,测定上限为 62.5 mg/L。

对于污废水,我国规定用重铬酸钾法测定其有机物量,本节重点介绍。

二、重铬酸钾法

1.方法原理

在强酸性溶液中,准确加入过量的 $K_2Cr_2O_7$ 标准溶液,密封催化微波消解,将水样中还原性物质(主要是有机物)氧化,过量的 $K_2Cr_2O_7$ 以试亚铁灵作指示剂,用硫酸亚铁铵标准溶液回滴,根据所消耗的 $K_2Cr_2O_7$ 标准溶液的量计算水样化学需氧量。反应式如下:

$$Cr_2O_7^{2-}+14H^+ \rightarrow 2Cr^{3+}+7H_2O(\text{水样的氧化})$$

$$Cr_2O_7^{2-}+14H^++6Fe^{2+} \rightarrow 2Cr^{3+}+6Fe^{3+}+7H_2O(\text{滴定})$$

$$Fe^{2+}+\text{试亚铁灵(指示剂)} \rightarrow \text{红褐色(终点)}$$

适用于各种类型的含 COD 值大于 30 mg/L 的水样,对未经稀释的水样的测定上限为 700 mg/L。不适用于含氯化物浓度大于 1 000 mg/L(稀释后)的含盐水。

2.仪器试剂

(1)回流装置:带有 24 号标准磨口的 250 ml 锥形瓶的全玻璃回流装置。回流冷凝管长度为 300~500 mm。若取样量在 30 ml 以上,可采用带 500 ml 锥形瓶的全玻璃回流装置。

(2)加热装置。

(3)25 ml 或 50 ml 酸式滴定管。

(4)重铬酸钾标准溶液 [$C(1/6\ K_2Cr_2O_7)$=0.025 mol/L]:称取预先在 120 ℃烘干 2 h 的基准或优级纯重铬酸钾 1.225 8 g 溶于水中,移入 1 000 ml 容量瓶内,稀释至标线,摇匀。

(5)硫酸亚铁铵标准溶液[$C(NH_4)_2Fe(SO_4)_2 \cdot 6H_2O \approx 0.01$ mol/L]:称取 3.952 g 硫酸亚铁铵溶于水中,边搅拌边缓慢加入 20 ml 浓硫酸,冷却后移入 1 000 ml 容量瓶中,稀释至标线,摇匀。临用前,用重铬酸钾标准溶液标定。

标定方法:准确吸取 10.00 ml 重铬酸钾标准溶液于 500 ml 锥形瓶中,加水稀释至 110 ml 左右,缓慢加入 30 ml 浓硫酸,混匀。冷却后,加入 3 滴试亚铁灵指示剂(约 0.15 ml),用硫酸亚铁铵溶液滴定,溶液的颜色由黄色经蓝绿色至红褐色即为终点(标定应在做样品分析时当天进行)。

按下式计算硫酸亚铁铵溶液浓度:

$$C = \frac{0.025 \times 10.00}{V} \tag{5-7}$$

式中　C——硫酸亚铁铵标准溶液的浓度,mol/L;

　　　V——硫酸亚铁铵标准溶液的用量,ml。

(6)浓硫酸—硫酸银溶液(5 g/500 ml):于 500 ml 浓硫酸中加入 5 g 硫酸银,放置 1~2 d,不时摇动使其溶解。

（7）10%硫酸—硫酸汞溶液（10 g/100 ml）。

（8）试亚铁灵指示剂：称取 1.485 g 邻菲啰啉（$C_{12}H_8N_2 \cdot H_2O$）和 0.695 g 硫酸亚铁（$FeSO_4 \cdot 7H_2O$）溶于水中稀释至 100 ml，贮于棕色瓶内。

3.分析步骤

（1）取 20.00 m 混合均匀的水样（或适量水样稀释至 20.00 ml）置 250 ml 磨口的回流锥形瓶中，准确加入 10.00 ml 重铬酸钾标准溶液及数粒小玻璃球或沸石，连接磨口回流冷凝管，从冷凝管上口慢慢地加入 30 ml 硫酸-硫酸银溶液，轻轻摇动锥形瓶使溶液混匀，加热回流 2 小时（自开始沸腾时计时）。

注①对于化学需氧量高的废水样，可先取上述操作所需体积 1/10 的废水样和试剂，于 15×150 mm 硬质玻璃试管中，摇匀，加热后观察是否变成绿色。如溶液显绿色，在适量减少废水取样量，直至溶液不变绿色为止，从而确定废水样分析时应取用的体积。稀释时，所取废水样量不得少于 5 ml，如果化学需氧量很高，则废水样应多次稀释。

注②废水中氯离子含量超过 30 mg/L 时，应先把 0.4 g 硫酸汞加入回流锥形瓶中，再加入 20.00 ml 废水（或适量废水稀释至 20.00 ml），摇匀。以下操作同上。

（2）冷却后，用 90 ml 水冲洗冷凝管壁，取下锥形瓶。溶液总体积不得少于 140 ml，否则因酸度太大，滴定终点不明显。

（3）溶液再度冷却后，加 3 滴试亚铁灵指示液，用硫酸亚铁铵标准溶液滴定，溶液的颜色由黄色经蓝绿色至红褐色即为终点，记录硫酸亚铁铵标准溶液的用量。

（4）测定水样的同时，以 20.00 ml 重蒸馏水，按同样操作步骤作空白试验。记录滴定空白时硫酸亚铁铵标准溶液的用量。

4.数据记录与处理

（1）测量结果记录

①硫酸亚铁铵标准溶液浓度的标定（重铬酸钾标准溶液体积为 10.00 ml）

	1	2	3
$C(1/6 \, K_2Cr_2O_7)$（mol/L）		0.250 0	
$V(NH_4)_2Fe(SO_4)_2$（ml）			
$C(NH_4)_2Fe(SO_4)_2$（mol/L）			
$C(NH_4)_2Fe(SO_4)_2$（mol/L）			
相对平均偏差			

②化学需氧量的测定

	1	2	3
V（空白）$(NH_4)_2Fe(SO_4)_2$（ml）			
V（水样）$(NH_4)_2Fe(SO_4)_2$（ml）			

	1	2	3
V（水样）（ml）			
COD（mg/L）			
COD（mg/L）			
相对平均偏差			

（2）计算=$8 \times 1\,000(V_0 - V_1) \cdot C/V$

$$\mathrm{COD}_{Cr}(\mathrm{O_2, mg/L}) = 8 \times 1\,000 \times \frac{(V_0 - V_1) \times C}{V} \tag{5-8}$$

式中　C——硫酸亚铁铵标准溶液的浓度（mol/L）；

　　　V_0——滴定空白时硫酸亚铁铵标准溶液用量（ml）；

　　　V_1——滴定水样时硫酸亚铁铵标准溶液用量（ml）；

　　　V——水样的体积（ml）；

　　　8——氧（1/2O）摩尔质量（g/mol）。

5.注意事项

（1）对于化学需氧量大于 50 mg/L 的水样，应改用 0.050 mol/L 重铬酸钾标准溶液。

（2）水样加热回流后，溶液中重铬酸钾剩余量应为加入量的 1/5~4/5 为宜。

（3）用邻苯二甲酸氢钾标准溶液检查试剂的质量和操作技术时，由于每克邻苯二甲酸氢钾的理论 COD_{Cr} 值为 1.176 g，所以溶解 0.425 1 g 邻苯二甲酸氢钾（$\mathrm{HOOCC_6H_4COOK}$）于重蒸馏水中，转入 1 000 ml 容量瓶中，稀释至标线，使之成为 500 mg/L 的 COD_{Cr} 标准溶液。用时新配。

（4）COD_{Cr} 的测定结果应保留三位有效数字。

（5）每次实验时，应对硫酸亚铁铵滴定液进行标定，室温较高时尤其应注意其浓度的变化。

（6）对于化学需氧量高的废水样，判断是否要稀释，方法是取 5 ml 原废水样于 15 mm × 150 mm 硬质玻璃试管中，加入 5 ml 重铬酸钾标准溶液，再慢慢加入 5 ml $\mathrm{H_2SO_4\text{-}Ag_2SO_4}$ 溶液，摇匀，观察是否成绿色，如溶液显绿色，要进行水样稀释，直至溶液不变绿色为止。稀释时，所取废水样量不得少于 5 ml。

三、思考题

1.$\mathrm{K_2Cr_2O_7}$ 法测定 COD，在回流过程中如溶液颜色变绿，说明什么问题？应如何处理？

2.水中化学需氧量的测定有何意义？

3.氯离子为什么会对实验产生干扰？如何消除其干扰？

技能训练 6. 水样生化需氧量的测定——稀释与接种法

一、概述

1.概念及测定意义

生化需氧量又称生化耗氧量,缩写 BOD,是表示水中有机物等需氧污染物质含量的一个综合指标,它说明水中有机物出于微生物的生化作用进行氧化分解,使之无机化或气体化时所消耗水中溶解氧的总数量。其值越高,说明水中有机污染物质越多,污染也就越严重。加以悬浮或溶解状态存在于生活污水和制糖、食品、造纸、纤维等工业废水中的碳氢化合物、蛋白质、油脂、木质素等均为有机污染物,可经好氧菌的生物化学作用而分解,由于在分解过程中消耗氧气,故亦称需氧污染物质。若这类污染物质排入水体过多,将造成水中溶解氧缺乏,同时,有机物又通过水中厌氧菌的分解引起腐败现象,产生甲烷、硫化氢、硫醇和氨等恶臭气体,使水体变质发臭。

广泛应用于衡量废水的污染强度和废水处理构筑物的负荷与效率,也用于研究水体的氧平衡。将试样或经过稀释的水样存放培养一段时间,存放前后试样的溶解氧的差就是它的生化需氧量。存放时间的长短和温度都影响耗氧量。现在各国采用培养时间都是 5 天,温度是 20℃,参数称五日生化需氧量,用符号 BOD_5,20℃表示,温度下标常略去不写,即用符号 BOD_5 表示,也有只用符号 BOD 表示的。延长存放时间,可以测得微生物降解水中有机物所需的全部氧量,称总生化需氧量,一般则按生化耗氧规律以 BOD_5 推算。生化需氧量的检测不易准确。水样的储放、稀释、接种等检测程序都应按照标准方法进行。对于有毒的工业废水常采用专门的设备处理,有时甚至无法测定。高浓度有机工业废水的 BOD_5 可达数千、数百万毫克/升。城市污水的 BOD_5 在 200 毫克/升左右。未受废水污染的水体,BOD_5 常低于 2 毫克/升。

2.方法选择

测定 BOD_5 的方法有稀释与接种法(HJ 505-2009)、微生物传感器快速测定法(HJ/T 86-2002)、活性污泥曝气降解法等。

稀释与接种法是经典的测定生化需氧量的方法,应用最普遍,适用于地表水、生活污水和工业废水中五日生化需氧量(BOD_5)的测定,方法检出限为 0.5 mg/L,测定下限为 2 mg/L,非稀释法和非稀释接种法的测定上限为 6 mg/L,稀释与接种法的测定上限为 6 000 mg/L,当水样 BOD_5 大于 6 000 mg/L 时会因稀释带来一定误差。

微生物传感器快速测定法是一种仪器测定法,适用于 BOD_5 为 2~500 mg/L 的地表水、生活污水、工业污水的测定,当 BOD_5 较高时可适当稀释后测定。

活性污泥曝气降解法适用于城市污水和组成成分比较稳定的工业污水中 BOD_5 的测定。取 50 ml 水样,不稀释时可测定 8~2 000 mg/L 范围的生化需氧量。

本节重点介绍实际测定中常用的稀释与接种法(HJ 505-2009)。

二、稀释与接种法

1.方法原理

生化需氧量是指在规定的条件下,微生物分解水中的某些可氧化的物质,特别是分解有机物的生物化学过程消耗的溶解氧。通常情况下是指水样充满完全密闭的溶解氧瓶中,在(20 ± 1)℃的暗处培养 5 d±4 h 或($2+5$)d±4 h[先在 0~4℃的暗处培养 2 d,接着在(20 ± 1)℃的暗处培养 5 d,即培养($2+5$)d],分别测定培养前后水样中溶解氧的质量浓度,由培养前后溶解氧的质量浓度之差,计算每升样品消耗的溶解氧量,以 BOD_5 形式表示。

若样品中的有机物含量较多, BOD_5 的质量浓度大于 6 mg/L,样品需适当稀释后测定;对不含或含微生物少的工业废水,如酸性废水、碱性废水、高温废水、冷冻保存的废水或经过氯化处理等的废水,在测定 BOD_5 时应进行接种,以引进能分解废水中有机物的微生物。当废水中存在难以被一般生活污水中的微生物以正常的速度降解的有机物或含有剧毒物质时,应将驯化后的微生物引入水样中进行接种。

2.仪器试剂

(1)滤膜:孔径为 1.6 μm。

(2)溶解氧瓶:带水封装置,容积 250~300 ml。

(3)稀释容器:1 000~2 000 ml 的量筒或容量。

(4)虹吸管:供分取水样或添加稀释水。

(5)冰箱:有冷冻和冷藏功能。

(6)带风扇的恒温培养箱:(20 ± 1)℃。

(7)水:实验用水为符合 GB/T 6682 规定的 3 级蒸馏水,且水中铜离子的质量浓度不大于 0.01 mg/L,不含有氯或氯胺等物质。

(8)接种液:可购买接种微生物用的接种物质,接种液的配制和使用按说明书的要求操作。也可按以下方法获得接种液:

①未受工业废水污染的生活污水:化学需氧量不大于 300 mg/L,总有机碳不大于 100 mg/L。

②含有城镇污水的河水或湖水。

③污水处理厂的出水。

④分析含有难降解物质的工业废水时,在其排污口下游适当处取水样作为废水的驯化接种液。也可取中和或经适当稀释后的废水进行连续曝气,每天加入少量该种废水,同时加入少量生活污水,使适应该种废水的微生物大量繁殖。当水中出现大量的絮状物时,表明微生物已繁殖,可用作接种液。一般驯化过程需 3~8 d。

(9)盐溶液:

①磷酸盐缓冲溶液:将 8.5 g 磷酸二氢钾(KH_2PO_4)、21.8 g 磷酸氢二钾(K_2HPO_4)、33.4 g 七水合磷酸氢二钠($Na_2HPO_4 \cdot 7H_2O$)和 1.7 g 氯化铵(NH_4Cl)溶于水中,稀释至 1 000 ml,

此溶液在 0~4℃可稳定保存 6 个月。此溶液的 pH 值为 7.2;

②硫酸镁溶液, $\rho(MgSO_4)$= 11.0 g/L:将 22.5 g 七水合硫酸镁($MgSO_4 \cdot 7H_2O$)溶于水中,稀释至 1 000 ml,此溶液在 0~4℃可稳定保存 6 个月,若发现任何沉淀或微生物生长应弃去;

③氯化钙溶液, $\rho(CaCl_2)$= 27.6 g/L:将 27.6 g 无水氯化钙($CaCl_2$)溶于水中,稀释至 1 000 ml,此溶液在 0~4℃可稳定保存 6 个月,若发现任何沉淀或微生物生长应弃去;

④氯化铁溶液, $\rho(FeCl_3)$= 0.15 g/L:将 0.25 g 六水合氯化铁($FeCl_3 \cdot 6H_2O$)溶于水中,稀释至 1 000 ml,此溶液在 0~4℃可稳定保存 6 个月,若发现任何沉淀或微生物生长应弃去。

(10)稀释水:在 5~20 L 的玻璃瓶中加入一定量的水,控制水温在(20 ± 1)℃,用曝气装置至少曝气 1 h,使稀释水中的溶解氧达到 8 mg/L 以上。使用前每升水中加入上述四种盐溶液各 1.0 ml,混匀,20℃保存。在曝气的过程中防止污染,特别是防止带入有机物、金属、氧化物或还原物。

稀释水中氧的质量浓度不能过饱和,使用前需开口放置 1 h,且应在 24 h 内使用。剩余的稀释水应弃去。

(11)接种稀释水:根据接种液的来源不同,每升稀释水中加入适量接种液:城市生活污水和污水处理厂出水加 1~10 ml,河水或湖水加 10~100 ml,将接种稀释水存放在(20 ± 1)℃的环境中,当天配制当天使用。接种的稀释水 pH 值为 7.2,BOD_5 应小于 1.5 mg/L;

(12)盐酸溶液,$c(HCl)$=0.5 mol/L:将 40 ml 浓盐酸(HCl)溶于水中,稀释至 1 000 ml;

(13)氢氧化钠溶液,$c(NaOH)$=0.5 mol/L:将 20 g 氢氧化钠溶于水中,稀释至 1 000 ml;

(14)亚硫酸钠溶液, $c(Na_2SO_3)$=0.025 mol/L:将 1.575 g 亚硫酸钠(Na_2SO_3)溶于水中,稀释至 1 000 ml。此溶液不稳定,需现用现配;

(15)葡萄糖-谷氨酸标准溶液:将葡萄糖($C_6H_{12}O_6$,优级纯)和谷氨酸(HOOC-CH_2-CH_2-CHNH_2-COOH,优级纯)在 130℃干燥 1 h,各称取 150 mg 溶于水中,在 1 000 ml 容量瓶中稀释至标线。此溶液的 BOD_5 为(210 ± 20)mg/L,现用现配。该溶液也可少量冷冻保存,融化后立刻使用;

(16)丙烯基硫脲硝化抑制剂, $\rho(C_4H_8N_2S)$=1.0 g/L:溶解 0.20 g 丙烯基硫脲($C_4H_8N_2S$)于 200 ml 水中混合,4℃保存,此溶液可稳定保存 14 d;

(17)乙酸溶液,1+1;

(18)碘化钾溶液,$\rho(KI)$=100 g/L:将 10 g 碘化钾(KI)溶于水中,稀释至 100 ml;

(19)淀粉溶液,ρ=5 g/L:将 0.50 g 淀粉溶于水中,稀释至 100 ml。

3.样品采集和预处理

(1)采集与保存

采集的样品应充满并密封于棕色玻璃瓶中,样品量不小于 1 000 ml,在 0~4℃的暗处运输和保存,并于 24 h 内尽快分析。24 h 内不能分析,可冷冻保存(冷冻保存时避免样品瓶破裂），冷冻样品分析前需解冻、均质化和接种。

（2）样品的前处理

①pH 值调节

若样品或稀释后样品 pH 值不在 6~8 范围内，应用盐酸溶液或氢氧化钠溶液调节其 pH 值至 6~8。

②余氯和结合氯的去除

若样品中含有少量余氯，一般在采样后放置 1~2 h，游离氯即可消失。对在短时间内不能消失的余氯，可加入适量亚硫酸钠溶液去除样品中存在的余氯和结合氯，加入的亚硫酸钠溶液的量由下述方法确定。

取已中和好的水样 100 ml，加入乙酸溶液 10 ml、碘化钾溶液 1 ml，混匀，暗处静置 5 min。用亚硫酸钠溶液滴定析出的碘至淡黄色，加入 1 ml 淀粉溶液呈蓝色。再继续滴定至蓝色刚刚褪去，即为终点，记录所用亚硫酸钠溶液体积，由亚硫酸钠溶液消耗的体积，计算出水样中应加亚硫酸钠溶液的体积。

③样品均质化

含有大量颗粒物、需要较大稀释倍数的样品或经冷冻保存的样品，测定前均需将样品搅拌均匀。

④样品中有藻类

若样品中有大量藻类存在，BOD_5 的测定结果会偏高。当分析结果精度要求较高时，测定前应用滤孔为 1.6 μm 的滤膜过滤，检测报告中注明滤膜滤孔的大小。

⑤含盐量低的样品

若样品含盐量低，非稀释样品的电导率小于 125 μS/cm 时，需加入适量相同体积的四种盐溶液，使样品的电导率大于 125 μS/cm。

4.分析步骤

（1）不经稀释水样的测定

溶解氧含量较高、有机物含量较少的地面水，可不经稀释，而直接以虹吸法，将约 20℃的混匀水样转移入两个溶解氧瓶内，转移过程中应注意不使产生气泡。以同样的操作使两个溶解氧瓶充满水样后溢出少许，加塞。瓶内不应有气泡。

其中一瓶随即测定溶解氧，另一瓶的瓶口进行水封后，放入培养箱中，在 20 ± 1℃培养 5 d。在培养过程中注意添加封口水。

从开始放入培养箱算起，经过五昼夜后，弃去封口水，测定剩余的溶解氧。

（2）需经稀释水样的测定

步骤①稀释倍数的确定

根据实践经验，提出下述计算方法，供稀释时参考。

● 地面水，由测得的高锰酸盐指数与一定系数的乘积，即求得稀释倍数，见下表。

表 5-5 高锰酸盐指数与一定系数的乘积求得的稀释倍数

高锰酸盐指数（mg/L）	系数
< 5	—
5-10	0.2、0.3
10-20	0.4、0.6
> 20	0.5、0.7、1.0

● 工业废水，由重铬酸钾法测得的 COD 值来确定。通常需做三个稀释比。

使用稀释水时，由 COD 值分别乘以系数 0.075、0.15、0.225，即获得三个稀释倍数。

注：COD_{cr} 值可在测定 COD 过程中，加热回流至 60min 时，用由校核试验的苯二甲酸氢钾溶液按 COD 测定相同操作步骤制备的标准色列进行估测。

步骤②稀释操作

● 一般稀释法

按照选定的稀释比例，用虹吸法沿筒壁先引入部分稀释水（或接种稀释水）于 1 000 ml 量筒中，加入需要量的均匀水样，再引入稀释水（或接种稀释水）至 800 ml，用带胶版的玻棒小心上下搅匀。搅拌时勿使搅棒的胶版漏出水面，防止产生气泡。

按不经稀释水样的测定相同操作步骤，进行装瓶、测定当天溶解氧和培养 5 d 后的溶解氧。

另取两个溶解氧瓶，用虹吸法装满稀释水（或接种稀释水）作为空白试验。测定 5 d 前后的溶解氧。

● 直接稀释法

在已知两个容积相同（其差< 1 ml）的溶解氧瓶内，用虹吸法加入部分稀释水（或接种稀释水），再加入根据瓶容积和稀释比例计算出的水样量，然后用稀释水（或接种稀释水）使刚好充满，加塞，勿留气泡于瓶内。其余操作与上述一般稀释法相同。

BOD_5 测定中，一般采用叠氮化钠改良法测定溶解氧。如遇干扰物质，应根据具体情况采用其他方法（详见溶解氧测定方法）。

5.数据记录与处理

（1）测量结果记录

项目名称_____ 样品性质_____ 分析方法_____

仪器名称及编号_____ 培养时间_____年_____月_____日_____时 室温_____℃

至_____年_____月_____日_____时 室温_____℃

样品编号	取样体积 V_1（ml）	稀释倍数 D	培养瓶号	培养瓶体积 V	溶解氧值（mg/L）	BOD5 度（mg/L）

（2）计算

①不经稀释直接培养的水样：

$$BOD_5(mg/L)=C_1-C_2 \tag{5-9}$$

式中　C_1——水样在培养前的溶解氧浓度（mg/L）；

　　　C_2——水样经 5 d 培养后，剩余溶解氧浓度（mg/L）。

②经稀释后培养的水样：

$$BOD_5(mg/L)=\frac{(C_1-C_2)-(B_1-B_2)f_1}{f_2} \tag{5-10}$$

式中　B_1——稀释水（或接种稀释水）在培养前的溶解氧（mg/L）；

　　　B_2——稀释水（或接种稀释水）在培养后的溶解氧（mg/L）；

　　　f_1——稀释水（或接种稀释水）在培养液中所占比例；

　　　f_2——水样在培养液中所占比例。

6.注意事项

（1）水中有机物的生物氧化过程，可分为两个阶段。第一阶段为有机物中的碳和氢,氧化生成二氧化碳和水,此阶段称为碳化阶段。完成碳化阶段在 20 ℃大约需要 20 d。第二阶段为含氮物质及部分氨,氧化为亚硝酸盐及硝酸盐,称为硝化阶段。完成硝化阶段在 20 ℃时需要约 100 天。因此,一般测定水样 BOD_5 时,硝化作用很不显著或根本不发生硝化作用。但对于生物处理池的出水,因其中含有大量的硝化细菌。因此,在测定 BOD_5 时也包括了部分含氮化合物的需氧量。对于这样的水样,如果我们只需要测定有机物降解的需氧量,可以加入硝化抑制剂,抑制硝化过程。为此目的,可在每升稀释水样中加入 1 ml 浓度为 500 mg/L 的丙烯基硫脲（ATU，$C_4H_8N_2S$）或一定量固定在氯化钠上的 2-氯代-6-三氯甲基吡啶（TCMP,C_1-C_5H_3N-CH_3）,使 TCMP 在稀释样品中的浓度约为 0.5 mg/L。

（2）玻璃器皿应彻底洗净。先用洗涤剂浸泡清洗,然后用稀盐酸浸泡,最后依次用自来水、蒸馏水洗净。

（3）在两个或三个稀释比的样品中,凡消耗溶解氧大于 2 mg/L 和剩余溶解氧大于 1 mg/L 时,计算结果时,应取其平均值。若剩余溶解氧小于 1 mg/L,甚至为零时,应加大稀释比。溶解氧消耗量小于 2 mg/L,有两种可能,一是稀释倍数过大;另一种可能是微生物菌种不适应,活性差,或含毒物质浓度过大。这时可能出现在几个稀释比中,稀释倍数大的消耗溶解氧反而较多的现象。

（4）为检查稀释水和接种液的质量,以及化验人员的操作水平,可将 20 ml 葡萄糖—谷氨酸标准溶液用接种稀释水稀释至 1 000 ml,按测定 BOD_5 的步骤操作。测得的 BOD_5 的值应在 180~230 mg/L 之间。否则应检查接种液、稀释水的质量或操作技术是否存在问题。

（5）水样稀释倍数超过 100 倍时,应预先在容量瓶中用水初步稀释后,再取适量进行最后稀释培养。

三、思考题

1.稀释与接种法对某一水样进行 BOD_5 测定时,水样经 5 天培养后,测其溶解氧,当向水样中加入 1 ml 硫酸锰和 2 ml 碱性碘化钾溶液时,出现白色絮状沉淀。这说什么?

2.某分析人员用稀释与接种法测定某水样的 BOD_5,将水样稀释 10 倍后测得第一天溶解氧为 7.98 mg/L,第五天的溶解氧为 0.65 mg/L,问此水样中的 BOD_5 值是多少?为什么?应如何处理?

3.如何制备稀释水?

技能训练 7. 水中石油类的测定

一、概述

1.污染来源与危害

环境水体中石油类污染物来自工业污水和生活污水。工业污水中石油类(各种烃的混合物)污染物主要来自原油的开采、加工、运输以及各种烃油企业等行业。

石油类化合物漂浮于水体表面,直接影响空气与水体界面之间的氧交换;分散于水体中的油常被微生物氧化分解而消耗水中的溶解氧,使水质恶化。在《城镇污水处理厂污染物排放标准》(GB 18918-2002)规定中,石油类属于基本控制项目。

2.测定方法选择

石油类的测定方法有重量法、红外分光光度法和非色散红外法等。重量法是常用的分析方法,不受油品种限制,但操作繁杂,灵敏度低,只适用于测定 10 mg/L 以上的含油水样,方法的精密度随操作条件和熟练程度的不同有很大差别。非分散红外法同样适用于上述水样中石油类和动、植物油的测定。水样体积为 0.5~5 L 时,测定范围为 0.02~1 000 mg/L。当水样中含有大量芳烃及其衍生物时,需和红外分光光度法进行对比试验。

二、重量法

1.原理

以硫酸酸化水样,用石油醚萃取矿物油,蒸除石油醚后,称其重量。此法测定的是酸化样品中可被石油醚萃取的、且在试验过程中不挥发的物质总量。溶剂去除时,使得轻质油有明显损失。由于石油醚对油有选择地溶解,因此,石油的较重成分中可能含有不为溶剂萃取的物质。

2.仪器

(1)分析天平。

(2)恒温箱。

(3)恒温水浴锅。

（4）1 000 ml 分液漏斗。

（5）干燥器。

（6）直径 11 cm 中速定性滤纸。

3.试剂

（1）石油醚：将石油醚（沸程 30~60 ℃）重蒸馏后使用。100 ml 石油醚的蒸干残渣不应大于 0.2 mg。

（2）无水硫酸钠：在 300 ℃马福炉中烘 1 h，冷却后装瓶备用。

（3）1+1 硫酸。

（4）氯化钠。

4.测定步骤

（1）在采集瓶上作一容量记号后（以便以后测量水样体积），将所收集的大约 1 L 已经酸化（pH 值<2）水样，全部转移至分液漏斗中，加入氯化钠，其量约为水样量的 8%。用 25 ml 石油醚洗涤采样瓶并转入分液漏斗中，充分摇匀 3 min，静置分层并将水层放入原采样瓶内，石油醚层转入 100 ml 锥形瓶中。用石油醚重复萃取水样两次，每次用量 25 ml，合并三次萃取液于锥形瓶中。

（2）向石油醚萃取液中加入适量无水硫酸钠（加入至不再结块为止），加盖后，放置 0.5 h 以上，以便脱水。

（3）用预先以石油醚洗涤过的定性滤纸过滤，收集滤液于 100 ml 已烘干至恒重的烧杯中，用少量石油醚洗涤锥形瓶、硫酸钠和滤纸，洗涤液并入烧杯中。

（4）将烧杯置于 65±5 ℃水浴上，蒸出石油醚。近干后再置于 65±5 ℃恒温箱内烘干 1 h，然后放入干燥器中冷却 30 min，称量。

5.计算

$$油（mg/L）= \frac{(W_1 - W_2) \times 10^6}{V} \tag{5-11}$$

式中　W_1——烧杯加油总重量（g）；

　　　W_2——烧杯重量（g）；

　　　V——水样体积（ml）。

6.注意事项

（1）分液漏斗的活塞不要涂凡士林。

（2）测定废水中石油类时，若含有大量动、植物性油脂，应取内径 20 mm，长 300 mm 一端呈漏斗状的硬质玻璃管，填装 100 mm 厚活性层析氧化铝（在 150~160 ℃活化 4 h，未完全冷却前装好柱），然后用 10 ml 石油醚清洗。将石油醚萃取液通过层析柱，除去动、植物性油脂，收集流出液于恒重的烧杯中。

（3）采样瓶应为清洁玻璃瓶，用洗涤剂清洗干净（不要用肥皂）。应定容采样，并将水样全部移入分液漏斗测定，以减少油附着于容器壁上引起的误差。

三、紫外分光光度法

1.原理

石油及其产品在紫外光区有特征吸收,带有苯环的芳香族化合物,主要吸收波长为250~260 nm;带有共轭双键的化合物主要吸收波长为215~230 nm。一般原油的两个主要吸收波长为225及254 nm。石油产品中,如燃料油、润滑油等的吸收峰与原油相近。因此,波长的选择应视实际情况而定,原油和重质油可选254 nm,而轻质油及炼油厂的油品可选225 nm。

标准油采用受污染地点水样中的石油醚萃取物。如有困难可采用15号机油、20号重柴油或环保部门批准的标准油。

水样加入1~5倍含油量的苯酚,对测定结果无干扰,动、植物性油脂的干扰作用比红外线法小。用塑桶采集或保存水样,会引起测定结果偏低。

2.仪器

（1）分光光度计（具215~256 nm波长）,10 nm石英比色皿。

（2）1 000 ml分液漏斗。

（3）50 ml容量瓶。

（4）G_3型25 ml玻璃砂芯漏斗。

3.试剂

（1）标准油:用经脱芳烃并重蒸馏过的30~60℃石油醚,从待测水样中萃取油品,经无水硫酸钠脱水后过滤。将滤液置于65±5℃水浴上蒸出石油醚,然后置于65±5℃恒温箱内赶尽残留的石油醚,即得标准油品。

（2）标准油贮备溶液:准确称取标准油品0.100 g溶于石油醚中,移入100 ml容量瓶内,稀释至标线,贮于冰箱中。此溶液每毫升含1.00 mg油。

（3）标准油使用溶液:临用前把上述标准油贮备液用石油醚稀释10倍,此液每毫升含0.10 mg油。

（4）无水硫酸钠:在300℃下烘1 h,冷却后装瓶备用。

（5）石油醚（60~90℃馏分）。脱芳烃石油醚:将60~100目粗孔微球硅胶和70~120目中性层析氧化铝（在150~160℃活化4 h）,在未完全冷却前装入内径25 mm（其他规格也可）高750 mm的玻璃柱中。下层硅胶高600 mm,上面覆盖50 mm厚的氧化铝,将60~90℃石油醚通过此柱以脱除芳烃。收集石油醚于细口瓶中,以水为参比,在225 nm处测定处理过的石油醚,其透光率不应小于80%。

（6）1+1硫酸。

（7）氯化钠。

4.测定步骤

（1）向7个50 ml容量瓶中,分别加入0、2.00 ml、4.00 ml、8.00 ml、12.00 ml、20.00 ml和25.00 ml标准油使用溶液,用石油醚（60~90℃）稀释至标线。在选定波长处,用10 mm石英比色皿,以石油醚为参比测定吸光度,经空白校正后,绘制标准曲线。

（2）将已测量体积的水样,仔细移入 1 000 ml 分液漏斗中,加入 1+1 硫酸 5 ml 酸化（若采样时已酸化,则不需加酸）。加入氯化钠,其量约为水量的 2%（m/V）。用 20 ml 石油醚（60~90℃馏分）清洗采样瓶后,移入分液漏斗中。充分振摇 3 min,静置使之分层,将水层移入采样瓶内。

（3）将石油醚萃取液通过内铺约 5 mm 厚度无水硫酸钠层的砂芯漏斗,滤入 50 ml 容量瓶内。

（4）将水层移回分液漏斗内,用 20 ml 石油醚重复萃取一次,同上操作。然后用 10 ml 石油醚洗涤漏斗,其洗涤液均收集于同一容量瓶内,并用石油醚稀释至标线。

（5）在选定的波长处,用 10 mm 石英比色皿,以石油醚为参比,测量其吸光度。

（6）取水样相同体积的纯水,与水样同样操作,进行空白试验,测量吸光度。

（7）由水样测得的吸光度,减去空白试验的吸光度后,从标准曲线上查出相应的油含量。

5.计算

$$油（mg/L）= \frac{m \times 1\ 000}{V} \tag{5-12}$$

式中　m——从标准曲线中查出相应油的量（mg）;

　　　V——水样体积（ml）。

6.注意事项

（1）不同油品的特征吸收峰不同,如难以确定测定的波长时,可向 50 ml 容量瓶中移入标准油使用溶液 20~25 ml,用石油醚稀释至标线,在波长为 215~300 nm 间,用 10 mm 石英比色皿测得吸收光谱图（以吸光度为纵坐标,波长为横坐标的吸光度曲线）,得到最大吸收峰的位置。一般在 220~225 nm。

（2）使用的器皿应避免有机物污染。

（3）水样及空白测定所使用的石油醚应为同一批号,否则会由于空白值不同而产生误差。

（4）如石油醚纯度较低,或缺乏脱芳烃条件,亦可采用己烷作萃取剂。把己烷进行重蒸馏后使用,或用水洗涤 3 次,以除去水溶性杂质。以水作参比,于波长 225 nm 处测定,其透光率应大于 80% 方可使用。

四、思考题

1.怎样检验校正系数?

2.每批样品分析前,是否需要做方法空白实验?

技能训练 8. 水中阴离子表面活性剂的测定——亚甲蓝分光光度法

一、概述

1.污染来源及危害

表面活性剂是一类极为重要的精细化工产品,广泛应用于日化、纺织、医药、采矿、采油和建筑等行业,也是日常生活中不可缺少的消费品。随着人们生活水平的提高,各种表面活性剂的消耗量不断增加,尤其是阴离子表面活性剂。阴离子表面活性剂是普通合成洗涤剂的主要活性成分,使用最广泛的阴离子表面活性剂是直链烷基苯磺酸钠(LAS)。由于它的大量使用,导致了很多未经妥善处理的阴离子表面活性剂排放到河流、海洋等环境水体中。

当水体中的阴离子表面活性剂达到一定浓度时,它们就会在水体表面形成泡沫覆盖层,阻碍大气中的氧进入水体,从而造成水域局部缺氧,导致水质恶化,并且会对水生生物过氧化酶的活性产生急剧影响,破坏细胞生理功能,甚至会导致大量水生生物死亡。

2.测定方法

在《城镇污水处理厂污染物排放标准》GB 18918-2002 规定中,阴离子表面活性剂被列为基本控制项目。水中阴离子表面活性剂的测定方法,主要有液相色谱法、电位滴定法、流动注射法和亚甲蓝分光光度法等。以下着重介绍亚甲蓝分光光度法(GB 7494-87),该法适用于测定饮用水、地面水生活污水及工业废水中的低浓度亚甲蓝活性物质(MBAS),亦即阴离子表面活性剂。在实验条件下,主要被测物质是 LAS、烷基磺酸钠和脂肪醇硫酸钠,但可能存在一些正的和负的干扰。该方法采用 LAS 作为标准物,其烷基碳链在 $C_{10} \sim C_{13}$ 之间,平均碳数为 12,平均分子量为 344.4。当采用 10 mm 光程的比色皿,试样体积为 100 ml 时,本方法最低检出浓度为 0.05 mg/L 的 LAS,检出上限为 2.0 mg/L 的 LAS。

二、亚甲蓝分光光度法

1.原理

阴离子染料亚甲蓝与阴离子表面活性剂作用,生成蓝色的盐类,统称亚甲蓝活性物质(MBAS)。该生成物可被氯仿萃取,其色度与浓度成正比,用分光光度计在波长 652 nm 处测量氯仿层的吸光度。

2.试剂

(1)氢氧化钠(NaOH):1 mol/L。

(2)硫酸(H_2SO_4):0.5 mol/L。

(3)氯仿($CHCl_3$)。

(4)直链烷基苯磺酸钠贮备溶液:秤取 0.100 g 标准物质 LAS(平均分子量 344.4),准确至 0.001 g,溶于 50 ml 水中,转移到 100 ml 容量瓶中,稀释至标线并混匀。每毫升含 1.00 mgLAS。保存于 4℃冰箱中。如需要,每周配置一次。

(5)直链烷基苯磺酸钠标准溶液:准确吸取 10.00 ml 直链烷基苯磺酸钠贮备溶液,用水稀释至 1 000 ml,每毫升含 10.0 μgLAS。当天配置。

(6)亚甲蓝溶液:先秤取 50 g 一水磷酸二氢钠($NaH_2PO_4 \cdot H_2O$)溶于 300 ml 水中,转移到 1 000 ml 容量瓶内,缓慢加入 6.8 ml 浓硫酸(H_2SO_4,ρ=1.84 g/ml),摇匀。另秤取 30 mg 亚甲蓝(指示剂级),用 50 ml 水溶解后也移入容量瓶,用水稀释至标线,摇匀。此溶液贮存于棕色试剂瓶中。

(7)洗涤液:秤取 50 g 一水磷酸二氢钠($NaH_2PO_4 \cdot H_2O$)溶于 300 ml 水中,转移到

1 000 ml 容量瓶内,缓慢加入 6.8 ml 浓硫酸(H_2SO_4 , $\rho=1.84$ g/ml),用水稀释至标线。

（8）酚酞指示剂溶液:将 1.0 g 酚酞溶于 50 ml 乙醇[C_2H_5OH , 95%(V/V)]中,然后边搅拌边加入 50 ml 水,滤去形成的沉淀。

（9）玻璃棉或脱脂棉:在索氏抽提器中用氯仿提取 4 h 后,取出干燥,保存在清洁的玻璃瓶中待用。

3.仪器

（1）分光光度计:能在 652 nm 进行测量,配有 5、10、20 mm 比色皿。

（2）分液漏斗:250 ml,最好用聚四氟乙烯(PTFE)活塞。

（3）索氏抽提器:150 ml 平底烧瓶, $\Phi35 \times 160$ mm 抽出筒,蛇形冷凝管。

注:玻璃器皿在使用前先用水彻底清洗,然后用 10%(m/m)的乙醇盐酸清洗,最后用水冲洗干净。

4.样品

取样和保存样品应使用清洁的玻璃瓶,并事先经甲醇清洗过。短期保存建议冷藏在 4℃冰箱中,如果样品需保存超过 24 h,则应采取保护措施。保存期为 4 天,加入 1%(V/V)的 40%(V/V)甲醛溶液即可,保存期长达 8 天,则需用氯仿饱和水样。

本方法目的是测定水样中的溶解态的阴离子表面活性剂。在测定前,应将水样预先经中速定性滤纸过滤以去除悬浮物。吸附在悬浮物上的表面活性剂不计在内。

5.步骤

（1）校准

取一组分液漏斗 10 个,分别加入 100 ml、99 ml、97 ml、95 ml、93 ml、91 ml、89 ml、87 ml、85 ml、80 ml 水,然后分别移入 0、1.00 ml、3.00 ml、5.00 ml、7.00 ml、9.00 ml、11.00 ml、13.00 ml、15.00 ml、20.00 ml 直链烷基苯磺酸钠标准溶液,摇匀。按 6.3 处理每一标准,以测得的吸光度扣除试剂空白值（零标准溶液的吸光度）后与相应的 LAS 量（μg）绘制校准曲线。

（2）试份体积

为了直接分析水和废水样,应根据预计的亚甲蓝表面活性物质的浓度选用试份体积,见下表:

预计的 MBAS 浓度,mg/L	试份量,ml
0.05~2.0	100
2.0~10	20
10~20	10
20~40	5

当预计的 MBAS 浓度超过 2 mg/L 时,按上表选取试份量,用水稀释至 100 ml。

（3）测定

①将所取试份移至分液漏斗,以酚酞为指示剂,逐滴加入 1 mol/L 氢氧化钠溶液至水溶液呈桃红色,再滴加 0.5 mol/L 硫酸到桃红色刚好消失。

②加入 25 ml 亚甲蓝溶液,摇匀后再移入 10 ml 氯仿,激烈振摇 30 s,注意放气。过分的摇动会发生乳化,加入少量异丙醇(小于 10 ml)可消除乳化现象。加相同体积的异丙醇至所有的标准中,在慢慢旋转分液漏斗,使滞留在内壁上的氯仿液珠降落,静置分层。

③将氯仿层放入预先盛有 50 ml 洗涤液的第二个分液漏斗,用数滴氯仿淋洗第一个分液漏斗的放液管,重复萃取三次,每次用 10 ml 氯仿。合并所有氯仿至第二个分液漏斗中,激烈摇动 30 s,静置分层。将氯仿层通过玻璃棉或脱脂棉,放入 50 ml 容量瓶中。再用氯仿萃取洗涤液两次(每次用量 5 ml),此氯仿层也并入容量瓶中,加氯仿至标线。

注:a.如水相中蓝色变淡或消失,说明水样中亚甲蓝表面活性物(MBAS)浓度超过了预计值,以致加入的亚甲蓝全部被反应掉。应弃去试样,再取一份较少量的试份重新分析。

b.测定含量低的饮用水及地面水可将萃取用的氯仿总量降至 25 ml。三次萃取用量分别为 10 ml、5 ml、5 ml,再用 3~4 ml 氯仿萃取洗涤液,此时检测下限可达到 0.02 mg/L。

④每一批样品要做一次空白试验及一种校准溶液的完全萃取。

⑤每次测定前,振荡容量瓶中的氯仿萃取液,并以此液洗三次比色皿,然后将比色皿充满。

⑥在 652 nm 处,以氯仿为参比液,测定样品、校准溶液和空白试验的吸光度。应使用相同光程的比色皿。每次测定后,用氯仿清洗比色皿。

⑦以试份的吸光度减去空白试验的吸光度后,从校准曲线上查得 LAS 的质量。

(4)空白试验

按规定进行空白试验,仅用 100 ml 水代替试样。在实验条件下,每 10 mm 光程长空白试验的吸光度不应超过 0.02,否则应仔细检查设备和试剂是否有污染。

6.结果表示

用亚甲蓝活性物质(MBAS)报告结果,以 LAS 计,平均分子量为 344.4。

(1)计算方法

$$C = \frac{m}{V} \tag{5-13}$$

式中　C——水样中亚甲蓝活性物(MBAS)的浓度,mg/L

　　　m——从校准曲线上读取的表观 LAS 质量,μg

　　　V——试份的体积,ml

结果以三位小数表示。

(2)精密度和准确度

8 个实验室分析含 LAS 0.305 mg/L 的统一分发标准溶液的结果如下:

● 重复性——实验室内相对标准偏差为 2.3%。

● 再现性——实验室间相对标准偏差为 4.3%。

● 准确度——相对误差为-2.0%。

7.干扰及其消除

(1)主要被测物以外的其他有机的硫酸盐、磺酸盐、羧酸盐、酚类以及无机的硫氰酸盐、氰酸盐、硝酸盐和氯化物等,他们或多或少的与亚甲蓝作用,生成可溶于氯仿的蓝色络合物,致使测定结果偏高。通过水溶液反洗可消除这些正干扰(有机硫酸盐、磺酸盐除外),其中氯化物和硝酸盐的干扰大部分被去除。

(2)经水溶液反洗仍未除去的非表面活性物引起的正干扰,可借气提萃取法将阴离子表面活性剂从水相转移到有机相而加以消除。

(3)一般存在于未经处理或一级处理的污水中的硫化物,它能与亚甲蓝反映,生成无色的还原物而消耗亚甲蓝试剂。可将试样调制碱性,滴加适量的过氧化氢(H_2O_2,30%),避免其干扰。

(4)存在季铵类化合物等阳离子物质和蛋白质时,阴离子表面活性剂将与其作用,生成稳定的络合物,而不与亚甲蓝反映,使测定结果偏低。这些阳离子类干扰物可采用阳离子交换树脂(在适当条件下)去除。

生活污水及工业废水中的一般成分,包括尿素、氨、硝酸盐,以及防腐用的甲醛和氯化汞以表明不产生干扰。然而,并非所有天然的干扰物都能消除,因此被检物总体应确切的称为阴离子表面活性物质或亚甲蓝活性物质(MBAS)。

8.试验报告

试验报告应包括下述内容:

(1)对样品性质的描述。

(2)所用方法的参考文献。

(3)结果及其表示方法。

(4)试验过程中观察到的异常现象。

(5)本方法中未曾规定的操作,或可能影响结果的操作等。

三、思考题

1.水中阴离子表面活性剂的检测方法有哪些?

2.亚甲蓝分光光度法测定阴离子表面活性剂影响因素有哪些?

技能训练 9. 水中总有机碳的测定

一、概述

1.定义

总有机碳(TOC)是以碳的含量表示水体中有机物质总量的综合指标。由于TOC的测定采用燃烧法,因此能将有机物全部氧化,它比BOD_5或COD更能反映有机物的总量。

总碳(TC)指水中存在的有机碳、无机碳和元素碳的总含量。

无机碳(IC)指水中存在的元素碳、二氧化碳、一氧化碳、碳化物、氰酸盐、氰化物和硫氰酸盐的含碳量。

可吹扫有机碳(POC)指在本标准规定条件下水中可被吹扫出的有机碳。

不可吹扫有机碳(NPOC)指在本标准规定条件下水中不可被吹扫出的有机碳。

2.测定方法

目前广泛应用的测定TOC的方法是燃烧氧化-非色散红外吸收法。其测定原理是:将一定量水样注入高温炉内的石英管,在900~950℃温度下,以铂和三氧化钴或三氧化二铬为催化剂,使有机物燃烧裂解转化为二氧化碳,然后用红外线气体分析仪测定CO_2含量,从而确定水样中碳的含量。因为在高温下,水样中的碳酸盐也分解产生二氧化碳,故上面测得的为水样中的总碳(TC)。为获得有机碳含量,可采用两种方法:一是将水样预先酸化,通入氮气曝气,驱除各种碳酸盐分解生成的二氧化碳后再注入仪器测定。另一种方法是使用高温炉和低温炉皆有的TOC测定仪。将同一等量水样分别注入高温炉(900℃)和低温炉(150℃),则水样中的有机碳和无机碳均转化为CO_2,而低温炉的石英管中装有磷酸浸渍的玻璃棉,能使无机碳酸盐在150℃分解为CO_2,有机物却不能被分解氧化。将高、低温炉中生成的CO_2依次导入非色散红外气体分析仪,分别测得总碳(TC)和无机碳(IC),二者之差即为总有机碳(TOC)。该方法最低检出浓度为0.5 mg/L。

二、燃烧氧化-非分散红外吸收法

1.方法原理

(1)差减法测定总有机碳

将试样连同净化气体分别导入高温燃烧管和低温反应管中,经高温燃烧管的试样被高温催化氧化,其中的有机碳和无机碳均转化为二氧化碳,经低温反应管的试样被酸化后,其中的无机碳分解成二氧化碳,两种反应管中生成的二氧化碳分别被导入非分散红外检测器。在特定波长下,一定质量浓度范围内二氧化碳的红外线吸收强度与其质量浓度成正比,由此可对试样总碳(TC)和无机碳(IC)进行定量测定。总碳与无机碳的差值,即为总有机碳。

(2)直接法测定总有机碳

试样经酸化曝气,其中的无机碳转化为二氧化碳被去除,再将试样注入高温燃烧管中,可直接测定总有机碳。由于酸化曝气会损失可吹扫有机碳(POC),故测得总有机碳值为不可吹扫有机碳(NPOC)。

2.干扰及消除

水中常见共存离子超过下列质量浓度时: SO_4^{2-} 400 mg/L、Cl^- 400 mg/L、NO^{3-} 100 mg/L、PO_4^{3-} 100 mg/L、S^{2-} 100 mg/L,可用无二氧化碳水稀释水样,至上述共存离子质量浓度低于其干扰允许质量浓度后,再进行分析。

3.试剂和材料

(1)无二氧化碳水:将重蒸馏水在烧杯中煮沸蒸发(蒸发量10%),冷却后备用。也可使用纯水机制备的纯水或超纯水。无二氧化碳水应临用现制,并经检验TOC质量浓度不超过0.5 mg/L。

(2)硫酸(H_2SO_4): $\rho(H_2SO_4)$=1.84 g/ml。

(3)邻苯二甲酸氢钾($KHC_8H_4O_4$):优级纯。

（4）无水碳酸钠（Na_2CO_3）：优级纯。

（5）碳酸氢钠（$NaHCO_3$）：优级纯。

（6）氢氧化钠溶液：$\rho(NaOH)=10$ g/L。

（7）有机碳标准贮备液：$\rho($有机碳，C$)=400$ mg/L。准确称取邻苯二甲酸氢钾（预先在110~120℃下干燥至恒重）0.850 2 g，置于烧杯中，加无二氧化碳水溶解后，转移此溶液于1 000 ml容量瓶中，用无二氧化碳水稀释至标线，混匀。在4℃条件下可保存两个月。

（8）无机碳标准贮备液：$\rho($无机碳，C$)=400$ mg/L。准确称取无水碳酸钠（预先在105℃下干燥至恒重）1.763 4 g和碳酸氢钠（预先在干燥器内干燥）1.400 0 g，置于烧杯中，加无二氧化碳水溶解后，转移此溶液于1 000 ml容量瓶中，用无二氧化碳水稀释至标线，混匀。在4℃条件下可保存两周。

（9）差减法标准使用液：$\rho($总碳，C$)=200$ mg/L，$\rho($无机碳，C$)=100$ mg/L。用单标线吸量管分别吸取50.00 ml有机碳标准贮备液和无机碳标准贮备液于200 ml容量瓶中，用无二氧化碳水稀释至标线，混匀。在4℃条件下贮存可稳定保存一周。

（10）直接法标准使用液：$\rho($有机碳，C$)=100$ mg/L，用单标线吸量管吸取50.00 ml有机碳标准贮备液于200 ml容量瓶中，用无二氧化碳水稀释至标线，混匀。在4℃条件下贮存可稳定保存一周。

（11）载气：氮气或氧气，纯度大于99.99%。

4.仪器和设备

（1）非分散红外吸收TOC分析仪。

（2）一般实验室常用仪器。

5.样品

水样应采集在棕色玻璃瓶中并应充满采样瓶，不留顶空。水样采集后应在24 h内测定。否则应加入硫酸将水样酸化至pH值≤2，在4℃条件下可保存7 d。

6.分析步骤

（1）仪器的调试：按TOC分析仪说明书设定条件参数，进行调试。

（2）校准曲线的绘制

①差减法校准曲线的绘制：在一组七个100 ml容量瓶中，分别加入0.00、2.00 ml、5.00 ml、10.00 ml、20.00 ml、40.00 ml、100.00 ml差减法标准使用液，用无二氧化碳水稀释至标线，混匀。配制成总碳质量浓度为0.0、4.0 mg/L、10.0 mg/L、20.0 mg/L、40.0 mg/L、80.0 mg/L、200.0 mg/L和无机碳质量浓度为0.0、2.0 mg/L、5.0 mg/L、10.0 mg/L、20.0 mg/L、40.0 mg/L、100.0 mg/L的标准系列溶液，按照样品测定的步骤测定其响应值。以标准系列溶液质量浓度对应仪器响应值，分别绘制总碳和无机碳校准曲线。

②直接法校准曲线的绘制

在一组七个100 ml容量瓶中，分别加入0.00、2.00 ml、5.00 ml、10.00 ml、20.00 ml、40.00 ml、100.00 ml直接法标准使用液（5.10），用无二氧化碳水稀释至标线，混匀。配制成有机碳质量浓度为0.0、2.0 mg/L、5.0 mg/L、10.0 mg/L、20.0 mg/L、40.0 mg/L、100.0 mg/L的

标准系列溶液,按照样品测定的步骤测定其响应值。以标准系列溶液质量浓度对应仪器响应值,绘制有机碳校准曲线。

（3）空白试验

用无二氧化碳水代替试样,按照样品测定的步骤测定其响应值。每次试验应先检测无二氧化碳水的 TOC 含量,测定值应不超过 0.5 mg/L。

（4）样品测定

①差减法:经酸化的试样,在测定前应以氢氧化钠溶液中和至中性,取一定体积注入 TOC 分析仪进行测定,记录相应的响应值。

②直接法:取一定体积酸化至 pH 值≤2 的试样注入 TOC 分析仪,经曝气除去无机碳后导入高温氧化炉,记录相应的响应值。

7.结果计算

（1）差减法

根据所测试样响应值,由校准曲线计算出总碳和无机碳质量浓度。试样中总有机碳质量浓度为:

$$\rho(TOC) = \rho(TC) - \rho(IC) \tag{5-13}$$

式中　$\rho(TOC)$——试样总有机碳质量浓度,mg/L;

　　　$\rho(TC)$——试样总碳质量浓度,mg/L;

　　　$\rho(IC)$——试样无机碳质量浓度,mg/L。

（2）直接法

根据所测试样响应值,由校准曲线计算出总有机碳的质量浓度 $\rho(TOC)$。

（3）结果表示

当测定结果小于 100 mg/L 时,保留到小数点后一位;大于等于 100 mg/L 时,保留三位有效数字。

8.精密度和准确度

六个实验室测定 TOC 质量浓度为 24.0 mg/L 的统一分发标准溶液,实验室内相对标准偏差为 2.9%,实验室间相对标准偏差为 3.9%,相对误差为 2.9%~6.3%。

六个实验室对地表水、生活污水和工业废水进行加标回收试验,差减法的回收率为 91.0%~109%,直接法的回收率为 93.0%~109%。

9.质量保证和质量控制

（1）每次试验前应检测无二氧化碳水的 TOC 含量,测定值应不超过 0.5 mg/L。

（2）每次试验应带一个曲线中间点进行校核,校核点测定值和校准曲线相应点浓度的相对误差应不超过 10%。

三、思考题

1.若用直接法测定水样的总有机碳,该如何进行前处理?

2.差减法测定水样 TOC 时,为什么要先测 TIC 后测 TC 呢?

3.燃烧氧化-非分散红外吸收法测定总有机碳(差减法测定)的方法原理是什么?

4.在水样常见共存离子含量超过允许值时,应该怎样进行处理?

技能训练 10. 水中总大肠菌群的测定——多管发酵法

一、概述

1.总大肠菌群及其来源

所谓大肠菌群,是指在 37 ℃条件下 24 h 内能发酵乳糖产酸、产气的兼性厌氧的革兰氏阴性无芽孢杆菌的总称,主要由肠杆菌科中四个属内的细菌组成,即埃希氏杆菌属、柠檬酸杆菌属、克雷伯氏菌属和肠杆菌属。水的大肠菌群数是指 100 ml 水检样内含有的大肠菌群实际数值,以大肠菌群最近似数(MPN)表示。在正常情况下,肠道中主要有大肠菌群、粪链球菌和厌氧芽孢杆菌等多种细菌。这些细菌都可随人畜排泄物进入水源,由于大肠菌群在肠道内数量最多,所以,水源中大肠菌群的数量,是直接反映水源被人畜排泄物污染的一项重要指标。目前,国际上已公认大肠菌群的存在是粪便污染的指标,因而对饮用水必须进行大肠菌群的检查。

2.测定方法

在《城镇污水处理厂污染物排放标准》(GB 18918-2002)中规定,总大肠菌群数(个/L)属于基本控制项目。测定可以用多管发酵法、滤膜法(HJ/T 347-2007)和纸片快速法(HJ 755-2015)。多管发酵法和滤膜法(HJ/T 347-2007)适用于地表水、地下水及废水中总大肠菌群的测定;纸片快速法(HJ 755-2015)适用于地表水、废水中总大肠菌群和粪大肠菌群的快速测定。以下着重介绍多管发酵法。

二、多管发酵法

1.原理

总大肠菌群可用多管发酵法或滤膜法检验。多管发酵法的原理是根据大肠菌群细菌能发酵乳糖、产酸产气以及具备革兰氏染色阴性,无芽孢,呈杆状等有关特性,通过三个步骤进行检验求得水样中的总大肠菌群数。试验结果以最可能数(most probable number),简称 MPN 表示。

2.仪器

(1)高压蒸气灭菌器。

(2)恒温培养箱、冰箱。

(3)生物显微镜、载玻片。

(4)酒精灯、镍铬丝接种棒。

(5)培养皿(直径 100 mm)、试管(5×150 mm),吸管(1 ml、5 ml、10 ml)、烧杯(200 ml、500 ml、2 000 ml),锥形瓶(500 ml、1 000 ml)、采样瓶。

3.培养基及染色剂的制备

（1）乳糖蛋白胨培养液：将 10 g 蛋白胨、3 g 牛肉膏、5 g 乳糖和 5 g 氯化钠加热溶解于 1 000 ml 蒸馏水中，调节溶液 pH 值为 7.2~7.4，再加入 1.6%溴甲酚紫乙醇溶液 1 ml，充分混匀，分装于试管中，于 121 ℃高压灭菌器中灭菌 15 min，贮存于冷暗处备用。

（2）三倍浓缩乳糖蛋白陈培养液：按上述乳糖蛋白胨培养液的制备方法配制。除蒸馏水外，各组分用量增加至三倍。

（3）品红亚硫酸钠培养基

①贮备培养基的制备：于 2 000 ml 烧杯中，先将 20~30 g 琼脂加到 900 ml 蒸馏水中，加热溶解，然后加入 3.5 g 磷酸氢二钾及 10 g 蛋白胨，混匀，使其溶解，再用蒸馏水补充到 1 000 ml，调节溶液 pH 值至 7.2~7.4。趁热用脱脂棉或绒布过滤，再加 10 g 乳糖，混匀，定量分装于 250 ml 或 500 ml 锥形瓶内，置于高压灭菌器中，在 121 ℃灭菌 15 min，贮存于冷暗处备用。

②平皿培养基的制备：将上法制备的贮备培养基加热融化。根据锥形瓶内培养基的容量，用灭菌吸管按比例吸取一定量的 5%碱性品红乙醇溶液，置于灭菌试管中；再按比例称取无水亚硫酸钠，置于另一灭菌空试管内，加灭菌水少许使其溶解，再置于沸水浴中煮沸 10 min（灭菌）。用灭菌吸管吸取已灭菌的亚硫酸钠溶液，滴加于碱性品红乙醇溶液内至深红色再退至淡红色为止（不宜加多）。将此混合液全部加入已融化的贮备培养基内，并充分混匀（防止产生气泡）。立即将此培养基适量（约 15 ml）倾入已灭菌的平皿内，待冷却凝固后，置于冰箱内备用，但保存时间不宜超过两周。如培养基已由淡红色变成深红色，则不能再用。

（4）伊红美蓝培养基

①贮备培养基的制备：于 2 000 ml 烧杯中，先将 20~30 g 琼脂加到 900 ml 蒸馏水中，加热溶解。再加入 2 g 磷酸二氢钾及 10 g 蛋白胨，混合使之溶解，用蒸馏水补充至 1 000 ml，调节溶液 pH 值至 7.2~7.4。趁热用脱脂棉或绒布过滤，再加入 10g 乳糖，混匀后定量分装于 250 或 500 ml 锥形瓶内，于 121 ℃高压灭菌 15 min，贮于冷暗处备用。

②平皿培养基的制备：将上述制备的贮备培养基融化。根据锥形瓶内培养基的容量，用灭菌吸管按比例分别吸取一定量已灭菌的 2%伊红水溶液（0.4 g 伊红溶于 20 ml 水中）和一定量已灭菌的 0.5%美蓝水溶液（0.065 g 美蓝溶于 13 ml 水中），加入已融化的贮备培养基内，并充分混匀（防止产生气泡），立即将此培养基适量倾入已灭菌的空平皿内，待冷却凝固后，置于冰箱内备用。

（5）革兰氏染色剂

①结晶紫染色液：将 20 ml 结晶紫乙醇饱和溶液（称取 4~8 g 结晶紫溶于 100 ml 95%乙醇中）和 80 ml 1%草酸铵溶液混合、过滤。该溶液放置过久会产生沉淀，不能再用。

②助染剂：将 1 g 碘与 2 g 碘化钾混合后，加入少许蒸馏水，充分振荡，待完全溶解后，用蒸馏水补充至 300 ml。此溶液两周内有效。当溶液由棕黄色变为淡黄色时应弃去。为易于贮备，可将上述碘与碘化钾溶于 30 ml 蒸馏水中，临用前再加水稀释。

③脱色剂:95%乙醇。

④复染剂:将 0.25 g 沙黄加到 10 ml 95%乙醇中,待完全溶解后,加 90 ml 蒸馏水。

4.测定步骤

● 生活饮用水

(1)初发酵试验:在两个装有已灭菌的 50 ml 三倍浓缩乳糖蛋白胨培养液的大试管或烧瓶中(内有倒管),以无菌操作各加入已充分混匀的水样 100 ml。在 10 支装有已灭菌的 5 ml 三倍浓缩乳糖蛋白胨培养液的试管中(内有倒管),以无菌操作加入充分混匀的水样 10 ml,混匀后置于 37 ℃恒温箱内培养 24 h。

(2)平板分离:上述各发酵管经培养 24 h 后,将产酸、产气及只产酸的发酵管分别接种于伊红美蓝培养基或品红亚硫酸钠培养基上,置于 37 ℃恒温箱内培养 24 h,挑选符合下列特征的菌落。

①伊红美蓝培养基上:深紫黑色,具有金属光泽的菌落;紫黑色,不带或略带金属光泽的菌落;淡紫红色,中心色较深的菌落。

②品红亚硫酸钠培养基上:紫红色,具有金属光泽的菌落;深红色,不带或略带金属光泽的菌落;淡红色,中心色较深的菌落。

(3)取有上述特征的群落进行革兰氏染色

①用已培养 18~24 h 的培养物涂片,涂层要薄。

②将涂片在火焰上加温固定,待冷却后滴加结晶紫溶液,1 min 后用水洗去。

③滴加助染剂,1 min 后用水洗去。

④滴加脱色剂,摇动玻片,直至无紫色脱落为止(20~30 s),用水洗去。

⑤滴加复染剂,1 min 后用水洗去,晾干、镜检,呈紫色者为革兰氏阳性菌,呈红色者为阴性菌。

(4)复发酵试验:上述涂片镜检的菌落如为革兰氏阴性无芽孢的杆菌,则挑选该菌落的另一部分接种于装有普通浓度乳糖蛋白胨培养液的试管中(内有倒管),每管可接种分离自同一初发酵管(瓶)的最典型菌落 1~3 个,然后置于 37 ℃恒温箱中培养 24 h,有产酸、产气者(不论倒管内气体多少皆作为产气论),即证实有大肠菌群存在。根据证实有大肠菌群存在的阳性管(瓶)数查后附表 1“大肠菌群检数表”,报告每升水样中的大肠菌群数。

● 水源水

(1)于各装有 5 ml 三倍浓缩乳糖蛋白胨培养液的 5 个试管中(内有倒管),分别加入 10 ml 水样;于各装有 10 ml 乳糖蛋白胨培养液的 5 个试管中(内有倒管),分别加入 1 ml 水样;再于各装有 10 ml 乳糖蛋白胨培养液的 5 个试管中(内有倒管),分别加入 1 ml 1:10 稀释的水样。共计 15 管,三个稀释度。将各管充分混匀,置于 37 ℃恒温箱内培养 24 h。

(2)平板分离和复发酵试验的检验步骤同“生活饮用水检验方法”。

(3)根据证实总大肠菌群存在的阳性管数,查后附表“最可能数(MPN)表”,即求得每 100 ml 水样中存在的总大肠菌群数。我国目前系以 1 L 为报告单位,故 MPN 值再乘以 10,即为 1 L 水样中的总大肠菌群数。

例如,某水样接种 10 ml 的 5 管均为阳性;接种 1 ml 的 5 管中有 2 管为阳性;接种 1：10 的水样 1 ml 的 5 管均为阴性。从最可能数(MPN)表中查检验结果 5-2-0,得知 100 ml 水样中的总大肠菌群数为 49 个,故 1 L 水样中的总大肠菌群数为 49×10=490 个。

对污染严重的地表水和废水,初发酵试验的接种水样应作 1：10、1：100、1：1 000 或更高倍数的稀释,检验步骤同"水源水"检验方法。

如果接种的水样量不是 10 ml、1 ml 和 0.1 ml,而是较低或较高的三个浓度的水样量,也可查表求得 MPN 指数,再经下面公式换算成每 100 ml 的 MPN 值。

$$\text{MPN 值} = \text{MPN 指数} \times \frac{10（\text{mL}）}{\text{接种量最大的一管（mL）}}$$

表 5-6　大肠菌群检数表

10 ml 水量的阳性管数	100 ml 水量的阳性瓶数		
	0	1	2
	1 L 水样中大肠菌群数	1 L 水样中大肠菌群数	1 L 水样中大肠菌群数
0	<3	4	11
1	3	8	18
2	7	13	27
3	1 118	38	
4	14	24	52
5	18	30	70
6	22	36	92
7	27	43	120
8	31	51	161
9	36	60	230
10	40	69	>230

注:接种水样总量 300 ml(100 ml 2 份,10 ml 10 份)

表 5-7　最可能数(MPN)表

出现阳性份数			每 100 ml 水样中细菌数的最可能数	95%可信限值		出现阳性份数			每 100 ml 水样中细菌数的最可能数	95%可信限值	
10 ml 管	1 ml 管	0.1 ml 管		下限	上限	10 ml 管	1 ml 管	0.1 ml 管		下限	上限
0	0	0	<2			4	2	1	26	9	78
0	0	1	2	<0.5	7	4	3	0	27	9	80
0	1	0	2	<0.5	7	4	3	1	33	11	93
0	2	0	4	<0.5	11	4	4	0	34	12	93

出现阳性份数			每100 ml水样中细菌数的最可能数	95%可信限值		出现阳性份数			每100 ml水样中细菌数的最可能数	95%可信限值	
10 ml管	1 ml管	0.1 ml管		下限	上限	10 ml管	1 ml管	0.1 ml管		下限	上限
1	0	0	2	<0.5	7	5	0	0	23	7	70
1	0	1	4	<0.5	11	5	0	1	34	11	89
1	1	0	4	<0.5	15	5	0	2	43	15	110
1	1	1	6	<0.5	15	5	1	0	33	11	93
1	2	0	6	<0.5	15	5	1	1	46	16	120
2	0	0	5	<0.5	13	5	1	2	63	21	150
2	0	1	7	1	17	5	2	0	49	17	130
2	1	0	7	1	17	5	2	1	70	23	170
2	1	1	9	2	21	5	2	2	94	28	220
2	2	0	9	2	21	5	3	0	79	25	190
2	3	0	12	3	28	5	3	1	110	31	250
3	0	0	8	1	19	5	3	2	140	37	310
3	0	1	11	2	25	5	3	3	180	44	500
3	1	0	11	2	25	5	4	0	130	35	300
3	1	1	14	4	34	5	4	1	170	43	190
3	2	0	14	4	34	5	4	2	220	57	700
3	2	1	17	5	46	5	4	3	280	90	850
3	3	0	17	5	46	5	4	4	350	120	1 000
4	0	0	13	3	31	5	5	0	240	68	750
4	0	1	17	5	46	5	5	1	350	120	1 000
4	1	0	17	5	46	5	5	2	540	180	1 400
4	1	1	21	7	63	5	5	3	920	300	3 200
4	1	2	26	9	78	5	5	4	1 600	640	5 800
4	2	0	22	7	67	5	5	5	≥2 400		

注:(接种5份10 ml水样、5份1 ml水样、5份0.1 ml水样时,不同阳性及阴性情况下100 ml水样中细菌数的最可能数和95%可信限值)

三、思考题

1.配制好的培养液存放时应注意哪些事项?

2.为什么说提高温度培养出的大肠菌群更能代表水质受污染的情况?

本项目小结

学习内容总结

知识内容	实践技能
城镇污水 第一类污染物 基本控制项目 标准级别 进水和出水水质指标 水样采集及水量计量 进水水质和出水水质 排放口 监控数据	悬浮物测定——重量法 生化需氧量测定——稀释倍数法 化学需氧量测定——重铬酸钾法 氨氮测定——纳氏试剂分光光度法 总氮测定——碱性过硫酸钾消解紫外分光光度法 总磷测定——过硫酸钾消解-钼酸铵分光光度法 阴离子表面活性剂测定——亚甲蓝分光光度法 石油类测定——重量法 总有机碳测定——燃烧氧化-非分散红外吸收法 总大肠菌群测定——多管发酵法

中英文对照专业术语

序号	中文	英文
1	城镇污水	Urban sewage
2	悬浮物	Suspended solids
3	氨氮	Ammonium-nitrogen（NH4-N）
4	总氮	Total nitrogen（TN）
5	总磷	Total-phosphorus（TP）
6	化学需氧量	Chemical oxygen demand（COD）
7	生化需氧量	Biochemical oxygen demand（BOD）
8	总有机碳	Total organic carbon（TOC）
9	石油类污染物	Petroleum pollutants
10	阴离子表面活性剂	Anionic surfactant

项目六　环境空气质量监测
Ambient air quality monitoring

知识目标

1. 了解大气和大气的组成；

2. 了解大气污染的来源及危害；

3. 掌握大气污染物的存在状态和类型；

4. 掌握大气监测项目及监测意义；

5. 掌握采样仪器及监测仪器的原理。

技能目标

1. 掌握大气污染监测方案的确定步骤和方法；

2. 掌握大气污染资料的收集方法；

3. 掌握监测布点的方法；

4. 掌握空气采样过程；

5. 掌握气态和蒸汽态污染物的监测方法；

6. 掌握颗粒污染物的监测方法。

工作情境

1. 工作地点：大气监测实训室、校园内某空地。

2. 工作场景：环境保护系统要对某地空气质量进行调查或长期进行对空气质量监测，主要进行大气采样、分析和监测报告的书写等工作。

Knowledge goal

1. understand the composition of atmosphere and atmosphere；

2. understand the sources and hazards of air pollution；

3. mastering the existence state and types of air pollutants；

4. master atmospheric monitoring projects and monitoring significance；

5. master the principles of sampling instruments and monitoring instruments；

Skill goal

1. master the procedures and methods for determining the air pollution monitoring plan;

2. master the methods of collecting air pollution data;

3. master the monitoring points;

4. mastering the air sampling process;

5. master the monitoring methods of gaseous and vapour pollutants;

6. master the monitoring methods of particulate pollutants.

Working situation

1. Working place: air monitoring training room and campus open space.

2. Work Scene: Environmental protection system should investigate the air quality of a certain place or carry out long-term air quality monitoring, mainly for atmospheric sampling, analysis and monitoring report writing.

项目导入

一、大气和大气污染

1. 大气的组成

大气是由多种气体组成的机械混合物。低层大气是由干洁空气、水汽和固体杂质三部分组成。

干洁空气主要由氮78.6%、氧20.95%、氩0.93%组成,它们的体积和约占总体积的99.94%,此外还有二氧化碳、氖、氦、氪、氢、臭氧等其他气体,占不到0.1%。其中氧、氮、二氧化碳、臭氧对生命活动具有重要意义。

水汽和固体杂质含量虽少,却是天气变化的重要角色。水汽的相变,产生了云、雨、雪、雾等一系列天气现象。固体杂质作为凝结核,是成云致雨的必要条件。

2. 大气污染

大气中有害物质浓度超过环境所能允许的极限并持续一定时间后,会改变大气特别是空气的正常组成,破坏自然的物理、化学和生态平衡系统,从而危害人们的生活、工作和健康,损害自然资源及财产、器物等,这种情况称为大气污染。大气污染是随着产业革命的兴起、现代工业的发展、城市人口的密集、煤炭和石油燃料使用量的迅猛增长而产生的。

二、大气污染物

大气污染物的种类不下数千种,已发现有危害作用而被人们注意到的有一百多种,其中大部分是有机物。依据大气污染物的形成过程可将其分为一次污染物和二次污染物。

一次污染物是直接从各种污染源排放到大气中的有害物质。常见的主要有二氧化硫、氮氧化物、一氧化碳、碳氢化合物、颗粒性物质等。颗粒性物质中包含苯并(a)芘等强致癌物质、有毒重金属、多种有机和无机化合物等。

二次污染物是一次污染物在大气中相互作用或它们与大气中的正常组分发生反应所产生的新污染物。常见的二次污染物有硫酸盐、硝酸盐、臭氧、醛类(乙醛和丙烯醛等)、过氧乙酰硝酸酯(PAN)等,毒性一般比一次污染物大。

由于各种污染物的物理、化学性质不同,形成的过程和气象条件也不同,因此,污染物在大气中存在的状态也不尽相同。一般按其存在状态分为分子状态污染物和粒子状态污染物两类。

1.分子状态污染物

某些物质如二氧化硫、氮氧化物、一氧化碳、氯化氢、氯气、臭氧等沸点都很低,在常温、常压下以气体分子形式分散于大气中。还有些物质如苯、苯酚等,虽然在常温、常压下是液体或固体,但因其挥发性强,故能以蒸气态进入大气中。

无论是气体分子还是蒸气分子,都具有运动速度较大、扩散快、在大气中分布比较均匀的特点。它们的扩散情况与自身的比重有关,比重大者向下沉降,如汞蒸气等;比重小者向上飘浮,并受气象条件的影响,可随气流扩散到很远的地方。

2.粒子状态污染物

粒子状(颗粒状)污染物是分散在大气中的微小液体和固体颗粒。粒径大小在0.01~100 μm之间,是一个复杂的非均匀体系。通常根据颗粒物的重力沉降特性分为降尘和飘尘,粒径大于10 μm的颗粒物能较快地沉降到地面上,称为降尘;粒径小于10 μm的颗粒物(PM10),可以长期漂浮在大气中,这类颗粒物称为可吸入颗粒物或飘尘(IP)。空气污染常规测定项目总悬浮颗粒物(TSP)是粒径小于100 μm颗粒物的总称。

粒径小于10 μm的颗粒物还具有胶体的特性,故又称气溶胶。它包括平常所说的雾、烟和尘。

雾是液态分散型气溶胶和液态凝结型气溶胶的统称。形成液态分散性气溶胶的物质在常温下是液体,当它们因飞溅、喷射等原因被雾化后,即形成微小的液滴分散在大气中。

液态凝结型气溶胶则是由于加热使液体变为蒸汽散发在大气中,遇冷后凝结成微小的液滴悬浮在大气中,雾的粒径一般在10 μm。

烟是指燃煤时所产生的煤烟和高温熔炼时产生的烟气等,它是固态凝结型气溶胶,生成这种气溶胶的物质在通常情况下是固体,在高温下由于蒸发或升华作用变成气体逸散到大气中,遇冷凝结成微小的固体颗粒,悬浮在大气中构成烟。烟的粒径一般在0.01~1 μm之间。平常所说的烟雾,具有烟和雾的特性,是固、液混合气溶胶。一般烟和雾同时形成时就构成烟雾。

尘是固体分散性微粒,它包括交通车辆行驶时带起的扬尘、粉碎、爆破时产生的粉尘等。

三、大气污染源

大气污染源可分为自然源和人为源两种。自然污染源是由于自然现象造成的,如火山爆发时喷射出大量粉尘、二氧化硫气体等;森林火灾产生大量二氧化碳、碳氢化合物、热辐射等。人为污染源是由于人类的生产和生活活动造成的,是空气污染的主要来源,主要有以下几方面。

1.工业企业排放的废气

在工业企业排放的废气中,排放量最大的是以煤和石油为燃料,在燃烧过程中排放的粉尘、二氧化硫、氮氧化物、一氧化碳、碳氢化合物等,其次是工业生产过程中排放的多种有机和无机污染物质。

2.交通运输工具排放的废气

主要是交通车辆、轮船、飞机排出的废气。其中,汽车数量最大,并且集中在城市,故对空气质量特别是城市空气质量影响大,是一种严重的空气污染源,其排放的主要污染物有碳氢化合物、一氧化碳、氮氧化物和黑烟等。

3.室内空气污染源

随着人们生活水平、现代化水平的提高,加上信息技术的飞速发展,人们在室内活动的时间越来越长,据估计,现代人,特别是生活在城市中的人 80%以上的时间是在室内度过的。因此,近年来对建筑物室内空气质量的监测及其评估,在国内外引起广泛重视。据测量,室内污染物的浓度高于室外污染物浓度 2~5 倍,室内环境污染直接威胁着人们的身体健康。

四、大气监测项目及监测目的

1.大气监测项目

大气中的污染物多种多样,应根据优先监测原则,选择那些危害大,涉及范围广,已建立成熟的测定方法,并有标准可比的项目进行监测。

表 6-1　大气污染常规监测项目

类别	必测项目	按地方情况增加的必测项目	选测项目
大气污染物监测	SO_2、NO_x、TSP、PM10、硫酸盐化速率、灰尘自然沉降量	CO、总氧化剂、总烃、F_2、HF、Pb、H_2S、光化学氧化剂	CS_2、Cl_2、氯化氢、硫酸雾、HCN、NH_3、Hg、Be、铬酸雾、非甲烷烃、芳香烃、苯乙烯、酚、甲醛、甲基对硫磷、异氰酸甲酯
空气降水监测	pH 值、电导率	K^+、Na^+、Ca^+、Mg^{2+}、NH_4^+、SO_4^{2-}、NO_3^-、Cl^-	

2.监测目的

(1)通过对大气中主要污染物质进行定期或连续的监测,判断大气质量是否符合国家制定的大气质量标准,并为编写大气环境质量状况评价报告提供数据。

（2）为研究大气质量的变化规律和发展趋势,开展大气污染的预测预报工作提供依据。

思考与练习

1.大气污染定义是什么?

2.什么是一次污染物和二次污染物?

3.大气污染源有哪些?

Project introduction

Atmospheric and atmospheric pollution

I composition of the atmosphere

The atmosphere is a mixture of gases. The lower atmosphere consists of three parts: dry clean air, water vapor and solid impurities.

Dry air is mainly composed of 78.6% nitrogen, 20.95% oxygen and 0.93% argon. Their volume and volume account for 99.94% of the total volume. Besides, there are other gases such as carbon dioxide, neon, helium, krypton, hydrogen and ozone, accounting for less than 0.1%. Oxygen, nitrogen, carbon dioxide and ozone are of great significance to life activities.

Although water vapor and solid impurities are few, they are important roles of weather changes. The phase transition of water vapor produces a series of weather phenomena such as clouds, rain, snow and fog. Solid impurity is a necessary condition for cloud forming rain.

2. air pollution

When the concentration of harmful substances in the atmosphere exceeds the limit allowed by the environment and lasts for a certain period of time, it will change the normal composition of the atmosphere, especially the air, and destroy the physical, chemical and ecological balance system of nature, thereby endangering people's life, work and health, and harming natural resources, property and utensils. This situation is called Air pollution. Air pollution is produced with the rise of industrial revolution, the development of modern industry, the density of urban population, the rapid growth of coal and petroleum fuel consumption.

II Air pollutants

There are more than thousands of kinds of air pollutants, and more than 100 kinds of harmful effects have been found, most of which are organic compounds. According to the formation process of air pollutants, they can be divided into one pollutant and two pollutants.

Primary pollutants are harmful substances directly discharged from various sources to the atmosphere. Common are mainly sulfur dioxide, nitrogen oxides, carbon monoxide, hydrocarbons, granular substances and so on. Granular substances include strong carcinogens such as benzo（a）pyrene, toxic heavy metals, a variety of organic and inorganic compounds.

Secondary pollutants are new pollutants produced by the interaction of primary pollutants in the atmosphere or their reactions with the normal components of the atmosphere. Common secondary pollutants are sulfate, nitrate, ozone, aldehydes（acetaldehyde and acrolein, etc.）, peroxyacetyl nitrate（PAN）and so on, generally more toxic than primary pollutants.

Due to the different physical and chemical properties of various pollutants, the formation process and meteorological conditions are also different, so the state of pollutants in the atmosphere is not the same. Generally speaking, it is divided into two categories: molecular state pollutants and particle state pollutants according to their existing state.

1. molecular pollutants

Some substances, such as sulfur dioxide, nitrogen oxides, carbon monoxide, hydrogen chloride, chlorine, ozone and so on, have very low boiling points and are dispersed in the atmosphere in the form of gas molecules at room temperature and atmospheric pressure. Some substances, such as benzene and phenol, although they are liquid or solid at normal temperature and pressure, can be vaporized into the atmosphere because of their strong volatility.

Both gas molecules and vapor molecules have the characteristics of faster moving speed, faster diffusion and more uniform distribution in the atmosphere. Their diffusion is related to their own specific gravity, the proportion of heavy subsidence, such as mercury vapor, etc. The proportion of small floating upward, and affected by meteorological conditions, can be diffused with the airflow to a far place.

2. particle state pollutants

Particulate（granular）pollutants are tiny liquids and solids dispersed in the atmosphere. The particle size is between 0.01~100 and m, which is a complex heterogeneous system. Generally, the particles are classified into falling dust and floating dust according to their gravitational settling characteristics. Particles larger than 10 microns can settle down to the ground quickly, which is called falling dust. Particles smaller than 10 microns（PM10）can float in the atmosphere for a long time. These particles are called inhalable particles or floating dust（IP）. The total suspended particulate matter（TSP）is the general term for particulate matter with a particle size less than 100 μm.

Particles with a particle size less than 10 m have colloidal properties, so they are also called aerosols. It includes the usual fog, smoke and dust.

Fog is a general term for liquid dispersed aerosol and liquid condensed aerosol. The substances that form liquid dispersive aerosols are liquid at room temperature. When they are atomized for reasons of splashing and spraying, tiny droplets are formed and dispersed in the atmosphere.

Liquid condensation aerosol is due to the heating of the liquid into vapor in the atmosphere, after cooling condensation into small droplets suspended in the atmosphere, the diameter of the fog is generally 10 microns.

Smoke refers to soot from coal burning and smoke from high temperature smelting. It is a solid-state condensation aerosol.

Material that forms such aerosols is usually solid, and at high temperatures, due to evaporation or sublimation, becomes a gas that escapes into the atmosphere, condenses into tiny solid particles and suspends in the atmosphere to form smoke. The particle size of smoke is generally between 0.01~1 and M. Generally speaking, smog has the characteristics of smoke and fog. It is a mixture of solid and liquid aerosols. When smoke and fog are formed at the same time, they form smoke.

Dust is a kind of solid dispersive particles, which includes dust, crushing and blasting dust brought by traffic vehicles.

III Air pollution sources

Air pollution sources can be divided into two types: natural source and artificial source. Natural pollution sources are caused by natural phenomena, such as a large amount of dust and sulfur dioxide gas ejected from volcanic eruptions; forest fires produce a large number of carbon dioxide, hydrocarbons, thermal radiation and so on. Man-made pollution is caused by human production and living activities, is the main source of air pollution, mainly in the following aspects.

1. emissions from industrial enterprises

Among the exhaust gases discharged by industrial enterprises, coal and petroleum are the main fuels, and dust, sulfur dioxide, nitrogen oxides, carbon monoxide and hydrocarbons are discharged during combustion, followed by a variety of organic and inorganic pollutants discharged during industrial production.

2. emissions from transport vehicles

Mainly emissions from vehicles, ships and aircraft. Among them, the number of automobiles is the largest, and concentrated in the city, so it has a great impact on air quality, especially urban air quality. It is a serious source of air pollution. The main pollutants emitted by automobiles are hydrocarbons, carbon monoxide, nitrogen oxides and black smoke.

3. indoor air pollution sources

With the improvement of people's living standard and modernization level, coupled with the rapid development of information technology, people spend more and more time indoors. It is estimated that more than 80% of modern people, especially those living in cities, spend their time indoors. Therefore, in recent years, the monitoring and evaluation of indoor air quality of buildings have attracted wide attention at home and abroad. According to the measurement, the concentration of indoor pollutants is 2-5 times higher than that of outdoor pollutants. Indoor environmental pollution directly threatens people's health.

IV atmospheric monitoring projects and monitoring purposes

1. air monitoring projects

There are many kinds of pollutants in the atmosphere. According to the principle of priority monitoring, we should select the items which are harmful and involve a wide range. We have established mature determination methods and have comparable standards for monitoring.

2. monitoring purposes

（1）Through regular or continuous monitoring of the main pollutants in the atmosphere, we can judge whether the atmospheric quality meets the national air quality standards, and provide data for compiling the assessment report of the atmospheric environmental quality.

（2）To study the change law and development trend of atmospheric quality and provide basis for the forecast and forecast of atmospheric pollution.

Thinking and practicing

1. what is the definition of air pollution?

2. what is a pollutant and two pollutants?

3. what are the sources of air pollution?

任务一　空气质量监测方案的制定

制定大气监测方案的程序,首先要根据监测目的进行调查研究,收集必要的基础资料,然后经过综合分析,确定监测项目,设计布点网络,选定采样频率、采样方法和监测技术,建立质量保证程序和措施,提出监测结果报告要求及进度计划等。

一、基础资料收集

进行大气污染监测前,首先要收集必要的基础资料,然后经过综合分析,确定监测项目,设计布点网络,选定采样频率、采样方法和监测技术,建立质量保证程序和措施,提出监测结果报告要求及进度计划等。

1.污染源分布及排放情况

通过调查,将监测区域内的污染源类型、数量、位置、排放的主要污染物及排放量一一弄清楚,同时还应了解所用原料、燃料及消耗量。注意将由高烟囱排放的较大污染源与由低烟囱排放的小污染源区别开来。因为小污染源的排放高度低,对周围地区地面空气中污染物浓度影响比高烟囱排放源大。另外,对于交通运输污染较重和有石油化工企业的地区,应区别一次污染物和由于光化学反应产生的二次污染物。因为二次污染物是在大气中形成的,其高浓度可能在远离污染源的地方,在布设监测点时应加以考虑。

2.气象资料

污染物在空气中的扩散、迁移和一系列的物理、化学变化在很大程度上取决于当时当地的气象条件。因此,要收集监测区域的风向、风速、气温、气压、降水量、日照时间、相对湿度、温度垂直梯度和逆温层底部高度等资料。

3.地形资料

地形对当地的风向、风速和大气稳定情况等有影响,是设置监测网点应当考虑的重要因素。例如,工业区建在河谷地区时,出现逆温层的可能性大;位于丘陵地区的城市,市区内空气污染物的浓度梯度会相当大;位于海边的城市会受海、陆风的影响,而位于山区的城市会受山谷风的影响等。为掌握污染物的实际分布状况,监测区域的地形越复杂,要求布设监测点越多。

4.土地利用和功能分区情况

监测区域内土地利用情况及功能区划分也是设置监测网点应考虑的重要因素之一。不同功能区的污染状况是不同的,如工业区、商业区、混合区、居民区等。还可以按照建筑物的密度、有无绿化地带等作进一步分类。

5.人口分布及人群健康情况

环境保护的目的是维护自然环境的生态平衡,保护人群的健康,因此,掌握监测区域的人口分布、居民和动植物受空气污染危害情况及流行性疾病等资料,对制订监测方案、分析判断监测结果是有益的。

此外,对于监测区域以往的空气监测资料等也应尽量收集,供制订监测方案参考。

二、监测项目的确定

大气中的污染物质多种多样,应根据优先监测的原则,选择那些危害大、涉及范围广、测定方法成熟的污染物进行监测。

1.空气污染常规监测项目

必测项目:SO_2、氮氧化物、TSP、硫酸盐化速率、灰尘、自然降尘量。

选测项目:CO、飘尘、光化学氧化剂、氟化物、铅、Hg、苯并[a]芘、总烃及非甲烷烃。

2.连续采样实验室分析项目

必测项目:二氧化硫、氮氧化物、总悬浮颗粒物、硫酸盐化速率、灰尘、自然降尘量。

选测项目:一氧化碳、可吸入颗粒物 PM10、光化学氧化剂、氟化物、铅、苯并[a]芘、总烃及非甲烷烃。

3.大气环境自动监测系统监测项目

必测项目:二氧化硫、二氧化氮、总悬浮颗粒物或可吸入颗粒物、一氧化碳。

选测项目:臭氧、总碳氢化合物。

三、采样点的布设

1.布设采样点的原则和要求

（1）采样点应设在整个监测区域的高、中、低三种不同污染物浓度的地方。

（2）在污染源比较集中、主导风向比较明显的情况下,应将污染源的下风向作为主要监测范围,布设较多的采样点,上风向布设少量点作为对照。

（3）工业较密集的城区和工矿区,人口密度及污染物超标地区,要适当增设采样点;城市郊区和农村,人口密度小及污染物浓度低的地区,可酌情少设采样点。

（4）采样点的周围应开阔,采样口水平线与周围建筑物高度的夹角应不大于 30 度,测点周围无局部污染源,并应避开树木及吸附能力较强的建筑物。交通密集区的采样点应设在距人行道边缘至少 1~5 m 远处。

（5）各采样点的设置条件要尽可能一致或标准化,使获得的监测数据具有可比性。

（6）采样高度根据监测目的而定,研究大气污染对人体的危害,应将采样器或测定仪器设置于常人呼吸带高度,即采样口应在离地面 1.5~2 m 处;研究大气污染对植物或器物的影响,采样口高度应与植物或器物高度相近;连续采样例行监测采样口高度应距地面 3~15 m;若置于屋顶采样,采样口应与基础面有 1.5 m 以上的相对高度,以减小扬尘的影响。

2.采样点数目

采样点的数目设置是一个与精度要求和经济投资相关的效益函数,应根据监测范围大小、污染物的空间分布特征、人口分布密度、气象、地形、经济条件等因素综合考虑确定。以城市人口数确定大气环境污染例行监测采样点的设置数目如表 6-2 所示。

表 6-2　中国国家环保总局推荐的监测点数

市区人口/人	SO_2、NO_x、TSP	灰尘自然沉降量	硫酸盐化速率
<50 万	3	≥3	≥6
50 万~100 万	4	4~8	6~12
100 万~200 万	5	8~11	12~18
200 万~400 万	6	12~20	18~30
>400 万	7	20~30	30~40

3.布点方法

（1）功能区布点法

一个城市或一个区域可以按其功能分为工业区、居民区、交通稠密区、商业繁华区、文化区、清洁区、对照区等。各功能区的采样点数目的设置不要求平均,通常在污染集中的工业区、人口密集的居民区、交通稠密区应多设采样点。同时在对照区或清洁区设 1~2 个对照点。

（2）网格布点法

这种布点法是将监测区域地面划分成若干均匀网状方格,采样点设在两条直线的交点处或方格中心。每个方格为正方形,可从地图上均匀描绘,方格实地面积视所测区域大小、污染源强度、人口分布、监测目的和监测力量而定,一般是 1~9 km² 布一个点。若主导风向明确,下风向设点应多一些,一般约占采样点总数的 60%。这种布点方法适用于有多个污染源且分布比较均匀的情况,如图 6-1 所示。

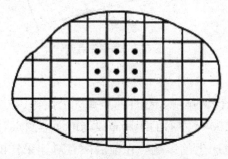

图 6-1　网格布点法

（3）同心圆布点法

此种布点方法主要用于多个污染源构成的污染群,或污染集中的地区。布点时以污染源为中心画出同心圆,半径视具体情况而定,再从同心圆画射线若干,放射线与同心圆圆周的交点即是采样点。不同圆周上的采样点数目不一定相等或均匀分布,常年主导风向的下风向比上风向多设一些点。例如,同心圆半径分别取 4 km,10 km,20 km,40 km,从里向外各圆周上分别设 4,8,8,4 个采样点,如图 6-2 所示。

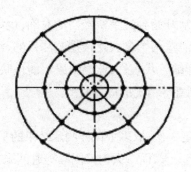

图 6-2　同心圆布点法

（4）扇形布点法

此种方法适用于主导风向明显的地区,或孤立的高架点源。以点源为顶点,主导风向为轴线,在下风向地面上划出一个扇形区域作为布点范围。扇形的角度一般为 45°,也可更大些,但不能超过 90°。采样点设在扇形平面内距点源不同距离的若干弧线上。每条弧线上设 3~4 个采样点,相邻两点与顶点连线的夹角一般取 10°~20°。在上风向应设对照点,如图 6-3 所示。

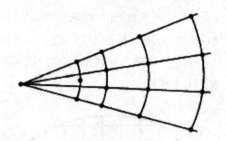

图 6-3　扇形布点法

（5）平行布点法

平行布点法适用于线性污染源。线性污染源如公路等,在距公路两侧 1 m 左右布设监测网点,然后在距公路 100 m 左右的距离布设与前面监测点对应的监测点,目的是了解污染物经过扩散后对环境产生的影响。在前后两点对比采样的时候注意污染物组分的变化。

在采用同心圆和扇形布点法时,应考虑高架点源排放污染物的扩散特点,在不计污染物本底浓度时,点源脚下的污染物浓度为零,随着距离增加,很快出现浓度最大值,然后按指数规律下降。因此,同心圆或弧线不宜等距离划分,而是靠近最大浓度值的地方密一些,以免漏测最大浓度的位置。

以上几种采样布点方法,可以单独使用,也可以综合使用,目的就是要求能有代表性地反映污染物浓度,为大气监测提供可靠的样品。

4.采样时间和采样频率

采样时间系指每次采样从开始到结束所经历的时间,也称采样时段。采样频率系指在一定时间范围内的采样次数。这两个参数要根据监测目的、污染物分布特征及人力物力等因素决定。采样时间短,试样缺乏代表性,监测结果不能反映污染物。浓度随时间的变化,仅适用于事故性污染、初步调查等情况的应急监测。

（1）增加采样频率

即每隔一定时间采样测定一次,取多个试样测定结果的平均值为代表值。例如,在一个季度内,每六天或每个月采样一天,而一天内又间隔等时间采样测定一次(如在 2 时、8 时、14 时、20 时采样分别测定),求出日平均、月平均和季度平均监测结果。这种方法适用于受人力、物力限制而进行人工采样测定的情况,是目前进行大气污染常规监测、环境质量评价现状监测等广泛采用的方法。若采样频率安排合理、适当,积累足够多的数据,则具有较好的代表性。

（2）使用自动采样仪器进行连续自动采样

若再配用污染组分连续或间歇自动监测仪器,其监测结果能很好地反应污染物浓度的变化,得到任何一段时间(如 1 小时、1 天、1 个月、1 个季度或 1 年)的代表值(平均值),这是最佳采样和测定方式。显然,连续自动采样监测频率可以选的很高,采样时间很长,如一些发达国家为监测空气质量的长期变化趋势,要求计算年平均值的积累采样时间在 6 000 小时以上。我国监测技术规范对大气污染例行监测规定的采样时间和采样频率列于表 6-3。

表 6-3　采样时间和采样频率

监测项目	采样时间和频率
二氧化硫	隔日采样，每天连续采 24±0.5 小时，每月 14~16 天，每年 12 个月
氮氧化物	同二氧化硫
总悬浮颗粒物	隔双日采样，每天连续采 24±0.5 小时，每月 5~6 天，每年 12 个月
灰尘自然降尘量	每月采样 30±2 天，每年 12 个月
硫酸盐化速率	每月采样 30±2 天，每年 12 个月

任务二　空气样品的采集

一、采样方法

选择采样方法的依据是：污染物在大气中的存在状态、浓度、理化性质以及分析方法的灵敏度。采集大气的方法可归纳为直接采样法和富集（浓缩）采样法两类。

1.直接采样法及采样器

适用于大气中被测组分浓度较高或监测方法灵敏度高的情况，这时不必浓缩，只需用仪器直接采集少量样品进行分析测定即可。此法测得的结果为瞬时浓度或段时间内的平均浓度。

常用容器有注射器、塑料袋、采气管、真空瓶等。

（1）注射器采样

注射器有 10 ml、50 ml 和 100 ml 等，可根据需要选取。常用 100 ml 注射器采集有机蒸汽样品。采样时，先用现场气体抽洗 2~3 次，然后抽取 100 ml，密封进气口，带回实验室分析。样品存放时间不宜过长，一般当天分析完。气相色谱分析法常采用此法取样。取样后，应将注射器进气口朝下，垂直放置，以使注射器内压大于外压。

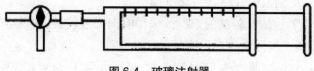

图 6-4　玻璃注射器

（2）塑料袋采样

常用的塑料袋有聚乙烯、聚氯乙烯和聚四氯乙烯袋等，用金属衬里（铝箔等）的袋子采样，能防止样品的渗透。为了检验对样品的吸附或渗透，建议事先对塑料袋进行样品稳定性试验。稳定性较差的，用已知浓度的待测物在与样品相同的条件下保存，计算出吸附损失后,对分析结果进行校正。此外,应对其气密性进行检查:将袋充足气后,密封进气口,将其置于水中,不应冒气泡。

(3)采气管采样

采样管的两端有活塞,其容积为 100~500 ml(见图 6-5),采集时在现场用二联球打气,使通过采气管的被测气体量至少为管体积的 6~10 倍,充分置换掉原有的空气,然后封闭两端管口。采样体积即为采气管的容积。

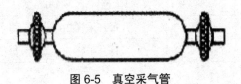

图 6-5　真空采气管

(4)真空瓶采样

真空瓶是一种用耐压玻璃制成的固定容器,其容积为 500~1 000 ml(见图 6-6),采样前抽至真空。采样时打开瓶塞,被测空气自行充进瓶中。真空采样瓶要注意的是必须要进行严格的漏气检查和清洗。

图 6-6　真空采气瓶

2.富集(浓缩)采样法及其采样器

富集(浓缩)采样法:使大量的样气通过吸收液或固体吸收剂得到吸收或阻留,使原来浓度较小的污染物质得到浓缩,以利于分析测定。

适用于大气中污染物浓度较低的情况。采样时间一般较长,测得结果可代表采样时段的平均浓度,更能反映大气污染的真实情况。

具体采样方法包括溶液吸收法、固体阻留法、低温冷凝法、自然积集法等。

(1)溶液吸收法

该方法是采集大气中气态、蒸气态及某些气溶胶态污染物质的常用方法。采样时,用抽气装置将欲测空气以一定流量抽入装有吸收液的吸收管(瓶)。采样结束后,倒出吸收液进行测定,根据测得结果及采样体积计算大气中污染物的浓度。溶液吸收法的吸收效率主要决定于吸收速度和样气与吸收液的接触面积。

吸收液的选择原则：与被采集的物质发生化学反应快或对其溶解度大；污染物质被吸收液吸收后，要有足够的稳定时间，以满足分析测定所需时间的要求；污染物质被吸收后，应有利于下一步分析测定，最好能直接用于测定；吸收液毒性小、价格低、易于购买，且尽可能回收利用。

常用吸收管有气泡吸收管、冲击式吸收管、多孔筛板吸收管，如图6-7所示。

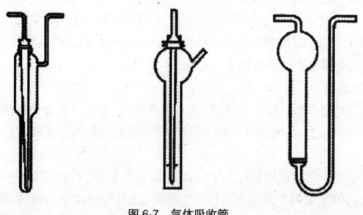

图6-7　气体吸收管

（2）填充柱阻留法

填充柱是用一根长6~10 cm、内径3~5 mm的玻璃管或塑料管，内装颗粒状或纤维状填充剂制成。采样时，让气样以一定流速通过填充柱，则欲测组分因吸附、溶解或化学反应等作用被阻留在填充剂上，达到浓缩采样的目的。采样后，通过解吸或溶剂洗脱，使被测组分从填充剂上释放出来进行测定。根据填充剂阻留作用的原理，可分为吸附型、分配型和反应型三种类型。

①吸附型填充柱

这种柱的填充剂是颗粒状固体吸附剂，如活性炭、硅胶、分子筛、高分子多孔微球等。它们都是多孔性物质，比表面积大，对气体和蒸气有较强的吸附能力。有两种表面吸附作用：一种是由于分子间引力引起的物理吸附，吸附力较弱；另一种是由于剩余价键力引起的化学吸附，吸附力较强。极性吸附剂如硅胶等，对极性化合物有较强的吸附能力；非极性吸附剂如活性炭等，对非极性化合物有较强的吸附能力。一般说来，吸附能力越强，采样效率越高，但这往往会给解吸带来困难。因此，在选择吸附剂时，既要考虑吸附效率，又要考虑易于解吸。

②分配型填充柱

这种填充柱的填充剂是表面涂高沸点有机溶剂（如异十三烷）的惰性多孔颗粒物（如硅藻土），类似于气液色谱柱中的固定相，只是有机溶剂的用量比色谱固定相大。当被采集气样通过填充柱时，在有机溶剂（固定液）中分配系数大的组分保留在填充剂上而被富集。例如，空气中的有机氯农药（六六六、DDT等）和多氯联苯（PCB）多以蒸气或气溶胶态存在，用溶液吸收法采样效率低，但用涂渍5%甘油的硅酸铝载体填充剂采样，采集效率可达

90%~100%。

③反应型填充柱

这种柱的填充剂是由惰性多孔颗粒物（如石英砂、玻璃微球等）或纤维状物（如滤纸、玻璃棉等）表面涂渍能与被测组分发生化学反应的试剂制成。也可以用能和被测组分发生化学反应的纯金属（如 Au、Ag、Cu 等）丝毛或细粒作填充剂。气样通过填充柱时，被测组分在填充剂表面因发生化学反应而被阻留。采样后，将反应产物用适宜溶剂洗脱或加热吹气解吸下来进行分析。例如，空气中的微量氨可用装有涂渍硫酸的石英砂填充柱富集。采样后，用水洗脱下来测定之。反应型填充柱采样量和采样速度都比较大，富集物稳定，对气态、蒸气态和气溶胶态物质都有较高的富集效率。

（3）滤料阻留法

该方法是将过滤材料（滤纸、滤膜等）放在采样夹上，用抽气装置抽气，则空气中的颗粒物被阻留在过滤材料上，称量过滤材料上富集的颗粒物质量，根据采样体积，即可计算出空气中颗粒物的浓度。

滤料采集空气中气溶胶颗粒物基于直接阻截、惯性碰撞、扩散沉降、静电引力和重力沉降等作用。滤料的采集效率除与自身性质有关外，还与采样速度、颗粒物的大小等因素有关。低速采样，以扩散沉降为主，对细小颗粒物的采集效率高；高速采样，以惯性碰撞作用为主，对较大颗粒物的采集效率高。空气中的大小颗粒物是同时并存的，当采样速度一定时，就可能使一部分粒径小的颗粒物采集效率偏低。此外，在采样过程中，还可能发生颗粒物从滤料上弹回或吹走现象，特别是采样速度大的情况下，颗粒大、质量重粒子易发生弹回现象；颗粒小的粒子易穿过滤料被吹走，这些情况都是造成采集效率偏低的原因。

常用的滤料有纤维状滤料，如滤纸、玻璃纤维滤膜、过氯乙烯滤膜等；筛孔状滤料，如微孔滤膜、核孔滤膜、银薄膜等。滤纸的孔隙不规则且较少，适用于金属尘粒的采集。

（4）低温冷凝法

借制冷剂的制冷作用使空气中某些低沸点气态物质被冷凝成液态物质，以达到浓缩的目的（如图 6-8）。适用于大气中某些沸点较低的气态污染物质，如烯烃类、醛类等。

常用制冷剂：冰、干冰、冰—食盐、液氯—甲醇、干冰—二氯乙烯、干冰—乙醇等。优点：效果好、采样量大、李煜组分稳定。

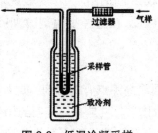

图 6-8　低温冷凝采样

（5）自然积集法

这种方法是利用物质的自然重力、空气动力和浓差扩散作用采集空气中的被测物质，如自然降尘量、硫酸盐化速率、氟化物等空气样品的采集。采样不需动力设备,简单易行,且采样时间长,测定结果能较好地反映空气污染情况。

二、采样仪器

直接采样法采样时用注射器、塑料袋、采气管等即可。富集采样法使用的采样仪器主要由收集器、流量计、抽气泵三部分组成。大气采样仪器的型号很多,按其用途可分为气态污染物采样器和颗粒物采样器等。

三、采样效率及评价

采样效率是指在规定的采样条件(如采样流量、污染物浓度范围、采样时间等)下所采集到的污染物量占其总量的百分数。

评价方法一般与污染物在空气中的状态有很大关系,不同的存在状态有不同的评价方法。

1.采集气态和蒸汽态污染物质效率的评价方法

(1)绝对比较法

精确配制一个已知浓度为 c_0 的标准气体,用所选用的采样方法采集,测定被采集的污染物浓度(c_1),则其采样效率(K)为:

$$K = \frac{c_1}{c_0} \times 100\%$$

用这种方法评价采样效率是比较理想的,但由于配制已知浓度的标准气体有困难,实际应用时受到限制。

(2)相对比较法

配制一个恒定但不要求知道待测污染物准确浓度的气体样品,用 2~3 个采样管串联起来采集所配样品,分别测定各采样管中的污染物的浓度,采样效率(K)为:

$$K = \frac{c_1}{c_1 + c_2 + c_3} \times 100\%$$

式中 c_1、c_2、c_3——分别为第一采样管、第二采样管、第三采样管中污染物的实测浓度。

2.采集颗粒物效率的评价方法

(1)采集颗粒数效率

即所采集到的颗粒物粒数占总颗粒数的百分数。

(2)质量采集效率

即所采集到的颗粒物质量占颗粒物总质量的百分数。

由于小颗粒物数量总是占大部分,而按重量计算却只占很小部分,故质量采样效率总是大于颗粒数采样效率。由于微米以下颗粒对人体健康影响较大,颗粒采样效率有着重要作用;在大气监测评价中,评价采集颗粒物方法的采样效率多用质量采样效率表示。

四、采样记录

采样记录与实验室分析测定记录同等重要。不重视采样记录,往往会导致一大批监测数据无法统计而报废。采样记录的内容有:被测污染物的名称及编号;采样地点和采样时间;采样流量和采样体积;采样时的温度、大气压力和天气情况;采样仪器和所用吸收液;采样者、审核者姓名。

任务三　空气质量指数 AQI

一、空气污染物浓度表示

1. 空气中污染物浓度表示方法

环境空气中污染物的浓度有两种表示方法:一是单位体积气体内所含污染物的质量数(质量-体积浓度),常用单位为 mg/m^3 或 $\mu g/m^3$;二是污染物体积与气样总体积的比值(体积分数),常用 $\mu L/L$ 或 nL/L 表示。$\mu L/L$ 指在 100 万体积空气中国含有害气体或蒸气的体积数,表示百万分之一;nL/L 是 $\mu L/L$ 的 1/1 000。显然,第二种浓度表示方法仅适用于气态或蒸汽态物质。两种浓度的换算关系如式:

$$c_p = \frac{22.4}{M} \times c$$

式中　c_p——以 $\mu L/L$ 表示气体浓度;

　　　c——以 mg/m^3 表示气体浓度;

　　　M——污染物质的分子量,g;

　　　22.4——标准状态下(0℃,101.325 kPa)气体的摩尔体积,L。

2. 气体体积换算

气体体积是温度和大气压力的函数,随温度、压力的不同而发生变化。我国空气质量标准是以标准状态下(0 ℃,101.325 kPa)的气体体积为对比依据。为使计算出的污染物浓度具有可比性,应将监测时的气体采样体积换算成标准状态下的气体体积。根据气体状态方程,换算式如式:

$$V_0 = V_t \times \frac{273}{273 + t} \times \frac{p}{101.325}$$

式中　V_0——标准状态下的采样体积,L 或 m^3;

　　　V_t——现场状态下的采样体积,L 或 m^3;

　　　t——采样时的温度,℃;

　　　p——采样时大气压力,kPa。

【例 6-1】测定某采样点环境空气中的 SO_2 时,用 10 ml 吸收液,采样流量 0.50 L/min,采样 1 h。现场温度 18℃,压力 100 kPa,取采样液 10 ml,测得吸收液含 4.0 μg 的 SO_2。求该点空气中 SO_2 的浓度。

解:(1)求采样体积V_t和V_0

$$V_t = 0.50 \times 60 = 30(\text{L})$$

$$V_0 = V_t \times \frac{273}{273+t} \times \frac{p}{101.325} = 30 \times \frac{273}{273+18} \times \frac{100}{101.325} = 27.78(\text{L})$$

(2)求SO_2的含量

用质量浓度($\mu g/m^3$)表示

$$c(SO_2, \frac{\mu g}{m^3}) = \frac{m}{V} = \frac{4.0 \times 0.144}{64} = 0.050(\mu L/L)$$

二、空气质量指数 AQI 计算

我国当前规定空气质量监测点位日报和实时报的发布内容除包括评价时段、监测点位置及各污染物浓度外,还要报告各污染物空气质量分指数、空气质量指数、首要污染物及空气质量级别。下面分别介绍之。

1. 空气质量分指数

空气质量分指数(I_{AQI})指的是单项污染物的空气质量指数,表 6-4 给出了空气质量分指数及对应污染物项目浓度限值。

在确定污染物 P 的质量浓度基础上,依据表 6-4,其空气质量分指数可按下式计算:

$$I_{AQI_P} = \frac{I_{AQI_{Hi}} - I_{AQI_{L_0}}}{c_{P_{Hi}} - c_{P_{L_0}}} \left(c_P - c_{P_{L_0}} \right) + I_{AQI_{L_0}}$$

式中　I_{AQI_P}——污染物项目 P 的空气质量分数;

　　　c_P——污染物项目 P 的质量浓度值;

　　　$c_{P_{Hi}}$——表中与c_P相近的污染物浓度限值的高位值;

　　　$c_{P_{L_0}}$——表中与c_P相近的污染物浓度限值的低位值;

　　　$I_{AQI_{Hi}}$——表中与$c_{P_{Hi}}$对应的空气质量分指数;

　　　$I_{AQI_{L_0}}$——表中与$c_{P_{L_0}}$对应的空气质量分指数。

表 6-4　空气质量分指数及对应的污染物项目的浓度限值

空气质量分指数 I_{AQI}	污染物项目浓度限值									
	SO_2 24 h 平均 /($\mu g/m^3$)	SO_2 1 h 平均[1] /($\mu g/m^3$)	NO_2 24 h 平均 /($\mu g/m^3$)	NO_2 1 h 平均 /($\mu g/m^3$)	PM10 24 h 平均 /($\mu g/m^3$)	CO 24 h 平均 /($\mu g/m^3$)	CO 1 h 平均[1] /($\mu g/m^3$)	O_3 1 h 平均 /($\mu g/m^3$)	O_3 8 h 滑动平均 /($\mu g/m^3$)	PM2.5 24 h 平均 /($\mu g/m^3$)
0	0	0	0	0	0	0	0	0	0	0
50	50	150	40	100	50	2	5	160	100	35
100	150	500	80	200	150	4	10	200	160	75
150	475	650	180	700	250	14	35	300	215	115
200	800	800	280	1 200	350	24	60	400	265	150

空气质量分指数 I_{AQI}	污染物项目浓度限值									
	SO₂ 24 h 平均 /(μg/m³)	SO₂ 1 h 平均① /(μg/m³)	NO₂ 24 h 平均 /(μg/m³)	NO₂ 1 h 平均① /(μg/m³)	PM10 24 h 平均 /(μg/m³)	CO 24 h 平均 /(μg/m³)	CO 1 h 平均① /(μg/m³)	O₃ 1 h 平均 /(μg/m³)	O₃ 8 h 滑动平均 /(μg/m³)	PM2.5 24 h 平均 /(μg/m³)
300	1 600	②	565	2 340	420	36	90	800	800	250
400	2 100	②	750	3 090	500	48	120	1 000	③	350
500	2 620	②	940	3 840	600	60	150	1 200	③	500

① SO_2、NO_2 和 CO 的 1 h 平均浓度限值仅用于实时报,在日报中需使用相应污染物的 24 h 平均浓度限值。

② SO_2 的 1 h 平均浓度值高于 800 μg/m³,不再进行其空气质量分数指数计算,SO_2 的空气质量分指数按 24 h 平均浓度计算的分指数报告。

③ O_3 8 h 平均浓度值高于 800 μg/m³ 的,不再进行气空气质量分指数计算,O_3 空气质量分指数按 1 h 平均浓度计算的分指数报告。

2. 空气质量指数 AQI

空气质量指数按下式计算:

$$AQI=max\{ I_{AQI_1},\ I_{AQI_2},\ I_{AQI_3}\dots I_{AQI_n} \}$$

式中　n——污染项目 n;

　　　I_{AQI}——污染项目的空气质量分指数。

需要说明的是:空气质量分指数及空气质量指数的计算结果都应取整数,不保留小数。

3. 首要污染物

关于首要污染物的确定方法,现行技术规范规定如下:① AQI 大于 50 时,I_{AQI} 最大的污染物为首要污染物;若 I_{AQI} 最大的污染物为两项或两项以上时,并列为首要污染物。② I_{AQI} 大于 100 的污染物为超标污染物。

4. 空气质量级别

空气质量指数级别按表 6-5 进行划分。

表 6-5　空气质量指数及相关信息

空气质量指数 AQI	空气质量指数级别	空气质量指数及表示颜色		对健康的影响	建议采取的措施
0-50	I	优	绿色	空气质量令人满意,基本无空气污染。	各类人群可正常活动

续表

空气质量指数 AQI	空气质量指数级别	空气质量指数及表示颜色		对健康的影响	建议采取的措施
51-100	II	良	黄色	空气质量可接受,某些污染物对极少数敏感人群健康有较弱影响。	极少数敏感人群应减少户外活动。
101-150	III	轻度污染	橙色	易感人群有症状有轻度加剧,健康人群出现刺激症状。	老人、儿童、呼吸系统等疾病患者减少长时间、高强度的户外活动
151-200	IV	中度污染	红色	进一步加剧易感人群症状,会对健康人群的呼吸系统有影响。	儿童、老人、呼吸系统等疾病患者及一般人群减少户外活动
201-300	V	重度污染	紫红色	心脏病和肺病患者症状加剧运动耐受力降低,健康人群出现症状	儿童、老人、呼吸系统等疾病患者及一般人群停止或减少户外运动
>300	VI	严重污染	褐红色	健康人群运动耐受力降低,有明显强烈症状,可能导致疾病	儿童、老人、呼吸系统等疾病患者及一般人群停止户外活动

表 6-6 空气质量指数日报数据格式

城市名称	监测点位名称	污染物浓度及空气质量分指数(I_{AQI})													空气质量指数 AQI	首要污染物	空气质量指数级别	空气质量指数类别	
		SO$_2$ 24 h 平均		NO$_2$ 24 h 平均		CO 24 h 平均		O$_3$ 最大 1 h 平均		O$_3$ 最大 8 h 滑动平均		PM2.5 24 h 平均						类别	颜色
		浓度/(μg/m³)	分指数	浓度/(μg/m³)	分指数	浓度/(μg/m³)	分指数	浓度/(μg/m³)	分指数	浓度/(μg/m³)	分指数	浓度/(μg/m³)	分指数						

时间:20＿＿年＿＿月＿＿日

注:缺测指标的浓度及分指数均使用 NA 标识。

表 6-7　空气质量指数实时报数据格式

时间:20 __年__月__日																					
城市名称	监测点位名称	污染物浓度及空气质量分指数(I_AQI)																空气质量指数 AQI	首要污染物	空气质量指数级别	空气质量指数类别	
		SO₂ 24 h平均		NO₂ 24 h平均		PM10 24 h滑动平均		CO 1 h平均		O₃ 1 h平均		O₃ 最大8 h 滑动平均		PM2.5 1 h平均		PM2.5 24 h滑动平均					类别	颜色
		浓度/(μg/m³)	分指数	浓度/(μg/m³)	分指数	浓度/(μg/m³)	分指数	浓度/(μg/m³)	分指数	浓度/(μg/m³)	分指数	浓度/(μg/m³)	分指数	浓度/(μg/m³)	分指数	浓度/(μg/m³)	分指数					

注:缺测指标的浓度及分指数均使用 NA 标识。

　　我国,当前实施空气质量监测点位日报和实时报发布制度,其中空气质量指数日报数据格式应符合表 6-6 的要求,空气质量指数实时报数据格式应符合表 6-7 的要求。关于 AQI 的其他更多详细内容可参阅我国环保部颁布的《环境空气质量指数 AQI 技术规定》(HJ 633-2012)。

思考与练习

　　1.采用溶液吸收法进行气体样品采集时,如何提高吸收效率?

　　2.进行环境空气监测时,专用的采样仪器有哪些类型? 各自适用的范围是什么?

　　3.测定大气中 SO₂ 时,用 50 ml 吸收液,采样流量为 0.20 L/min,采样 4 h,现场温度为 7 ℃,压力为 101 kPa。取采样液 10 ml,测得吸光度为 0.155,已知标准曲线回归方程为 $y=0.039\,5x+0.004\,8$[y 为吸光度,x 为 SO₂(μg)]。求的浓度(分别以 μg/m³ 和 μL/L 表示)。

　　4.某城市 SO₂、NO₂、PM10、PM2.5、CO 的 24 h 平均质量浓度值分别为 210 μg/m³、200 μg/m³、375 μg/m³、167 μg/m³、21 μg/m³,O₃ 最大 1 h 平均质量浓度值为 280 μg/m³,最大 8 h 滑动平均质量浓度值为 263 μg/m³。试制作一份该城市的空气质量指数日报表格。

任务四　环境空气质量指标测定

技能训练 1.空气中二氧化硫的测定

一、概述

二氧化硫是主要空气污染物之一,为大气环境污染例行监测的必测项目。它来源于煤和石油等燃料的燃烧、含硫矿石的冶炼、硫酸等化工产品生产排放的废气。二氧化硫是一种无色、易溶于水、有刺激性气味的气体,能通过呼吸进入气管,对局部组织产生刺激和腐蚀作用,是诱发支气管炎等疾病的原因之一,特别是当它与烟尘等气溶胶共存时,可加重对呼吸道黏膜的损害。二氧化硫及其衍生物不仅对人的呼吸系统产生危害,还会引起脑、肝、脾、肾病变,甚至对生殖系统也有危害。

二、测定方法

测定二氧化硫的方法有四氯汞钾——盐酸副玫瑰苯胺分光光度法、甲醛吸收副玫瑰苯胺分光光度法、紫外荧光法、电导法、恒电流库仑法、火焰光度法等。

（一）四氯汞钾——盐酸副玫瑰苯胺分光光度法

该法是被国内外广泛用于测定二氧化硫的方法,具有灵敏度高、选择性好等优点,但吸收液毒性较大。

1. 方法原理

气样中的二氧化硫被由氯化钾和氯化汞配制成的四氯汞钾吸收后,生成稳定的二氯亚硫酸盐络合物,后与甲醛生成羟基甲基磺酸($HOCH_2SO_3H$),羟基甲基磺酸再和盐酸副玫瑰苯胺(即品红)反应生成紫色络合物,其颜色深浅与二氧化硫含量成正比,用分光光度法测定。

2. 测定方法

实际测定时,有两种操作方法。所用盐酸副玫瑰苯胺显色溶液含磷酸量较少。

（1）最终显色溶液 pH 值 为 1.6 ± 0.1,呈红紫色,最大吸收波长 548 nm,试剂空白值较高,检出限为 0.75 μg/25 ml;当采样体积为 30 L 时,最低检出浓度为 0.025 mg/ m³。

（2）最终显色溶液 pH 值 为 1.2 ± 0.1,呈蓝紫色,最大吸收波长 575 nm,试剂空白值较低,检出限为 0.40 μg/7.5 ml;当采样体积为 10 L 时,最低检出浓度为 0.04 mg/ m³,灵敏度较方法（1）略低。

3. 注意事项

（1）温度、酸度、显色时间等因素影响显色反应;标准溶液和试样溶液操作条件应保持一致。

（2）氮氧化物、臭氧及锰、铁、铬等离子对测定有干扰。采样后放置片刻，臭氧可自行分解；加入磷酸和乙二胺四乙酸二钠盐可消除或减小某些金属离子的干扰。

（二）甲醛缓冲溶液吸收——盐酸副玫瑰苯胺分光光度法

该法避免了使用毒性大的四氯汞钾吸收液，灵敏度、准确度与四氯汞钾溶液吸收法相当，且样品采集后相当稳定，但对于操作条件要求较严格。

1. 方法原理

二氧化硫被甲醛缓冲溶液吸收后，生成稳定的羟基甲磺酸加成化合物。在样品溶液中加入氢氧化钠使加成化合物分解，释放出的二氧化硫与盐酸副玫瑰苯胺、甲醛作用，生成紫红色化合物，根据颜色深浅，用分光光度计在 577 nm 处进行测定。当用 10 ml 吸收液采气 10 L 时，最低检出浓度 0.020 mg/ m³。

2. 干扰及去除

本方法的主要干扰物为氮氧化物、臭氧及某些重金属元素。加入氨磺酸钠可消除氮氧化物的干扰；采样后放置一段时间可使臭氧自行分解；加入磷酸及环己二胺四乙酸二钠盐可以消除或减少某些金属离子的干扰。在 10 ml 样品中存在 50 μg 钙、镁、铁、镍、锰、铜等离子及 5 μg 二价锰离子时不干扰测定。

3. 方法的适用范围

本方法适宜测定浓度范围为 0.003~1.07 mg/m³。最低检出限为 0.2 g/10 ml。当用 10 ml 吸收液采气样 10 L 时，最低检出浓度为 0.02 mg/ m³；当用 50 ml 吸收液，24 h 采气样 300 L 取出 10 ml 样品测定时，最低检出浓度为 0.003 mg/ m³。

4. 仪器

（1）分光光度计

（2）多孔玻板吸收管：10 ml 多孔玻板吸收管，用于短时间采样；50 ml 多孔玻板吸收管，用于 24 h 连续采样。

（3）恒温水浴：0~40℃，控制精度为 ±1℃。

（4）具塞比色管：10 ml 用过的比色管和比色皿应及时用盐酸-乙醇清洗液浸洗，否则红色难于洗净。

（5）空气采样器

用于短时间采样的普通空气采样器，流量范围 0.1~1 L/min，应具有保温装置。用于 24 h 连续采样的采样器应具备有恒温、恒流、计时、自动控制开关的功能，流量范围（0.1~0.5L）/min。

5. 试剂

（1）碘酸钾（KIO_3），优级纯，经 110 ℃干燥 2 h。

（2）氢氧化钠溶液，$c(NaOH)$=1.5 mol/L：称取 6.0 g NaOH，溶于 100 ml 水中。

（3）环己二胺四乙酸二钠溶液，$c(CDTA-2Na)$=0.05 mol/L：称取 1.82 g 反式 1, 2-环己二胺四乙酸[简称 CDTA-2Na]，加入上述配制氢氧化钠溶液 6.5 ml，用水稀释至 100 ml。

（4）甲醛缓冲吸收贮备液：吸取 36%~38% 的甲醛溶液 5.5 ml，CDTA-2Na 溶液 20.00 ml；称取 2.04 g 邻苯二甲酸氢钾，溶于少量水中；将三种溶液合并，再用水稀释至 100 ml。

（5）甲醛缓冲吸收液：用水将甲醛缓冲吸收贮备液稀释 100 倍。临用时现配。

（6）氨磺酸钠溶液，$\rho(\text{NaH}_2\text{NSO}_3)$=6.0 g/L：称取 0.60 g 氨磺酸置于 100 ml 烧杯中，加入 4.0 ml 上述配制氢氧化钠，用水搅拌至完全溶解后稀释至 100 ml，摇匀。

（7）碘贮备液，$c(1/2\text{I}_2)$=0.10 mol/L：称取 12.7 g 碘（I2）于烧杯中，加入 40 g 碘化钾和 25 ml 水，搅拌至完全溶解，用水稀释至 1 000 ml，贮存于棕色细口瓶中。

（8）碘溶液，$c(1/2\text{I}_2)$=0.010 mol/L：量取碘贮备液（4.7）50 ml，用水稀释至 500 ml，贮于棕色细口瓶中。

（9）淀粉溶液，ρ=5.0 g/L：称取 0.5 g 可溶性淀粉于 150 ml 烧杯中，用少量水调成糊状，慢慢倒入 100 ml 沸水，继续煮沸至溶液澄清，冷却后贮于试剂瓶中。

（10）碘酸钾基准溶液，$c(1/6\text{KIO}_3)$=0.100 0 mol/L：准确称取 3.566 7 g 碘酸钾溶于水，移入 1 000 ml 容量瓶中，用水稀至标线，摇匀。

（11）盐酸溶液，$c(\text{HCl})$=1.2 mol/L：量取 100 ml 浓盐酸，用水稀释 1 000 ml。

（12）硫代硫酸钠标准贮备液，$c(\text{Na}_2\text{S}_2\text{O}_3)$=0.10 mol/L：称取 25.0 g 硫代硫酸钠（$\text{Na}_2\text{S}_2\text{O}_3 \cdot 5\text{H}_2\text{O}$），溶于 1 000 ml，新煮沸但已冷却的水中，加入 0.2 g 无水碳酸钠，贮于棕色细口瓶中，放置一周后备用。如溶液呈现混浊，必须过滤。

标定方法：吸取三份 20.00 ml 碘酸钾基准溶液分别置于 250 ml 碘量瓶中，加 70 ml 新煮沸但已冷却的水，加 1 g 碘化钾，振摇至完全溶解后，加 10 ml 盐酸溶液，立即盖好瓶塞，摇匀。于暗处放置 5 min 后，用硫代硫酸钠标准溶液滴定溶液至浅黄色，加 2 ml 淀粉溶液，继续滴定至蓝色刚好褪去为终点。硫代硫酸钠标准溶液的摩尔浓度按下式计算：

$$c_1 = \frac{0.100\ 0 \times 20.00}{V}$$

式中　c_1——硫代硫酸钠标准溶液的摩尔浓度，mol/L；

V——滴定所耗硫代硫酸钠标准溶液的体积，ml。

（13）硫代硫酸钠标准溶液，$c(\text{Na}_2\text{S}_2\text{O}_3)$=0.01 mol/L ± 0.000 01 mol/L：取 50.0 ml 硫代硫酸钠贮备液置于 500 ml 容量瓶中，用新煮沸但已冷却的水稀释至标线，摇匀。

（14）乙二胺四乙酸二钠盐（EDTA-2Na）溶液，ρ=0.50 g/L：称取 0.25 g 乙二胺四乙酸二钠盐溶于 500 ml 新煮沸但已冷却的水中。临用时现配。

（15）亚硫酸钠溶液，$\rho(\text{Na}_2\text{SO}_3)$=1 g/L：称取 0.2 g 亚硫酸钠（$\text{Na}_2\text{SO}_3$），溶于 200 ml EDTA-2Na 溶液中，缓缓摇匀以防充氧，使其溶解。放置 2~3 h 后标定。此溶液每毫升相当于 320~400 μg 二氧化硫。

标定方法：

①取 6 个 250 ml 碘量瓶（A1、A2、A3、B1、B2、B3），分别加入 50.0 ml 碘溶液。在 A1、A2、A3 内各加入 25 ml 水，在 B1、B2 内加入 25.00 ml 亚硫酸钠溶液盖好瓶盖。

②立即吸取 2.00 ml 亚硫酸钠溶液加到一个已装有 40~50 ml 甲醛吸收液的 100 ml 容

量瓶中,并用甲醛吸收液稀释至标线、摇匀。此溶液即为二氧化硫标准贮备溶液,在 4~5℃下冷藏,可稳定 6 个月。

③紧接着再吸取 25.00 ml 亚硫酸钠溶液加入 B3 内,盖好瓶塞。

A1、A2、A3、B1、B2、B3 六个瓶子于暗处放置 5 min 后,用硫代硫酸钠溶液滴定至浅黄色,加 5ml 淀粉指示剂,继续滴定至蓝色刚刚消失。平行滴定所用硫代硫酸钠溶液的体积之差应不大于 0.05 ml。

二氧化硫标准贮备溶液的质量浓度由下式计算:

$$\rho = \frac{(\overline{V_0} - \overline{V}) \times c_2 \times 32.02 \times 10^3}{25.00} \times \frac{2.00}{100}$$

式中　ρ——二氧化硫标准贮备溶液的质量浓度,μg/ml;

$\overline{V_0}$——空白滴定所用硫代硫酸钠溶液的体积,ml;

$\overline{V}$——样品滴定所用硫代硫酸钠溶液的体积,ml;

c_2——硫代硫酸钠溶液的浓度,mol/L。

(16)二氧化硫标准溶液, $\rho(Na_2SO_3) = 1.00$ μg/ml:用甲醛吸收液将二氧化硫标准贮备溶液稀释成每毫升含 1.0 μg 二氧化硫的标准溶液。此溶液用于绘制标准曲线,在 4℃~5℃下冷藏,可稳定 1 个月。

(17)盐酸副玫瑰苯胺(简称 PRA,即副品红或对品红)贮备液: $\rho = 0.2$ g/100 ml。称取 0.20 g 经提纯的盐酸副玫瑰苯胺溶于 100 ml 1.0 mol/L 盐酸溶液中。

(18)副玫瑰苯胺溶液, $\rho = 0.050$ g/100 ml:吸取 25.00 ml 副玫瑰苯胺贮备液于 100 ml 容量瓶中,加 30 ml 85% 的浓磷酸,12 ml 浓盐酸,用水稀释至标线,摇匀,放置过夜后使用。避光密封保存。

(19)盐酸-乙醇清洗液:由三份(1+4)盐酸和一份 95% 乙醇混合配制而成,用于清洗比色管和比色皿。

六、实训内容

1. 样品的采集与保存

(1)短时间采样:采用内装 10 ml 吸收液的多孔玻板吸收管,以 0.5 L/min 的流量采气 45~60 min。吸收液温度保持在 23~29℃范围。

(2)24 h 连续采样:用内装 50 ml 吸收液的多孔玻板吸收瓶,以 0.2 L/min 的流量连续采样 24 h。吸收液温度保持在 23~29℃范围。

(3)现场空白:将装有吸收液的采样管带到采样现场,除了不采气之外,其他环境条件与样品相同。

2. 校准曲线的绘制

取 16 支 10 ml 具塞比色管,分 A、B 两组,每组 7 支,分别对应编号。A 组按表 6-8 配制校准系列:

表 6-8　二氧化硫校准系列

管号	0	1	2	3	4	5	6
二氧化硫标准溶液/ml	0	0.5	1.00	2.00	5.00	8.00	10.00
甲醛缓冲吸收液/ml	10.00	9.50	9.00	8.00	5.00	2.00	0
二氧化硫含量/（μg/10ml）	0	0.5	1.00	2.00	5.00	8.00	10.00

在 A 组各管中分别加入 0.5 ml 氨磺酸钠溶液和 0.5 ml 氢氧化钠溶液,混匀。

在 B 组各管中分别加入 1.00 ml PRA 溶液。

将 A 组各管的溶液迅速地全部倒入对应编号并盛有 PRA 溶液的 B 管中,立即加塞混匀后放入恒温水浴装置中显色。在波长 577 nm 处,用 10 mm 比色皿,以水为参比测量吸光度。以空白校正后各管的吸光度为纵坐标,以二氧化硫的质量浓度（μg/10 ml）为横坐标,用最小二乘法建立校准曲线的回归方程。

显色温度与室温之差不应超过 3℃。根据季节和环境条件按表 6-9 选择合适的显色温度与显色时间:

表 6-9　显色温度与显色时间

显色温度,℃	10	15	20	25	30
显色时间,min	40	25	20	15	5
稳定时间,min	35	25	20	15	10
试剂空白吸光度 A0	0.030	0.035	0.040	0.050	0.060

3. 样品测定

（1）样品溶液中如有混浊物,则应离心分离除去。

（2）样品放置 20 min,以使臭氧分解。

（3）短时间采集的样品:将吸收管中的样品溶液移入 10 ml 比色管中,用少量甲醛吸收液洗涤吸收管,洗液并入比色管中并稀释至标线。加入 0.5 ml 氨磺酸钠溶液,混匀,放置 10 min 以除去氮氧化物的干扰。以下步骤同校准曲线的绘制。

（4）连续 24 h 采集的样品:将吸收瓶中样品移入 50 ml 容量瓶（或比色管）中,用少量甲醛吸收液洗涤吸收瓶后再倒入容量瓶（或比色管）中,并用吸收液稀释至标线。吸取适当体积的试样（视浓度高低而决定取 2~10 ml）于 10 ml 比色管中,再用吸收液稀释至标线,加入 0.5 ml 氨磺酸钠溶液,混匀,放置 10 min 以除去氮氧化物的干扰,以下步骤同校准曲线的绘制。

七、数据处理

1.测定结果记录

表 6-10　二氧化硫分析原始记录表

样品编号	标准状态下采样体积 V_0/L	样品溶液总体积 V_t/ml	样品吸收度 A	空白吸收度 A_0	$A-A_0$	样品浓度/(mg/m³)

表 6-11　校准曲线绘制原始记录表

分析编号	标准溶液加入体积/ml	标准物质加入量/μg	仪器响应值	空白响应值	仪器响应值-空白响应值
回归方程：			$a=$　　　$b=$　　　$r=$		

2.计算

空气中二氧化硫的质量浓度,按下式计算:

$$\rho = \frac{(A - A_0 - a)}{b \times V_s} \times \frac{V_t}{V_a}$$

式中　ρ——空气中二氧化硫的质量浓度,mg/m³;

　　　A——样品溶液的吸光度;

　　　A_0——试剂空白溶液的吸光度;

　　　b——校准曲线的斜率,吸光度·10 ml/μg;

　　　a——校准曲线的截距(一般要求小于 0.005);

　　　V_t——样品溶液的总体积,ml;

　　　V_a——测定时所取试样的体积,ml;

　　　V_s——换算成标准状态下(101.325 kPa,273 K)的采样体积,L。

计算结果准确到小数点后三位。

八、注意事项

（1）温度对显色影响较大,温度越高,空白值越大。温度高时显色快,褪色也快,最好用恒温水浴控制显色温度。

（2）对品红试剂必须提纯后方可使用,否则,其中所含杂质会引起试剂空白值增高,使方法灵敏降低。已有经提纯合格的 0.2 %对品红溶液出售。

（3）六价铬能使紫红色络合物褪色,产生负干扰,故应避免用硫酸-铬酸洗液洗涤所用玻璃器皿,若已用此洗液洗过,则需(1+1)盐酸溶液浸洗,再用水充分洗涤。

（4）用过的具塞比色管及比色皿应及时用酸洗涤,否则红色难于洗净。具塞比色管用(1+4)盐酸溶液洗涤,比色皿用(1+4)盐酸加 1/3 体积乙醇混合液洗涤。

（5）四氯汞钾溶液为剧毒试剂,使用时应小心,如浅到皮肤上,立即用水冲洗。使用过的废液要集中回收处理,以免污染环境。

（三）钍试剂分光光度法

该方法也是国际标准化组织推荐的测定二氧化硫标准方法。它所用吸收液无毒,采集样品后稳定,但灵敏度较低,所需气样体积大,适合于测定二氧化硫日平均浓度。

方法测定原理:空气中二氧化硫用过氧化氢溶液吸收并氧化成硫酸。硫酸根离子与定量加入的过量高氯酸钡反应,生成硫酸钡沉淀,剩余钡离子与钍试剂作用生成紫红色的钍试剂钡络合物,据其颜色深浅,间接进行定量测定。有色络合物最大吸收波长为 520 nm。当用 50 ml 吸收液采气 2 m^3 时,最低检出浓度为 0.01 mg/ m^3。

（四）紫外荧光法

荧光通常是指某些物质受到紫外光照射时,各自吸收了一定波长的光之后,发射出比照射光波长长的光,而当紫外光停止照射后,这种光也随之很快消失。当然,荧光现象不限于紫外光区,还有 X 荧光、红外荧光等。利用测荧光波长和荧光强度建立起来的定性、定量方法称为荧光分析法。

1. 方法原理

对于很稀的溶液,$F=k_c$,即荧光强度与荧光物质浓度呈线性关系。荧光强度和浓度的线性关系仅限于很稀的溶液。

2. 测定步骤

紫外荧光法测定大气中的二氧化硫,具有选择性好、不消耗化学试剂、适用于连续自动监测等特点,已被世界卫生组织在全球监测系统中采用。目前广泛用于大气环境地面自动监测系统中。

用波长 190~230 nm 紫外光照射大气样品,则 SO_2 吸收紫外光被激发至激发态,即

$$SO_2 + hv_1 \rightarrow SO_2^*$$

激发态 SO_2^* 不稳定,瞬间返回基态,发射出波峰为 330 nm 的荧光,即

$$SO_2^* \rightarrow SO_2 + hv_2$$

发射荧光强度和 SO_2 浓度成正比,用光电倍增管及电子测量系统测量荧光强度,即可得知大气中 SO_2 的浓度。荧光法测定 SO_2 的主要干扰物质是水分和芳香烃化合物。水的影响一方面是由于 SO_2 可溶于水造成损失,另一方面由于 SO_2 遇水产生荧光猝灭而造成负误差,可用半透膜渗透法或反应室加热法除去水的干扰。芳香烃化合物在 190～230 nm 紫外光激发下也能发射荧光造成正误差,可用装有特殊吸附剂的过滤器预先除去。

紫外荧光 SO_2 监测仪由气路系统及荧光计两部分组成。该仪器操作简便。开启电源预热 30 min,待稳定后通入零气,调节零点,然后通入 SO_2 标准气,调节指示标准气浓度值,继之通入零气清洗气路,待仪器指零后即可采样测定。如果采微机控制,可进行连续自动监测,其最低检测浓度可达 1 ppb。

三、思考题

1.实验中配 SO_2 制标准溶液时,为何要用 Na_2EDTA 溶液作为溶剂?

2.对大气中 SO_2 进行比色测定时,是否可以用时间空白作参比? 为什么?

3.甲醛法分析 SO_2 时,应注意的几个关键问题是什么?

技能训练 2.空气中二氧化氮的测定——盐酸萘乙二胺分光光度法

一、概述

空气中的氮氧化物以一氧化氮、二氧化氮、三氧化二氮、四氧化二氮、五氧化二氮等多种形态存在,其中二氧化氮和一氧化氮是主要存在形态,为通常所指的氮氧化物。它们主要来源于石化燃料高温燃烧和硝酸、化肥等生产排放的废气,以及汽车排气。

NO 为无色、无臭、微溶于水的气体,在空气中易被氧化成 NO_2。NO_2 为棕红色具有强刺激性臭味的气体,毒性比 NO 高四倍,是引起支气管炎、肺损害等疾病的有害物质。空气中 NO、NO_2 常用的测定方法有盐酸萘乙二胺分光光度法、化学发光法、原电池库仑法及定电位电解法。

二、方法原理

空气中的二氧化氮被串联的第一支吸收瓶中的吸收液吸收并反应生成粉红色偶氮染料。空气中的一氧化氮不与吸收液反应,通过氧化管时被酸性高锰酸钾溶液氧化为二氧化氮,被串联的第二支吸收瓶中的吸收液吸收并反应生成粉红色偶氮染料。生成的偶氮染料在波长 540 nm 处的吸光度与二氧化氮的含量成正比。分别测定第一支和第二支吸收瓶中样品的吸光度,计算两支吸收瓶内二氧化氮和一氧化氮的质量浓度,二者之和即为氮氧化物的质量浓度(以二氧化氮计)。

三、方法的适用范围

本方法适用于环境空气中氮氧化物、二氧化氮、一氧化氮的测定。本方法的方法检出限为 0.36 μg/10 ml 吸收液。当吸收液总体积为 10 ml,采样体积为 24 L 时,空气中氮氧化物的检出限为 0.015 mg/m³。当吸收液总体积为 50 ml,采样体积 288 L 时,空气中氮氧化物的检出限为 0.006 mg/m³,本方法测定环境空气中氮氧化物的测定范围为(0.024~2.0 mg)/m³。

四、干扰及消除

空气中二氧化硫浓度为氮氧化物浓度 30 倍时,对二氧化氮的测定产生负干扰。空气中过氧乙酰硝酸酯(PAN)对二氧化氮的测定产生正干扰。空气中臭氧浓度超过 0.25 mg/m³ 时,对二氧化氮的测定产生负干扰。采样时在采样瓶入口端串接一段 15~20 cm 长的硅橡胶管,可排除干扰。

五、仪器

(1)分光光度计。

(2)空气采样器:流量范围(0.1~1.0 L)/min。采样流量为 0.4 L/min 时,相对误差小于 ±5%。

(3)恒温、半自动连续空气采样器:采样流量为 0.2 L/min 时,相对误差小于 ±5%,能将吸收液温度保持在 20℃ ±4℃。采样管:硼硅玻璃管、不锈钢管、聚四氟乙烯管或硅胶管,内径约为 6 mm,尽可能短些,任何情况下不得超过 2 m,配有朝下的空气入口。

(4)吸收瓶:可装 10 ml、25 ml 或 50 ml 吸收液的多孔玻板吸收瓶,液柱高度不低于 80 mm。使用棕色吸收瓶或采样过程中吸收瓶外罩黑色避光罩。新的多孔玻板吸收瓶或使用后的多孔玻板吸收瓶,应用(1+1)HCl 浸泡 24 h 以上,用清水洗净。

(5)氧化瓶:可装 5 ml、10 ml 或 50 ml 酸性高锰酸钾溶液的洗气瓶,液柱高度不能低于 80 mm。使用后,用盐酸羟胺溶液浸泡洗涤。

六、试剂

(1)冰乙酸。

(2)盐酸羟胺溶液,ρ=(0.2~0.5)g/L。

(3)硫酸溶液,c($1/2H_2SO_4$)=1 mol/ L。

(4)酸性高锰酸钾溶液,ρ($KMnO_4$)=25 g/L:称取 25 g 高锰酸钾于 1 000 ml 烧杯中,加入 500 ml 水,稍微加热使其全部溶解,然后加入 1 mol/L 硫酸溶液 500 ml,搅拌均匀,贮于棕色试剂瓶中。

(5)N-(1-萘基)乙二胺盐酸盐贮备液,ρ($C_{10}H_7NH(CH_2)_2NH_2 \cdot 2HCl$)=1.00 g/L:称取 0.50 g N-(1-萘基)乙二胺盐酸盐于 500 ml 容量瓶中,用水溶解稀释至刻度,贮于密闭棕色瓶中。

（6）显色液：称取 5.0 g 对氨基苯磺酸[NH$_2$C$_6$H$_4$SO$_3$H]溶解于约 200 ml 40℃~50℃热水中，将溶液冷却至室温，全部移入 1 000 ml 容量瓶中，加入 50 ml N-(1-萘基)乙二胺盐酸盐贮备溶液和 50 ml 冰乙酸，用水稀释至刻度。此溶液贮于密闭的棕色瓶中，在 25℃以下暗处存放可稳定三个月。若溶液呈现淡红色，应弃之重配。

（7）吸收液：使用时将上述配制显色液和水按 4：1（ V/V ）比例混合，即为吸收液。吸收液的吸光度应小于等于 0.005。

（8）亚硝酸盐标准贮备液，ρ(NO$_2^-$)=250 μg/ml：准确称取 0.375 0 g 亚硝酸钠（ NaNO$_2$，优级纯，使用前在 105 ℃ ±5 ℃干燥恒重)溶于水，移入 1 000 ml 容量瓶中，用水稀释至标线，贮于密闭棕色瓶中。

（9）亚硝酸盐标准工作液，ρ(NO$_2^-$)=2.5 μg/ml：准确吸取亚硝酸盐标准储备液 1.00 ml 于 100 ml 容量瓶中，用水稀释至标线。临用现配。

七、实训内容

1.采样

（1）短时间采样（1 h 以内)

取两支内装 10.0 ml 吸收液的多孔玻板吸收瓶和一支内装 5~10 ml 酸性高锰酸钾溶液的氧化瓶（ 液柱高度不低于 80 mm ）,用尽量短的硅橡胶管将氧化瓶串联在二支吸收瓶之间，以 0.4 L/min 流量采气 4~24 L。

（2）长时间采样（24 h)

取两支大型多孔玻板吸收瓶，装入 25.0 ml 或 50.0 ml 吸收液（液柱高度不低于 80 mm ）,标记液面位置。取一支内装 50 ml 酸性高锰酸钾溶液的氧化瓶，按图-所示接入采样系统，将吸收液恒温在 20℃ ±4℃，以 0.2 L/min 流量采气 288 L。

（3）采样要求

采样前应检查采样系统的气密性，用皂膜流量计进行流量校准。采样流量的相对误差应小于 ±5%。采样期间，样品运输和存放过程中应避免阳光照射。气温超过 25℃时，长时间（ 8 h 以上)运输和存放样品应采取降温措施。

采样结束时，为防止溶液倒吸，应在采样泵停止抽气的同时，闭合连接在采样系统中的止水夹或电磁阀（ 见图 6-9 或图 6-10 ）。

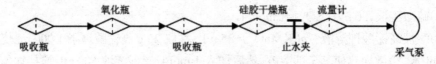

图 6-9　手工采样系列示意图

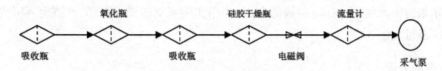

图 6-10　连续自动采样系列示意图

（4）现场空白

装有吸收液的吸收瓶带到采样现场，与样品在相同的条件下保存，运输，直至送交实验室分析，运输过程中应注意防止沾污。要求每次采样至少做 2 个现场空白。

（5）样品的保存

样品采集、运输及存放过程中避光保存，样品采集后尽快分析。若不能及时测定，将样品于低温暗处存放，样品在 30℃暗处存放，可稳定 8 h；在 20℃暗处存放，可稳定 24 h；于 0~4℃冷藏，至少可稳定 3 天。

2. 标准曲线的绘制

取 6 支 10 ml 具塞比色管，按表 6-12 制备亚硝酸盐标准溶液系列。根据表 6-12 分别移取相应体积的亚硝酸钠标准工作液，加水至 2.00 ml，加入显色液 8.00 ml。

表 6-12　NO_2 标准溶液系列

管号	0	1	2	3	4	5
标准工作液/ml	0.00	0.40	0.80	1.20	1.60	2.00
水/ml	2.00	1.60	1.20	0.80	0.40	0.00
显色液/ml	8.00	8.00	8.00	8.00	8.00	8.00
NO_2 浓度/（μg/ml）	0.00	0.10	0.20	0.30	0.40	0.50

各管混匀，于暗处放置 20 min（室温低于 20 ℃时放置 40 min 以上），用 10 mm 比色皿，在波长 540 nm 处，以水为参比测量吸光度，扣除 0 号管的吸光度以后，对应 NO_2 的浓度（μg/ml），用最小二乘法计算标准曲线的回归方程。

标准曲线斜率控制在 0.180~0.195（吸光度 ml/μg），截距控制在 ±0.003 之间。

3. 空白试验

取实验室内未经采样的空白吸收液，用 10 mm 比色皿，在波长 540 nm 处，以水为参比测定吸光度。实验室空白吸光度 A_0 在显色规定条件下波动范围不超过 ±15%。

现场空白：同实验室空白试验测定吸光度。将现场空白和实验室空白的测量结果相对照，若现场空白与实验室空白相差过大，查找原因，重新采样。

4. 样品测定

采样后放置 20 min，室温 20℃以下时放置 40 min 以上，用水将采样瓶中吸收液的体积补充至标线，混匀。用 10 mm 比色皿，在波长 540 nm 处，以水为参比测量吸光度，同时测定空白样品的吸光度。

　　若样品的吸光度超过标准曲线的上限,应用实验室空白试液稀释,再测定其吸光度。但稀释倍数不得大于6。

八、数据处理

1.测定结果记录

表 6-13　二氧化氮分析原始记录表

分析编号	样品编号	标准状态下采样体积 V_0/L	稀释倍数 D	样品吸收度 A	空白吸收度 A_0	$A-A_0$	样品浓度/(mg/m³)

表 6-14　校准曲线绘制原始记录表

分析编号	标准溶液加入体积/ml	标准物质加入量/μg	仪器响应值	空白响应值	仪器响应值-空白响应值
回归方程:			$a=$　　　$b=$　　　$r=$		

2.计算

（1）空气中二氧化氮浓度 ρ_{NO_2}（ mg/m³ ）按下式计算:

$$\rho_{NO_2} = \frac{(A_1 - A_0 - a) \times V \times D}{b \times f \times V_0}$$

（2）空气中一氧化氮浓度 ρ_{NO}（ mg/m³ ）以二氧化氮（ NO_2 ）计,按下式计算:

$$\rho_{NO} = \frac{(A_2 - A_0 - a) \times V \times D}{b \times f \times V_0 \times K}$$

（3）空气中一氧化氮浓度 ρ'_{NO}（ mg/m³ ）以二氧化氮（ NO ）计,按下式计算:

$$\rho'_{NO} = \frac{\rho'_{NO} \times 30}{46}$$

（4）空气中氮氧化物的浓度 ρ_{NO_x}（ mg/m³ ）以二氧化氮（ NO_2 ）计,下式计算:

$$\rho_{NO_x} = \rho_{NO_2} + \rho_{NO}$$

式中　A_1、A_2——分别为串联的第一支和第二支吸收瓶中样品的吸光度;

　　　A_0——实验室空白的吸光度;

　　　b——标准曲线的斜率,吸光度·ml/µg;

　　　a——标准曲线的截距;

　　　V——样用吸收液体积,ml;

　　　V_0——换算为标准状态(101.325 kPa,273 K)下的采样体积,L;

　　　K——NO $\rightarrow$ NO_2 氧化系数,0.68;

　　　D——样品的稀释倍数;

　　　f——Saltzman 实验系数,0.88(当空气中二氧化氮浓度高于 0.72 mg/m³ 时,f 取值 0.77)

九、注意事项

(1)吸收液应避光,且不能长时间暴露在空气中,以防止光照时吸收液显色或吸收空气中的氮氧化物而使试管空白值增高。

(2)氧化管适于在相对湿度为 30%~70%时使用。当空气相对湿度大于 70%时,应勤换氧化管;小于 30%时,则在使用前,用经过水面的潮湿空气通过氧化管,平衡 1 h。在使用过程中,应经常注意氧化管是否吸湿引起板结,或者变为绿色。若板结会使采样系统阻力增大,影响流量;若变成绿色,表示氧化管已失效。

(3)亚硝酸钠(固体)应密封保存,防止空气及湿气侵入。部分氧化成硝酸钠或呈粉末状的试剂都不能用直接法配制标准溶液。若无颗粒状亚硝酸钠试剂,可用高锰酸钾容量法标定出亚硝酸钠贮备液的准确浓度后,再稀释为含 5.0 µg/ml 亚硝酸根的标准溶液。

(4)溶液若呈黄棕色,表明吸收液已受铬酸污染,该样品应报废。

十、思考题

1.简述四氯汞盐吸收—副玫瑰苯胺分光光度法与甲醛吸收—副玫瑰苯胺风光光度法测定 SO_2 原理的异同之处。影响方法测定准确度的因素有哪些?

2.简述用盐酸萘乙二胺分光光度法测定空气中的 NO_x 的原理?

技能训练 3.可吸入颗粒物 PM2.5 的测定——重量法

一、概述

细颗粒物 PM2.5 是指环境空气中空气动力学当量直径小于或等于 2.5 µm 的颗粒物。PM2.5 的危害主要包括:会对呼吸系统和心血管系统造成伤害,尤其是老人、小孩以及心肺疾病患者是 PM2.5 污染的敏感人群;有强烈的削光能力,易使人心理健康受到影响,如导致抑郁等心理疾病;引起空气的消光度数倍甚至数十倍的增加,能见度下降严重,可能导致交通受阻等;会影响气候,如浓度太高会导致日照显著减少,还可能改变气温和降水模式等。我国最近几年持续出现的雾霾天气引起了居民、环境管理者及环境治理者对 PM2.5 的高度关注。

PM2.5 的来源包括人为源和自然源。其中，人为源是当前 PM2.5 污染严重的主要原因。有直接排放源，如化石燃料、生物质燃烧、垃圾焚烧等燃烧过程排放的废气；有间接排放源，如 SO_2、NO_x、NH_3、VOC 等气体污染物在空气中转变生成的二次污染物；还有其他人为源，如道路扬尘、建筑施工扬尘、工业粉尘、厨房烟气等。

环境空气中细颗粒物 PM2.5 质量浓度的测定方法有重量法、β 射线吸收法、微量振荡天平法等。下面重点介绍重量法（HJ618-2011）。

二、方法原理

通过具有一定切割特性的采样器，以恒速抽取定量体积空气，使环境空气中 PM2.5 被截留在已知质量的滤膜上，根据采样前后滤膜的质量差和采样体积，计算中 PM2.5 浓度。

重量法适用于手工测定环境空气中的 PM10 和 PM2.5。该方法的检出限为 0.010 mg/m^3（以感量 0.1 mg 分析天平，样品负载量为 1.0 mg，采集 108 m^3 空气样品计）。

三、仪器试剂

（1）切割器：切割粒径 $D_{a50} = (2.5 \pm 0.2)$ μm；捕集效率的几何标准差为 $\sigma_g = 1.2 \pm 0.1$。

（2）采样系统：采样器孔口流量计或其他符合本标准技术指标要求的流量计，大流量流量计量程 0.8~1.4 m^3/min，误差≤2%；中流量流量计量程 60~125 L/min，误差≤2%；小流量流量计量程<30 L/min，误差≤2%。

（3）滤膜：根据样品采集目的可选用无机滤膜（如玻璃纤维滤膜、石英滤膜等）或有机滤膜（如聚丙烯、混合纤维素、聚氯乙烯等）。滤膜对 0.3 μm 标准粒子的截留效率不低于 99%。空白滤膜应进行平衡处理至恒重，称量后，放入干燥器备用。滤膜对 0.3 μm 标准粒子的截留效率不低于 99.7%。

（4）分析天平：感量 0.1 mg 或 0.01 mg。

（5）恒温恒湿箱（室）：箱（室）内空气温度在 15~30℃ 范围内可调，控温精度 ±1℃。

箱（室）内空气相对湿度应控制在 50% ± 5%。恒温恒湿箱（室）可连续工作。

（6）镊子及装滤膜袋（或盒）：袋（盒）上印有编号、采样日期、采样地点、采样人等栏目。滤膜盒应使用对测量结果无影响的惰性材料制造，应对滤膜不粘连，方便取放。

四、分析步骤

1.流量校准

新购置或维修后的采样器在启用前，需进行流量校准；正常使用的采样器累计采样 168h 需进行一次流量校准。具体校准过程可按照《环境空气颗粒（PM2.5）手工监测方法（重量法）技术规范》（HJ656-2013）附录 B 采样器流量校准方法，并结合流量校准器使用说明书进行。

2.采样仪器检查

（1）切割器:应定期清洗切割器,清洗周期视当地空气污染状态而定,建立累计运行 168 h 清洗一次切割器,如遇大风、扬尘、沙尘暴等恶劣天气,应及时清洗切割器。切割器是否覆盖硅油,应按切割器厂家提供的使用说明书执行。

（2）环境温度和大气压检查和校准:用温度计检查采样器的环境温度测量值误差,每次采样前检查一次,误差应≤±2℃,否则应校正采样器环境温度测量装置;用气压计检查采样器的环境压力测量值误差,每次采样前检查一次,误差应≤±1 kPa,否则应校正采样器环境压力测量装置。

（3）气密性检查 应定期检查,具体可按照《环境空气颗粒物（PM2.5）》手工监测方法《（重量法）技术规范》（HJ656-2013）附录 A。

3.滤膜恒重

将滤膜放在恒温恒湿箱（室）中平衡 24 h,平衡条件为:温度取 15~30℃中任何一点,相对湿度控制在 45%~55%范围内,记录平衡温度与湿度。在上述平衡条件下,用感量为 0.1 mg 或 0.01 mg 的分析天平称量滤膜,记录滤膜质量。同一滤膜在恒温恒湿箱（室）中相同条件下再平衡 1 h 后称重。以中流量为例,两次质量之差分别小于 0.04 mg 为满足恒重要求。

4.样品采集

采样时,采样器入口距地面高度不得低于 1.5 m,采样不宜在风速大于 8 m/s 等天气条件下进行。采样点应避开污染源及障碍物,如果测定交通枢纽处,采样点应布置在人行道边缘外侧 1 m 处,采用间断采样的方式测定日平均浓度时,累计采样时间不应少于 20 h。

采样时,将已称重的滤膜用镊子放入洁净采样夹内的滤网上,滤膜毛面应朝进气方向,同时核查滤膜编号。将滤膜牢固压紧至不漏气。

采样时间应保证滤膜上的颗粒物负载量不小于称量天平检定分度值的 100 倍,如天平检定分度值为 0.01 mg,则滤膜上的颗粒物负载量应满足≥1 mg。

5.样品收取

采样结束后,取下滤膜夹,用镊子轻轻夹住滤膜边缘,取下样品滤膜,并检查在采样过程中滤膜是否有破裂现象,或滤膜上尘的边缘轮廓是否有不清晰的现象,若有,则该样品膜作废,需重新采样。确认无破裂后,用镊子取出。将有尘面两次对折,放入样品盒或纸袋,并做好采样记录。

6.样品保存

滤膜采集后,如不能立即平衡称重,应在 4℃条件下密闭冷藏保存,最长不超过 30 d。

7.样品分析

首先按前述滤膜恒重方法对样品滤膜进行恒重。对于 PM2.5 颗粒物样品滤膜,两次质量之差小于 0.04 mg 为满足恒重要求。

8.结果计算与表示

可吸入颗粒物 PM2.5 浓度按下式计算:

$$c = \frac{\omega_2 - \omega_1}{V} \times 1\,000$$

式中 c——浓度，$\mu g/m^3$；

  ω_2——采样后滤膜的质量，g；

  ω_1——空白滤膜的质量，g；

  V——已知换算成标准状态（101.325 kPa，273 K）下的采样体积，m^3。

计算结果保留到整数位，单位 $\mu g/m^3$。

五、注意事项

（1）滤膜使用前均需进行检查，不得有针孔或任何缺陷。滤膜称量时需要消除静电的影响，并尽量缩短称量时间。装取滤膜时应佩戴实验室专用手套等，使用无锯齿状镊子。

（2）需要制作和使用标准滤膜。取清洁滤膜若干张，在恒温恒湿箱（室），按平衡条件平衡 24 h，称重。每张滤膜非连续称量 10 次以上，求每张滤膜的平均值为该滤膜的原始质量。以上述滤膜作为"标准滤膜"。每次称滤膜的同时，称量两张"标准滤膜"。若标准滤膜称出的质量在原始质量 ±5 mg（大流量）、±0.5 mg（中流量和小流量）范围内，则认为该批样品滤膜称量合格，数据可用。否则应检查称量条件是否符合要求并重新称量该批样品滤膜。

（3）要经常检查采样头是否漏气，当滤膜安放正确、采样系统无漏气时，采样后滤膜上颗粒物与四周白边之间界限应清晰，如出现界线模糊时，则应表明应更换滤膜密封垫。

（4）采样前后，滤膜称量应使用同一台分析天平，操作天平应佩戴专用手套。每次称量前按照分析天平操作规程校准分析天平。

（5）采样过程应配置空白滤膜，空白滤膜应与采样滤膜一起恒重、称量，并记录相关数据，其前、后质量之差应远小于采样滤膜上的颗粒物负载量。

（6）采样时，采样器的排气应不对 PM2.5 浓度测量产生影响。称量时，应尽量保持工作区和工作台清洁，以避免空气中的颗粒物影响滤膜称量。

（7）在采样开始至结束前时间内，采样系统流量值的变化应在额定流量的 ±10% 以内，在同样条件下，三个采样系统浓度测定结果变异系数应小于 15%。

六、思考题

1.为确保采集环境空气中空气动力学当量直径≤2.5 μm 颗粒物的采样效率，对采样器和设备有哪些技术要求？

2.采集 PM2.5 样品前，对采集仪器的检查包括哪些方面？

3.测定环境空气 PM2.5 日平均浓度时，对采样时间有什么要求？

4.我国当前对于重量法测定环境空气中国的 PM2.5 有专门的技术规范吗？如果有，请列出规范的名字，并查阅之。

本项目小结

学习内容总结

知识内容	实践技能
大气污染 大气污染物 大气污染源 大气污染的危害 空气指标的监测方法 空气采样器 颗粒物采样器	空气质量监测方案的制定 空气质量监测点位的布设 空气样品的采集 空气污染物浓度表示 空气质量指数 AQI 的计算 空气中二氧化硫的测定,甲醛吸收副玫瑰苯胺分光光度法 空气中二氧化氮的测定,盐酸萘乙二胺分光光度法 可吸入颗粒物 PM2.5 的测定,重量法

中英文对照专业术语

序号	中文	英文
1	大气	Atmosphere
2	大气污染物	Air contaminant
3	空气质量监测	Air quality monitoring
4	空气污染常规监测项目	Routine monitoring items of air pollution
5	直接采样法	Direct sampling method
6	富集(浓缩)采样法	Enrichment sampling method
7	采样效率	Sampling efficiency
8	空气质量指数	Air quality index
9	可吸入颗粒物	Inhalable particulate matter
10	空白试验	Blank test

项目七 工业废气监测
Industrial Waste Gas Monitoring

知识目标

1.掌握工业废气监测方案的制定程序；

2.掌握典型工业废气监测方法。

技能目标

1.能够制订工业废气监测方案；

2.能够对工业废气项目进行监测。

工作情境

1.工作地点：工业锅炉废气监测实训室；

2.工作场景：对某企业工业废气排放情况监测，主要进行具体废气的采样、分析和监测报告的书写等工作。

Knowledge goal

1. Master the procedures for the monitoring of industrial waste gas；

2. Master typical industrial waste gas monitoring methods.

Skills goal

1 We can formulate industrial waste gas monitoring plan；

2. Capable of monitoring industrial waste gas items.

Work situation

work place：Industrial boiler exhaust gas monitoring training room；

Work scene：The monitoring of industrial waste gas emission in an enterprise mainly involves the sampling, analysis and writing of monitoring reports.

项目导入

讲到大气污染,人们就会想到生活中排放的各种有毒气体。如化工厂排放的二氧化碳,生活垃圾造成的污染等,可以说这些气体可以统称为废气。废气是指人类在生产和生活过程中排出的有毒有害的气体。特别是化工厂、钢铁厂、制药厂以及炼焦厂和炼油厂等,排放的废气气味大,严重污染环境和影响人体健康。

思考与练习

1.工业废气的定义?

2.工业废气有哪些?

3.典型工业废气监测的方法?

Project import

When it comes to air pollution, people will think of all kinds of poisonous gases emitted from life. For example, carbon dioxide emissions from chemical plants, domestic waste pollution and so on, we can say that these gases can be collectively called exhaust gas. Exhaust gas refers to toxic and harmful gases discharged by human beings during their production and life. Especially in chemical plants, steel plants, pharmaceutical plants, as well as coking plants and refineries, the emissions of large odor, serious pollution of the environment and affect human health.

Thinking and practicing

1. definition of industrial waste gas?

2. what are the industrial waste gases?

3. typical industrial waste gas monitoring methods?

任务一 工业废气监测方案的制定

制定工业废气监测方案主要依据以下程序进行。首先要根据监测目的进行调查研究,收集相关的资料,然后经过综合分析,确定监测项目,设计布点网络,选定采样频率、采样方法和监测技术,建立质量保证程序和措施,提出进度安排计划和对监测结果报告的要求等。下面结合我国现行技术规范,对监测方案的基本内容展开介绍。

一、监测目的

(1)通过环境空气中主要污染物质进行定期或连续监测,判断空气质量是否符合《环境空气质量标准》或环境规划目标的要求,为空气质量状况评价提供依据。

（2）为研究空气质量的变化规律和发展趋势，开展空气污染的预测预报，以及研究污染物迁移转化情况提供基础资料。

（3）为政府环保部门执行环境保护法规，开展空气质量管理及修订空气质量标准提供依据和基础资料。

二、调研及资料收集

（一）污染源分布及排放情况

通过调查，将监测区域内的污染源类型、数量、位置、排放的主要污染物及排放量弄清楚，同时还应了解所用原料、燃料及消耗量。注意将由高烟囱排放的较大污染源与由低烟囱排放的小污染源区别开来。因为小污染源的排放高度低，对周围地区地面空气中污染物浓度影响比高烟囱排放源大。另外，对于交通运输污染较重和有石油化工企业的地区，应区别一次污染物和由于光化学反应产生的二次污染物。因为二次污染物是在大气中形成的，其高浓度可能在远离污染源的地方，在布设监测点时应加以考虑。

（二）气象资料

污染物在空气中的扩散、迁移和一系列的物理、化学变化在很大程度上取决于当时当地的气象条件。因此，要收集监测区域的风向、风速、气温、气压、降水量、日照时间、相对湿度、温度垂直梯度和逆温层底部高度等资料。

（三）地形资料

地形对当地的风向、风速和大气稳定情况等有影响，因此，是设置监测网点应当考虑的重要因素。例如，工业区建在河谷地区时，出现逆温层的可能性大；位于丘陵地区的城市，市区内空气污染物的浓度梯度会相当大；位于海边的城市会受海、陆风的影响，而位于山区的城市会受山谷风的影响等。为掌握污染物的实际分布状况，监测区域的地形越复杂，要求布设监测点越多。

（四）土地利用和功能分区情况

监测区域内土地利用情况及功能区划分也是设置监测网点应考虑的重要因素之一。不同功能区的污染状况是不同的，如工业区、商业区、混合区、居民区等。还可以按照建筑物的密度、有无绿化地带等作进一步分类。

（五）人口分布及人群健康情况

环境保护的目的是维护自然环境的生态平衡，保护人群的健康，因此，掌握监测区域的人口分布、居民和动植物受空气污染危害情况及流行性疾病等资料，对制订监测方案、分析判断监测结果是有益的。

此外，对于监测区域以往的空气监测资料等也应尽量收集，供制订监测方案参考。

三、监测项目

空气中的污染物质多种多样，应根据监测空间范围内实际情况和优先监测原则确定监测项目，并同步观测有关气象参数。我国目前要求的空气常规监测项目，见表7-1。

表 7-1 空气污染常规监测项目

类别	必测项目	按地方情况增加的必测项目	选测项目
空气污染物监测	TSP、SO_2、NO_x、硫酸盐化速率、灰尘自然沉降量	CO、总氧化剂、总烃、PM10、F_2、HF、B(a)P、Pb、H_2S、光化学氧化剂	CS_2、Cl_2、氯化氢、硫酸雾、HCN、NH_3、Hg、Be、铬酸雾、非甲烷烃、芳香烃、苯乙烯、酚、甲醛、甲基对硫磷、异氰酸甲酯等
空气降水监测	pH 值、电导率	K^+、Na^+、Ca^{2+}、Mg^{2+}、NH_4^+、SO_4^{2-}、NO_3^-、Cl^-	

四、监测站(点)的布设

(一)布设采样站(点)的原则和要求

(1)采样点应设在整个监测区域的高、中、低三种不同污染物浓度的地方。

(2)在污染源比较集中,主导风向比较明显的情况下,应将污染源的下风向作为主要监测范围,布设较多的采样点;上风向布设少量点作为对照。

(3)工业较密集的城区和工矿区,人口密度大及污染物超标地区,要适当增设采样点;城市郊区和农村,人口密度小及污染物浓度低的地区,可酌情少设采样点。

(4)采样点的周围应开阔,采样口水平线与周围建筑物高度的夹角应不大于30°。测点周围无局地污染源,并应避开树木及吸附能力较强的建筑物。交通密集区的采样点应设在距人行道边缘至少 1.5 m 远处。

(5)各采样点的设置条件要尽可能一致或标准化,使获得的监测数据具有可比性。

(6)采样高度根据监测目的而定。研究大气污染对人体的危害,采样口应在离地面 1.5~2 m 处;研究大气污染对植物或器物的影响,采样口高度应与植物或器物高度相近。连续采样例行监测采样口高度应距地面 3~15 m;若置于屋顶采样,采样口应与基础面有 1.5 m 以上的相对高度,以减小扬尘的影响。特殊地形地区可视实际情况选择采样高度。

(二)采样站(点)数目的确定

在一个监测区域内,采样站(点)设置数目应根据监测范围大小、污染物的空间分布和地形地貌特征、人口分布情况及其密度、经济条件等因素综合考虑确定。

我国对空气环境污染例行监测采样站设置数目主要依据城市人口多少,见表 7-2,并要求对有自动监测系统的城市以自动监测为主,人工连续采样点辅之;无自动监测系统的城市,以连续采样点为主,辅以单机自动监测,便于解决缺少瞬时值的问题。表中各档测点数中包括一个城市的主导风向上风向的区域背景测点。世界卫生组织(WHO)建议,城市地区空气污染趋势监测站数可参考表 7-3。

表 7-2 我国空气环境污染例行监测采样点设置数目

市区人口(万人)	SO_2、NO_x、TSP	灰尘自然降尘量	硫酸盐化速率
<50	3	≥3	≥6
50—100	4	4—8	6—12

续表

市区人口（万人）	SO₂、NO_x、TSP	灰尘自然降尘量	硫酸盐化速率
100—200	5	8—11	12—18
200—400	6	12—20	18—30
>400	7	20—30	30—40

表7-3　WHO推荐的城市空气自动监测站（点）数目

市区人口（万人）	可吸入颗粒物	SO₂	NO_x	氧化剂	CO	风向、风速
≤100	2	2	1	1	1	1
100—400	5	5	2	2	2	2
400—800	8	8	4	3	4	2
>800	10	10	4	5	3

（三）采样站（点）布设方法

监测区域内的采样站（点）总数确定后，可采用经验法、统计法、模拟法等进行站（点）布设。

经验法是常采用的方法，特别是对尚未建立监测网或监测数据积累少的地区，需要凭借经验确定采样站（点）的位置。其具体方法有：

1. 功能区布点法

按功能区划分布点法多用于区域性常规监测。先将监测区域划分为工业区、商业区、居住区、工业和居住混合区、交通稠密区、清洁区等，再根据具体污染情况和人力、物力条件，在各功能区设置一定数量的采样点。各功能区的采样点数不要求平均，在污染源集中的工业区和人口较密集的居住区多设采样点。

2. 网格布点法

这种布点法是将监测区域地面划分成若干均匀网状方格，采样点设在两条直线的交点处或方格中心（见图7-1）。网格大小视污染源强度、人口分布及人力、物力条件等确定。若主导风向明显，下风向设点应多一些，一般约占采样点总数的60%。对于有多个污染源，且污染源分布较均匀的地区，常采用这种布点方法。它能较好地反映污染物的空间分布；如将网格划分的足够小，则将监测结果绘制成污染物浓度空间分布图，对指导城市环境规划和管理具有重要意义。

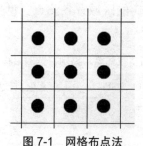

图7-1　网格布点法

3. 同心圆布点法

这种方法主要用于多个污染源构成污染群,且大污染源较集中的地区。先找出污染群的中心,以此为圆心在地面上画若干个同心圆,再从圆心作若干条放射线,将放射线与圆周的交点作为采样点(见图 7-2)。不同圆周上的采样点数目不一定相等或均匀分布,常年主导风向的下风向比上风向多设一些点。例如,同心圆半径分别取 4 km、10 km、20 km、40 km,从里向外各圆周上分别设 4 个、8 个、8 个、4 个采样点。

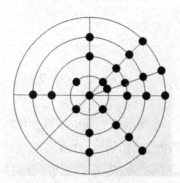

图 7-2　同心圆布点法

4. 扇形布点法

扇形布点法适用于孤立的高架点源,且主导风向明显的地区。以点源所在位置为顶点,主导风向为轴线,在下风向地面上划出一个扇形区作为布点范围。扇形的角度一般为 45°,也可更大些,但不能超过 90°。采样点设在扇形平面内距点源不同距离的若干弧线上(见图 7-3)。每条弧线上设 3~4 个采样点,相邻两点与顶点连线的夹角一般取 10°~20°。在上风向应设对照点。

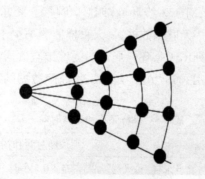

图 7-3　扇形布点法

采用同心圆和扇形布点法时,应考虑高架点源排放污染物的扩散特点。在不计污染物本底浓度时,点源脚下的污染物浓度为零,随着距离增加,很快出现浓度最大值,然后按指数规律下降。因此,同心圆或弧线不宜等距离划分,而是靠近最大浓度值的地方密一些,以免漏测最大浓度的位置。至于污染物最大浓度出现的位置,与源高、气象条件和地面状况密切相关。例如,对平坦地面上 50 m 高的烟囱,污染物最大地面浓度出现的位置与气象条件的关系列于表 7-4。随着烟囱高度的增加,最大地面浓度出现的位置随之增大,如在大气稳定时,高度为 100 m 的烟囱排放污染物的最大地面浓度出现位置约在烟囱高度的 100 倍处。

表 7-4 50 m 高烟囱排放污染物最大地面浓度出现位置与气象条件的关系

大气稳定度	最大浓度出现位置(相当于烟囱高度的倍数)
不稳定	5~10
中性	20 左右
稳定	40 以上

在实际工作中,为做到因地制宜,使采样网点布设完善合理,往往采用以一种布点方法为主,兼用其他方法的综合布点法。

统计法适用于已积累了多年监测数据的地区。根据城市空气污染物分布的时间与空间上变化有一定相关性,通过对监测数据的统计处理对现有站(点)进行调整,删除监测信息重复的站(点)。例如,如果监测网中某些站(点)历年取得的监测数据较近似,可以通过类聚分析法将结果相近的站(点)聚为一类,从中选择少数代表性站(点)。

模拟法是根据监测区域污染源的分布、排放特征、气象资料,以及应用数学模型预测的污染物时空分布状况设计采样站(点)。

五、采样频率和采样时间

采样频率系指在一个时段内的采样次数;采样时间指每次采样从开始到结束所经历的时间。二者要根据监测目的、污染物分布特征、分析方法灵敏度等因素确定。例如,为监测空气质量的长期变化趋势,连续或间歇自动采样测定为最佳方式;事故性污染等应急监测要求快速测定,采样时间尽量短;对于一级环境影响评价项目,要求不得少于夏季和冬季两期监测,每期应取得有代表性的 7 天监测数据,每天采样监测不少于六次(02 时、07 时、10 时、14 时、16 时、19 时)。表 7-5 列出国家环保局颁布的城镇空气质量采样频率和时间规定;表 7-6 列出环境空气质量标准(GB3095-2012)对污染物监测数据的统计有效性规定。

表 7-5 采样频率和采样时间

监测项目	采样时间和频率
二氧化硫	隔日采样,每天连续采样 24 ± 0.5 小时,每月 14~16 天,每年 12 个月
氮氧化物	同二氧化硫
总悬浮颗粒物	隔双日采样,每天连续采样 24 ± 0.5 小时,每月 5~6 天,每年 12 个月
灰尘自然降尘量	每月采样 30 ± 2 天,每年 12 个月
硫速盐化速率	每月采样 30 ± 2 天,每年 12 个月

表 7-6　污染物监测数据统计的有效性规定

污染物	取值时间	数据有效性规定
SO_2、NO_x、NO_2	年平均	每年至少有分布均匀的 144 个日均值,每月至少有分布均匀的 12 个日均值
TSP、PM10、Pb	年平均	每年至少有分布均匀的 60 个日均值,每月至少有分布均匀的 5 个日均值
SO_2、NO_x、NO_2、CO	日平均	每日至少有 18 小时的采样时间
TSP、PM10、B(a)P、Pb	日平均	每日至少有 12 小时的采样时间
SO_2、NO_x、NO_2、CO、O_3	1 小时平均	每小时至少有 45 min 采样时间
Pb	季平均	每季至少有分布均匀的 15 个日均值,每月至少有分布均匀的 5 个日均值
F	月平均	每月至少采样 15 天以上
	植物生长季平均	每一个生长季至少有 70% 个月平均值
	日平均	每日至少有 12 小时的采样时间
	1 小时平均	每小时至少有 45 min 采样时间

六、采样方法、监测方法和质量保证

采集空气样品的方法和仪器要根据空气中污染物的存在状态、浓度、物理化学性质及所用监测方法选择,在各种污染物的监测方法中都规定了相应采样方法,将在下一节介绍。

和水质监测一样,为获得准确和具有可比性的监测结果,应采用规范化的监测方法。目前,监测空气污染物应用最多的方法还属分光光度法和气相色谱法,其次是荧光光度法、液相色谱法、原子吸收法等;但是,随着分析技术的发展,对一些含量低、难分离、危害大的有机污染物,越来越多地采用仪器联用方法进行测定,如气相色谱—质谱(GC-MS)、液相色谱—质谱(LC-MS)、气相色谱—傅立叶变换红外光谱(GC-FTIR)等联用技术。

任务二　空气样品的采集方法和采样仪器

采集空气样品的方法可归纳为直接采样法和富集(浓缩)采样法两类。

一、直接采样法

当空气中的被测组分浓度较高,或者监测方法灵敏度高时,直接采集少量气样即可满足监测分析要求。例如,用非色散红外吸收法测定空气中的一氧化碳;用紫外荧光法测定空气中的二氧化硫等都用直接采样法。这种方法测得的结果是瞬时浓度或短时间内的平均浓度,能较快地测知结果。常用的采样容器有注射器、塑料袋、真空瓶(管)等。

(一)注射器采样

常用 100 ml 注射器采集有机蒸气样品。采样时,先用现场气体抽洗 2~3 次,然后抽取 100 ml,密封进气口,带回实验室分析。样品存放时间不宜长,一般应当天分析完。

(二)塑料袋采样

应选择与气样中污染组分既不发生化学反应,也不吸附、不渗漏的塑料袋。常用的有聚四氟乙烯袋、聚乙烯袋及聚酯袋等。为减小对被测组分的吸附,可在袋的内壁衬银、铝等金属膜。采样时,先用二联球打进现场气体冲洗 2~3 次,再充满气样,夹封进气口,带回尽快分析。

(三)采气管采样

采气管是两端具有旋塞的管式玻璃容器,其容积为 100~500 ml(见图 7-4)。采样时,打开两端旋塞,将二联球或抽气泵接在管的一端,迅速抽进比采气管容积大 6-10 倍的欲采气体,使采气管中原有气体被完全置换出,关上两端旋塞,采气体积即为采气管的容积。

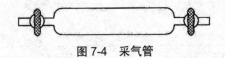

图 7-4　采气管

(四)真空瓶采样

真空瓶是一种用耐压玻璃制成的固定容器,容积为 500~1 000 ml(见图 7-5)。采样前,先用抽真空装置(图 7-6)将采气瓶(瓶外套有安全保护套)内抽至剩余压力达 1.33 kPa 左右;如瓶内预先装入吸收液,可抽至溶液冒泡为止,关闭旋塞。采样时,打开旋塞,被采空气即充入瓶内,关闭旋塞,则采样体积为真空采气瓶的容积。如果采气瓶内真空度达不到 1.33 kPa,实际采样体积应根据剩余压力进行计算。

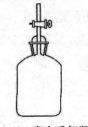

图 7-5　真空采气瓶

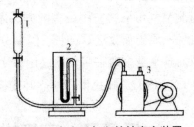

图 7-6　真空采气瓶的抽真空装置

1.真空采气瓶;2.闭管压力计;3.真空泵

当用闭口压力计测量剩余压力时,现场状况下的采样体积按下式计算:

$$V = V_0 \cdot \frac{P - P_B}{P}$$

式中　V——现场状况下的采样体积(L);

　　　V_0——真空采气瓶容积(L);

　　　P——大气压力(kPa);

P_B——闭管压力计读数（kPa）。

二、富集（浓缩）采样法

空气中的污染物质浓度一般都比较低（$10^{-6} \sim 10^{-9}$ 数量级），直接采样法往往不能满足分析方法检测限的要求，故需要用富集采样法对空气中的污染物进行浓缩。富集采样时间一般比较长，测得结果代表采样时段的平均浓度，更能反映空气污染的真实情况。这类采样方法有溶液吸收法、固体阻留法、低温冷凝法、扩散（或渗透）法及自然沉降法等。

（一）溶液吸收法

该方法是采集空气中气态、蒸气态及某些气溶胶态污染物质的常用方法。采样时，用抽气装置将欲测空气以一定流量抽入装有吸收液的吸收管（瓶）。采样结束后，倒出吸收液进行测定，根据测得结果及采样体积计算空气中污染物的浓度。

溶液吸收法的吸收效率主要决定于吸收速度和样气与吸收液的接触面积。

欲提高吸收速度，必须根据被吸收污染物的性质选择效能好的吸收液。常用的吸收液有水、水溶液和有机溶剂等。按照它们的吸收原理可分为两种类型，一种是气体分子溶解于溶液中的物理作用，如用水吸收空气中的氯化氢、甲醛；用 5% 的甲醇吸收有机农药；用 10% 乙醇吸收硝基苯等。另一种吸收原理是基于发生化学反应。例如，用氢氧化钠溶液吸收空气中的硫化氢基于中和反应；用四氯汞钾溶液吸收 SO_2 基于络合反应等。理论和实践证明，伴有化学反应的吸收溶液的吸收速度比单靠溶解作用的吸收液吸收速度快得多。因此，除采集溶解度非常大的气态物质外，一般都选用伴有化学反应的吸收液。吸收液的选择原则是：第一、与被采集的污染物质发生化学反应快或对其溶解度大；第二、污染物质被吸收液吸收后，要有足够的稳定时间，以满足分析测定所需时间的要求；第三、污染物质被吸收后，应有利于下一步分析测定，最好能直接用于测定；第四、吸收液毒性小、价格低、易于购买，且尽可能回收利用。

增大被采气体与吸收液接触面积的有效措施是选用结构适宜的吸收管（瓶）。下面介绍几种常用吸收管（瓶）（图 7-7）。

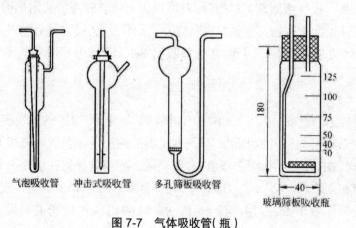

气泡吸收管　　冲击式吸收管　　多孔筛板吸收管　　玻璃筛板吸收瓶

图 7-7　气体吸收管（瓶）

1.气泡吸收管

这种吸收管可装 5~10 ml 吸收液,采样流量为 0.5~2.0 L/min,适用于采集气态和蒸气态物质。对于气溶胶态物质,因不能像气态分子那样快速扩散到气液界面上,故吸收效率差。

2. 冲击式吸收管

这种吸收管有小型(装 5~10 ml 吸收液,采样流量为 3.0 L/min)和大型(装 50~100 ml 吸收液,采样流量为 30 L/min)两种规格,适宜采集气溶胶态物质。因为该吸收管的进气管喷嘴孔径小,距瓶底又很近,当被采气样快速从喷嘴喷出冲向管底时,则气溶胶颗粒因惯性作用冲击到管底被分散,从而易被吸收液吸收。冲击式吸收管不适合采集气态和蒸气态物质,因为气体分子的惯性小,在快速抽气情况下,容易随空气一起跑掉。

3. 多孔筛板吸收管(瓶)

吸收管可装 5~10 ml 吸收液,采样流量为 0.1~1.0 L/min。吸收瓶有小型(装 10~30 ml 吸收液,采样流量为 0.5~2.0 L/min)和大型(装 50~100 ml 吸收液,采样流量 30 L/min)两种。气样通过吸收管(瓶)的筛板后,被分散成很小的气泡,且阻留时间长,大大增加了气液接触面积,从而提高了吸收效果。它们除适合采集气态和蒸气态物质外,也能采集气溶胶态物质。

(二)填充柱阻留法

填充柱是用一根长 6~10 cm、内径 3~5 mm 的玻璃管或塑料管,内装颗粒状或纤维状填充剂制成。采样时,让气样以一定流速通过填充柱,则欲测组分因吸附、溶解或化学反应等作用被阻留在填充剂上,达到浓缩采样的目的。采样后,通过解吸或溶剂洗脱,使被测组分从填充剂上释放出来进行测定。根据填充剂阻留作用的原理,可分为吸附型、分配型和反应型三种类型。

1.吸附型填充柱

这种柱的填充剂是颗粒状固体吸附剂,如活性炭、硅胶、分子筛、高分子多孔微球等。它们都是多孔性物质,比表面积大,对气体和蒸气有较强的吸附能力。有两种表面吸附作用,一种是由于分子间引力引起的物理吸附,吸附力较弱;另一种是由于剩余价键力引起的化学吸附,吸附力较强。极性吸附剂如硅胶等,对极性化合物有较强的吸附能力;非极性吸附剂如活性炭等,对非极性化合物有较强的吸附能力。一般说来,吸附能力越强,采样效率越高,但这往往会给解吸带来困难。因此,在选择吸附剂时,既要考虑吸附效率,又要考虑易于解吸。

2. 分配型填充柱

这种填充柱的填充剂是表面涂高沸点有机溶剂(如异十三烷)的惰性多孔颗粒物(如硅藻土),类似于气液色谱柱中的固定相,只是有机溶剂的用量比色谱固定相大。当被采集气样通过填充柱时,在有机溶剂(固定液)中分配系数大的组分保留在填充剂上而被富集。例如,空气中的有机氯农药(六六六、DDT 等)和多氯联苯(PCB)多以蒸气或气溶胶态存在,用溶液吸收法采样效率低,但用涂渍 5%甘油的硅酸铝载体填充剂采样,采集效率可达90%~100%。

3. 反应型填充柱

这种柱的填充剂是由惰性多孔颗粒物(如石英砂、玻璃微球等)或纤维状物(如滤纸、玻璃棉等)表面涂渍能与被测组分发生化学反应的试剂制成。也可以用能和被测组分发生化学反应的纯金属(如 Au、Ag、Cu 等)丝毛或细粒作填充剂。气样通过填充柱时,被测组分在填充剂表面因发生化学反应而被阻留。采样后,将反应产物用适宜溶剂洗脱或加热吹气解吸下来进行分析。例如,空气中的微量氨可用装有涂渍硫酸的石英砂填充柱富集。采样后,用水洗脱下来测定之。反应型填充柱采样量和采样速度都比较大,富集物稳定,对气态、蒸气态和气溶胶态物质都有较高的富集效率。

(三)滤料阻留法

该方法是将过滤材料(滤纸、滤膜等)放在采样夹上(见图 7-8),用抽气装置抽气,则空气中的颗粒物被阻留在过滤材料上,称量过滤材料上富集的颗粒物质量,根据采样体积,即可计算出空气中颗粒物的浓度。

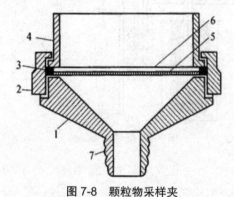

图 7-8　颗粒物采样夹
1.底座;2.紧固圈;3.密封圈;4.接座圈;5.支撑网;6.滤膜;7.抽气接口

滤料采集空气中气溶胶颗粒物基于直接阻截、惯性碰撞、扩散沉降、静电引力和重力沉降等作用。滤料的采集效率除与自身性质有关外,还与采样速度、颗粒物的大小等因素有关。低速采样,以扩散沉降为主,对细小颗粒物的采集效率高;高速采样,以惯性碰撞作用为主,对较大颗粒物的采集效率高。空气中的大小颗粒物是同时并存的,当采样速度一定时,就可能使一部分粒径小的颗粒物采集效率偏低。此外,在采样过程中,还可能发生颗粒物从滤料上弹回或吹走现象,特别是采样速度大的情况下,颗粒大、质量重粒子易发生弹回现象;颗粒小的粒子易穿过滤料被吹走,这些情况都是造成采集效率偏低的原因。

常用的滤料有纤维状滤料,如滤纸、玻璃纤维滤膜、过氯乙烯滤膜等;筛孔状滤料,如微孔滤膜、核孔滤膜、银薄膜等。滤纸的孔隙不规则且较少,适用于金属尘粒的采集。因滤纸吸水性较强,不宜用于重量法测定颗粒物浓度。玻璃纤维滤膜吸湿性小,耐高温,耐腐蚀,通气阻力小,采集效率高,常用于采集悬浮颗粒物,但其机械强度差,某些元素含量较高。聚氯乙烯或聚苯乙烯等合成纤维膜通气阻力小,并可用有机溶剂溶解成透明溶液,便于进行颗粒物分散度及颗粒物中化学组分的分析。微孔滤膜是由硝酸(或醋酸)纤维素制成的多孔性薄膜,孔径细小、均匀,重量轻,金属杂质含量极微,溶于多种有机溶剂,尤其适用于采集分析金属的气溶胶。核孔滤膜是将聚碳酸酯薄膜覆盖在铀箔上,用中子流轰击,使铀核分裂产生的碎片穿过薄膜形成微孔,再经化学腐蚀处理制成。这种膜薄而光滑,机械强度好,孔径均匀,不亲水,适用于精密的重量分析,但因微孔呈圆柱状,采样效率较微孔滤膜低。银薄膜由微细的银粒烧结制成,具有与微孔滤膜相似的结构,它能耐400℃高温,抗化学腐蚀性强,适用于采集酸、碱气溶胶及含煤焦油、沥青等挥发性有机物的气样。

(四)低温冷凝法

空气中某些沸点比较低的气态污染物质,如烯烃类、醛类等,在常温下用固体填充剂等方法富集效果不好,而低温冷凝法可提高采集效率。

低温冷凝采样法是将 U 形或蛇形采样管插入冷阱(见图 7-9)中,当空气流经采样管时,被测组分因冷凝而凝结在采样管底部。如用气相色谱法测定,可将采样管仪器进气口连接,移去冷阱,在常温或加热情况下气化,进入仪器测定。

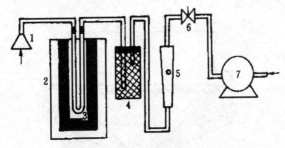

图 7-9　低温冷凝采样

致冷的方法有半导体致冷器法和致冷剂法。常用致冷有冰(0℃)、冰-盐水(-10℃)、干冰-乙醇(-72℃)、干冰(-78.5℃)、液氧(-183℃)、液氮(-196℃)等。

低温冷凝采样法具有效果好、采样量大、利于组分稳定等优点,但空气中的水蒸气、二氧化碳,甚至氧也会同时冷凝下来,在气化时,这些组分也会气化,增大了气体总体积,从而降低浓缩效果,甚至干扰测定。为此,应在采样管的进气端装置选择性过滤器(内装过氯酸镁、碱石棉、氯化钙等),以除去空气中的水蒸气和二氧化碳等。但所用干燥剂和净化剂不能与被测组分发生作用,以免引起被测组分损失。

(五)静电沉降法

空气样品通过 12 000~20 000 V 电场时,气体分子电离,所产生的离子附着在气溶胶颗粒上,使颗粒带电,并在电场作用下沉降到收集极上,然后将收集极表面的沉降物洗下,供分析用。这种采样方法不能用于易燃、易爆的场合。

(六)扩散(或渗透)法

该方法用于在个体采样器中,采集气态和蒸气态有害物质。采样时不需要抽气动力,而是利用被测污染物质分子自身扩散或渗透到达吸收层(吸收剂、吸附剂或反应性材料)被吸附或吸收,又称无动力采样法。这种采样器体积小轻便,可以佩戴在人身上,跟踪人的活动,用作人体接触有害物质量的监测。

(七)自然积集法

这种方法是利用物质的自然重力、空气动力和浓差扩散作用采集空气中的被测物质,如自然降尘量、硫酸盐化速率、氟化物等空气样品的采集。采样不需动力设备,简单易行,且采样时间长,测定结果能较好地反映空气污染情况。下面举两个实例。

1. 降尘试样采集

采集空气中降尘的方法分为湿法和干法两种,其中,湿法应用更为普遍。

湿法采样是在一定大小的圆筒形玻璃(或塑料、瓷、不锈钢)缸中加入一定量的水,放置在距地面 5~12 m 高,附近无高大建筑物及局部污染源的地方(如空旷的屋顶上),采样口距基础面 1~1.5 m,以避免顶面扬尘的影响。我国集尘缸的尺寸为内径 15 cm、高 30 cm,一般加水 100~300 ml(视蒸发量和降雨量而定)。为防止冰冻和抑制微生物及藻类的生长,保持缸底湿润,需加入适量乙二醇。采样时间为 30±2 天,多雨季节注意及时更换集尘缸,防止水满溢出。各集尘缸采集的样品合并后测定。

干法采样一般使用标准集尘器(见图 7-10)。夏季也需加除藻剂。我国干法采样用的集尘缸示于图 7-11,在缸底放入塑料圆环,圆环上再放置塑料筛板。

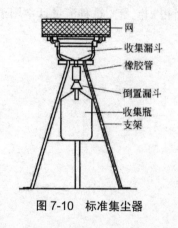

图 7-10 标准集尘器   图 7-11 干法采样集尘缸

2. 硫酸盐化速率试样的采集

硫酸盐化速率常用的采样方法有二氧化铅法和碱片法。二氧化铅采样法是将涂有二氧化铅糊状物的纱布绕贴在素瓷管上,制成二氧化铅采样管,将其放置在采样点上,则空气中的二氧化硫、硫酸雾等与二氧化铅反应生成硫酸铅。碱片法是将用碳酸钾溶液浸渍过的玻璃纤维滤膜置于采样点上,则空气中的二氧化硫、硫酸雾等与碳酸反应生成硫酸盐而被采集。

(八)综合采样法

空气中的污染物并不是以单一状态存在的,可采用不同采样方法相结合的综合采样法,将不同状态的污染物同时采集下来。例如,在滤料采样夹后接上液体吸收管或填充柱采样管,则颗粒物收集在滤料上,而气体污染物收集在吸收管或填充柱中。又如,无机氟化物以气态(HF、SiF_4)和颗粒态(NaF、CaF_2 等)存在,两种状态毒性差别很大,需分别测定,此时可将两层或三层滤料串联起来采集之。第一层用微孔滤膜,采集颗粒态氟化物;第二层用碳酸钠浸渍的滤膜采集气态氟化物。

三、采样仪器

(一)组成部分

空气污染物监测多采用动力采样法,其采样器主要由收集器、流量计和采样动力三部分组成。

1. 收集器

收集器是捕集空气中欲测污染物的装置。前面介绍的气体吸收管(瓶)、填充柱、滤料、冷凝采样管等都是收集器,需根据被捕集物质的存在状态、理化性质等选用。

2. 流量计

流量计是测量气体流量的仪器,而流量是计算采气体积的参数。常用的流量计有皂膜流量计、孔口流量计、转子流量计、临界孔稳流器和湿式流量计。

皂膜流量计(图 7-12)是一根标有体积刻度的玻璃管,管的下端有一支管和装满肥皂水的橡皮球,当挤压橡皮球时,肥皂水液面上升,由支管进来的气体便吹起皂膜,并在玻璃管内缓慢上升,准确记录通过一定体积气体所需时间,即可得知流量。这种流量计常用于校正其他流量计,在很宽的流量范围内,误差皆小于 1%。

图 7-12　皂膜流量计

孔口流量计(图 7-13)有隔板式和毛细管式两种。当气体通过隔板或毛细管小孔时,因阻力而产生压力差;气体流量越大,阻力越大,产生的压力差也越大,由下部的 U 形管两侧的液柱差可直接读出气体的流量。

转子流量计(图 7-14)由一个上粗下细的锥形玻璃管和一个金属制转子组成。当气体由玻璃管下端进入时,由于转子下端的环形孔隙截面积大于转子上端的环形孔隙截面积,所以转子下端气体的流速小于上端的流速,下端的压力大于上端的压力,使转子上升,直到上、下两端压力差与转子的重量相等时,转子停止不动。气体流量越大,转子升得越高,可直接从转子上沿位置读出流量。当空气湿度大时,需在进气口前连接一个干燥管,否则,转子吸附水分后重量增加,影响测量结果。

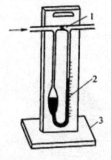

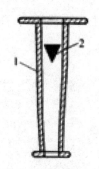

图 7-13 孔口流量计

1.隔板;2.液柱;3.支架

图 7-14 转子流量计

1.锥形玻璃管;2.转子

临界孔是一根长度一定的毛细管,当空气流通过毛细孔时,如果两端维持足够的压力差,则通过小孔的气流就能保持恒定,此时为临界状态流量,其大小取决于毛细管孔径大小。这种流量计使用方便,广泛用于空气采样器和自动监测仪器上控制流量。临界孔可以用注射器针头代替,其前面应加除尘过滤器,防止小孔被堵塞。

3.采样动力

采样动力为抽气装置,要根据所需采样流量、收集器类型及采样点的条件进行选择,并要求其抽气流量稳定、连续运行能力强、噪声小和能满足抽气速度要求。

注射器、连续抽气筒、双连球等手动采样动力适用于采气量小、无市电供给的情况。对于采样时间较长和采样速度要求较大的场合,需要使用电动抽气泵,如薄膜泵、电磁泵、刮板泵及真空泵等。

薄膜泵的工作原理是:用微电机通过偏心轮带动夹持在泵体上的橡皮膜进行抽气。当电机转动时,橡皮膜就不断地上下移动;上移时,空气经过进气活门吸入,出气活门关闭;下移时,进气活门关闭,空气由出气活门排出。薄膜泵是一种轻便的抽气泵,采气流量为 0.5~3.0 L/min,广泛用于空气采样器和空气自动分析仪器上。

电磁泵是一种将电磁能量直接转换成被输送流体能量的小型抽气泵,其工作原理是:由于电磁力的作用,使振动杆带动橡皮泵室作往复振动,不断地开启或关闭泵室内的膜瓣,使泵室内造成一定的真空或压力,从而起到抽吸和压送气体的作用,其抽气流量为 0.5~1.0 L/min。这种泵不用电机驱动,克服了电机电刷易磨损,线圈发热等缺点,提高了连续运行能力,广泛用于抽气阻力不大的采样器和自动分析仪器上。

刮板泵和真空泵用功率较大的电机驱动,抽气速率大,常作为采集空气中颗粒物的动力。

(二)专用采样器

将收集器、流量计、抽气泵及气样预处理、流量调节、自动定时控制等部件组装在一起,就构成专用采样装置。有多种型号的商品空气采样器出售,按其用途可分为空气采样器、颗粒物采样器和个体采样器。

1. 空气采样器

用于采集空气中气态和蒸气态物质,采样流量为 0.5~2.0 L/min,一般可用交、直流两种电源供电,其工作原理如图 7-15(携带式)所示。

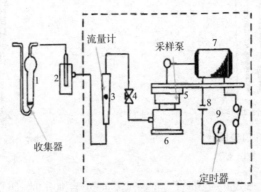

图 7-15　携带式采样器工作原理

1. 吸收管;2. 滤水阱;3. 转子流量计;4. 流量调节阀;5. 抽气泵;6. 稳流器;7. 电动机;8. 电源;9. 定时器

2. 颗粒物采样器

颗粒物采样器有总悬浮颗粒物(TSP)采样器和可吸入颗粒物(PM10)采样器。

(1)总悬浮颗粒物采样器:这种采样器按其采气流量大小分为大流量(1.1~1.7 m³/min)和中流量(50~150 L/min)和小流量(10~15 L/min)三种类型。

大流量采样器由滤料采样夹、抽气风机、流量记录仪、计时器及控制系统、壳体等组成。滤料夹可安装 20×25 cm² 的玻璃纤维滤膜,以 1.1~1.7 m³/min 流量采样 8-24 小时。当采气量达 1 500~2 000 m³ 时,样品滤膜可用于测定颗粒物中的金属、无机盐及有机污染物等组分。

中流量采样器由采样夹、流量计、采样管及采样泵等组成。这种采样器的工作原理与大流量采样器相似,只是采样夹面积和采样流量比大流量采样器小。我国规定采样夹有效直径为 80 mm 或 100 mm。当用有效直径 80 mm 滤膜采样时,采气流量控制在 7.2~9.6 m³/h;用 100 mm 滤膜采样时,流量控制在 11.3~15 m³/h。

(2)可吸入颗粒物采样器:采集可吸入颗粒物(PM10)广泛使用大流量采样器。在连续自动监测仪器中,可采用静电捕集法、β 射线吸收法或光散射法直接测定 PM10 浓度。但不论哪种采样器都装有分离粒径大于 10 μm 颗粒物的装置(称为分尘器或切割器)。分尘器有旋风式、向心式、撞击式等多种。它们又分为二级式和多级式。前者用于采集粒径 10 μm 以下的颗粒物,后者可分级采集不同粒径的颗粒物,用于测定颗粒物的粒度分布。

二级旋风分尘器的工作原理如图 7-16 所示。空气以高速度沿 180° 渐开线进入分尘器的圆筒内,形成旋转气流,在离心力的作用下,将颗粒物甩到筒壁上并继续向下运动,粗颗粒在不断与筒壁撞击中失去前进的能量而落入大颗粒物收集器内,细颗粒随气流沿气体排出管上升,被过滤器的滤膜捕集,从而将粗、细颗粒物分开。

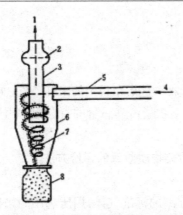

图 7-16 旋风分尘器原理示意图

1.空气出口;2.滤膜;3.气体排出管;4.空气入口;5.气体导管;6.圆筒体;7.旋转气流轨线;8.大粒子收集器

　　向心式分尘器的工作原理:当气流从小孔高速喷出时,因所携带的颗粒物大小不同,惯性也不同,颗粒物质量越大,惯性越大。不同粒径的颗粒物各有一定的运动轨线,其中,质量较大的颗粒物运动轨线接近中心轴线,最后进入锥形收集器被底部的滤膜收集;小颗粒物惯性小,离中心轴线较远,偏离锥形收集器入口,随气流进入下一级。第二级的喷嘴直径和锥形收集器的入口孔径变小,二者之间距离缩短,使小一些的颗粒物被收集。第三级的喷嘴直径和锥形收集器的入口孔径又比第二级小,其间距离更短,所收集的颗粒物更细。如此经过多级分离,剩下的极细颗粒物到达最底部,被夹持的滤膜收集。

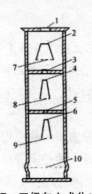

图 7-17 三级向心式分尘器原理

1、3、5.气流喷孔;2、4、6.锥形收集器;7、8、9、10.滤膜

　　(3)个体剂量器:主要用于研究空气污染物对人体健康的危害。其特点是体积小、重量轻,佩戴在人体上可以随人的活动连续地采样,反映人体实际吸入的污染物量。扩散法采样剂量器由外壳、扩散层和收集剂三部分组成,其工作原理是空气通过剂量器外壳通气孔进入扩散层,则被收集组分分子也随之通过扩散层到达收集剂表面被吸附或吸收。收集剂为吸附剂、化学试剂浸渍的惰性颗粒物质或滤膜,如用吗啉浸渍的滤膜可采集大气中的 SO_2 等。渗透法采样剂量器由外壳、渗透膜和收集剂组成。渗透膜为有机合成薄膜,如硅酮膜等;收集剂一般用吸收液或固体吸附剂,装在具有渗透膜的盒内,气体分子通过渗透膜到达收集剂被收集,如空气中的 H_2S 通过二甲基硅酮膜渗透到含有乙二胺四乙酸二钠的 0.2

mol/L 氢氧化钠溶液而被吸收。

四、采样效率

采样方法或采样器的采样效率是指在规定的采样条件(如采样流量、污染物浓度范围、采样时间等)下所采集到的污染物量占其总量的百分数。由于污染物的存在状态不同,评价方法也不同。

(一)采集气态和蒸气态污染物质效率的评价方法

1.绝对比较法

精确配制一个已知浓度为 c_0 的标准气体,用所选用的采样方法采集,测定被采集的污染物浓度(c_1),其采样效率(K)为:

$$K = \frac{c_1}{c_0} \times 100\%$$

用这种方法评价采样效率虽然比较理想,但因配制已知浓度的标准气有一定困难,往往在实际应用时受到限制。

2.相对比较法

配制一个恒定的但不要求知道待测污染物准确浓度的气体样品,用 2~3 个采样管串联起来:采集所配制的样品。采样结束后,分别测定各采样管中污染物的浓度,其采样效率(K)为:

$$K = \frac{C_1}{C_1 + C_2 + C_3} \times 100\%$$

式中,C_1、C_2、C_3 分别为第一、第二和第三个采样管中污染物的实测浓度。

用此法计算采样效率时,要求第二管和第三管的浓度之和与第一管比较是极小的,这样三个管浓度之和就近似于所配制的气体浓度。

(二)采集颗粒物效率的评价方法

对颗粒物的采集效率有两种表示方法。一种是用采集颗粒数效率表示,即所采集到的颗粒物粒数占总颗粒物数的百分数。另一种是质量采样效率,即所采集到的颗粒物质量占颗粒物总质量的百分数。只有全部颗粒物的大小相同时,这两种采样效率在数值上才相等,但是,实际上这种情况是不存在的,而粒径几微米以下的小颗粒物的颗粒数总是占大部分,而按质量计算却只占很小部分,故质量采样效率总是大于颗粒数采样效率。在空气监测中,评价采集颗粒物方法的采样效率多用质量采样效率表示。

评价采集颗粒物方法的效率与评价采集气态和蒸气态物质采样效率的方法有很大不同。一是配制已知颗粒物浓度的气体在技术上比配制气态和蒸气态物质标准气体要复杂得多,而且颗粒物粒度范围很大,很难在实验室模拟现场存在的气溶胶各种状态。二是滤料采样就像滤筛一样,能漏过第一张滤料的细小颗粒物,也有可能会漏过第二张或第三张滤料,因此用相对比较法评价颗粒物的采样效率就有困难。为此,评价滤纸或滤膜的采样效率一般用另一个已知采样效率高的方法同时采样,或串联在它的后面进行比较得知。

五、采样记录

采样记录与实验室分析测定记录同等重要。不重视采样记录,往往会导致一大批监测数据无法统计而报废。采样记录的内容有:被测污染物的名称及编号;采样地点和采样时间;采样流量和采样体积;采样时的温度、大气压力和天气情况;采样仪器和所用吸收液;采样者、审核者姓名。

任务三　工业废气指标测定

技能训练 1.烟气黑度的测定——林格曼图法

一、实验目的

(1)了解燃煤锅炉外排废气黑度基本情况。
(2)掌握燃煤锅炉外排废气黑度监测技能。

二、实验依据与原理

1. 实验依据
HJ/T398-2007《固定污染源排放烟气黑度的测定林格曼烟气黑度图法》
2. 实验原理
林格曼图是用来衡量烟气黑度级别的,共有 6 级,从 0 至 5 级。把林格曼烟气黑度标准图放在林格曼光电测烟望远镜中,将望远镜放置到适当的位置,望远镜将观测到的烟气黑度与标准图对比,得出结果。

三、仪器与试剂

苏州青安仪器公司 QT201B 型林格曼光电测烟望远镜、风速、风向仪。

四、实验过程

(一)林格曼烟气浓度图测试原理及方法
根据国家环保总局《空气和废气监测分析方法》(第四版)林格曼黑度图法(B),其测试原理和方法如下:
1.测试原理
将林格曼烟气浓度图放置在适当位置,使图上的黑度与烟气的黑度(或不透光度)相比较,凭视觉进行评价。林格曼图是由 14 cm×21 cm 的黑度不同的六小块组成的,根据黑色条格在整个小块中所占的面积百分数分成 0 至 5 的林格曼级数。0 级为全白,5 级为全黑,1

级是黑色条格占整块面积的 20%,2 级占 40%,以此类推。

2.测试方法

观察前将安装好的林格曼烟气浓度图及其三脚架放置在平稳的地方,使用时图面上不加任何覆盖层。在观测时,应使图面面向观测者,尽可能使图位于观察者至烟囱顶部的连线上,并使图与烟气有相同的天空背景。图距观察者应有足够距离,可以使图上的线条看起来消失,从而使每个方块有均匀的黑度。观察时应将离开烟囱的烟的黑度与图上的黑度进行比较,记下烟气的林格曼级数,及这种黑度烟的持续排放时间。如果烟气黑度处在两个林格曼级之间,可估计一个 1/2 或 1/4 林格曼级数。观察烟气力求在比较均匀的天空照明下进行,光线不应来自观察者的前方或后方,如果在阴霾的情况下观察,应该在读数时根据经验取稍微偏低的级数。观察烟气的仰视角应尽可能低,尽量避免在过于陡峭的角度下观察。

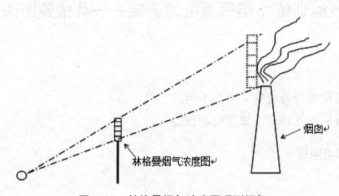

图 7-18　林格曼烟气浓度图观测烟气

(二)测烟望远镜测试方法

根据国家环保总局《空气和废气监测分析方法》(第四版)测烟望远镜法(B),其测试原理和方法如下:

1.测试原理

物镜把烟气的像成在带有林格曼烟气浓度图的玻璃上,人眼通过目镜看到林格曼烟气浓度图及烟气的像。

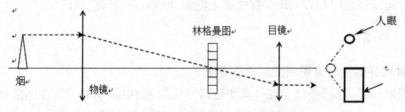

图 7-19　测烟望远镜烟气黑度测试原理

2.测试方法

把测烟望远镜安装到三脚架上,观察时应当使眼睛距离观察孔 2~3 cm。使用时先调整目镜,将目镜调节窗盖旋松后,露出目镜调节圈,调节目镜调节圈,使林格曼烟气浓度图清晰。烟气黑度与烟尘采样应同时进行。最少连续观测 20 分钟,每分钟读取 2 个观测值。观测者站在与烟囱距离约 30~80 米的无障碍物阻挡处,将林格曼测烟望远镜对准烟囱。然后将林格曼烟气浓度图上的各个黑度色与离烟囱口 30~45 米处的排气黑度进行比较,观测到烟气黑度与林格曼图上哪一个黑度色相一致时,即可直接读出被测排气的黑度,并且将排气持续时间记录下来。观测者应使照射光线与视线呈直角,排气的流向与观测者视线垂直。如果在天气背景较暗的情况下观察,应该在读数时根据经验取稍微偏低的级数。如果烟气黑度处在两个林格曼级之间,可估计一个 1.5 或 1.25 林格曼级数。观察烟气的仰视角应尽可能低,尽量避免在过于陡峭的角度下观察。对于随时间变化大的排烟源烟气的观察,要按它的变化时间来记录黑度,在这种场合表示浓度的方法称"烟气浓度率"。就是在一定观测的总时间内,把所观测到的各个黑度数、以各个黑度持续时间、再乘以 20 后的得数、即为被测污染源所排出的烟气浓度率。

技能训练 2.光化学氧化剂的测定

总氧化剂是空气中除氧以外的那些显示有氧化性质的物质,一般指能氧化碘化钾析出碘的物质,主要有臭氧、过氧乙酰硝酸酯、氮氧化物等。光化学氧化剂是指除去氮氧化物以外的能氧化碘化钾的物质,二者的关系为:

光化学氧化剂=总氧化剂-0.269× 氮氧化物

式中 0.269 为 NO_2 的校正系数,即在采样后 4~6 h 内,有 26.9%的 NO_2 与碘化钾反应。因为采样时在吸收管前安装了铬酸-石英砂氧化管,将 NO 等低价氮氧化物氧化成 NO_2,所以式中使用空气中 NO_x 总浓度。

测定空气中光化学氧化剂常用硼酸碘化钾分光光度法,其原理基于:用硼酸碘化钾吸收液吸收空气中的臭氧及其他氧化剂,吸收反应如下:

$O_3 + 2I^- + 2H^+ = I_2 + O_2 + H_2O$

碘离子被氧化析出碘分子的量与臭氧等氧化剂有定量关系,于 352 nm 处测定游离碘的吸光度,与标准色列吸光度比较,可得总氧化剂浓度,扣除 NO_x 参加反应的部分后,即为光化学氧化剂的浓度。

实际测定时,以硫酸酸化的碘酸钾(准确称量)-碘化钾溶液作 O_3 标准溶液(以 O_3 计)配制标准系列,在 352 nm 波长处以蒸馏水为参比测其吸光度,以吸光度对相应的 O_3 浓度绘制标准曲线,或者用最小二乘法建立标准曲线的回归方程式。然后,在同样操作条件下测定气样吸收液的吸光度,按下式计算光化学氧化剂的浓度:

$$光化学氧化剂(O_3,mg/m^3) = \frac{[(A_1 - A_0) - a]}{b \cdot V_n \cdot K} - 0.269 \cdot c$$

式中 A_1——气样吸收液的吸光度;

A_0——试剂空白溶液的吸光度;

a——回归方程式的截距;

b——标准曲线的斜率(吸光度/$\mu g O_3$);

V_n——标准状况下的采样体积(L);

K——采样吸收效率(%,用相对比较法测定);

c——同步测定气样中 NO_x 的浓度(NO_2 mg/m³)。

用碘酸钾溶液代替 O_3 标准溶液的反应如下:

$$KIO_3+5KI+3H_2SO_4=3I_2+3K_2SO_4+3H_2O$$

当标准曲线不通过原点而与横坐标相交时,表示标准溶液中存在还原性杂质,可加入适量过氧化氢氧化之。

应注意,铬酸-石英砂氧化管使用前必须通入高浓度 O_3(如 1 ml/m³,可抽入紫外灯下的空气)老化,否则,采样时 O_3 损失可达 50%~90%。

本方法检出限为 0.019 mg/L(按与吸光度 0.01 相对应的 O_3 浓度计);当采样 30 L 时,最低检测浓度为 0.006 mg/m³。

技能训练 3.臭氧的测定

臭氧是最强的氧化剂之一,它是空气中的氧在太阳紫外线的照射下或受雷击形成的。臭氧具有强烈的刺激性,在紫外线的作用下,参与烃类和 NO_x 的光化学反应。同时,臭氧又是高空大气的正常组分,能强烈吸收紫外光,保护人和生物免受太阳紫外光的辐射。但是,O_3 超过一定浓度,对人体和某些植物生长会产生一定危害。近地面层空气中可测到 0.04-0.1 mg/m³ 的 O_3。

目前测定空气中 O_3 广泛采用的方法有硼酸碘化钾分光光度法、靛蓝二磺酸钠分光光度法、化学发光法和紫外线吸收法。其中,化学发光法和紫外线吸收法多用于自动监测。

(一)硼酸碘化钾分光光度法

该方法为用含有硫代硫酸钠的硼酸碘化钾溶液作吸收液采样,空气中的 O_3 等氧化剂氧化碘离子为碘分子,而碘分子又立即被硫代硫酸钠还原,剩余硫代硫酸钠加入过量碘标准溶液氧化,剩余碘于 352 nm 处以水为参比测定吸光度。同时采集零气(除去 O_3 的空气),并准确加入与采集空气样品相同量的碘标准溶液,氧化剩余的硫代硫酸钠,于 352 nm 测定剩余碘的吸光度,则气样中剩余碘的吸光度减去零气样剩余碘的吸光度即为气样中 O_3 氧化碘化钾生成碘的吸光度。根据标准曲线建立的回归方程式,按下式计算气样中 O_3 的浓度:

$$O_3(mg/l)=\frac{f\cdot[(A_1-A_2)-a]}{b\cdot V_n}$$

式中 A_1——总氧化剂样品溶液的吸光度;

A_2——零气样品溶液的吸光度;

f——样品溶液最后体积与系列标准溶液体积之比;

a——回归方程式的截距;

b——回归方程式的斜率(吸光度/$\mu g O_3$);

V_n——标准状况下的采样体积(L)。

SO_2、H_2S 等还原性气体干扰测定,采样时应串接铬酸管消除。在氧化管和吸收管之间串联 O_3 过滤器(装有粉状二氧化锰与玻璃纤维滤膜碎片的均匀混合物)同步采集空气样品即为零气样品。采样效率受温度影响,实验表明,25℃时采样效率可达100%,30℃达96.8%。还应注意,样品吸收液和试剂溶液都应放在暗处保存。

本方法检出限和最低检测浓度同总氧化剂的测定方法。

(二)靛蓝二磺酸钠分光光度法

用含有靛蓝二磺酸钠的磷酸盐缓冲溶液作吸收液采集空气样品,则空气中的O_3与蓝色的靛蓝二磺酸钠发生等摩尔反应,生成靛红二磺酸钠,使之褪色,于610 nm波长处测其吸光度,用标准曲线法定量。

NO_2产生正干扰;SO_2、H_2S、PAN、HF分别高于750 μg/m³、110 μg/m³、1 800 μg/m³、2.5 μg/m³时也干扰O_3的测定,可根据具体情况采取消除或修正措施。

当采样5~30 L时,方法适用浓度范围为(0.030~1.200 mg)/m³。

技能训练 4.氟化物的测定

空气中的气态氟化物主要是氟化氢,也可能有少量氟化硅(SiF_4)和氟化碳(CF_4)。含氟粉尘主要是冰晶石(Na_3AlF_6)、萤石(CaF_2)、氟化铝(AlF_3)、氟化钠(NaF)及磷灰石[$3Ca_3$(PO_4)$_2 \cdot CaF_2$]等。氟化物污染主要来源于铝厂、冰晶石和磷肥厂、用硫酸处理萤石及制造和使用氟化物、氟氢酸等部门排放或逸散的气体和粉尘。氟化物属高毒类物质,由呼吸道进入人体,会引起黏膜刺激、中毒等症状,并能影响各组织和器官的正常生理功能。对于植物的生长也会产生危害,因此,人们已利用某些敏感植物监测空气中的氟化物。

测定空气中氟化物的方法有分光光度法、离子选择电极法等。离子选择电极法具有简便、准确、灵敏和选择性好等优点,是目前广泛采用的方法。

(一)滤膜采样-离子选择电极法

用在滤膜夹中装有磷酸氢二钾溶液浸渍的玻璃纤维滤膜或碳酸氢钠-甘油溶液浸渍的玻璃纤维滤膜的采样器采样,则空气中的气态氟化物被吸收固定,尘态氟化物同时被阻留在滤膜上。采样后的滤膜用水或酸浸取后,用氟离子选择电极法测定。

如需要分别测定气态、尘态氟化物时,第一层采样膜用孔径0.8 μm经柠檬酸溶液浸渍的纤维素酯微孔膜先阻留尘态氟化物,第二、三层用磷酸氢二钾浸渍过的玻璃纤维滤膜采集气态氟化物。用水浸取滤膜,测定水溶性氟化物;用盐酸溶液浸取,测定酸溶性氟化物;用水蒸气热解法处理采样膜,可测定总氟化物。采样滤膜均应分张测定。

另取未采样的浸取吸收液的滤膜3-4张,按照采样滤膜的测定方法测定空白值(取平均值),按下式计算氟化物的含量:

$$氟化物\left(F, \ \text{mg/m}^3 \right) = \frac{W_1 + W_2 - 2W_0}{V_n}$$

式中　W_1——上层浸渍膜样品中的氟含量(μg);

　　　W_2——下层浸渍膜样品中的氟含量(μg);

　　　W_0——空白浸渍膜样品中的氟含量(μg/张);

　　　V_n——标准状况下的采样体积(L)。

分别采集尘态、气态氟化物样品时,第一层采尘膜经酸浸取后,测得结果为尘态氟化物浓度,计算式如下:

$$酸溶性尘态氟化物\left(F,\ \mathrm{mg/m^3}\right)=\frac{W_3-W_0}{V_n}$$

式中　W_3——第一层采样膜中的氟含量(μg);

　　　W_0——采尘空白膜中平均含氟量(μg)。

(二)石灰滤纸采样-氟离子选择电极法

用浸渍氢氧化钙溶液的滤纸采样,则空气中的氟化物与氢氧化钙反应而被固定,用总离子强度调节剂浸取后,以离子选择电极法测定。

该方法将浸渍吸收液的滤纸自然暴露于空气中采样,对比前一种方法,不需要抽气动力,并且由于采样时间长(七天到一个月),测定结果能较好地反映空气中氟化物平均污染水平。按下式计算氟化物含量:

$$氟化物\left[F,\ \mu g/\left(100\ \mathrm{cm^2 \cdot d}\right)\right]=\frac{W-W_0}{S \cdot n}\times100$$

式中　W——采样滤纸中氟含量(μg);

　　　W_0——空白石灰滤纸中平均氟含量(μg/张);

　　　S——采样滤纸暴露在空气中的面积($\mathrm{cm^2}$);

　　　n——样品滤纸采样天数,准确至0.1 d。

技能训练 5.硫酸盐化速率的测定

污染源排放到空气中的SO_2、H_2S、H_2SO_4蒸气等含硫污染物,经过一系列氧化演变和反应,最终形成危害更大的硫酸雾和硫酸盐雾,这种演变过程的速度称为硫酸盐化速率。其测定方法有二氧化铅-重量法、碱片-重量法、碱片-离子色谱法和碱片-铬酸钡分光光度法等。

(一)二氧化铅-重量法

1. 原理

空气中的SO_2、硫酸蒸气、H_2S等与二氧化铅反应生成硫酸铅,用碳酸钠溶液处理,使硫酸铅转化为碳酸铅,释放出硫酸根离子,再加入$BaCl_2$溶液,生成$BaSO_4$沉淀,用重量法测定,结果以每日在100 $\mathrm{cm^2}$二氧化铅面积上所含SO_3的毫克数表示。最低检出浓度为0.05[$\mathrm{mgSO_3}$/($100\ \mathrm{cm^2 PbO_2 \cdot d}$)]。吸收反应式如下:

$$SO_2+PbO_2 \rightarrow PbSO_4$$
$$H_2S+PbO_2 \rightarrow PbO+H_2O+S$$
$$PbO_2+S+O_2 \rightarrow PbSO_4$$

2.测定要点

(1)PbO_2采样管制备:在素瓷管上涂一层黄蓍胶乙醇溶液,将适当大小的湿纱布平整地绕贴在素瓷管上,再均匀地刷上一层黄蓍胶乙醇溶液,除去气泡,自然晾至近干后,将PbO_2与黄蓍胶乙醇溶液研磨制成的糊状物均匀地涂在纱布上,涂布面积约100 $\mathrm{cm^2}$,晾干,移入干燥器存放。

（2）采样：将 PbO$_2$ 采样管固定在百叶箱中，在采样点上放置 30 ± 2 d。注意不要靠近烟囱等污染源；收样时，将 PbO$_2$ 采样管放入密闭容器中。

（3）测定：准确测量 PbO$_2$ 涂层的面积，将采样管放入烧杯中，用碳酸钠溶液淋湿涂层，洗涤液经搅拌放置后，加热并过滤；滤液加适量盐酸溶液，加热驱尽 CO$_2$ 后，滴加 BaCl$_2$ 溶液，至 BaSO$_4$ 沉淀完全，用恒重的玻璃砂芯坩埚过滤，并洗涤至滤液中不含氯离子。沉淀于 105℃下烘至恒重。同时，用空白采样管按同样操作测定试剂空白值，按下式计算测定结果：

$$\left[\text{硫酸盐化速率SO}_3\text{mg/}\left(100\text{ cm}^2\text{ PbO}_2\cdot\text{d}\right)\right]=\frac{(W_s-W_0)}{S\cdot n}\cdot\frac{SO_3}{BaSO_4}\times100$$

式中　W_s——样品管测得 BaSO$_4$ 的重量（mg）；

W_0——空白管测得 BaSO$_4$ 的重量（mg）；

S——采样管上 PbO$_2$ 涂层面积（cm^2）；

n——采样天数，准确至 0.1 d；

影响该方法测定结果的因素有：PbO$_2$ 的粒度、纯度和表面活性度；PbO$_2$ 涂层厚度和表面湿度；含硫污染物的浓度及种类；采样期间的风速、风向及空气温度、湿度等。

（二）碱片-重量法

将用碳酸钾溶液浸渍的玻璃纤维滤膜暴露于空气中，碳酸钾与空气中的 SO$_2$ 等反应生成硫酸盐，加入 BaCl$_2$ 溶液将其转化为 BaSO$_4$ 沉淀，用重量法测定。测定结果表示方法同二氧化铅法；方法最低检出浓度为 0.05 mgSO$_3$/（100 cm^2 碱片·d）。

（三）碱片-离子色谱法

该方法用碱片法采样，采样碱片经碳酸钠-碳酸氢钠稀溶液浸取后，获得样品溶液，注入离子色谱仪测定。

项目拓展与思考

——以固定污染源排气监测为例

空气污染源包括固定污染源和流动污染源。固定污染源又分为有组织排放源和无组织排放源。有组织排放源指烟道、烟囱及排气筒等。无组织排放源指设在露天环境中的无组织排放设施或无组织排放的车间、工棚等。它们排放的废气中既含有固态的烟尘和粉尘，也含有气态和气溶胶态的多种有害物质。流动污染源指汽车、火车、飞机、轮船等交通运输工具排放的废气，含有一氧化碳、氮氧化物、碳氢化合物、烟尘等。

（一）监测目的和要求

监测目的是：检查排放的废气有害物质含量是否符合国家或地方的排放标准和总量控制标准；评价净化装置及污染防治设施的性能和运行情况，为空气质量评价和管理提供依据。

进行监测时，要求生产设备处于正常运转状态下，对因生产过程而引起排放情况变化的污染源,应根据其变化特点和周期进行系统监测。

监测内容包括废气排放量、污染物质排放浓度及排放速率(kg/h)。

在计算废气排放量和污染物质排放浓度时,都使用标准状况下的干气体体积。

(二)采样点的布设

正确地选择采样位置,确定适当的采样点数目,是决定能否获得代表性的废气样品和尽可能地节约人力、物力的一项很重要的工作,应在调查研究的基础上,综合分析后确定。

1.采样位置

采样位置应选在气流分布均匀稳定的平直管段上,避开弯头、变径管、三通管及阀门等易产生涡流的阻力构件。一般原则是按照废气流向,将采样断面设在阻力构件下游方向大于 6 倍管道直径处或上游方向大于 3 倍管道直径处。即使客观条件难于满足要求,采样断面与阻力构件的距离也不应小于管道直径的 1.5 倍,并适当增加测点数目。采样断面气流流速最好在 5 m/s 以下。此外,由于水平管道中的气流速度与污染物的浓度分布不如垂直管道中均匀,所以应优先考虑垂直管道。还要考虑方便、安全等因素。

2.采样点数目

因烟道内同一断面上各点的气流速度和烟尘浓度分布通常是不均匀的,因此,必须按照一定原则进行多点采样。采样点的位置和数目主要根据烟道断面的形状、尺寸大小和流速分布情况确定。

(1)圆形烟道:在选定的采样断面上设两个相互垂直的采样孔。将烟道断面分成一定数量的同心等面积圆环,沿着两个采样孔中心线设四个采样点。若采样断面上气流速度较均匀,可设一个采样孔,采样点数减半。当烟道直径小于 0.3 m,且流速均匀时,可在烟道中心设一个采样点。不同直径圆形烟道的等面积环数、采样点数及采样点距烟道内壁的距离见表 7-7。

(2)矩形(或方形)烟道:将烟道断面分成一定数目的等面积矩形小块,各小块中心即为采样点位置。小矩形的数目可根据烟道断面的面积,按照表 7-8 所列数据确定。

表 7-7　圆形烟道的分环和各点距烟道内壁的距离

烟道直径(m)	分环数(个)	各测点距烟道内壁的距离(以烟道直径为单位)									
		1	2	3	4	5	6	7	8	9	10
<0.6	1	0.146	0.854								
0.6—1.0	2	0.067	0.250	0.750	0.933						
1.0—2.0	3	0.044	0.146	0.296	0.704	0.854	0.956				
2.0—4.0	4	0.033	0.105	0.194	0.323	0.677	0.806	0.895	0.967		
>4.0	5	0.026	0.082	0.146	0.226	0.342	0.658	0.774	0.854	0.918	0.974

表 7-8　矩(方)形烟道的分块和测点数

烟道断面积(m²)	等面积小块长边长(m)	测点数
0.1—0.5	<0.35	1—4
0.5—1.0	<0.50	4—6
1.0—4.0	<0.67	6—9
4.0—9.0	<0.75	9—16
>9.0	≤1.0	≤20

当水平烟道内积灰时,应从总断面面积中扣除积灰断面面积,按有效面积设置采样点。

在能满足测压管和采样管到达各采样点位置的情况下,尽可能地少开采样孔,一般开两个互成 90° 的孔。采样孔内径应不小于 80 mm,采样孔管长应不大于 50 mm。对正压下输送的高温或有毒废气的烟道应采用带有闸板阀的密封采样孔。

(三)基本状态参数的测量

烟道排气的体积、温度和压力是烟气的基本状态常数,也是计算烟气流速、颗粒物及有害物质浓度的依据。

1.温度的测量

对于直径小、温度不高的烟道,可使用长杆水银温度计。测量时,应将温度计球部放在靠近烟道中心位置,读数时不要将温度计抽出烟道外。

对于直径大、温度高的烟道,要用热电偶测温毫伏计测量。测温原理是将两根不同的金属导线连成闭合回路,当两接点处于不同温度环境时,便产生热电势,两接点温差越大,热电势越大。如果热电偶一个接点温度保持恒定(称为自由端),则热电偶的热电势大小便完全决定于另一个接点的温度(称为工作端),用毫伏计测出热电偶的热电势,可得知工作端所处的环境温度。根据测温高低,选用不同材料的热电偶。测量 800℃以下的烟气用镍铬-康铜热电偶;测量 1300℃以下烟气用镍铬-镍铝热电偶;测量 1 600℃以下的烟气用铂-铂铑热电偶。

2.压力的测量

烟气的压力分为全压(P_t)、静压(P_s)和动压(P_v)。静压是单位体积气体所具有的势能,表现为气体在各个方向上作用于器壁的压力。动压是单位体积气体具有的动能,是使气体流动的压力。全压是气体在管道中流动具有的总能量。在管道中任意一点上,三者的关系为: $P_t=P_s+P_v$,所以只要测出三项中任意两项,即可求出第三项。测量烟气压力常用测压管和压力计。

(1)测压管:常用的测压管有标准皮托管和 S 型皮托管。

标准皮托管是一根弯成 90° 的双层同心圆管,前端呈半圆形,前方有一开孔与内管相通,用来测量全压;在靠近前端的外管壁上开有一圈小孔,通至后端的侧出口,用来测量静压。标准皮托管具有较高的测量精度,但测孔很小,当烟气中颗粒物浓度大时,易被堵塞,适用于测量含尘量少的烟气。

S型皮托管由两根相同的金属管并联组成,其测量端有两个大小相等、方向相反的开口,测量烟气压力时,一个开口面向气流,接受气流的全压,另一个开口背向气流,接受气流的静压。由于气体绕流的影响,测得的静压比实际值小,因此,在使用前必须用标准皮托管进行校正。因开口较大,适用于测颗粒物含量较高的烟气。

(2)压力计:常用的压力计有U形压力计和斜管式微压计。

U形压力计是一个内装工作液体的U形玻璃管。常用的工作液体有水、乙醇、汞,视被测压力范围选用。用于测量烟气的全压和静压。

斜管式微压计由一截面积(F)较大的容器和一截面积(f)很小的玻璃管组成,内装工作溶液,玻璃管上有刻度,以指示压力读数。测压时,将微压计容器开口与测压系统压力较高的一端连接,斜管与压力较低的一端连接,则作用在两液面上的压力差使液柱沿斜管上升,指示出所测压力。斜管上的压力刻度是由斜管内液柱长度、斜管截面积、斜管与水平面夹角及容器截面积、工作溶液密度等参数计算得知的。这种微压计用于测量烟气动压。

(3)测量方法:先检查压力计液柱内有无气泡,微压计和皮托管是否漏气,然后按照图7-20(a)和图7-20(b)所示的连接方法分别测量烟气的动压和静压。其中,使用S型皮托管测量静压时,只用一路测压管,将其测量口插入测点,使测口平面平行于气流方向,出口端与U型压力计一端连接。

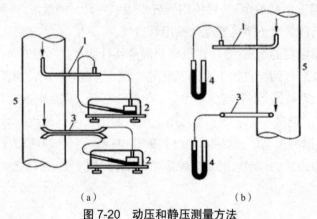

(a)   (b)

图7-20 动压和静压测量方法

1.标准皮托管;2.斜管式压力计;3.S型皮托管;4.U型压力计;5.烟道

3.流速和流量的计算

在测出烟气的温度、压力等参数后,按下式计算各测点的烟气流速(V_s):

$$V_s = K_p \cdot \sqrt{\frac{2P_v}{\rho}}$$

式中　V_s——烟气流速(m/s);

　　　K_p——皮托管校正系数;

　　　P_v——烟气动压(Pa);

　　　ρ——烟气密度(kg/m³)。

标准状况下的烟气密度(ρ_n)和测量状态下的烟气密度(ρ_s)分别按下式计算:

$$\rho_{\mathrm{n}} = \frac{M_{\mathrm{s}}}{22.4}$$

$$\rho_{\mathrm{s}} = \rho_{\mathrm{n}} \cdot \frac{273}{273 + t_{\mathrm{s}}} \cdot \frac{B_{\mathrm{a}} + P_{\mathrm{s}}}{101325}$$

将 ρ_{s} 代入烟气流速(v_{s})计算式得下式：

$$V_{\mathrm{s}} = 128.9 K_{\mathrm{p}} \sqrt{\frac{(273 + t_{\mathrm{s}}) P_{\mathrm{v}}}{M_{\mathrm{s}}(B_{\mathrm{a}} + P_{\mathrm{s}})}}$$

式中　M_{s}——烟气的分子量(kg/kmol)；

　　　t_{s}——烟气温度(℃)；

　　　B_{a}——大气压力(Pa)；

　　　P_{s}——烟气静压(Pa)。

当干烟气组分与空气近似,烟气露点温度在 35~55℃ 之间,烟气绝对压力在 97~103 kPa 之间时,v_{s} 可按下列简化式计算：

$$V_{\mathrm{s}} = 0.077 K_{\mathrm{p}} \cdot \sqrt{273 + t_{\mathrm{s}}} \cdot \sqrt{P_{\mathrm{v}}}$$

烟道断面上各测点烟气平均流速按下式计算：

$$\bar{V_{\mathrm{s}}} = \frac{V_1 + V_2 + \cdots + V_{\mathrm{n}}}{n} \text{ 或者 } \bar{V_{\mathrm{s}}} = 128.9 K_{\mathrm{p}} \cdot \sqrt{\frac{273 + t_{\mathrm{s}}}{M_{\mathrm{s}} \cdot (B_{\mathrm{a}} + P_{\mathrm{s}})}} \cdot \sqrt{\bar{P_{\mathrm{v}}}}$$

式中　$\bar{v_{\mathrm{s}}}$——烟气平均流速(m/s)；

　　　v_1、$v_2 \cdots v_{\mathrm{n}}$——断面上各测点烟气流速(m/s)；

　　　n——测点数；

　　　$\sqrt{\bar{P_{\mathrm{v}}}}$——各测点动压平方根的平均值。

烟气流量按下式计算：

$$Q_{\mathrm{s}} = 3\,600 \bar{V_{\mathrm{s}}} \cdot S$$

式中　Q_{s}——烟气流量(m³/h)；

　　　S——测定断面面积(m²)。

标准状况下干烟气流量按下式计算：

$$Q_{\mathrm{nd}} = Q_{\mathrm{s}} \cdot (1 - X_{\mathrm{w}}) \cdot \frac{B_{\mathrm{s}} - P_{\mathrm{s}}}{101\,325} \cdot \frac{273}{273 + t_{\mathrm{s}}}$$

式中　Q_{nd}——标准状况下烟气流量(m³/h)；

　　　P_{s}——烟气静压(Pa)；

　　　B_{a}——大气压力(Pa)；

　　　X_{w}——烟气含湿量体积百分数(%)。

(四)含湿量的测定

与空气相比,烟气中的水蒸气含量较高,变化范围较大,为便于比较,监测方法规定以除去水蒸气后标准状态下的干烟气为基准表示烟气中的有害物质的测定结果。含湿量的测定方法有重量法、冷凝法、干湿球法等。

1. 重量法

从烟道采样点抽取一定体积的烟气,使之通过装有吸收剂的吸收管,则烟气中的水蒸气被吸收剂吸收,吸收管的增重即为所采烟气中的水蒸气重量。其测定装置如图 7-21 所示。

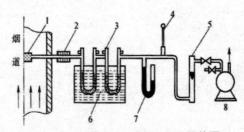

图 7-21　重量法测定烟气含湿量装置

1.过滤器;2.保温或加热器;3.吸湿管;4.温度计;5.流量计;6.冷却器;7.压力计;8.抽气泵

装置中的过滤器可防止颗粒物进入采样管;保温或加热装置可防止水蒸气冷凝;U 形吸收管由硬质玻璃制成,常装入的吸收剂有氯化钙、氧化钙、硅胶、氧化铝、五氧化二磷、过氯酸镁等。

烟气中的含湿量按下式计算:

$$X_{\mathrm{w}} = \frac{1.24 G_{\mathrm{w}}}{V_{\mathrm{d}} \cdot \dfrac{273}{273 + t_{\mathrm{r}}} \cdot \dfrac{B_{\mathrm{a}} + P_{\mathrm{r}}}{101\,325}} \times 100\%$$

式中　X_{w}——烟气中水蒸气的体积百分含量(%);

　　　G_{w}——吸湿管采样后增重(g);

　　　V_{d}——测量状况下抽取干烟气体积(L);

　　　t_{r}——流量计前烟气温度(℃);

　　　P_{r}——流量计前烟气表压(Pa);

　　　1.24——标准状况下 1 g 水蒸气的体积(L)。

2. 冷凝法

抽取一定体积的烟气,使其通过冷凝器,根据获得的冷凝水量和从冷凝器排出烟气中的饱和水蒸气量计算烟气的含湿量。该方法测定装置是将重量法测定装置中的吸湿管换成专制的冷凝器,其他部分相同。含湿量按下式计算:

$$X_{\mathrm{w}} = \frac{1.24 G_{\mathrm{w}} + V_{\mathrm{s}} \cdot \dfrac{P_{\mathrm{z}}}{B_{\mathrm{a}} + P_{\mathrm{r}}} \cdot \dfrac{273}{273 + t_{\mathrm{r}}} \cdot \dfrac{B_{\mathrm{a}} + P_{\mathrm{r}}}{101325}}{1.24 G_{\mathrm{w}} + V_{\mathrm{s}} \cdot \dfrac{273}{273 + t_{\mathrm{r}}} \cdot \dfrac{B_{\mathrm{a}} + P_{\mathrm{r}}}{101325}} \times 100\%$$

$$X_{\mathrm{w}} = \frac{461.4(273 + t_{\mathrm{r}}) G_{\mathrm{w}} + P_{\mathrm{z}} V_{\mathrm{s}}}{461.4(273 + t_{\mathrm{r}}) G_{\mathrm{w}} + (B_{\mathrm{r}} + P_{\mathrm{r}}) V_{\mathrm{s}}} \times 100\%$$

式中　G_{w}——冷凝器中的冷凝水量(g);

　　　V_{s}——测量状态下抽取烟气的体积(L);

　　　P_{z}——冷凝器出口烟气中饱和水蒸气压(Pa),可根据冷凝器出口气体温度(t_{r})从"不

同温度下水的饱和蒸气压"表中查知;

其他项含义同以前式。

3. 干湿球温度计法

烟气以一定流速通过干湿球温度计,根据干湿球温度计读数及有关压力计算含湿量。

(五)烟尘浓度的测定

1.原理

抽取一定体积烟气通过已知重量的捕尘装置,根据捕尘装置采样前后的重量差和采样体积,计算排气中烟尘浓度。测定排气烟尘浓度必须采用等速采样法,即烟气进入采样嘴的速度应与采样点烟气流速相等。采气流速大于或小于采样点烟气流速都将造成测定误差。图 7-22 示意出不同采样速度下烟尘运动情况。当采样速度(v_n)大于采样点的烟气流速(v_s)时,由于气体分子的惯性小,容易改变方向,而尘粒惯性大,不容易改变方向,所以采样嘴边缘以外的部分气流被抽入采样嘴,而其中的尘粒按原方向前进,不进入采样嘴,从而导致测量结果偏低;当采样速度(v_n)小于采样点的烟气流速(v_s)时,情况正好相反,使测定结果偏高;只有 $v_n=v_s$ 时,气体和烟尘才会按照它们在采样点的实际比例进入采样嘴,采集的烟气样品中烟尘浓度才与烟气实际浓度相同。

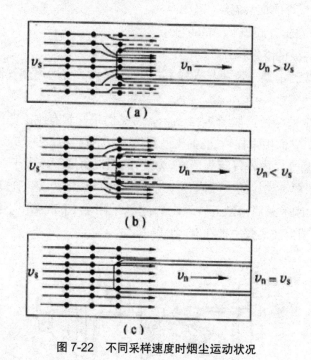

图 7-22　不同采样速度时烟尘运动状况

2. 采样类型

分为移动采样、定点采样和间断采样。移动采样是用一个捕集器在已确定的采样点上移动采样,各点采样时间相同,计算出断面上烟尘的平均浓度。定点采样是在每个测点上采一个样,求出断面上烟尘平均浓度,并可了解断面上烟尘浓度变化情况。间断采样适用于有周期性变化的排放源,即根据工况变化情况,分时段采样,求出时间加权平均浓度。

3. 等速采样方法

（1）预测流速（或普通采样管）法：该方法在采样前先测出采样点的烟气温度、压力、含湿量，计算出流速，再结合采样嘴直径计算出等速采样条件下各采样点的采样流量。采样时，通过调节流量调节阀按照计算出的流量采样。在流量计前装有冷凝器和干燥器的等速采样流量按下式计算：

$$Q_r' = 0.000\,47d^2 \cdot V_s \cdot \left(\frac{B_a + P_s}{273 + t_s}\right) \cdot \left[\frac{[M_{sd} \cdot (273 + t_r)]}{B_a + P_r}\right]^{\frac{1}{2}} \cdot (1 - X_w)$$

式中　Q_r'——等速采样所需转子流量计指示流量（L/min）；

　　　d——采样嘴内径（mm）；

　　　V_s——采样点烟气流速（m/s）；

　　　B_a——大气压力（Pa）；

　　　P_r——转子流量计前烟气的表压（Pa）；

　　　P_s——烟气静压（Pa）；

　　　t_s——烟气温度（℃）；

　　　t_r——转子流量计前烟气温度（℃）；

　　　M_{sd}——干烟气的分子量（kg/kmol）；

　　　X_w——烟气含湿量体积百分数（%）。

由于预测流速法测定烟气流速与采样不是同时进行，故仅适用烟气流速比较稳定的污染源。

预测流速法烟尘采样装置如图 7-23 所示。常见的采样管有刚玉滤筒采样管和超细玻璃纤维滤筒采样管。它们由采样嘴、滤筒夹及滤筒、连接管组成，见图 7-24 及图 7-25。采样嘴的形状应以不扰动气口内外气流为原则，为此，其入口角度不应大于 45°，嘴边缘的壁厚不超过 0.2 mm，与采样管连接的一端内径应与连接管内径相同。超细玻璃纤维滤筒适用于 500 ℃以下的烟气。刚玉滤筒由刚玉砂等烧结制成，适用于 1 000 ℃以下的烟气。这两种滤筒对 0.5 μm 以上的烟尘捕集效率都在 99.9%以上。

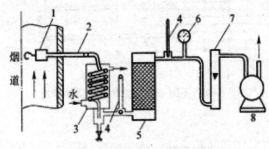

图 7-23　预测流速法烟尘采样装置

1、2.滤筒采样管；3.冷凝器；4.温度计；5.干燥器；6.压力表；7.转子流量计；8.抽气泵

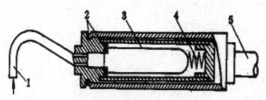

图 7-24　刚玉滤筒采样管

1.采样嘴;2.密封垫;3.刚玉滤筒;4.耐温弹簧;5.连接管

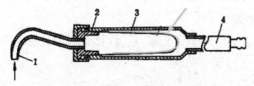

图 7-25　玻璃纤维滤筒采样管

1.采样嘴;2.滤筒夹;3.玻璃纤维滤筒;4.连接管

（2）皮托管平行测速采样法:该方法将采样管、S 型皮托管和热电偶温度计固定在一起插入同一采样点,根据预先测得的烟气静压、含湿量和当时测得的动压、温度等参数,结合选用的采样嘴直径,由编有程序的计算器及时算出等速采样流量,迅速调节转子流量计至所要求的读数。此法与预测流速采样法不同之处在于测定流量和采样几乎同时进行,适用于工况易发生变化的烟气。

（3）动态平衡型等速管采样法:该方法利用装置在采样管中的孔板在采样抽气时产生的压差与采样管平行放置的皮托管所测出的烟气动压相等来实现等速采样。当工况发生变化时,通过双联斜管微压计的指示,可及时调整采样流量,随时保持等速采样条件。其采样装置如图 7-26 所示。在等速采样装置中,如装上累积流量计,可直接读出采样总体积。此外,还有静压平衡型采样法等。

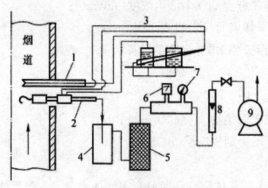

图 7-26　动压平衡型等速管法采样装置

1.S 型皮托管;2.等速采样管;3.双联压力计;4.冷凝管;5.干燥器;6.温度表;7.压力计;8.转子流量计;9.抽气泵

4.烟尘浓度计算

（1）计算出采样滤筒采样前后重量之差 G（烟尘重量）。

（2）计算出标准状况下的采样体积:在采样装置的流量计前装有冷凝器和干燥器的情

况下,干烟气的采样体积按下式计算:

$$V_{nd} = 0.27Q' \sqrt{\frac{B_a + P_r}{M_{sd}(273 + t_r)}} \cdot t$$

式中　V_{nd}——标准状况下干烟气体积(L);

　　　　Q'——采样流量(L/min);

　　　　M_{sd}——干烟气气体分子量(kg/kmol);

　　　　t_r——转子流量计前气体温度(℃);

　　　　t——采样时间(min)。

当干烟气的气体分子量近似于空气时,V_{nd} 计算式可简化为:

$$V_{nd} = 0.05Q' \sqrt{\frac{B_a + P_r}{(273 + t_r)}} \cdot t$$

(3)烟尘浓度计算:根据采样类型不同,用不同的公式计算。

移动采样时

$$C = \frac{G}{V_{nd}} \times 10^6 C$$

式中　C——烟气中烟尘浓度(mg/m³);

　　　　G——测得烟尘重量(g);

　　　　V_{nd}——标准状态下干烟气体积(L)。

定点采样时

$$\bar{C} = \frac{C_1 V_1 S_1 + C_2 V_2 S_2 + \cdots + C_n V_n S_n}{V_1 S_1 + V_2 S_2 + \cdots + V_n S_n}$$

式中　$\bar{C}$——烟气中烟尘平均浓度(mg/m³);

　　　　$V_1 、V_2 \cdots V_n$——各采样点烟气流速(m/s);

　　　　$C_1 、C_2 \cdots C_n$——各采样点烟气中烟尘浓度(mg/m³);

　　　　$S_1 、S_2 \cdots S_n$——各采样点所代表的截面积(m²)。

(六)烟尘(或气态污染物)排放速率的计算

排放速率

$$(kg/h) = C \cdot Q_{sn} \cdot 10^{-6}$$

式中　C——烟尘(或气态污染物)的浓度(mg/m³);

　　　　Q_{sn}——标准状况下干烟气流量(m³/h)。

(七)烟气组分的测定

烟道排气组分包括主要气体组分和微量有害气体组分。主要气体组分为氮、氧、二氧化碳和水蒸气等。测定这些组分的目的是考察燃料燃烧情况和为烟尘测定提供计算烟气密度、分子量等参数的数据。有害组分为一氧化碳、氮氧化物、硫氧化物和硫化氢等。

1.样品的采集

由于气态和蒸气态物质分子在烟道内分布比较均匀,不需要多点采样,在靠近烟道中心的任何一点都可采集到具有代表性的气样。同时,气体分子质量极小,可不考虑惯性作用,故也不需要等速采样,其一般采样装置示于图7-27。若需气样量较少时,可使用图7-28所示装置,即用适当容积的注射器采样,或者在注射器接口处通过双连球将气样压入塑料袋中。如在现场用仪器直接测定,则用抽气泵将样气通过采样管、除湿器抽入分析仪器。因为烟气湿度大、温度高、烟尘及有害气体浓度大,并具有腐蚀性,故在采样管头部装有烟尘滤器,采样管需要加热或保温并且耐腐蚀,防止水蒸气冷凝而导致被测组分损失。

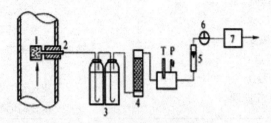

图7-27　吸收法采样装置

1. 滤料;2. 加热(或保温)采样导管;3. 吸收瓶;4. 干燥器;5. 流量计;6. 三通阀;7. 抽气泵

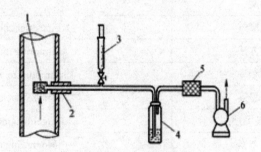

图7-28　注射器采样装置

1. 滤料;2. 加热(或保温)采样导管;3. 采样注射器;4. 吸收瓶;5. 干燥器;6. 抽气泵

2. 主要组分(CO、CO_2、O_2、N_2)的测定

烟气中的主要组分可采用奥氏气体分析器吸收法和仪器分析法测定。

奥氏气体分析器吸收法的原理基于:用不同的吸收液分别对烟气中各组分逐一进行吸收,根据吸收前、后烟气体积变化,计算各组分在烟气中所占体积百分数。

3. 有害组分的测定

对含量较低的有害组分,其测定方法原理大多与空气中气态有害组分相同;对于含量高的组分,多选用化学分析法。

本项目小结

学习内容总结

知识内容	实践技能
工业废气 工业废气指标 烟气黑度 采样点 动压、静压 采样器工作原理	工业废气监测方案的制定 废气的采集 废气样预处理 锅炉烟气的测定——林格曼图法 吸收法 皮托管的安装使用 采样器的操作使用

专业名词

序号	中文	英文
1	工业废气	Industrial exhaust
2	监测方法	Monitoring methods
3	采样频率	sampling frequency
4	烟气黑度	Smoke blackness
5	林格曼图法	Ringelman method
6	监测方案	Monitoring plan
7	监测项目	Monitoring items
8	监测报告	Monitoring Report
9	网格布点法	Mesh Points Method
10	空气污染物	Air pollutants

项目八 室内空气监测

Project eight Indoor air quality monitoring

知识目标

1.了解室内空气污染物的种类、特点及室内空气质量标准；
2.熟悉室内空气监测方案的制定；
3.掌握室内空气污染物监控方法；
4.掌握室内空气污染指标的监测分析方法。

技能目标

1.能够制定室内空气监测方案；
2.能够对室内空气中主要污染物进行监测。

工作情境

1.工作地点：新装修的室内房间、室内空气监测实训室。
2.工作场景：环境保护系统要对某新装修室内房间进行长期的空气监测，主要进行室内空气采样、分析及监测报告的编制等工作。

Knowledge goal

1. Understand the types, characteristics and indoor air quality standards of indoor air pollutants;

2. Familiar with the development of indoor air monitoring programs;

3. Master indoor air pollutant monitoring methods;

4. Master the monitoring and analysis methods of indoor air pollution indicators.

Skills goal

1. Ability to develop indoor air monitoring programs;

2. Ability to monitor major pollutants in indoor air.

Work situation

1.work place：Newly renovated indoor room，indoor air monitoring training room.

2.Work scene：The environmental protection system shall conduct long-term air monitoring of a newly renovated indoor room，mainly for the preparation of indoor air sampling，analysis and monitoring reports.

项目导入

室内空气监测概述

近年来,随着国民环保意识的提高,室内环境污染日益受到人们的重视。室内空气监测的目的是为了及时、准确、全面地反映室内环境质量现状及发展趋势,并为室内环境管理、污染控制、室内环境规划、室内环境评价提供科学依据。室内环境监测按监测目的分为室内污染源监测、室内空气质量监测和室内特定目的监测三大类。《室内空气质量标准》(GB/T 18883-2002)、《民用建筑工程室内环境污染控制规范》(GB 50325-2010)以及部分单项污染物浓度限值标准和不同功能建筑室内空气品质标准共同构成了我国的一个比较完整的室内环境污染评价体系。

一、室内空气污染

室内空气污染是指由于引入污染源或通风不足而导致室内空气有害物质含量升高,并引发人群不适症状的现象。

人每天有 70%~80%的时间在室内度过,其中老人、婴儿及行动不便者更高。若空气中含有大量高浓度有害化学物质,会对健康产生不利影响。研究发现,长期居住在空气污染的室内环境中会诱发人患眼鼻喉不适、干咳、皮肤过敏、头痛恶心等"建筑综合征",而多数患者在离开建筑物一段时间后症状得以缓解,由此可见,这与建筑物室内空气污染具有直接关系。

二、室内空气主要污染物

室内空气污染,分为两类,一类是由室外污染源引起的,但只要关闭窗户隔断污染物进入途径就能得到有效控制;另一类是由室内污染源引起的,此污染源不易阻断、污染危害长期存在,目前成为室内空气污染防治的重点。室内污染源的主要污染物是气态化学污染物和固体悬浮颗粒。

1.气态化学污染物

室内空气中的气态化学污染物主要包括挥发性有机物和气态无机物。其中挥发性有机物主要有醛类、烃类、苯系物等较为常见;气态无机物主要有二氧化硫、二氧化氮、臭氧和氨。

（1）甲醛：是一种无色、极易溶于水、具有刺激性气味的气体。装饰装修用的各种人造板材、复合地板、家具、地毯、胶粘剂及用甲醛做防腐剂的涂料等会释放出大量甲醛。甲醛具有强烈的致癌和促进癌变作用。

（2）氨：是一种无色、极易溶于水、具有刺激性气味的气体。室内空气中氨污染主要的形成原因是冬季施工时，建筑物的混凝土及涂料中使用了含有尿素和氨水的防冻剂，这些含有大量氨类物质的外加剂在墙体中随着温湿度等环境因素的变化而还原成氨气从墙体中缓慢释放出来，污染室内空气。氨气可引起眼睛和皮肤的灼烧感。

（3）苯及苯系物：是一种无色、具有特殊芳香气味的气体。室内空气中的苯主要来自装饰装修中使用的油漆、涂料、胶粘剂、放水材料及各种油漆涂料的添加剂和稀释剂等。苯主要抑制人体造血功能，使红细胞、白细胞、血小板减少，是白血病的一个诱因。

（4）氡：是一种无色、无味、无法察觉的放射性气体。室内氡浓度水平高低主要取决于房屋地基地质结构的放射性物质含量，氡对人体的辐射伤害占人体一生中所受到的全部辐射伤害55%以上。

（5）总挥发性有机物（VOCs）：是指沸点在50~260℃、室温下饱和蒸气压大于133.3 Pa的易挥发性有机化合物。室内空气中常见的VOCs有甲醛、苯、甲苯、二甲苯、乙苯、苯乙烯、三氯乙烯、四氯乙烯和四氯化碳等。暴露在高浓度总挥发性有机物污染的环境中，可导致人体的中枢神经系统、肝、肾和血液中毒，会出现眼睛、喉部不适，浑身赤热，眩晕疲倦烦躁等症状。

（6）臭氧：具有强烈的刺激性，是一种强氧化剂。室内的电视机、复印机、激光印刷机、负离子发生器等在使用过程中都能产生臭氧，可被橡胶、塑料等吸附。臭氧对眼睛、黏膜和肺组织都具有刺激作用。

2.固体悬浮颗粒

室内空气中的固体悬浮颗粒，主要是指分散于空气中粒径在0.01~100 μm的微小液滴和固体颗粒物，其中对人群健康影响最大的是可吸入颗粒，即粒径小于10 μm能长期悬浮空气中，易被吸入呼吸道的一类颗粒污染物。

空气中的固体颗粒物又可分为普通颗粒物、有害化学颗粒和生物活性粒子。

（1）普通颗粒物

自身虽不具有毒性，但可能是细菌等致病微生物携带者，或是多种致癌化学物质和放射性物质的载体。其污染源主要是室外吹入或扫地扬尘等。

（2）有害化学颗粒

自身就是致癌化学物质或放射性物质，长期存在于室内空气中，会诱发居住者及室内工作人员患各种疾病，甚至致癌。其污染源主要是室内装饰植物的挥发物、喷洒的空气清新剂、厨房油烟等。

（3）生物活性粒子

主要是指空气中的花粉、细菌、病毒和其他致病微生物。空气中的这些生物活性粒子是许多传染性呼吸道疾病和过敏性疾病传播的元凶。其污染源主要是室内的有害装饰植物、家庭宠物和携带病源的客人。

三、室内空气污染的特性

1.累积性

由于室内环境是一个相对密闭的空间,其空气流动性远不如室外大气,当污染物进入室内后,其浓度在较长时间内不能降低,甚至短期内升高,即体现了污染物的累积效应。

2.长期性

由于甲醛、苯等污染物多数来自板材、涂料等永久性室内装修材料,这些材料会不断释放污染物质,即使开窗通风换气,也只是通风期间污染物浓度降低,一旦通风结束,污染物浓度又会逐渐升高。因此,污染源的长期存在导致室内污染具有长期性。

3.多样性

由于室内空气污染源多种多样,释放污染物的种类也多种多样,因而室内空气污染的表现也是多种多样,使居住者身体受害症状及危害程度也呈现多种多样。

4.综合性

由于室内空气中污染物多种多样,对居住者的危害表现出污染物的联合危害作用,即污染危害的综合效应。

思考与练习

1.室内空气有哪些主要污染物?
2.室内空气污染具有哪些特性?

Project import

Overview of indoor air monitoring

In recent years, with the improvement of national environmental awareness, indoor environmental pollution has received increasing attention. The purpose of indoor air monitoring is to reflect the current status and development trend of indoor environmental quality in a timely, accurate and comprehensive manner, and provide a scientific basis for indoor environmental management, pollution control, indoor environmental planning, and indoor environmental assessment. Indoor environmental monitoring is divided into three categories: indoor pollution source monitoring, indoor air quality monitoring and indoor specific purpose monitoring. "Indoor Air Quality Standards" (GB/T 18883-2002), "Code for Indoor Environmental Pollution Control of Civil Building Engineering" (GB 50325-2010) and some individual pollutant concentration limit standards and indoor air quality standards for different functional buildings A relatively complete indoor environmental pollution assessment system in China.

I Indoor air pollution

Indoor air pollution refers to the increase in the content of harmful substances in indoor air due to the introduction of pollution sources or inadequate ventilation, and causes symptoms of discomfort in the population.

People spend 70% to 80% of their time indoors, with older people, babies and people with reduced mobility. If the air contains a lot of high concentrations of harmful chemicals, it will have an adverse effect on health. The study found that long-term living in an indoor environment with air pollution can induce "building syndrome" such as eye, nose and throat discomfort, dry cough, skin irritation, headache and nausea, and most patients are relieved after leaving the building for a period of time. This shows that this is directly related to indoor air pollution in buildings.

II Main air pollutants

Indoor air pollution is divided into two categories, one is caused by outdoor pollution sources, but it can be effectively controlled by closing the window to block the entry of pollutants; the other is caused by indoor pollution sources, which are difficult to block and pollute. The long-term hazard has become the focus of indoor air pollution prevention and control. The main pollutants of indoor pollution sources are gaseous chemical pollutants and solid suspended particles.

1. Gaseous chemical pollutants

Gaseous chemical pollutants in indoor air mainly include volatile organic compounds and gaseous inorganic substances. Among them, volatile organic compounds are mainly aldehydes, hydrocarbons, benzenes, etc.; gaseous inorganic substances mainly include sulfur dioxide, nitrogen dioxide, ozone and ammonia.

（1）Formaldehyde: It is a colorless, highly soluble, irritating gas. A variety of artificial panels, laminate flooring, furniture, carpets, adhesives and coatings using formaldehyde as a preservative will release a large amount of formaldehyde. Formaldehyde has a strong carcinogenic and carcinogenic effect.

（2）Ammonia: It is a colorless, highly soluble, irritating gas. The main reason for the formation of ammonia pollution in indoor air is that antifreeze containing urea and ammonia is used in concrete and paint of buildings during winter construction. These admixtures containing a large amount of ammonia substances in the wall along with temperature and humidity The change of environmental factors is reduced to ammonia gas, which is slowly released from the wall and pollutes the indoor air. Ammonia can cause burning sensation in the eyes and skin.

（3）Benzene and benzene series: It is a colorless gas with a special aromatic odor. The benzene in the indoor air mainly comes from the paints, coatings, adhesives, water release materials and additives and thinners of various paints used in decoration and decoration. Benzene mainly inhibits the hematopoietic function of the human body and reduces red blood cells, white blood cells and thrombocytes, which is a cause of leukemia.

（4）Rn: It is a colorless, odorless, undetectable radioactive gas. The level of indoor radon concentration mainly depends on the radioactive material content of the base structure of the house. The radiation damage to the human body accounts for more than 55% of all radiation damage suffered by the human body during its lifetime.

（5）Total Volatile Organic Compounds（VOCs）: Refers to volatile organic compounds having a boiling point of 50 to 260 ° C and a saturated vapor pressure of more than 133.3 Pa at room temperature. Common VOCs in indoor air include formaldehyde, benzene, toluene, xylene, ethylbenzene, styrene, trichloroethylene, tetrachloroethylene, and carbon tetrachloride. Exposure to high concentrations of total volatile organic pollutants can cause central nervous system, liver, kidney and blood poisoning in the human body. Eyes, throat discomfort, redness, dizziness, fatigue and irritability can occur.

（6）Ozone: It has strong irritant and is a strong oxidant. Indoor TV sets, copiers, laser printers, negative ion generators, etc. can generate ozone during use, and can be adsorbed by rubber, plastics, and the like. Ozone has a stimulating effect on the eyes, mucous membranes and lung tissue.

2. Solid suspended particles

The solid suspended particles in indoor air mainly refer to tiny droplets and solid particles dispersed in the air with a particle size of 0.01-100 μm. Among them, the most influential health of the population is the respirable particles, that is, the particle size of less than 10 μm can suspend the air for a long time. A type of particulate contaminant that is easily inhaled into the respiratory tract.

The solid particles in the air can be further divided into ordinary particles, harmful chemical particles and biologically active particles.

（1）ordinary particles

Although it is not toxic, it may be a carrier of pathogenic microorganisms such as bacteria, or a carrier of various carcinogenic chemicals and radioactive substances. The main source of pollution is outdoor blowing or sweeping dust.

（2）Harmful chemical particles

It is a carcinogenic chemical or radioactive substance that persists in the indoor air for a long time, which can cause residents and indoor workers to suffer from various diseases and even cancer. The main sources of pollution are volatiles of indoor decorative plants, sprayed air fresheners, kitchen fumes, and the like.

（3）Bioactive particles

Mainly refers to pollen, bacteria, viruses and other pathogenic microorganisms in the air. These bioactive particles in the air are the culprit in the spread of many infectious respiratory diseases and allergic diseases. The main sources of pollution are indoor harmful decorative plants, family pets and guests with pathogens.

Ⅲ Indoor air pollution characteristics

1. Cumulative

Since the indoor environment is a relatively closed space, its air mobility is far less than that of the outdoor atmosphere. When the pollutants enter the room, its concentration cannot be reduced for a long time, or even increased in a short period of time, which reflects the cumulative effect of pollutants. .

2. Long-term

Since most of the pollutants such as formaldehyde and benzene come from permanent interior decoration materials such as plates and coatings, these materials will continuously release pollutants. Even if the windows are ventilated and ventilated, the concentration of pollutants will decrease during ventilation. Once the ventilation is over, the concentration of pollutants will be reduced. It will gradually increase. Therefore, the long-term existence of pollution sources leads to long-term indoor pollution.

3. Diversity

Due to the variety of indoor air pollution sources and the variety of pollutants released, the indoor air pollution is also diverse, and the symptoms and hazards of the occupants are also diverse.

4. Comprehensive

Due to the variety of pollutants in the indoor air, the hazard to the occupants shows the combined harm of the pollutants, that is, the combined effects of pollution hazards.

Thinking and practicing

1. What are the main pollutants in indoor air?

2. What are the characteristics of indoor air pollution?

任务一 室内空气监测方案的制定

室内空气监测方案很重要的内容是室内环境样品的采集。首先要根据监测目的进行调查研究,收集必要的基础资料,结合各类规范和标准,然后经过综合分析,确定监测项目,设计布点网络,选定采样频率、采样方法和监测技术,建立质量保证程序和措施,提出监测结果报告要求及进度计划等。

一、实地调查

室内空气污染具有来源复杂、成分复杂、作用持久的特点,在室内空气中存在500多种挥发性有机物,其中致癌物质就有20多种,致病毒物200多种。如何选择监测项目是首先需要考虑的,根据室内空气的污染状况,所监测的污染物不尽相同。从目前监测分析来看,室内空气污染物的主要来源有以下几个方面:建筑及室内装饰材料、室外污染物、燃烧产物和人本身活动。在实际监测中,由于室内空气污染物的特殊性,采样环境对污染物的浓度影响很大,制定采样方案前应查看现场,询问顾客装修材料情况、封闭时间是否按要求关闭等。除实地调查室内空气污染的来源、类型之外,还需调查影响室内空气质量的不良因素包括物理、化学、生物和放射性等因素。例如,对于大多数气体污染物,当温度高、湿度低的时候容易挥发,使得该项污染物浓度升高。气体的体积受大气压力的影响,进而影响其浓度。当室外环境中存在污染源时,室内相应污染物的浓度有可能较高。在室内空气质量较好的情况下,如果室内长期处于封闭状态下,没有与外界进行空气流通,一些室内空气污染物的浓度会较高,反之,则较低。

二、监测点位确定

监测点位的确定影响室内污染物监测的准确性,如果采样点布设不科学,所得的监测数据并不能准确地反映室内空气质量。

1.布点的原则

（1）代表性

代表性应根据检测目的与对象来决定,以不同的目的来选择各自典型的代表,例如根据居住类型、燃料结构分类、净化措施分类。

（2）可比性

为了便于对检测结果进行比较,各个采样点的各种条件应尽可能相类似,所用的采样器及采样方法,应做具体规定,采样点一旦选定后,一般不要轻易改动。

（3）可行性

由于采样的器材较多,应尽量选择有一定空间可供利用的地方,切忌影响居住者的日常生活。并选用低噪声、有足够电源的小型采样器材。

2.布点的方法

（1）监测点位的数量

采样点的数量根据监测室内面积大小和现场情况而确定,以期能正确反映室内空气污染物的水平。原则上小于50 m²的房间应设1~3个点,50~100 m²设3~5个点,100 m²以上至少设5个点。

（2）监测点位的分布

除特殊目的外,一般监测点位应考虑现场的平面布局和立体布局,均匀分布,在对角线上或梅花式均匀分布,并离门窗有一定的距离,避开人流通风道和通风口,离墙壁距离应大于 0.5 m,以免局部微小气候造成影响。

（3）监测点位的高度

原则上与人的呼吸带高度相一致,相对高度 0.5~1.5 m 之间。

（4）室外对照采样点的设置

在进行室内污染检测的同时,为了掌握空内外污染的关系,或以室外的污染浓度为对照,应在同一区域的室外设置 1~2 个对照点。也可用原来的室外或固定大气检测点做对比,这时室内采样点的分布应在固定检测点的半径 500 m 范围内才合适。

民用建筑工程验收时,室内环境污染物浓度检测点数应按表 8-1 设置。

表 8-1 室内环境污染物浓度检测点数设置

房间使用面积/m²	检测点数/个
< 50	1
≥50,< 100	2
≥100,< 500	不少于 3
≥500,< 1 000	不少于 5
≥1 000,< 3 000	不少于 6
≥3 000	不少于 9

民用建筑工程验收时,应抽检每个建筑单体有代表性的房间室内环境污染物浓度,氡、甲醛、氨、苯、总挥发性有机化合物（TVOC）的抽检数量不得少于房间总数的 5%,每个建筑单体不得少于 3 间,当房间总数少于 3 间时,应全数检测。凡进行了样板间室内环境污染物浓度检测且检测结果合格的,抽检量减半,并不得少于 3 间。

当民用建筑房间内有 2 个及以上检测点时,应采用对角线、斜线、梅花状均衡布点,并取各点检测结果的平均值作为该房间的检测值。民用建筑工程验收时,环境污染物浓度现场检测点应距内墙面不小于 0.5 m、距楼地面高度 0.8~1.5 m。检测点应均匀分布,避开通风道和通风口。

民用建筑工程室内环境中甲醛、苯、氨、TVOC 浓度检测时,对采用集中空调的民用建筑工程,应在空调正常运转的条件下进行;对采用自然通风的民用建筑工程,检测应在对外门窗关闭 1 h 后进行。对甲醛、氨、苯、TVOC 取样检测时,装饰装修工程中完成的固定式家具,应保持正常使用状态。民用建筑工程室内环境中氡浓度检测时,对采用集中空调的民用建筑工程,应在空调正常运转的条件下进行;对采用自然通风的民用建筑工程,应在房间的对外门窗关闭 24 h 以后进行。

三、测定指标及方法

我国室内空气监测的项目包括物理、化学、放射性和生物 4 大类 19 个指标,既有与建筑热舒适有关的项目,如湿温度、风速、新风量等,又有与人体健康密切相关的有害污染物,如甲醛、总挥发性有机物（TVOC）、氨、氡等。按照表 8-2 采用相应的分析方法测定各项污染物指标的浓度。

表 8-2　室内空气中各种指标参数的测定方法

序号	污染物	检验方法	来源
1	二氧化硫 SO_2	甲醛溶液吸收-盐酸副玫瑰苯胺分光光度法	GB/T 16128 GB/T 15262
2	二氧化氮 NO_2	改进的 Saltzman 法	GB 12372 GB/T 15435
3	一氧化碳 CO	（1）非分散红外法 （2）不分光红外线气体分析法,气相色谱法、汞置换法	（1）GB 9801 （2）GB/T 18204.23
4	二氧化碳 CO_2	（1）不分光红外线气体分析法 （2）气相色谱法 （3）容量滴定法	GB/T 18204.24
5	氨 NH_3	（1）靛酚蓝分光光度法,纳氏试剂分光光度法 （2）离子选择电极法 （3）次氯酸钠-水杨酸分光光度法	（1）GB/T 18204.25 GB/T 14668 （2）GB/T 14669 （3）GB/T 14679
6	臭氧 O_3	（1）紫外光度法 （2）靛蓝二磺酸钠分光光度法	（1）GB/T 15438 （2）GB/T 18204.27 GB/T 15437
7	甲醛 HCHO	（1）AHMT 分光光度法 （2）酚试剂分光光度法,气相色谱法 （3）乙酰丙酮分光光度法	（1）GB/T 16129 （2）GB/T 18204.2 （3）GB/T 15516
8	苯 C_6H_6	气相色谱法	GB 11737
9	甲苯 C_7H_8 二甲苯 C_8H_{10}	气相色谱法	GB 11737 GB 14677
10	苯并[a]芘	高效压液相色谱法	GB/T 15439
11	可吸入颗粒物 PM10	撞击式-称重法	GB/T 17095
12	总挥发性有机物（TVOC）	气相色谱法	GB/T 18883 附录 C
13	细菌总数	撞击法	GB/T 18883 附录 D
14	温度	（1）玻璃液体温度计法 （2）数显式温度计法	GB/T 18204.13

序号	污染物	检验方法	来源
15	相对湿度	（1）通风干湿表法 （2）氯化锂湿度计法 （3）电容式数字湿度计法	GB/T 18204.14
16	空气流速	（1）热球式电风速计法 （2）数字式风速表法	GB/T 18204.15
17	新风量	示踪气体法	GB/T 18204.18
18	氡 ^{222}Rn	（1）空气中氡浓度的闪烁瓶测量方法 （2）径迹蚀刻法 （3）双滤膜法 （4）活性炭盒法	GBZ/T 155-2002 GB/T 14582

四、样品的采集

样品的采集是室内环境监测过程中的首要一环,必须进行控制,以确保检测结果的正确、有效。根据污染物在室内空气中存在状态,选用合适的采样方法和仪器,用于室内采样器的噪声应小于 50 dB。具体采样方法应按各个污染物检验方法中规定的方法和操作步骤进行。筛选法采样:采样前关闭门窗 12 h,采样时关闭门窗,至少采样 45 min。累积法采样:当采用筛选法采样达不到本标准要求时,必须采用累积法(按年平均、日平均、8 h 平均值)的要求采样。采样时应准确记录现场的气温、气压等微小气候,采样流量以及采样时间。

1.采样装置

用于室内空气监测的采样仪器有收集器、流量计、采样动力三部分,收集器是捕集室内空气中待测物质的装置,主要有吸收瓶、填充柱、滤料采样夹等,根据被捕集物质的状态、理化性质等选用适宜的收集器。流量计是测定气体流量的仪器,流量是计算采集气体体积的参数。采样动力应根据所需采样流量、采样体积、所用收集器及采样点的条件进行选择。一般应选择质量小、体积小、抽气动力大、流量稳定、连续运行能力强及噪声小的采样动力。

2.采样时间和频次

采样时间是指每次采样从开始到结束的时间,也称 采样时段。采样时间短,试样缺乏代表性,检测结果不能反映污染物浓度随时间的变化,仅适用于事故性污染、初步调查等情况的应急检测。为增加采样时间,一是可以增加采样频率,即每隔一定时间采样测定 1 次,取多个试样测定结果的平均值为代表值。二是使用自动采样仪器进行连续自动采样,若再配用污染组分连续或间歇自动检测仪器,其检测结果将能很好地反映污染物浓度的变化,得到任何一段时间的代表值。

采样频率是指在一定时间范围内的采样次数。采样时间和采样频率根据检测目的、污染物分布特征及人力、物力等因素来确定。

（1）平均浓度的检测

检测年平均浓度时至少采样 3 个月,检测日平均浓度至少采集 18 h,检测 8 h 平均浓度至少采样 6 h,检测 1 h 平均浓度至少采样 45 min,检测采样时间应涵盖通风最差的时间段。

（2）长期累积浓度的检测

此种检测多用于对人体健康影响的研究,一般采用需要 24 h 以上,甚至连续几天进行累计性的采样,以得出一定时间内的平均浓度,由于是累计式的采样,故样品检测方法的灵敏度要求就比较低,缺点是对样品和检测仪器的稳定性要求较高,另外样品的本底与空白的变异,对结果的评价会带来一定困难,更不能反映浓度的波动情况和日变化曲线。

（3）短期浓度的检测

为了了解瞬时或短时间内室内污染物浓度的变化,可采用短时间的采样方法,间歇式或抽样检验的方法,采样时间为几分钟至 1 h。短时间浓度检测可反映瞬时的浓度变化,按小时浓度变化绘制浓度的日变化曲线,主要用于公共场所及室内污染物的研究,只是本法对仪器及测定方法的灵敏度要求高,并受日变化及局部污染变化的影响。

3.质量保证

（1）采样前的准备

根据任务单、监测项目、数量,做好样品的准备,填写样品准备单,做好采样仪器、采样器具的检查准备,正确选取采样设备容器、吸收液、现场测试仪器,确保采样工作的正常开展。对于苯管、TVOC 管在采样前必须做"定仪器校流量"工作。

（2）现场采集

做好现场记录,包括:检测地址、日期、采样点、检测项目、编号、温度、大气压力、开始时间、结束时间、流量、采样时间、采样体积、采样人签字。做好现场采样平面图的绘制,标明采样地点和编号。样品采集完毕后,认真做好样品的张贴标识。检查样品标识,现场记录和采样平面图的编号是否一致。

（3）样品的运输

装有样品的容器需加以妥善保护和密封,装在包装箱内固定,以保证运输途中不互相碰撞、倾斜、破损、污染和丢失等。需要低温或避光保存的样品在样品运输过程中需配备必要的设备,应保证自采样后立即进行低温,避光保存。

（4）采样仪器

仪器使用前,应按仪器说明书对仪器进行检验和标定。每次平行采样,测定之差与平均值比较的相对偏差不超过 20%。气密性检查:动力采样器在采样前应对采样系统气密性进行检查,不得漏气。流量校准:采样系统流量要能保持恒定,采样前和采样后要用一级皂膜计校正采样器流量计的刻度,校 5 个点,绘制流量标准曲线。记录校准时的大气压力和温度。空白检验:在一批现场采样中,应留有两个采样管不采用并按其他样品管一样对待,作为采样过程中空白检验,若空白检验超过控制范围,则这批样品作废。

五、结果表示及评价

1.记录

采样时要对现场情况、各种污染源、采样日期、时间、地点、数量、布点方式、大气压力、气温、相对湿度、风速以及采样者签字等做出详细记录,随样品一同报到实验室。检测时应对检验日期、实验室、仪器和编号、分析方法、检验依据、实验条件、原始数据、测试人、校核人等做出详细记录。

2.测试结果

单位体积空气样品中所含有污染物的量,称为该污染物在空气中的浓度。空气污染物浓度的表示方法有两种:质量浓度(mg/m³ 或 μg/m³)和体积分数(μL/L 或 nL/L)。

测试结果以平均值表示,化学性、生物性和放射性指标平均值符合标准值要求时,为符合本标准。如有一项检验结果未达到本标准要求时,为不符合本标准。

要求年平均、日平均、8 h 平均值的参数,可以先做筛选采样检验,若检验结果符合标准值的要求,为符合本标准。若筛选采样检验结果不符合标准值要求,必须按年平均、日平均、8h 平均值的要求,用累积采样检验结果评价。

气体体积受温度和大气压的影响,为使计算出的浓度具有可比性,需要将现场状态下的体积换算成标准状态下(0℃,101.325 kPa)的体积,根据气体状态方程进行运算。

3.结果评价

室内空气质量状况评价是对环境优劣进行的一种定性、定量描述,即按照一定的评价标准和评价方法对一定区域范围内的环境质量进行说明、评定和预测。国家质检总局、原国家环保总局、卫生部于 2002 年 11 月 19 日联合发布了 GB/T 18883-2002《室内空气质量标准》,参数标准值规定见表 8-3,该标准适用于住宅和办公建筑物,其他建筑物室内环境也可参照执行。在进行室内空气质量影响评价时,建议选取甲醛、苯、总挥发性有机物、氨、氡五项污染物作为评价因子,既要考虑室内材料用品产生的污染物,又要兼顾室外环境空气质量状况,建议选取甲醛、可吸入颗粒物、二氧化碳三项污染物指标作为评价因子。

表 8-3 室内空气质量标准

序号	参考类别	参数	单位	标准值	备注
1	物理性	温度	℃	22~28	夏季空调
				16~24	冬季采暖
2		相对湿度	%	40~80	夏季空调
				30~60	冬季采暖
3		空气流速	m/s	0.3	夏季空调
				0.2	冬季采暖
4		新风量	m³/(h·P)	30①	

续表

序号	参考类别	参数	单位	标准值	备注
5	化学性	二氧化硫 SO_2	mg/m³	0.50	1 h 均值
6		二氧化氮 NO_2	mg/m³	0.24	1 h 均值
7		一氧化碳 CO	mg/m³	10	1 h 均值
8		二氧化碳 CO_2	%	0.10	日平均值
9		氨 NH_3	mg/m³	0.20	1 h 均值
10		臭氧 O_3	mg/m³	0.16	1 h 均值
11		甲醛 HCHO	mg/m³	0.10	1 h 均值
12		苯 C_5H_6	mg/m³	0.11	1 h 均值
13		甲苯 C_7H_8	mg/m³	0.20	1 h 均值
14		二甲苯 C_8H_{10}	mg/m³	0.20	1 h 均值
15		苯并[α]芘（B[α]P）	mg/m³	1.0	日平均值
16		可吸入颗粒 PM10	mg/m³	0.15	日平均值
17		总挥发性有机物 TVOC	mg/m³	0.60	8 h 均值
18	生物性	菌落总数	cfu/m³	2 500	依据仪器定②
19	放射性	氡 ^{222}Rn	Bq/m³	400	年平均值（行动水平③）

注：①新风量要求≥标准值，除温度、相对湿度外的其他参数要求≤标准值。

②见 GB/T 18883-2002 附录 D。

③达到此水平建议采取干预行动以降低室内氡浓度。

思考与练习

1.简述室内空气监测选点要求有哪些？

2.简述室内空气采样时间和频率是什么？

任务二　室内空气指标的测定

技能训练 1. 室内空气中甲醛的测定——酚试剂分光光度法

一、概述

1.危害及来源

甲醛（HCHO）是无色易溶于水和乙醇的刺激性气体，对皮肤和黏膜有强烈的刺激作用，可使细胞中的蛋白质凝固变性，抑制一切细胞机能，由于甲醛在体内生产甲醇而对视丘及视网膜有较强的损害作用。甲醛对人体健康的影响主要表现在嗅觉异常、刺激、过敏、肺功能异常及免疫功能异常等方面。可经呼吸道吸收,甲醛对人体的危害具有长期性、潜伏性、隐蔽性的特点。长期吸入甲醛可引发鼻咽癌、喉头癌等严重疾病。

室内空气中甲醛主要来源于室内装饰的人造板材、人造板制造的家具、含义甲醛成分并有可能向外界散发的其他各类装饰材料及燃烧后会散发甲醛的材料。刨花板、密度板、胶合板等人造板材及胶黏剂和墙纸是空气中甲醛的主要来源,释放期长达 3~15 年。室内空气质量标准规定甲醛的最高允许含量为 0.10 mg/m³。

2.方法选择

空气中甲醛的测定方法主要有 AHMT 分光光度法(GB/T 16129)、乙酰丙酮分光光度法(GB/T 15516)、酚试剂分光光度法、气相色谱法(GB/T 18204.2-2014)等。酚试剂分光光度法灵敏度高,下面重点介绍酚试剂分光光度法。

二、酚试剂分光光度法

1.实训目的

(1)掌握酚试剂分光光度法测定空气中甲醛的原理和操作技术。

(2)掌握空气中甲醛污染物的采集方法。

2.方法原理

空气中的甲醛与酚试剂反应生成嗪,嗪在酸性溶液中被高铁离子氧化形成蓝绿色化合物。根据颜色深浅,比色定量。

3.方法的适用范围

本方法适用于公共场所空气中甲醛浓度的测定。

4.干扰及消除

10 μg 酚、2 μg 醛以及二氯化氮对本法无干扰。二氧化硫共存时,使测定结果偏低。因此对二氧化硫干扰不可忽视,可将气样先通过硫酸锰滤纸过滤器,予以排除。

5.仪器与试剂

(1)仪器

①大型气泡吸收管:出气口内径为 1 mm,出气口至管底距离等于或小于 5 mm。

②恒流采样器:流量范围 0~1 L/min。流量稳定可调,恒流误差小于 2%,采样前和采样后应用皂沫流量计校准采样系列流量,误差小于 5%。

③具塞比色管:10 ml。

④分光光度计:在 630 nm 测定吸光度。

(2)试剂

①吸收液原液:称量 0.10 g 酚试剂[$C_6H_4SN(CH_3)C: NNH_2 \cdot HCl$,简称 NBTH],加水溶解,倾于 100 ml 具塞量筒中,加水到刻度。放冰箱中保存,可稳定三天。

②吸收液:量取吸收原液 5 ml,加 95 ml 水,即为吸收液。采样时,临用现配。

③ 1%硫酸铁铵溶液:称量 1.0 g 硫酸铁铵[$NH_4Fe(SO_4)_2 \cdot 12H_2O$]用 0.1 mol/L 盐酸溶

解,并稀释至 100 ml。

④碘溶液[$c(1/2I_2)=0.100\ 0$ mol/L]:称量 30 g 碘化钾,溶于 25 ml 水中,加入 127 g 碘。待碘完全溶解后,用水定容至 1 000 ml。移入棕色瓶中,暗处贮存。

⑤ 1 mol/L 氢氧化钠溶液:称量 40 g 氢氧化钠,溶于水中,并稀释至 1 000 ml。

⑥ 0.5 mol/L 硫酸溶液:取 28 ml 浓硫酸缓慢加入水中,冷却后,稀释至 1 000 ml。

⑦硫代硫酸钠标准溶液[$c(Na_2S_2O_3)=0.100\ 0$ mol/L]。

⑧ 0.5%淀粉溶液:将 0.5 g 可溶性淀粉,用少量水调成糊状后,再加入 100 ml 沸水,并煎沸 2~3 min 至溶液透明确。冷却后,加入 0.1 g 水杨酸或 0.4 g 氯化锌保存。

⑨甲醛标准贮备溶液:取 2.8 ml 含量为 36%~38%甲醛溶液,放入 1 L 容量瓶中,加水稀释至刻度。此溶液 1 ml 约相当于 1 mg 甲醛。其准确浓度用下述碘量法标定。

甲醛标准贮备溶液的标定:精确量取 20.00 ml 待标定的甲醛标准贮备溶液,置于 250 ml 碘量瓶中。加入 20.00 ml[$c(1/2I_2)=0.100\ 0$ mol/L]碘溶液和 15 ml 1mol/L 氢氧化钠溶液,放置 15 min,加入 20 ml 0.5 mol/L 硫酸溶液,再放置 15 min,用[$c(Na_2S_2O_3)=0.100\ 0$ mol/L]硫代硫酸钠溶液滴定,至溶液呈现淡黄色时,加入 1 ml 0.5%淀粉溶液继续滴定至恰使蓝色褪去为止,记录所用硫代硫酸钠溶液体积(V_2),ml。同时用水作试剂空白滴定,记录空白滴定所用硫化硫酸钠标准溶液的体积(V_1),ml。甲醛溶液的浓度用下式计算:

$$甲醛溶液浓度(mg/ml)=\frac{(V_1-V_2)\times C_1\times 15}{20}$$

(8-1)

式中 C——甲醛溶液浓度(mg/ml);

　　V_1——试剂空白消耗硫代硫酸钠溶液的体积,ml;

　　V_2——甲醛标准贮备溶液消耗硫代硫酸钠溶液的体积,ml;

　　C_1——硫代硫酸钠溶液的准确当量浓度;

　　15——甲醛的当量;

　　20——所取甲醛标准贮备溶液的体积,ml。

二次平行滴定,误差应小于 0.05 ml,否则重新标定。

⑩甲醛标准溶液:临用时,将甲醛标准贮备溶液用水稀释成 1.00 ml 含 10 μg 甲醛、立即再取此溶液 10.00 ml,加入 100 ml 容量瓶中,加入 5 ml 吸收原液,用水定容至 100 ml,此液 1.00 ml 含 1.00 μg 甲醛,放置 30 min 后,用于配制标准色列管。此标准溶液可稳定 24 h。

6.实训内容

(1)采样

用一个内装 5 ml 吸收液的大型气泡吸收管,以 0.5 L/min 流量,采气 10 L。并记录采样点的温度和大气压力。采样后样品在室温下应在 24 h 内分析。

(2)标准曲线的绘制

取 10 ml 具塞比色管,用甲醛标准溶液按下表制备标准系列。

表 8-4　甲醛标准系列

管号	0	1	2	3	4	5	6	7	8
标准溶液/ml	0	0.10	0.20	0.40	0.60	0.80	1.00	1.50	2.00
吸收液/ml	5.00	4.90	4.80	4.60	4.40	4.20	4.00	3.50	3.00
甲醛含量/μg	0	0.1	0.2	0.4	0.6	0.8	1.0	1.5	2.0

各管中,加入 0.4 ml,1%硫酸铁铵溶液,摇匀。放置 15 min。用 1 cm 比色皿,以在波长 630 μm 下,以水参比,测定各管溶液的吸光度。以甲醛含量为横坐标,吸光度为纵坐标,绘制曲线,并计算回归斜率,以斜率倒数作为样品测定的计算因子 Bg(微克/吸光度)。

（3）样品测定

采样后,将样品溶液全部转入比色管中,用少量吸收液洗吸收管,合并使总体积为 5 ml。按绘制标准曲线的操作步骤测定吸光度(A);在每批样品测定的同时,用 5 ml 未采样的吸收液作试剂空白,测定试剂空白的吸光度(A_0)。

（4）测量范围

用 5 ml 样品溶液,本法测定范围为 0.1~1.5 μg;采样体积为 10 L 时,可测浓度范围 0.01~0.15 mg/m³。

7.数据处理

（1）测定结果记录(数据表格)

表 8-5　甲醛分析原始记录表

分析编号	样品编号	标准状态下采样体积 V_0/L	样品吸收度 A	空白吸收度 A_0	$A-A_0$	样品浓度/(mg/m³)

表 8-6　校准曲线绘制原始记录表

分析编号	标准溶液加入体积/ml	标准物质加入量/μg	仪器响应值	空白响应值	仪器响应值-空白响应值
回归方程:		$a=$	$b=$	$r=$	

（2）计算

①将采样体积按下式换算成标准状态下采样体积：

$$V_0 = V_t \times \frac{T_0}{273 + t} \times \frac{P}{P_0} \qquad (8\text{-}2)$$

式中　V_0——标准状态下的采样体积，L；

　　　　V_t——采样体积，L=采样流量（L/min）× 采样时间（min）；

　　　　t——采样点的气温，℃；

　　　　T_0——标准状态下的绝对温度 273 K；

　　　　P——采样点的大气压力，kPa；

　　　　P_0——标准状态下的大气压力，101 kPa。

②空气中甲醛浓度按下式计算：

$$c = \frac{(A - A_0) \times B_g}{V_0} \qquad (8\text{-}3)$$

式中　c——空气中甲醛浓度，mg/m³；

　　　　A——样品溶液的吸光度；

　　　　A_0——空白溶液的吸光度；

　　　　B_g——由标准曲线绘制步骤得到的计算因子，μg/吸光度；

　　　　V_0——换算成标准状态下的采样体积，L。

8.注意事项

（1）当与二氧化硫共存时，会使结果偏低，可以在采样时，使气体先通过装有硫酸锰滤纸的过滤器，即可排除干扰。

（2）检出限为 0.05 μg/ml，采样体积为 10 L 时，最低检出浓度为 0.01 mg/m³。

三、思考题

已知某实验室做甲醛标准曲线 $y = 0.000\,556 + 0.024x$，在某次进行室内甲醛监测中，测得吸光度为 0.115，蒸馏水空白为 0.005，采样速率为 0.5 L/min，采样时间为 45 min，大气压为 101.3 kPa，室温为 20℃，求室内甲醛的浓度是多少？

技能训练 2. 室内空气中苯、甲苯、二甲苯的测定——气相色谱法

一、概述

1.概念及测得意义

挥发性有机物（VOC）根据 WHO（世界卫生组织）定义，是指在常压下，沸点 50~260℃的各种有机化合物。VOC 主要成分有烷类、芳烃类、卤烃类、脂类、醛类、酮类及其他等。1989 年 WHO 根据化合物的沸点将室内有机污染物分成四类，见表 8-7。而在对室内有机污染物的检测方面，基本上以 VOC 代表有机物的污染状况。挥发性有机化合物是一类重

要的室内空气污染物,目前,已鉴定出 300 多种。除醛类以外,常见的还有苯、甲苯、二甲苯、三氯乙烯、三氯甲烷、萘、甲苯二异氰酸酯(TDI)等。它们各自的浓度往往不高,但若干种 VOC 共同存在于室内时,其联合作用是不可忽视的。由于它们种类多,单个组分的浓度低,常用 TVOC 表示室内空气中挥发性有机化合物总的质量浓度。当室内空气质量好坏不是因人的呼吸,而是因建筑物内装饰材料和用品所造成时,TVOC 是表征室内污染程度的一项指标。

表 8-7 室内有机污染物分类

分类	缩写	沸点范围 / ℃	采样吸附材料
气态有机化合物	VVOC	< 0 或 50~100	活性炭
挥发性有机化合物	VOC	50~100 或 240~260	石墨化的炭黑/活性炭
半挥发性有机化合物	SVOC	240~260 或 380~400	聚氨酯泡沫塑料/XAD-2
颗粒状有机化合物	POM	> 380	滤纸

室内空气中挥发性有机化合物的来源与室内甲醛类似,且更为广泛。有关 VOC 健康效应的研究远不及甲醛清楚,由于 VOC 并非单一的化合物,各化合物之间的协同作用关系较难了解。各国不同时间地点所测的 VOC 的组分也不相同,这些问题给 VOC 健康效应的研究带来一系列的困难。一般认为,暴露在高浓度挥发性有机污染物的工作环境中,可导致人体的中枢神经系统、肝肾和血液中毒,个别过敏者即使在低浓度下也会有严重反应,通常情况下表现的症状有眼睛不适,感到赤热、干燥、沙眼、流泪等;喉部不适,感到咽喉干燥;呼吸不畅,气喘、支气管哮喘等;头疼,难以集中精神、眩晕、疲倦、烦躁等。

2.方法选择

室内空气中污染物 TVOC 的测定方法一般选择气相色谱法,下面重点介绍挥发性有机物中的苯、甲苯、二甲苯的测定方法。

二、气相色谱法

1.方法原理

空气中苯、甲苯和二甲苯用活性炭管采集,然后经热解或用二硫化碳提取出来,再经聚乙二醇 6 000 色谱柱分离,用氢焰离子化检测器检测,以保留时间定性,峰高定量。

2.检出下限

当采样量为 10 L,热解吸为 100 ml 的气体样品,进样 1 ml 时,苯、甲苯和二甲苯的检出的下限分别为 0.005 mg/m³、0.01 mg/m³、0.02 mg/m³;若用 1 ml 二硫化碳提取的液体样品,进样 1 μL 时,苯、甲苯和二甲苯的检出下限分别为 0.025 mg/m³、0.05 mg/m³ 和 0.1 mg/m³。

3.测定范围

当用活性炭管采气样 10 L,热解吸时,苯的测量范围为(0.005~10)mg/m³,甲苯为(0.01~10)mg/m³,二甲苯为(0.02~10)mg/m³;二硫化碳提取时,苯的测量范围为(0.025~20)

mg/m³,甲苯为(0.05~20)mg/m³,二甲苯为(0.1~20)mg/m³。

4.干扰和排除

当空气中水蒸气或水雾量太大,以致在炭管中凝结时,严重影响活性炭管的穿透容量及采样效率,空气湿度在 90%时,活性炭管的采样效率仍然符合要求,空气中的其他污染物的干扰由于采用了气相色谱分离技术,选择合适的色谱分离条件已予以消除。

5.试剂和材料

(1)苯:色谱纯。

(2)甲苯:色谱纯。

(3)二甲苯:色谱纯。

(4)二硫化碳:分析纯,需经纯化处理,即二硫化碳用 5%的浓硫酸甲醛溶液反复提取,直到硫酸无色为止,用蒸馏水洗二硫化碳至中性再用无水硫酸钠干燥,重蒸馏,贮于冰箱中备用。

(5)色谱固定液:聚乙二醇 6000。

(6)6201 担体:60~80 目。

(7)椰子壳活性炭:20~40 目,用于装活性炭采样管。

(8)纯氮:99.99%。

6.仪器和设备

(1)活性炭采样管

用长 150 mm,内径 3.5~4.0 mm,外径 6 mm 的玻璃管,装入 100 mg 椰子壳活性炭,两端用少量玻璃棉固定。装好管后再用纯氮气于 300~350℃温度条件下吹 5~10 min,然后套上塑料帽封紧管的两端。此管放于干燥器中可保存 5 天。若将玻璃管熔封,此管可稳定三个月。

(2)空气采样器

流量范围 0.2~1 L/min,流量稳定,使用时用皂膜流量计校准采样系列采样前和采样后的流量,流量误差应小于 5%。

(3)注射器:1 ml,100 ml。体积刻度误差应校正。

(4)微量注射器:1 μL,10 μL。体积刻度误差应校正。

(5)热解吸装置

热解吸装置主要由加热器、控温器、测温表及气体流量控制器等部分组成。调温范围为100~400℃,控温精度 ±1℃,热解吸气体为氮气,流量调节范围为 50~100 ml/min,读数误差±1 ml/min。所用的热解装置的结构应使活性炭管能方便地插入加热器中,并且各部分受热均匀。

(6)具塞刻度试管:2 ml。

(7)气相色谱仪:附氢火焰离子化检测器。

(8)色谱柱:长 2 m、内径 4 mm 不锈钢柱,内填充聚乙二醇 6000~6201 担体(5∶100)固定相。

7.采样

在采样地点打开活性炭管,两端孔径至少 2 mm,与空气采样器入气口垂直连接,以 0.5 L/min 的速度,抽取 10 L 空气。采样后,将管的两端套上塑料帽,并记录采样时的温度和大气压力。样品可保存 5 天。

8.分析步骤

(1)色谱分析条件

由于色谱分析条件常因实验条件不同而有差异,所以应根据所用气相色谱仪的型号和性能,制定能分析苯、甲苯和二甲苯的最佳的色谱分析条件。

色谱柱温度:90℃

检测室温度:150℃

汽化室温度:150℃

载气:氮,50 ml/min。

(2)绘制标准曲线和测定计算因子

在作样品分析的相同条件下,绘制标准曲线和测定计算因子。

①用混合标准气体绘制标准曲线

用微量注射器准确取一定量的苯、甲苯和二甲苯(于 20℃时, 1 μL 苯重 0.878 7 mg,甲苯重 0.866 9 mg,邻、间、对二甲苯分别重 0.880 2、0.864 2、0.861 1 mg)分别注入 100 ml 注射器中,以氮气为本底气,配成一定浓度的标准气体。取一定量的苯、甲苯和二甲苯标准气体分别注入同一个 100 ml,注射器中相混合,再用氮气逐级稀释成 0.02~2.0 μg/ml 范围内四个浓度点的苯、甲苯和二甲苯的混合气体。取 1 ml 进样,测量保留时间及峰高。每个浓度重复 3 次,取峰高的平均值。分别以苯、甲苯和二甲苯的含量(μg/ml)为横坐标,平均峰高(mm)为纵坐标,绘制标准曲线,并计算回归线的斜率,以斜率的倒数 Bg[(μg/ml·mm)]作样品测定的计算因子。

②用标准溶液绘制标准曲线

于 3 个 50 ml 容量瓶中,先加入少量二硫化碳,用 10 μL 注射器准确量取一定量的苯、甲苯和二甲苯分别注入容量瓶中,加二硫化碳至刻度,配成一定浓度的贮备液。临用前取一定量的贮备液用二硫化碳逐级稀释成苯、甲苯和二甲苯含量为 0.005,0.01,0.05,0.2 μg/ml 的混合标准液。分别取 1 μL 进样,测量保留时间及峰高,每个浓度重复 3 次,取峰高的平均值,以苯、甲苯和二甲苯的含量(μg/μL)为横坐标,平均峰高(mm)为纵坐标,绘制标准曲线。并计算回归线的斜率,以斜率的倒数 Bs[μg/(μL·mm)]作样品测定的计算因子。

③测定校正因子

当仪器的稳定性能差,可用单点校正法求校正因子。在样品测定的同时分别取零浓度和与样品热解吸气(或二硫化碳提取液)中含苯、甲苯和二甲苯浓度相接近的标准气体 1 ml 或标准溶液 1 μL 按①或②操作,测量零浓度和标准的色谱峰高(mm)和保留时间,用下式计算校正因子。

$$f = \frac{C_s}{h_s - h_0} \tag{8-4}$$

式中 f——校正因子,$\mu g/(ml\cdot mm)$(对热解吸气样)或 $\mu g/(\mu L\cdot mm)$(对二硫化碳提取液样);

    C_s——标准气体或标准溶液浓度,$\mu g/ml$ 或 $\mu g/\mu L$;

    h_0、h_s——零浓度、标准的平均峰高,mm。

（3）样品分析

①热解吸法进样

将已采样的活性炭管与 100 ml 注射器相连,置于热解吸装置上,用氮气以 50~60 ml/min 的速度于 350℃下解吸,解吸体积为 100 ml,取 1 ml 解吸气进色谱柱,用保留时间定性,峰高(mm)定量。每个样品作三次分析,求峰高的平均值。同时,取一个未采样的活性炭管,按样品管同样操作,测定空白管的平均峰高。

②二硫化碳提取法进样

将活性炭倒入具塞刻度试管中,加 1.0 ml 二硫化碳,塞紧管塞,放置 1 h,并不时振摇,取 1 μL 进色谱柱,用保留时间定性,峰高(mm)定量。每个样品作三次分析,求峰高的平均值。同时,取一个未经采样的活性炭管按样品管同样操作,测量空白管的平均峰高(mm)。

9.结果计算

（1）将采样体积按下式换算成标准状态下的采样体积。

$$V_o = V_t \cdot (T_0/273+t) \cdot (P/P_0) \tag{8-5}$$

式中 V_o——换算成标准状态下的采样体积,L;

    V_t——采样体积,L;

    T_0——标准状态的绝对温度,273 K;

    t——采样时采样点的温度,℃;

    P_0——标准状态的大气压力 101.3 kPa;

    P——采样时采样点的大气压力,kPa;

（2）用热解吸法时,空气中苯、甲苯和二甲苯浓度按下式计算。

$$C = (h-h_0) \cdot B_g/(V_0 \cdot E_g) \times 100 \tag{8-6}$$

式中 C——空气中苯或甲苯、二甲苯的浓度,mg/m³;

    h——样品峰高的平均值,mm;

    h_0——空白管的峰高,mm;

    B_g——由 6.2.1 得到的计算因子,$\mu g/(ml\cdot mm)$;

    E_g——由实验确定的热解吸效率。

（3）用二硫化碳提取法时,空气中苯、甲苯和二甲苯浓度按下式计算。

$$C = [(h-h_0) \cdot B_s]/(V_0 \cdot E_s) \times 1\,000 \tag{8-7}$$

式中 C——苯或甲苯、二甲苯的浓度,mg/m³;

    B_s——由 6.2.2 得到的校正因子,$\mu g/(\mu L\cdot mm)$;

    E_s——由实验确定的二硫化碳提取的效率。

（4）用校正因子时空气中苯、甲苯、二甲苯浓度按下式计算。

$$C=(h-h_0) \cdot f/V_0 \cdot E_g \times 100 \text{ 或 } C=(h-h_0) \cdot f/V_0 \cdot E_s \times 1\,000 \tag{8-8}$$

式中 *f*——由 6.2.3 得到的校正因子,mg/(ml·mm)(对热解吸气样)或 μg/(μL·mm)(对用二硫化碳提取液样)。

10.精密度和准确度

（1）精密度

①用热解吸法苯浓度为 0.1 μg/ml、0.5 μg/ml 和 2.0 μg/ml 的气体,重复测定的变异系数分别为 7%、6% 和 4%,甲苯浓度为 0.1 μg/ml、0.5 μg/ml 和 2.0 μg/ml 气样,重复测定的变异系数为 9%、7% 和 4%,二甲苯的浓度为 0.1 μg/ml、0.5 μg/ml 和 2.0 μg/ml 气样,重复测定的变异系数为 9%、6% 和 5%。

②用二硫化碳提取法苯的浓度为 8.78 μg/ml 和 21.9 μg/ml 的液体样品,重复测定的变异系数为 7% 和 5%,甲苯浓度为 17.3 μg/ml 和 43.3 μg/ml 液体样品,重复测定的变异系数分别为 5% 和 4%,二甲苯浓度为 35.2 μg/ml 和 87.9 μg/ml 液体样品,重复测定的变异系数为 5% 和 7%。

（2）准确度

用热解吸法对苯含量为 5 μg、50 μg 和 500 μg 的回收率分别为 96%、97% 和 97%,甲苯含量为 10 μg、100 μg 和 1 000 μg 的回收率分别为 90%、91% 和 94%,二甲苯含量 95.55 μg 的回收率为 82%;二硫化碳提取法,对苯含量为 0.5 μg、21.1 μg 和 200 μg 的回收率分别为 95%、94% 和 91%,甲苯含量为 0.5 μg、41.6 μg 和 500 μg 的回收率分别为 99%、99% 和 93%,二甲苯含量为 0.5 μg、34.4 μg 和 500 μg 的回收率分别为 101%、100% 和 90%。

三、思考题

1.简述采样时的注意事项。

2.简述热解吸仪的操作要领。

技能训练 3.室内空气中氨的测定——靛酚蓝分光光度法

一、概述

1.危害及来源

氨(NH_3)是一种无色、有强烈刺激性气味的气体。室内氨主要来自建筑施工中使用的混凝土外加剂,制造化肥、合成尿素、合成纤维、燃料、塑料、镜面镀银、制胶等工艺中也会产生氨。生活环境中的氨主要来自于生物性废物,如粪、尿、尸体、排泄物、生活污水等。理发店烫发水中有氨,家具涂饰时所用的添加剂和增白剂大部分都用氨水。当人接触的氨质量浓度为 553 mg/m³ 时会发生强烈的刺激症状,可耐受的时间为 1.25 min,当人置于氨质量浓度为（ 3 500~7 000)mg/m³ 的环境时会立即死亡。

2.方法选择

氨的检测方法有靛酚蓝分光光度法(GB/T 18204.25)、纳氏试剂法(GB/T 14668)、次氯酸钠-水杨酸分光光度法（GB/T 14679）、离子选择性电极法（GB/T 14669）等。下面重点介绍靛酚蓝分光光度法。

二、靛酚蓝分光光度法

1.方法原理

空气中氨吸收在稀硫酸中，在硝普钠及次氯酸钠存在下，与水杨酸生成蓝绿色的靛酚蓝染料，根据着色深浅，比色定量。

2.试剂和材料

本法所用的试剂均为分析纯，水为无氨蒸馏水。

（1）吸收液[$c(H_2SO_4)$=0.005 mol/L]：量取 2.8 ml 浓硫酸加入水中，并稀释至 1 L。临用时再稀释 10 倍。

（2）水杨酸溶液（50 g/L）：称取 10.0 g 水杨酸[$C_6H_4(OH)COOH$]和 10.0 g 枸橼酸钠（$Na_3C_6H_7 \cdot 2H_2O$），加水约 50 ml，再加 55 ml 氢氧化钠溶液[$c(NaOH)$=2 mol/L]，用水稀释至 200 ml。此试剂稍有黄色，室温下可稳定一个月。

（3）硝普钠溶液（10 g/L）：称取 1.0 g 硝普钠[$Na_2Fe(CN)_5 \cdot NO \cdot 2H_2O$]，溶于 100 ml 水中。贮于冰箱中可稳定一个月。

（4）次氯酸钠溶液[$c(NaClO)$=0.05 mol/L]：取 1 ml 次氯酸钠试剂原液，用碘量法标定其浓度。然后用氢氧化钠溶液[$c(NaOH)$=2 mol/L]稀释成 0.05 mol/L 的溶液。贮于冰箱中可保存 2 个月。

碘量法：称取 2 g 碘化钾（KI）于 250 ml 碘量瓶中，加水 50 ml 溶解，加 1.00 ml 次氯酸钠（NaClO）试剂，再加 0.5 ml 盐酸溶液[50%（V/V）]，摇匀，暗处放置 3 min。用硫代硫酸钠标准溶液[$c(1/2NaS_2O_3)$=0.100 mol/L]。滴定析出的碘，至溶液呈黄色时，加 1 ml 新配制的淀粉指示剂（5 g/L），继续滴定至蓝色刚刚褪去，即为终点，记录所用硫代硫酸钠标准溶液体积，按下式计算次氯酸钠溶液的浓度。

$$c(NaClO) = \frac{c(1/2NaS_2O_3) \times V}{1.00 \times 2} \tag{8-9}$$

式中　$c(NaClO)$——次氯酸钠试剂的浓度，mol/L；

　　　$c(1/2NaS_2O_3)$——硫代硫酸钠标准溶液浓度，mol/L；

　　　V——硫代硫酸钠标准溶液用量，ml。

（5）氨标准溶液

①标准贮备液：称取 0.314 2 g 经 105℃干燥 1 h 的氯化铵（NH_4Cl），用少量水溶解，移入 100 ml 容量瓶中，用吸收液稀释至刻度。此液 1.00 ml 含 1.00 mg 氨。

②标准工作液：临用时，将标准贮备液用吸收液稀释成 1.00 ml 含 1.00 μg 氨。

3.仪器和设备

（1）大型气泡吸收管

有 10 ml 刻度线，见图 8-1，出气口内径为 1 mm，与管底距离应为 3~5 mm。

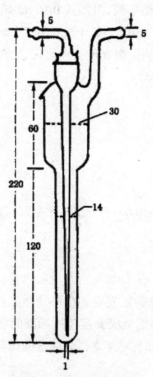

图 8-1　大型气泡吸收管

（2）空气采样器

流量范围 0~2 L/min,流量稳定。使用前后,用皂膜流量计校准采样系统的流量,误差应小于 ±5%。

（3）分光光度计

可测波长为 697.5 nm,狭缝小于 20 nm。

（4）具塞比色管:10 ml。

4.采样

用一个内装 10 ml 吸收液的大型气泡吸收管,以 0.5 L/min 流量,采气 5 L,及时记录采样点的温度及大气压力。采样后,样品在室温下保存,于 24 h 内分析。

5.分析步骤

（1）标准曲线的绘制

取 10 ml 具塞比色管 7 支,按表 8-8 制备标准系列管。

表 8-8　氨标准系列

管号	0	1	2	3	4	5	6
标准工作液,ml	0	0.50	1.00	3.00	5.00	7.00	10.00
吸收液,ml	10.00	9.50	9.00	7.00	5.00	3.00	0
氨含量,µg	0	0.50	1.00	3.00	5.00	7.00	10.00

在各管中加入 0.50 ml 水杨酸溶液,再加入 0.10 ml 硝普钠溶液和 0.10 ml 次氯酸钠溶液,混匀,室温下放置 1 h。用 1 cm 比色皿,于波长 697.5 nm 处,以水作参比,测定各管溶液的吸光度。以氨含量(μg)作横坐标,吸光度为纵坐标,绘制标准曲线,并用最小二乘法计算校准曲线的斜率、截距及回归方程。

$$Y=bX+a \tag{8-10}$$

式中　Y——标准溶液的吸光度;

X——氨含量,μg;

a——回归方程式的截距;

b——回归方程式的斜率。

标准曲线斜率 b 应为 0.081 ± 0.003 吸光度/μg 氨。以斜率的倒数作为样品测定时的计算因子(Bs)。

(2)样品测定

将样品溶液转入具塞比色管中,用少量的水洗吸收管,合并,使总体积为 10 ml。再按制备标准曲线的操作步骤测定样品的吸光度。在每批样品测定的同时,用 10 ml 未采样的吸收液作试剂空白测定。如果样品溶液吸光度超过标准曲线范围,则可用试剂空白稀释样品显色液后再分析。计算样品浓度时,要考虑样品溶液的稀释倍数。

6.结果计算

(1)将采样体积按下式换算成标准状态下的采样体积:

$$V_0 = V_t \times \frac{T_0}{273+t} \times \frac{P}{P_0} \tag{8-11}$$

式中　V_0——标准状态下的采样体积,L;

V_t——采样体积,由采样流量乘以采样时间而得,L;

T_0——标准状态下的绝对温度,273 K;

P_0——标准状态下的大气压力,101.3 KPa;

P——采样时的大气压力,KPa;

t——采样时的空气温度,℃。

(2)空气中氨浓度的计算:

$$c = \frac{(A-A_0)\,B_s}{V_0} \tag{8-12}$$

式中　c——空气中氨浓度,mg/m³;

A——样品溶液的吸光度;

A_0——空白溶液的吸光度;

B_s——计算因子,μg/吸光度

V_0——标准状态下的采样体积,L。

7.测定范围及精密度、准确度

(1)测定范围

测定范围为 10 ml 样品溶液中含 0.5~10 μg 氨。按本法规定的条件采样 10 min,样品可测浓度范围为 0.01~2 mg/m³。

（2）灵敏度

10 ml 吸收液中含有 1 μg 的氨,吸光度为 0.081 ± 0.003。

（3）检测下限

检测下限为 0.5 μg/10 ml,若采样体积为 5 L 时,最低检出浓度为 0.01 mg/m³。

（4）干扰和排除

对已知的各种干扰物,本法已采取有效措施进行排除,常见的 Ca^{2+}、Mg^{2+}、Fe^{3+}、Mn^{2+}、Al^{3+} 等多种阳离子已被柠檬酸络合;2 μg 以上的苯氨有干扰,H_2S 允许量为 30 μg。

（5）方法的精密度

当样品中氨含量为 1.0 μg/10 ml、5.0 μg/10 ml、10.0 μg/10 ml 时,其变异系数分别为 3.1%、2.9%、1.0%,平均相对偏差为 2.5%。

（6）方法的准确度

样品溶液加入 1.0 μg、3.0 μg、5.0 μg、7.0 μg 的氨时,其回收率为 95%~109%,平均回收率为 100.0%。

三、思考题

1.次氯酸钠溶液为什么需要标定浓度?

2.实验过程中干扰物质会对实验结果造成什么影响?

技能训练 4. 室内空气中氡的测定——闪烁瓶法

一、概述

1.危害及来源

氡是由镭在环境中衰变而产生的自然界唯一的天然放射性惰性气体,它没有颜色,也没有任何气味。在自然界中,氡有三种放射性同位素,即 ^{219}Rn、^{220}Rn 和 ^{222}Rn。其中 ^{222}Rn 半衰期最长,为 3.825 d,另外两种同位素的半衰期都非常短,不具有实际意义。因此,通常所指的氡一般以 ^{222}Rn 为主。

氡普遍存在于人们的生活环境中,常温下,氡及其子体在空气中能形成放射性气溶胶而污染空气,放射性气溶胶很容易被人体呼吸系统截留,并在局部区域不断积累,长期吸入高浓度氡最终可诱发肺癌。室内氡的来源主要有从房地基土壤中析出的氡,从建筑材料中析出的氡(它是室内氡的最主要来源,特别是含义放射性元素的天然石材,极易释放出氡),从户外空气中进入室内的氡,从供水及取暖设备和厨房设备的天然气中释放出来的氡。

2.方法选择

《室内空气质量标准》中要求的监测方法有闪烁瓶法、径迹蚀刻法、活性炭盒法、双滤膜法、气球法。空气中氡浓度的测量方法从测量时间上可以分为瞬时测量、连续测量和累计测量;从采样方法上可以分为被动式和主动式两种;从测量对象上又可分为测氡和测氡子体,或同时测量氡和氡子体三种。瞬时测量快速、方便,可及时获得监测数据,但代表性差;目前倾向认为被动式累计测量是室内氡的较理想的方法,它能反映氡浓度的平均值。累积测量法在研究中普遍采用,但因其测量周期长,不易为公众所接受,瞬时测量法因为其能及时给出结果,被公众接受。

径迹蚀刻法是被动式累计采样,能测量采样期间内氡的累计浓度,暴露 20 d,其探测下限可达 $2.1 \times 10^3 \, Bq/m^3$。测试原理是氡及其子体发射的 α 粒子轰击探测器(径迹片)时,使其产生亚微观型损伤径迹。将探测器在一定条件下进行化学或电化学蚀刻,扩大损伤径迹,以致能用显微镜或自动计数装置进行计数。单位面积上的径迹数与氡浓度和暴露时间的乘积成正比。用刻度系数可将径迹密度换算成氡浓度。

活性炭盒法也是被动式累计采样,能测量出采样期间内平均氡浓度,暴露 3 d,探测下限可达 $6 \, Bq/m^3$。空气扩散进炭床内,其中的氡被活性炭吸附,同时衰变,新生的子体便沉积在活性炭内。用 γ 能谱仪测量活性炭盒的氡子体特征 γ 射线峰(或峰群)强度。根据特征峰面积可计算出氡浓度。

双滤膜法属于主动式采样,能测量采样瞬间的氡浓度,探测下限为 $3.36 \, Bq/m^3$。抽气泵开动后含氡气经过滤膜进入衰变筒,被滤掉子体的纯氡在通过衰变筒的过程中又生产新子体,新子体的一部分为出口滤膜所收集。测量出口滤膜上的 α 放射性就可换算出氡浓度。

闪烁瓶法是测量氡气比较经典的方法,是一种瞬时被动式测氡方法。该法的优点是灵敏度高、快速,现场采样仅需十几秒。对住户干扰小,并可以同时进行多点采样,稍加改进,还可以进行水和天然气氡以及土壤氡发射率的测定。下面重点介绍氡浓度的闪烁瓶测量方法(GBZ/T 155-2002)。

3.术语和定义

(1)放射性气溶胶

含有放射性核素的固态或液态微粒在空气或其他气体中形成的分散系。

(2)闪烁瓶

一种氡探测器和采样容器。由不锈钢、铜或有机玻璃等低本底材料制成。外形为圆柱形或钟形,内层涂以 ZnS(Ag)粉,上部有密封的通气阀门。

(3)瞬时采样

在几秒到几十分钟短时间内,采集空气样品的技术。

(4)氡室

一种用于刻度氡及其短寿命子体探测器的大型标准装置。由氡发生器、温湿度控制仪和氡及其子体监测仪等设备组成。

二、闪烁瓶法

1.方法原理

按规定的程序将待测点的空气吸入已抽成真空态的闪烁瓶内。闪烁瓶密封避光 3 h,待氡及其短寿命子体平衡后测量 ^{222}Rn、^{218}Po 和 ^{214}Po 衰变时放射出的 α 粒子。它们入射到闪烁瓶的 ZnS(Ag)涂层,使 ZnS(Ag)发光,经光电倍加管收集并转变成电脉冲,通过脉冲放大、甄别,被定标计数线路记录。在确定时间内脉冲数与所收集空气中氡的浓度是函数相关的,根据刻度源测得的净计数率——氡浓度刻度曲线,可由所测脉冲计数率,得到待测空气中氡浓度。

2.测量装置

典型的测量装置由探头、高压电源和电子学分析记录单元组成。

(1)探头由闪烁瓶、光电倍加管和前置单元电路组成。

①典型的闪烁瓶简图见图 8-2 所示。

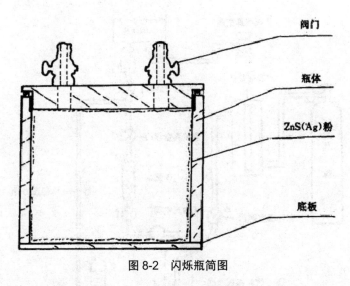

图 8-2 闪烁瓶简图

a.通气阀门应经过真空系统检验。接入系统后,在 1×10^3 Pa 的真空度下,经过 12 h,真空度无明显变化;

b.底板用有机玻璃制成。其尺寸与光电倍加管的光阴极一致,接触面平坦,无明显划痕,与光电倍加管的光阴极有良好的光耦合;

c. ZnS(Ag)粉必须经去钾提纯处理,使其对本底的贡献保持在最低水平;

d.在整个取样测量期间,闪烁瓶的漏气必须小于采样量的 5%;

e.测量室外空气中氡浓度时,闪烁瓶容积应大于 0.5×10^{-3} m^3。

②必须选择低噪声、高放大倍数的光电倍加管,工作电压低于 1 000 V。

③前置单元电路应是深反馈放大器,输出脉冲幅度为 0.1~10 V。

④探头外壳必须具有良好的光密性,材料用铜或铝制成,内表面应氧化涂黑处理,外壳尺寸应适合闪烁瓶的放置。

(2)高压电源输出电压应在 0~3 000 V 范围连续可调,波纹电压不大于 0.1%,电流应不小于 100 mA。

(3)记录和数据处理系统可用定标器和打印机,也可用多道脉冲幅度分析器和 X-Y 绘图仪。

3.刻度

（1）刻度源

刻度源采用 ^{226}Ra 标准源（溶液或固体粉末）。

标准源必须经过法定计量部门或其认可的机构检定。标准源应有检验证书,应清楚表明参考日期和准确度。

（2）刻度装置

刻度装置除采用专门的氡室以外,还常用本条描述的玻璃刻度系统（简称刻度系统,见图 8-3 所示）。

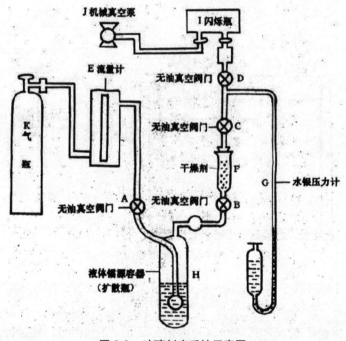

图 8-3　玻璃刻度系统示意图

①刻度系统应有良好的气密性。系统在 1×10^3 Pa 的真空度下,经过 24 h,真空度变化小于 1×10^3 Pa。

②压力计的精度应优于 1%。

③流量计采用浮子流量计,精度应优于 3%,量程为 $0\sim2 \times 10^{-3}$ m³/min。

④清洗和充气气体应为无氡气体（如氮气、氩气或放置二个月以上的压缩空气）。

⑤真空泵如采用机械真空泵,必须使刻度系统真空优于 5×10^2 Pa。

（3）刻度曲线

①按规定程序清洗整个刻度系统。密封装有标准镭源溶液的扩散瓶的两端,累积氡浓度达到刻度范围内所需刻度点的标准氡浓度值。刻度点要覆盖整个刻度范围,一个区间（量级宽）至少 3 个以上刻度点。

②必须先把处于真空状态的闪烁瓶与系统相连接。按规定顺序打开各阀门,用无氡气体把扩散瓶内累积的已知浓度的氡气体赶入闪烁瓶内。在确定的测量条件下,避光 3 h,进行计数测量。

③由一组标准氡浓度值及其对应的计数值拟合得到刻度曲线,即净计数率—氡浓度关系曲线。并导出其函数相关公式。

④各种不同类型的闪烁瓶和测量装置必须使用不同的刻度曲线。

4.测量步骤

(1)在确定的测量条件下,进行本底稳定性测定和本底测量。得出本底分布图和本底值。

(2)将抽成真空的闪烁瓶带到待测点,然后打开阀门(在高温、高尘环境下,须经预处理去湿、去尘),约 10 s 后,关闭阀门,带回测量室待测。记录取样点的位置、温度和气压等。

(3)将待测闪烁瓶避光保存 3 h,在确定的测量条件下进行计数测量。由要求的测量精度选用测量时间。

(4)测量后,必须及时用无氡气体清洗闪烁瓶,保持本底状态。

5.测量结果

(1)典型装置刻度曲线在双对数坐标纸上是一条直线,公式为:

$$\log Y = a\log X + b \tag{8-13}$$

式中　Y——空气中氡的浓度,$Bq \cdot m^{-3}$;

　　　X——测定的净计数,cpm;

　　　a——刻度系数,取决于整个测量装置的性能;

　　　b——刻度系数,取决于整个测量装置的性能。

由上式可得:

$$Y = e^b x^a \tag{8-14}$$

由净计数率,使用图表或公式可以得到相应样品空气中的氡浓度值。

(2)结果的误差主要是源误差、刻度误差、取样误差和测量误差。在测量室外空气中氡浓度时,计数统计误差是主要的。按确定的测量程序,报告要列出测量值和计数统计误差。

三、思考题

1.在测量室外空气中氡浓度时,有哪些误差,其中哪个误差是主要的?

2.简述闪烁瓶法检测室内空气中氡浓度的实验原理。

本项目小结

学习内容总结

知识内容	实践技能
室内空气污染物来源及危害 室内环境标准体系 室内环境监测质量保证 室内空气样品采集方法 空气样品的布点、采集、记录	室内空气中甲醛的测定——酚试剂分光光度法 室内空气中苯、甲苯、二甲苯的测定——气相色谱法 室内空气中氨的测定——靛酚蓝分光光度法 室内空气中氡的测定——闪烁瓶法 校准曲线的绘制 测量结果的统计检验和结果表述 室内环境质量评价 采样仪器和分析测定设备的养护

中英文对照专业术语

序号	中文	英文
1	室内空气	Indoor air
2	监测方案	Monitoring plan
3	室内空气指标	Indoor air index
4	甲醛测定	Formaldehyde determination
5	苯测定	Benzene determination
6	甲苯测定	Toluene determination
7	二甲苯测定	Xylene determination
8	氨测定	Ammonia determination
9	氡测定	Radon determination
10	室内空气污染特性	Indoor air pollution characteristics

项目九　土壤和固体废物污染监测
Soil and solid waste contamination monitoring

知识目标

1.了解土壤污染的来源及特点；

2.了解固体废物的分类、来源和危害；

3.掌握土壤样的采集、制备、保存以及测定方法；

4.掌握固体废物样品的采集、制备及保存方法。

技能目标

1.能够完成土壤含水量、土壤中重金属污染物等的测定；

2.能够完成固体废物中有毒有害物质及特性的测定。

工作情境

1.工作地点：土壤监测实训室、固体废弃物实训室，校外某土地，校外废弃物处理厂。

2.工作场景：

（1）环境保护系统要对某地土壤的某次污染事故调查或长期进行对某地区土壤情况监测，主要进行土壤的采样、分析和监测报告的书写等工作。

（2）环境保护系统对某种固体废弃物对环境影响分析，或对某分类固体废弃物对环境影响的情况进行长期监测，主要进行固体废物样品的采样、分析和检测等工作。

Knowledge goal

1.Understanding the sources and characteristics of soil pollution；

2.Understand the classification, sources and hazards of solid waste；

3.Master the methods of sampling, preparation, preservation and determination of soil samples；

4. Master the collection, preparation and preservation of solid waste samples

Skills goal

1.Can complete the determination of soil moisture content, heavy metal pollutants in soil, etc.；

2. Be able to complete the determination of toxic and harmful substances and characteristics in solid waste.

Work situation

1.work place：Soil monitoring training room，solid waste training room，a land outside school，waste treatment plant outside school.

2.Work scene：

（1）The environmental protection system should investigate a soil pollution accident in a certain area or monitor the soil condition in a certain area for a long time. It mainly carries on the soil sampling，the analysis and the monitoring report writing and so on.

（2）The environmental protection system carries on the long-term monitoring to the certain solid waste to the environment influence analysis，or to the certain classification solid waste to the environment influence situation，mainly carries on the solid waste sample sampling，the analysis and the inspection and so on work.

项目导入

土壤和固体废物污染监测概述

土壤是指陆地地表具有肥力并能生长植物的疏松表层。它介于大气圈、岩石圈、水圈和生物圈之间，是环境中特有的组成部分。

土壤是植物生长的基地，是动物、人类赖以生存的物质基础，因此，土壤质量的优劣直接影响人类的生产、生活和发展。但由于近些年人们不合理地施用农药、进行污水灌溉等致使各类污染物质通过多种渠道进入土壤。当污染物进入土壤的数量超过土壤自净能力时，将导致土壤质量下降，甚至恶化，影响土壤的生产能力。此外，通过地下渗漏、地表径流还将污染地下水和地表水。

一、土壤组成

众所周知，地球的表面是岩石圈。地球表层的岩石经过风化作用，逐渐破坏成疏松的、大小不等的矿物颗粒（称母质）。土壤是在母质、生物、气候、地形、时间等多种成土因素总和作用下形成和演变而成的。

土壤的组成相当复杂，总体说来，是由矿物质、动植物残体腐解产生的有机物质、水分和空气等固、液、气三相组成的。

1.土壤矿物质

（1）土壤矿物质的矿物组成

土壤矿物质是组成土壤的基本物质，占土壤固体部分总重量的90%以上，有土壤骨骼之称。土壤矿物质的组成和性质直接影响土壤的物理性质、化学性质。土壤矿物质是植物营养元素的重要供给源,按其成因可分为原生矿物质和次生矿物质。

①原生矿物质:它是各种岩石经受不同程度的物理风化,仍遗留在土壤中的一类矿物,其原来的化学组成没有改变。土壤中最重要的原生矿物有硅酸盐类矿物、氧化物类矿物、硫化物类矿物和磷酸盐类矿物。由其组成知、原生矿物质既是构成土壤的骨骼,又是植物营养源。

②次生矿物质:次生矿物质大多是由原生矿物质经风化后形成的新矿物。它包括各种简单盐类,如碳酸盐、硫酸盐、氯化物等。次生黏土矿物大多为各种铝硅酸盐和铁硅酸盐,如高岭土、蒙脱土、多水高岭土和伊利石等。土壤中很多重要的物理、化学性质和物理、化学过程都与所含黏土矿物质的种类和数量有关。次生矿物中的简单盐类呈水溶性,易被淋湿。

（2）土壤矿物质的化学组成

土壤矿物质元素的相对含量与地球表面岩石圈元素的平均含量及其化学组成相似。土壤中氧、硅、铝、铁、钙、钠、钾、镁八大元素含量约占96%以上,其余诸元素含量甚微,低于十万分之几甚至百万分之几,统称为微量元素。

（3）土壤机械组成

土壤是由不同粒级的土壤颗粒组成的。土壤粒径的大小影响着土壤对污染物的吸附和解吸能力。例如,大多数农药在黏土中累积量大于砂土,而且在黏土中结合紧密不易解吸。

土壤机械组成的分类是以土壤中隔离剂含量的相对百分比作为标准。国际制采用三级分类法,即根据砂粒（0.02~2 mm）、粉砂粒（0.002~0.02 mm）和黏粒（<0.002 mm）在土壤中的相对含量,将土壤分成砂土、壤土、黏壤土、黏土四大类和十二级。近年来,我国土壤科学工作者拟定出我国土壤指的分类标准,将土壤质地分为三组是一种,见表9-1。

表 9-1　我国土壤质地分类

质地组	质地名称	颗粒组成（%）		
		砂粒（0.0~1 mm）	粗粉粒（0.01~0.05 mm）	黏粒（<0.001 mm）
砂土	粗砂土	>70	—	<30
	细砂土	60-70		
	面砂土	50-60		
壤土	砂粉土	>20		>30
	粉土	<20		
	粉壤土	>20		
	黏壤土	<20		
	砂黏土	>50	—	

质地组	质地名称	颗粒组成（%）		
		砂粒（0.0~1 mm）	粗粉粒（0.01~0.05 mm）	黏粒（＜0.001 mm）
黏土	粉黏土			30-35
	壤黏土	—	—	35-40
	黏土			＞40

2.土壤有机质

土壤有机质也是土壤形成的重要基础,它与土壤矿物质共同构成土壤的固相部分。土壤有机质绝大部分集中于土壤表层。在表层(0~15 cm 或 0~20 cm)土壤有机质一般只占土壤干重量的 0.5%~3%,我国大多数土壤中有机质含量在 1%~5%之间。土壤有机质主要来自各种植物的茎秆、根茬、落叶、土壤中的动物残骸以及施入土壤的有机肥料等。这些有机物质在物理、化学、生物等因素的作用下,形成一种新的性质相当稳定而复杂的有机化合物,称为土壤有机质,它主要以腐殖质为主。腐殖质可以认为是由两种主要类型的物质(或基团)组成的。第一类属未完全分解的植物和动物残骸,包括含氮和不含氮的有机物;第二类为腐殖质。腐殖质是具有多种功能团、芳香族结构及酸性的高分子化合物,其呈黑色或暗棕色胶体状,主要含有胡敏酸和富里酸。胡敏酸是两性有机胶体,通常情况带负电荷,在土壤中可吸附重金属如 Mn^{2+}、Cd^{2+}、Hg^{2+}、Fe^{3+}、Al^{3+}等离子。

土壤有机质能改善土壤的物理、化学和生物学性状。腐殖质作为土壤有机胶体来说,具有吸收性能、土壤缓冲性能以及与土壤重金属的络合性能等,这些性能对土壤结构、土壤性质和土壤质量都有重大影响。如腐殖质对重金属的吸附、络合、离子交换等作用,可使土壤中某些重金属沉积。据报道,腐殖质能强烈地吸附土壤中 Hg^{2+}、Cu^{2+}、Pb^{2+}、Sn^{2+}等离子。又如,腐殖质对有机磷和有机氯等农药有极强的吸附作用。剖析土壤对农药的吸附作用得知,它可降低农药的蒸发量,减少农药被水淋洗渗入地下量,从而减少了对大气和水源的污染。另外,在一定条件下,土壤还具有净化解毒作用。但这种净化作用是极不稳定的。

3.土壤水和空气

（1）土壤水

土壤水是土壤中各种形态水分的总称,为土壤的重要组成部分。它对土壤中物质的转化过程和土壤形成过程起着决定作用。土壤水非指纯水而言,而实际是含有复杂溶质的稀溶液,因此,通常将土壤水及其所含溶质称为土壤溶液。土壤溶液是植物生长所需水分和养分的主要供给源。

土壤水的来源有大气降水、降雪和地表径流,若地下水位接近地表面(2~3 m),则地下水亦是土壤水来源之一。在研究土壤污染问题时,必须十分关注废水、污水灌溉农田的利弊问题。合理污水灌溉能提供水源、肥源、促进农业增产增收,并可减少地表水的污染负荷和污水处理负荷。但是,不当的污水灌溉可导致土壤—作物系统的污染,危害人体健康。众所周知,日本富山县神通川流域引含镉废水污灌,使土壤、作物受到严重的镉污染,造成举世闻名"骨痛病"时间。我国某些地区引用未经处理的废水或污水灌溉,造成土壤质量恶化,使作物减产和急性中毒事件也屡有发生。因此,必须加强对污水灌溉方式和灌溉量的科学指导和严格管理,达到化害为利的目的。

（2）土壤空气

土壤空气是存在于土壤中气体的总称。它是土壤的重要组成之一。土壤空气存在于未被土壤水分占据的土壤空隙中。土壤空气组成与土壤本身特性相关,也与季节、土壤水分、土壤深度等条件相关,如在排水良好的土壤中,土壤空气主要来源于大气,其组分与大气基本相同,以氮、氧和二氧化碳为主,而在排水不良的土壤中氧含量下降,二氧化碳含量增加。土壤空气含氧量比大气少,而二氧化碳含量高于大气。土壤空气中还含有经土壤生物化学作用所产生的特殊气体如甲烷、硫化氢、氢气、氮氧化物等。此外,土壤空气中也经常含有大气中的污染物质。

二、土壤背景值

土壤背景值又称土壤本底值。它代表一定环境单元中的一个统计量的特征值。背景值这一概念最早是地质学家在应用地球化学探矿过程中引出的。背景值指在各区域正常地质地理条件和地球化学条件下元素在各类自然体(岩石、风化产物、土壤、沉积物、天然水、近地大气等)中的正常含量。在环境科学中,土壤背景值是指在未受或少受人类活动影响下,尚未受或少受污染和破坏的土壤中元素的含量。当今,由于人类活动的长期积累和现代工农业的高速发展,使自然环境的化学成分和含量水平发生了明显的变化,要想寻找一个绝对未受污染的土壤环境是十分困难的,因此土壤环境背景值实际上是一个相对概念。

土壤元素背景值的常用表达方法有下列几种:用土壤样品平均值($\bar{x}$)表示;用平均值加减一个或两个标准偏差(S)表示($\bar{x} \pm S, \bar{x} \pm 2S$);用几何平均值($M$)加减一个标准偏差($D$)表示($M \pm D$)。我国土壤元素背景值的表达方法是:①对元素测定值呈正态分布或近似正态分布的元素,用算术平均值($\bar{x}$)表示数据分布的集中趋势,用算术均值标准偏差(S)表示数据的分散度,用$\bar{x} \pm 2s$表示95%置信度数据的范围值。

$$\bar{x} = \frac{1}{n}\sum_{i=1}^{n} x_i$$

式中 $\bar{x}$——土壤中某污染物的背景值;

x_i——土壤中某污染物的实测值;

n——土样数量

$$s = \sqrt{\frac{1}{n-1}\sum\left(x_i - \bar{x}\right)^2}$$

或

$$s = \sqrt{\frac{\sum x_i^2 - \dfrac{\left(\sum x_i\right)^2}{n}}{n-1}}$$

②对元素测定值呈对数正态或近似对数正态分布的元素,用几何平均值(M)表示数据分布的集中趋势,用几何标准偏差(D)表示数据分散度,用 $M/(D^2\text{-}MD^2)$ 表示 95%置信度数据的范围值。

$$M = \sqrt[n]{x_1 \cdot x_2 \cdots x_n}$$

式中　M——土壤中某污染物的背景值;

　　　x_i——土壤中某污染物的实测值;

　　　n——土样数量。

思考与联系

1.土壤污染监测的意义?

2.土壤的组成有哪些?

3.土壤的背景值是什么?

Project import

Overview of soil and solid waste pollution monitoring

Soil is the loose surface of the land surface that is fertile and capable of growing plants. It lies between the atmosphere, the lithosphere, the hydrosphere and the biosphere, and is a unique part of the environment.

Soil is the base of plant growth, the material base on which animals and human beings depend for survival. Therefore, the quality of soil directly affects the production, life and development of human beings. However, due to the unreasonable application of pesticides and sewage irrigation in recent years, all kinds of pollutants enter the soil through various channels. When the amount of pollutants entering the soil exceeds the self-purification ability of the soil, the soil quality will decline or even deteriorate, which will affect the productive capacity of the soil. In addition, through underground leakage, surface runoff will also pollute groundwater and surface water.

I. soil composition

It is well known that the surface of the earth is lithosphere. The rocks on the surface of the earth are weathered and gradually destroyed into loose mineral particles of varying sizes (called parent material). Soil is formed and evolved by the sum of various factors, such as parent material, biology, climate, topography, time and so on.

The composition of the soil is quite complex, generally speaking, is composed of minerals, animal and plant residues decomposed organic substances, water and air, such as solid, liquid, gas three-phase composition.

1. Soil minerals

（1）Mineral composition of soil minerals

Soil minerals are the basic materials that make up the soil, accounting for more than 90% of the total weight of the soil solid part, which is known as the soil skeleton. The composition and properties of soil minerals directly affect the physical and chemical properties of soil. Soil mineral is an important supply source of plant nutrient elements, which can be divided into primary mineral and secondary mineral according to its origin.

① Primary minerals: a class of minerals that remain in the soil after varying degrees of physical weathering of various rocks, and their original chemical composition remains unchanged. The most important primary minerals in soil are silicate minerals, fluoride minerals, sulfide minerals and phosphate minerals. According to its composition, primary minerals are not only the skeleton of soil, but also the source of plant nutrition.

② Secondary minerals: secondary minerals are mostly new minerals formed by weathering of primary minerals. It includes a variety of simple salts, such as carbonate, sulfate, chloride and so on. Most of the secondary clay minerals are aluminosilicate and ferric silicate, such as kaolin, montmorillonite, water-rich kaolin and Illite. Many important physical, chemical and physical and chemical processes in soil are related to the types and quantities of clay minerals. The simple salts in secondary minerals are water-soluble and easy to be leached.

（2）Chemical composition of soil minerals

The relative content of mineral elements in soil is similar to the average content and chemical composition of lithospheric elements on the earth's surface. The contents of oxygen, silicon, aluminum, iron, calcium, sodium, potassium and magnesium in soil are above 96%, the other elements are less than 100, 000% or even a few million parts.

（3）soil mechanical composition

The soil is composed of soil particles of different grain levels. The size of soil particle size affects the adsorption and desorption ability of soil pollutants. For example, most pesticides accumulate more in clay than sand, and are not easily desorbed in clay.

The classification of soil mechanical composition is based on the relative percentage of soil isolator content. According to the relative content of 0.02-2mm, 0.002-0.02mm and 0.002mm in soil, the soil is divided into four categories, namely, sandy soil, loam soil, clay and twelve grades. In recent years, Chinese soil scientists have drawn up the classification criteria of soil index in our country. The soil texture is divided into three groups, see Table 9-1.

outside9-1　Soil texture classification in China

Texture group	teature name	颗粒组成(%)		
		sand (0.0~1 mm)	coarse dust (0.01~0.05 mm)	cosmid (<0.001 mm)
sandy soil	Coarse sand	>70	—	<30
	Fine sand soil	60-70		
	Surface sand	50-60		
doras	Sandy silt	>20		>30
	silt	<20		
	silty loam	>20		
	clay loam	<20		
	sand clay	>50	—	
clay	Silt clay	—	—	30-35
	loam clay			35-40
	clay			>40

2. Soil organic matter

Soil organic matter is also an important basis for soil formation, which, together with soil minerals, forms the solid part of soil. Most of soil organic matter is concentrated in the surface layer of soil. The soil organic matter in surface layer(0~15 cm or 0~20 cm) only accounts for 0. 5% of the dry weight of the soil, and the content of organic matter in most of the soils in China is between 1~5%. Soil organic matter mainly comes from stem, stubble, fallen leaves, animal remains in soil and organic fertilizer applied into soil. These organic substances, acting on physical, chemical, biological and other factors, form a new organic compound with fairly stable and complex properties. Called soil organic matter, it is mainly humus. Humus may be considered to consist of two main types of substances(or groups). The first group belongs to incomplete decomposition of plant and animal debris, including nitrogen-containing and non-nitrogen-containing organic matter, and the second is humus. Humus is a multifunctional, aromatic and acidic polymer compound, which is black or dark brown colloidal, mainly containing Hu Min acid and fulvic acid. Hu Min acid is an amphoteric organic colloid which is usually negatively charged and can adsorb heavy metals such as Mn^{2+}、Cd^{2+}、Hg^{2+}、Fe^{3+}、Al^{3+} plasma in soil.

Soil organic matter can improve the physical, chemical and biological properties of the soil. Humus, as soil organic colloid, has the properties of absorption, buffer and complexation with heavy metals. These properties have great influence on soil structure, soil properties and soil quality. For example, the adsorption, complexation and ion exchange of heavy metals by humus can result in the deposition of some heavy metals in soil. It is reported that humus can strongly adsorb Hg^{2+}、Cu^{2+}、Pb^{2+}、Sn^{2+} plasma in soil. For example, humus has strong adsorption on organophosphorus and organochlorine pesticides. Analysis of soil to Pesticide The adsorption shows that it can reduce the evaporation of pesticides and reduce the amount of water leaching and infiltration of pesticides into the ground, thus reducing the pollution of air and water sources. In addition, under certain conditions, the soil also has decontamination and detoxification. But this purification is extremely unstable.

3. Soil water and air

(1)soil water

Soil water is a general term for various forms of soil moisture, which is an important part of soil. It plays a decisive role in the process of soil material transformation and soil formation. Soil water is not pure water, but it is a dilute solution containing complex solute. Therefore, soil water and its solutes are usually called soil solution. Soil solution is the main source of water and nutrient for plant growth.

The sources of soil water are precipitation, snowfall and surface runoff. If the groundwater level is close to the surface of the earth (about 2m), groundwater is also one of the sources of soil water. In the study of soil pollution, we must pay close attention to the advantages and disadvantages of wastewater irrigation of farmland. Reasonable sewage irrigation can provide water source, fertilizer source, increase agricultural production and income, and reduce surface water pollution load and sewage treatment load. However, improper sewage irrigation can lead to soil-crop system pollution, harmful to human health. As we all know, waste water containing cadmium is polluted and irrigated by waste water from Shentongchuan, Fukuyama Prefecture, Japan, which results in serious cadmium pollution on soil and crops. The world is famous for the time of bone pain. The use of untreated wastewater or sewage irrigation in some areas of China has resulted in the deterioration of soil quality, the reduction of crop production and the occurrence of acute poisoning. Therefore, it is necessary to strengthen the scientific guidance and strict management of sewage irrigation methods and irrigation quantity in order to achieve the goal of turning harm into profit.

(2)soil air

Soil air is a general term for gases in soil. It is one of the most important components of soil. Soil air exists in soil gaps that are not occupied by soil moisture. Soil air composition is related to soil characteristics, season, soil moisture, soil depth and so on. For example, in well-drained soil, soil air is mainly derived from the atmosphere, and its composition is basically the same as that of atmosphere. Oxygen and carbon dioxide are dominant, but in poorly drained soil, oxygen content decreases and carbon dioxide content increases. The oxygen content of soil air is lower than that of atmosphere, and the carbon dioxide content is higher than that of atmosphere. Soil air also contains Special gases such as methane, hydrogen sulfide, hydrogen, nitrogen oxides, etc.

In addition, soil air also often contains pollutants in the atmosphere.

II. Soil background values

Soil background value is also called soil background value. It represents the eigenvalue of a statistic in a given environmental unit. The concept of background value was first introduced by geologists in the application of geochemical prospecting. Background values refer to the normal contents of elements in various natural bodies (rocks, weathered products, soil, sediments, natural water, near-Earth atmosphere, etc.) under normal geological and geochemical conditions in various regions. In environmental science, the soil background value refers to the content of elements in the soil that has not been polluted or destroyed without or under the influence of human activities. Today, due to the long-term accumulation of human activities and the high level of modern industry and agriculture, With the rapid development, the chemical composition and content level of the natural environment have changed obviously. It is very difficult to find an absolutely unpolluted soil environment, so the background value of soil environment is actually a relative concept.

The following methods are commonly used to express the background values of soil elements: mean values of soil samples Is represented by an average of one or two standard deviations (S) In terms of geometric mean (M) plus or minus a standard deviation (D)(M ±D).) The methods of expressing the background value of soil elements in China are as follows: ① elements with or near normal distribution of measured values of elements, using the arithmetic mean value (Represents the centralized trend of data distribution, uses the arithmetic mean standard deviation (S) to represent the data dispersion, and uses the Represents the range value of 95% confidence data.

$$\bar{x} = \frac{1}{n}\sum_{i=1}^{n} x_i$$

In the form　　$\bar{x}$——Background value of a pollutant in soil;

x_i——The measured value of a pollutant in the soil;

n——Soil sample quantity

$$s = \sqrt{\frac{1}{n-1}\sum\left(x_i - \bar{x}\right)^2}$$

Or

$$s = \sqrt{\frac{\sum x_i^2 - \dfrac{\left(\sum x_i\right)^2}{n}}{n-1}}$$

② for elements with logarithmic normal distribution or approximate logarithmic normal distribution, the concentrated trend of data distribution is represented by geometric mean value (M), the dispersion of data is expressed by geometric standard deviation (D), and the range of

95% confidence data is expressed by M /(D2-MD2).

$$M = \sqrt[n]{x_1 \cdot x_2 \cdots x_n}$$

$$D = \sqrt{\dfrac{\sum (\lg x_i)^2 - \dfrac{(\sum \lg x_i)^2}{n}}{n-1}}$$

In the form　　M——Background value of a pollutant in soil;

　　　　　　x_i——The measured value of a pollutant in the soil;

　　　　　　n——Number of soil samples

Thinking and practicing

1. What is the significance of soil pollution monitoring?

2. The composition of the soil?

3. What is the background value of the soil?

任务一　土壤污染监测

一、土壤监测方案的制定

1.土壤污染监测项目

环境是个整体,污染物进入哪一部分都会影响整个环境。因此,土壤监测必须与大气、水体和生物监测相结合才能全面和客观地反映实际。土壤监测中确定土壤中优先监测物的依据是国际学术联合会环境问题科学委员会(SCOPE)提出的"世界环境监测系统"草案,该草案规定,空气、水源、土壤以及生物界中的物质都应与人群健康联系起来。土壤中优先检测物有以下两类:

第一类:汞、铅、镉,DDT 及其代谢产物与分解产物,多氯联苯(PCB);

第二类:石油产品, DDT 以外的长效性有机氯、四氯化碳醋酸衍生物、氯化脂肪族、砷、锌、硒、铬、镍、锰、钒,有机磷化合物及其他活性物质(抗生素、激素、致畸性物质、催畸性物质和诱变物质)等。

我国土壤常规监测项目中,金属化合物有镉、铬、铜、汞、铅、锌;非金属无机化合物有砷、氰化物、氟化物、硫化物等;有机化合物有苯并(a)芘、三氯乙醛、油类、挥发酚、DDT、六六六等。

由于土壤监测属痕量分析范畴,加之土壤环境的不均一性,故土壤监测结果的准确性是个十分令人关注的问题。土壤监测与大气、水质监测不同,大气、水体皆为流体,污染物进入后较易混合,在一定范围内污染物分布比较均匀,相对来说较易采集具有代表性的样品。土壤是固、气、液三相组成的分散体系,呈不均一状态,污染物进入土壤后流动、迁移、混合都较困难,如当污灌水流经农田时,污染物在各点的分布差别较大,即使多点采样,所收集的样品也往往具有局限性。由此可见,土壤监测中采样误差,对监测结果的影响往往大于分析误差。为使所采集的样品具有代表性,监测结果能表征土壤客观情况,应把采样误差降至最低。在实施监测方案时,首先必须对监测地区进行调查研究。主要调研的内容包括:

（1）地区的自然条件:包括母质、地形、植被、水文、气候等;

（2）地区的农业生产情况:包括土地利用、作物生长与产量情况,水利及肥料、农药使用情况等;

（3）地区的土壤性状:土壤类型及性状特征等;

（4）地区污染历史及现状。

通过以上调查,选择一定量的采样单元,布设采样点。

2.土壤样品采集

（1）污染土壤样品采集

①采样点布设

在调查研究基础上,选择一定数量能代表被调查地区的地块作为采样单元（0.13~0.2公顷）,在每个采样单元中,布设一定数量的采样点。同时选择对照采样单元布设采样点。

为减少土壤空间分布不均一性的影响,在一个采样单元内,应在不同方位上进行多点采样,并且均匀混合成为具有代表性的土壤样品。

对于大气污染物引起的土壤污染,采样点布设应以污染源为中心,并根据当地的风向、风速及污染强度系数等选择在某一方位或某几个方位上进行。采样点的数量和间距依调查目的和条件而定,通常,在近污染源处采样点间距小些,在远离污染源处间距大些。对照点应设在远离污染源,不受其影响的地方。由城市污水或被污染的河水灌溉农田引起的土壤污染,采样点应根据灌水流的路径和距离等考虑。总之,采样点的布设既应尽量照顾到土壤的全面情况,又要视污染情况和监测目的而定。

下面介绍几种常用采样布点方法。

a.对角线布点法:该法适用于面积小、地势平坦的污水灌溉或受污染河水灌溉的田块。布点方法是由田块进水口向对角线引一斜线,将此对角线三等分,在每等分的中间设一采样点,即每一田块设三个采样点。根据调查目的、田块面积和地形等条件可做变动,多划分几个等分段,适当增加采样点。

b.梅花形布点法:该法适用于面积较小、地势平坦、土壤较均匀的田块,中心点设在两对角线相交处,一般设 5~10 个采样点。

c.棋盘式布点法:这种布点方法适用于中等面积、地势平坦、地形完整开阔、但土壤较不均匀的田块,一般设 10 个以上采样点。此法也适用于受固体废物污染的土壤,因为固体废物分布不均匀,应设 20 个以上采样点。

d.蛇形布点法:这种布点方法适用于面积较大,地势不很平坦,土壤不够均匀的田块。布设采样点数目较多。

②采样深度

采样深度视监测目的而定。如果只是一般了解土壤污染状况,只需取 0~15 cm 或 0~20 cm 表层（或耕层）土壤。使用土铲采样。如要了解土壤污染深度,则应按土壤剖面层次分层采样。土壤剖面指地面向下的垂直土体的切面。在垂直切面上可观察到与地面大致平行的若干层具有不同颜色、性状的土层。典型的自然土壤剖面分为 A 层(表层,腐殖质淋溶层)、B 层(亚层,淀积层)、C 层(风化母岩层、母质层)和底岩层,见图 9-1。采集土壤剖面样品时,需在特定采样地点挖掘一个 1 × 1.5 m 左右的长方形土坑,深度约在 2 m 以内,一般要求达到母质或潜水处即可。根据土壤剖面颜色、结构、质地、松紧度、温度、植物根系分布等划分土层,并进行仔细观察,将剖面形态、特征自上而下逐一记录。随后在各层最典型的中部自下而上逐层采样,在各层内分别用小土铲切取一片片土壤样,每个土壤剖面土层示意图采样点的取土深度和取样量应一致。根据监测目的和要求可获得分层试样或混合样。用于重金属分析的样品,应将和金属采样器接触部分的土样弃去。

③采样时间

为了解土壤污染状况,可随时采集样品进行测定。如需同时掌握在土壤上生长的作物受污染状况,可依季节变化或作物收获期采集。一年中在同一地点采样两次进行对照。

④采样量

由上述方法所得土壤样品一般是多样点均量混合而成,取土量往往较大,而一般只需要 1~2 kg 即可,因此对所得混合样需反复按四分法弃取,最后留下所需的土量,装入塑料袋或布袋内。

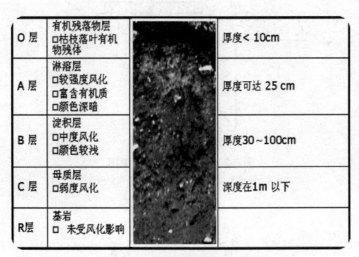

图 9-1　土壤坡面土层示意图

⑤采样注意事项

a.采样点不能设在田边、沟边、路边或肥堆边;

b.将现场采样点的具体情况,如土壤剖面形态特征等做详细记录;

c.现场填写标签两张(地点、土壤深度、日期、采样人姓名),一张放入样品袋内,一张扎在样品口袋上。

(2)土壤背景值样品采集

①布点原则

a.采集土壤背景值样品时,应首先确定采样单元。采样单元的划分应根据研究目的、研究范围及实际工作所具有的条件等综合因素确定。我国各省、自治区土壤背景值研究中,采样单元以土类和成土母质类型为主,因为不同类型的土类母质其元素组成和含量相差较大。

b.不在水土流失严重或表土被破坏处设置采样点。

c.采样点远离铁路、公路至少300 m以上。

d.选择土壤类型特征明显的地点挖掘土壤剖面,要求剖面发育完整、层次较清楚且无侵入体。

e.在耕地上采样,应了解作物种植及农药使用情况,选择不施或少施农药、肥料的地块作为采样单元,以尽量减少人为活动的影响。

②样品采集

a.在每个采样点均需挖掘土壤剖面进行采样。我国环境背景值研究协作组推荐,剖面规格一般为长1.5 m、宽0.8 m、深1.0 m,每个剖面采集A、B、C三层土样。过渡层(AB、BC)一般不采样,见图9-2、图9-3。当地下水位较高时,挖至地下水出露时止。现场记录实际采样深度,如0~20 cm、50~65 cm、8~100 cm。在各层次典型中心部位自下而上采样,切忌混淆层次、混合采样。

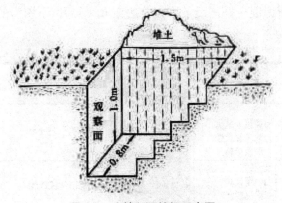

图9-2　土壤剖面挖掘示意图

(摘自中国环境监测总站编著,土壤元素的近代分析方法,P23)

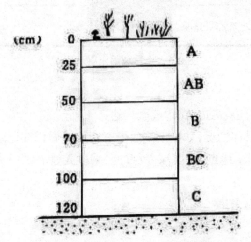

图9-3　土壤剖面A、B、C层示意图

b.在山地土壤土层薄的地区,B层发育不完整时,只采A、C层样。

c.干旱地区剖面发育不完整的土壤,采集表层(0~20 cm)、中土层(50 cm)和底土层(100 cm)附近的样品。

③采样点数的确定

通常,采样点的数目与所研究地区范围的大小、研究任务所设定的精密度等因素有关。在全国土壤背景值调查研究中,为使布点更趋合理,采样点数依据统计学原则确定,即在所选定的置信水平下,与所测项目测量值的标准差、要求达到的精度相关。每个采样单元采样点位数可按下式估算:

$$n = \frac{t^2 \times s^2}{d^2}$$

式中　n——每个采样单元中所设最少采样点位数;

　　　t——置信因子(当置信水平95%时,t取值1.96);

　　　s——样本相对标准差;

　　　d——允许偏差(若抽样精度不低于80%时,d取值0.2)。

二、土壤样品制备、保存与预处理

1. 土样的风干

除测定游离挥发酚、铵态氮、硝态氮、低价铁等不稳定项目需要新鲜土样外,多数项目需用风干土样。因为风干土样较易混合均匀,重复性、准确性都比较好。

从野外采集的土壤样品运到实验室后,为避免受微生物的作用引起发霉变质,应立即将全部样品倒在塑料薄膜上或瓷盘内进行风干。当达半干状态时把土块压碎,除去石块、残根等杂物后铺成薄层,经常翻动,在阴凉处使其慢慢风干,切忌阳光直接曝晒。样品风干处应防止酸、碱等气体及灰尘的污染。

2. 磨碎与过筛

进行物理分析时,取风干样品100~200 g,放在木板上用圆木棍辗碎,经反复处理使土样全部通过2 mm孔径的筛子,将土样混均储于广口瓶内,作为土壤颗粒分析及物理性质测定。1927年国际土壤学会规定通过2 mm孔径的土壤用作物理分析,通过1 mm或0.5 mm孔径的土壤用作化学分析。

作化学分析时,根据分析项目不同而对土壤颗粒细度有不同要求。土壤监测中,称样误差主要取决于样品混合的均匀程度和样品颗粒的粗细程度,即使对于一个混合均匀的土样,由于土粒的大小不同,其化学成分也不同,因此,称样量会对分析结果的准确与否产生较大影响。一般常根据所测组分及称样量决定样品细度。分析有机质、全氮项目,应取一部分已过2 mm筛的土样,用玛瑙研钵继续研细,使其全部通过60号筛(0.25 mm)。用原子吸收光度法(AAS法)测Cd、Cu、Ni等重金属时,土样必须全部通过100号筛(尼龙筛)。研磨过筛后的样品混匀、装瓶、贴标签、编号、储存。

网筛规格有两种表达方法,一种以筛孔直径的大小表示,如孔径为2 mm、1 mm、

0.5 mm;另一种以每英寸长度上的孔数来表示,如每英寸长度上有 40 孔为 40 目筛(或称 40 号筛),每英寸有 80 孔为 80 号筛等。孔数愈多,孔径愈小。

3. 土样保存

一般土壤样品需保存半年至一年,以备必要时查核之用。环境监测中用以进行质量控制的标准土样或对照土样则需长期妥善保存。储存样品应尽量避免日光、潮湿、高温和酸碱气体等的影响。

玻璃材质容器是常用的优质贮器,聚乙烯塑料容器也属美国环保局推荐容器之一,该类贮器性能良好、价格便宜且不易破损。

将风干土样、沉积物或标准土样等贮存于洁净的玻璃或聚乙烯容器之内。在常温、阴凉、干燥、避阳光、密封(石蜡涂封)条件下保存 30 个月是可行的。

4. 土壤的预处理

在土壤监测分析中,根据分析项目的不同,首先要经过样品的预处理工作,然后才能进行待测组分含量的测定。常用的预处理方法有:湿法消化、干法灰化、溶剂提取、碱熔法。

(1)湿法消化

湿法消化法又称湿法氧化,是将土壤样品与一种或两种以上的强酸(如硫酸、硝酸等)共同加热浓缩至一定体积,如盐酸—硝酸消化、硝酸—硫酸消化、硝酸—高氯酸消化等,将有机物分解成二氧化碳和水除去。为了加快氧化速度,可以加入过氧化氢、高锰酸钾、过硫酸钾和五氧化二钒等氧化剂和催化剂。

(2)干法灰化

干法灰化法又称燃烧法或高温分解法,是根据待测组分的性质,选用铂、石英、镍或瓷坩埚盛放样品,将其置于高温电炉中加入,控制温度在 450~550℃,使其灰化完全,将残渣溶解供分析用。对于易挥发的元素,如汞、砷等,为避免高温灰化损失,可用氧瓶燃烧法进行灰化。此法是将样品包在无灰滤纸中,滤纸包钩在磨口塞的铂丝上,瓶中预先充入氧气和吸收液,将滤纸引燃后,迅速盖紧瓶塞,让其燃烧灰化,摇动瓶子让燃烧产物溶解于吸收液中,溶液供分析用。

(3)溶剂提取

用溶剂将待测组分从土壤样品中提取出来,提取液供分析用。主要用于对有机污染物的提取和分析。常用的提取方法有振荡提取法、索式提取法和柱层析法。

(4)碱熔法

碱熔法是利用氢氧化钠和碳酸钾作为碱溶剂在高温下与试样发生复分解反应,将被测组分转变成易溶解的反应物。一般用于土壤中氟化物的测定。因该法添加了大量可溶性盐,易引入污染物质;另外,有些重金属在高温熔融时易损失。

三、土壤污染物的测定

1. 测定方法

土壤污染监测所用方法与水质、大气监测方法类同。常用方法有:重量法适用于测土壤水分;容量法适用于浸出物中含量较高的成分测定,如 Ca^{2+}、Mg^{2+}、Cl^-、SO_4^{2-} 等;分光光度法、原子吸收分光光度法、原子荧光分光光度法、等离子体发射光谱法适用于重金属如 Cu、Cd、Cr、Pb、Hg、Zn 等组分的测定;气相色谱法适用于有机氯、有机磷及有机汞等农药的测定。

2. 土壤样品溶解

溶解土壤样品有两类方法:一类为碱熔法,常用的有碳酸钠碱熔法和偏硼酸锂($LiBO_2$)熔融法。碱熔法的特点是分解样品完全,缺点是:添加了大量可溶性盐,易引进污染物质;有些重金属如 Cd、Cr 等在高温熔融易损失(如 $>450\,^{\circ}C$ Cd 易挥发损失);在原子吸收和等离子发射光谱仪的喷燃器上,有时会有盐结晶析出并导致火焰的分子吸收,使结果偏高;另一类是酸溶法,测定土壤中重金属时常选用各种酸及混合酸进行土壤样品的消化。消化的作用是:①破坏、除去土壤中的有机物;②溶解固体物质;③将各种形态的金属变为同一种可测态。为了加速土壤中被测物质的溶解,除使用混合酸外,还可在酸性溶液中加入其他氧化剂或还原剂。下面介绍几种常用酸,混合酸及土壤消化方法。

(1)王水(HCl-HNO_3):1 体积 HNO_3 和 3 体积 HCl 的混合物。可用于消化测定 Pb、Cu、Zn 等组分的土壤样品。

(2)HNO_3-H_2SO_4:由于 HNO_3 氧化性强, H_2SO_4 具氧化性且沸点高,故用该混合酸消化效果较好。用此混合酸处理土样时,应先将样品润湿,再加 HNO_3 消化,最后加 H_2SO_4。若先加 H_2SO_4 时,因其吸水性强易引起碳化,样品一旦碳化后则不易溶解。另须注意在加热加速溶解时,开始低温,然后逐渐升温,以免因迸溅引起损失。消化过程中如发现溶液呈棕色时,可再加些 HNO_3 增加氧化作用,至溶液清亮止。

(3)HNO_3-$HClO_4$:使用 $HClO_4$ 时,因其遇大量有机物反应剧烈,易发生爆炸和迸溅,尤以加热更甚。通常先用 HNO_3 处理至一定程度后,冷却,再加 $HClO_4$,缓慢加热,以保证操作安全。样品消化时必须在通风橱内进行,且应定期清洗通风橱,避免因长期使用 $HClO_4$ 引起爆炸。切忌将 $HClO_4$ 蒸干,因无水 $HClO_4$ 会爆炸。

(4)H_2SO_4-H_3PO_4:这两种酸的沸点都较高。H_2SO_4 具有氧化性、H_3PO_4 具有络合性,能消除 Fe 等离子干扰。

3. 土壤监测实例

土壤监测结果规定用 mg/kg(烘干土)表示。

(1)土壤含水量测定

无论采用新鲜或风干样品,都需测定土壤含水量,以便计算土壤中各种成分按烘干土为基准时的测定结果。

测定方法:用百分之一精度的天平称取土样 20~30 g,置于铝盒中,在 105 ℃下烘(4~5 h)至恒重。按下式计算水分重量占烘干土重的百分数:

$$H_2O\% = \frac{(\text{风干土重-烘干土重})}{\text{烘干土重}} \times 100$$

(2)土壤中锌、铜、镉的测定——AAS 法

①标准溶液制备:制备各种重金属标准溶液推荐使用光谱纯试剂;用于溶解土样的各种

酸皆选用高纯或光谱纯级;稀释用水为蒸馏去离子水。使用浓度低于 0.1 mg/ml 的标准溶液时,应于临用前配制或稀释。标准溶液在保存期间,若有混浊或沉淀生成时须重新配制。

②土样预处理:称取 0.5~1 g 土样于聚四氟乙烯坩埚中,用少许水润湿,加入 HCl 在电热板上加热消化(<450 ℃,防止 Cd 挥发),加入 HNO_3 继续加热,再加入 HF 加热分解 SiO_2 及胶态硅酸盐。最后加入 $HClO_4$ 加热(<200 ℃)蒸至近干。冷却、用稀 HNO_3 浸取残渣、定容。同时作全程序空白实验。

③Cu、Zn、Cd 标准系列混合溶液的配制:各元素标准工作溶液是通过逐次稀释其标准贮备液而得。Cu、Zn、Cd 三元素适宜测定的浓度范围见表 9-2。标准系列混合液各元素的浓度范围应在表 9-2 中所列出的浓度范围内。

注意:配制标准系列溶液时,所用酸和试剂的量应与待测液中所含酸和试剂的数量相等,以减少背景吸收所产生的影响。

④采用 AAS 法测定 Cu、Zn、Cd:测定工作参数见表 9-2。

表 9-2　Cu、Zn、Cd 工作参数

	Cu	Zn	Cd
适测浓度范围(微克/ml)	0.2-10	0.05-2	0.05-2
灵敏度(微克/ml)	0.1	0.02	0.025
检出限(微克/ml)	0.01	0.005	0.002
波长(微克/ml)	324.7	213.9	228.8
空气—乙炔火焰条件	氧化型	氧化型	氧化型

注:摘自美国 EPA(1974)。不同仪器其灵敏度和检出限有差异。

⑤结果计算:

$$镉或铜、锌（mg/kg）=\frac{M}{W}$$

式中　M——自标准曲线中查得镉(铜、锌)含量(μg);

　　　　W——称量土样干重量。

（3）土壤中铬的测定——二苯碳酰二肼分光光度法

①标准曲线绘制:用铬标准工作溶液配制标准系列,测吸光值,绘制标准曲线。

②土样消化:称取土样 0.5~2 g 于聚四氟乙烯坩埚中,加水润湿,加 HNO_3 及 H_2SO_4,待剧烈反应停止后,置于电热板上加热至冒白烟。冷却、加入 HNO_3、HF 继续加热至冒浓白烟除尽 HF,加水浸取,定容。同时进行全程序试剂空白实验。

③显色与测定:在酸性介质中加 $KMnO_4$ 将 Cr^{3+} 氧化为 Cr^{6+},并用 NaN_3 除去过量 $KMnO_4$。加二苯碳酰二肼显色剂,于波长 54 nm 处比色测定。

④结果计算

$$铬（mg／kg）=\frac{M}{W}$$

式中　M——从标准曲线中查得铬含量（μg）；

　　　W——称量土样干重量（g）。

思考与练习

1.土壤污染有何特点？当土壤受到镉污染后，试考虑不同形态的隔、土壤 pH 值、土壤氧化还原条件对土壤污染程度有何影响？

2.如何布点采集污染土壤样品？

3.如何布点采集背景值样品？

4.如何制备土壤样品？制备过程中应注意哪些问题？

5.如何选择土壤贮存器？

6.原子吸收光度法测土壤中 Cd 含量有几种定量方法？哪种方法更适用？

任务二　固体废物污染监测

一、固体废物的定义

固体废物是指被丢弃的固体和泥状物质，包括从废水、废气中分离出来的固体颗粒，简称废物。被丢弃的非水液体，如废变压器油等由于无法归入废水、废气类，固习惯上归在废物类。

固体废物主要来源于人类的生产和消费活动。它的分类方法很多：按化学性质可分为有机废物和无机废物；按形状可分为固体和泥状的；按它的危害状况可分为有害废物和一般废物；按来源可分为矿业固体废物、工业固体废物、城市垃圾（包括下水道污泥）、农业废物和放射性固体废物等。在固体废物中对环境影响最大的是工业有害固体废物和城市垃圾。

二、工业有害固体废物的定义和分类

工业有害固体废物产出量约占工业固体废物总量的 10%，并以 3% 的年增长率发展。因此，对工业有害固体废物的管理已经成为人们关注的主要环境问题之一。

鉴别一种废物是否有害可用下列四点不良后果来定义：①引起或严重导致死亡率增加；②引起各种疾病的增加；③降低对疾病的抵抗力；④在处理、贮存、运送、处置或其他管理不当时，对人体健康或环境会造成现实的或潜在的危害。

由于上述定义没有量值规定，因此在实际使用时人们往往根据废物具有潜在危害的各种特性及其物理、化学和生物的标准实验方法对其进行定义和分类。有害固体废物特性包括易燃性、腐蚀性、反应性、放射性、浸出毒性、急性毒性（包括口服毒性、吸入毒性和皮肤吸收毒性），以及其他毒性（包括生物蓄积性、刺激或过敏性、遗传变异性、水生生物毒性和传染性等）。

美国对有害废物的定义和鉴别标准如表 9-3 所示。

我国对有害特性的定义如下：

（1）急性毒性：能引起小鼠（大鼠）在 48 h 内死亡半数以上者，并参考制定有害物质卫生标准的实验方法，进行半致死剂量（LD_{50}）试验，评定毒性大小。

（2）易燃性：含闪点低于 60℃的液体，经摩擦或吸湿和自发的变化具有着火倾向的固体，着火时燃烧剧烈而持续，以及在管理期间会引起危险。

表 9-3 美国对有害废物的定义及鉴别标准

序号	有害废物的特性及其定义		鉴别值
1	易燃性	闪点低于定值；或经过摩擦、吸湿、自发的化学变化有着火的趋势；或在加工、制造过程中发热，在点燃时燃烧剧烈而持续，以至管理期间会引起危险	美国 ASTM 法，闪点低于 60℃
2	腐蚀性	对接触部位作用时，使细胞组织、皮肤有可见性破坏或不可治愈的变化；使接触物质发生质变，是容器泄漏	PH>12.5，或<2 的液体；在 55.7℃以下时对钢制品腐蚀率大于 0.64 cm/a
3	反应性	通常事情下不稳定，极易发生剧烈的化学反应，与水猛烈反应，或形成可爆炸性的混合物，或产生有毒的气体臭气，含有氰化物或硫化物；在常温、常压下即可发生爆炸反应，在加热或有引发源时可爆炸，对热或机械冲击有不稳定性	
4	放射性	由于核变，而能发出 α、β、γ 射线的废物中放射性同位素量超过最大允许浓度	226 Ra 浓度等于或大于 10 μCi/g 废物
5	浸出毒性	在规定的浸出或萃取方法的浸液中，任何一种污染物的浓度超过标准值。污染物指：镉、汞、砷、铅、铬、硒、银、六氯化苯、甲基氯化物、毒杀芬 2，4-D 和 2,4,5-T 等	美国 EPA/EP 法试验，超过饮用水 100 倍
6	急性毒性	一次投给试验动物的毒性物质，半致死量（LD_{50}）小于规定值的毒性	美国国家安全卫生研究所试验方法口服毒性 $LD_{50} \leqslant 50$ mg/kg 体重；吸入毒性 $LD_{50} \leqslant 2$ mg/L；皮肤吸收毒性 $LD_{50} \leqslant 200$ mg/kg 体重
7	水生生物毒性	用鱼类试验，常用 96h 半数（TL_{m96}）受试鱼死亡的浓度值小于定值	TL_m <1 000 ppm（96 h）
8	植物毒性		半抑制浓度 TL_{m50} <1 000 mg/L
9	生物积蓄性	生物体内富集某种元素或化合物达到环境水平以上，试验时呈阳性结果	阳性

序号	有害废物的特性及其定义		鉴别值
10	遗传变异性	由毒物引起的有丝分裂或减数分裂细胞的脱氧核糖核酸或核糖核酸的分子变化产生致癌、致变、致畸的严重影响	阳性
11	刺激性	使皮肤发炎	使皮肤发炎 ≥ 8 级

（3）腐蚀性:含水废物,或本身不含水但加入定量水后其浸出液的 pH 值≤2 或 pH 值≥12.5 的废物,或最低温度为 55℃对钢制品的腐蚀深度大于 0.64 cm/a 的废物。

（4）反应性:当具有下列特性之一者①不稳定,在无爆震时就很容易发生剧烈变化;②和水剧烈反应;③能和水形成爆炸性混合物;④和水混合会产生毒性气体、蒸汽或烟雾;⑤在有引发源或加热时能爆震或爆炸;⑥在常温、常压下易发生爆炸和爆炸性反应;⑦根据其他法规所定义的爆炸品。

（5）放射性:含有天然放射性元素的废物,比放射性大于 1×10^{-7}Ci/kg 者;含有人工放射性元素的废物或者比放射性(Ci/kg)大于露天水源限制浓度的 10~100 倍(半衰期>60 d)者。

（6）浸出毒性:按规定的浸出方法进行浸取,当浸出液中有一种或者一种以上有害成分的浓度超过表 9-4 所示鉴别标准的物质。

表 9-4　有色金属工业固体废物浸出毒性鉴别标准

序号	项目	浸出液的最高允许浓度(mg/L)
1	汞及其无机化合物	0.05(按 Hg 计)
2	镉及其化合物	0.3(按 Cd 计)
3	砷及其无机化合物	1.5(按 As 计)
4	六价铬化合物	1.5(按 Cr^{6+}计)
5	铅及其无机化合物	3.0(按 Pb 计)
6	铜及其化合物	50(按 Cu 计)
7	锌及其化合物	50(按 Zn 计)
8	镍及其化合物	25(按 Ni 计)
9	铍及其化合物	0.1(按 Be 计)
10	氟化物	50(按 F 计)

注:我国目前尚没有统一的有害废物鉴别标准,只是在《有色金属工业固体废物污染控制标准》中对浸出毒性等作了初步的规定。

比较表 9-3、表 9-4 和中美两国饮用水标准可以看出,美国规定的浸出毒性的判定标准大约为饮用水标准的 100 倍,而我国的标准大约为饮用水标准的 50 倍。两国规定的腐蚀性标准是相同的。

三、城市垃圾的特性分析

(一)城市垃圾及其分类

城市是人口密集的地方,也是工业、经济和技术集中的地方。由于人口、经济和生活水平的发展,城市垃圾产量迅速增长,成分也日趋繁杂污染问题已经成为世界性城市环境公害之一。1985 年我国城市垃圾产量为 $5\,188 \times 10^4$ 吨,并正以 10% 的速度增长。因此,对城市垃圾处理技术的研究是十分现实的问题。

城市垃圾是指城市居民在日常生活中抛弃的固体垃圾,它主要包括:生活垃圾、零散垃圾、医院垃圾、市场垃圾、建筑垃圾和街道扫集物等,其中医院垃圾(特别是带有病原体的)和建筑垃圾应予单独处理,其他通常由环卫部门集中处理,一般称为生活垃圾。

生活垃圾是一种由多种物质组成的异质混合体。它通包括:①废品类:废金属、废玻璃、废塑料橡皮、废纤维类、废纸类和砖瓦类。②厨房类:饮食废物、蔬菜废物、肉类和肉骨,我国部分城市厨房燃料用煤、煤制品、木炭的燃余物,③灰土类。

生活垃圾处理的方法大致有焚烧(包括热解、气化)、卫生填埋和堆肥。不同的方法其监测的重点和项目也不一样。例如焚烧,垃圾的热值是决定性参数,而堆肥需测定生物降解度、堆肥的腐熟程度。至于填埋,渗沥水分析和堆场周围的苍蝇密度等则成为监测的主要项目。

(二)生活垃圾特性分析

1.垃圾采样和样品处理

从不同的垃圾产生地、储存场或堆放场采集有整体代表性的样品,是垃圾特性分析的第一步,也是保证数据准确的重要前提。为此,应充分研究垃圾产出地区的基本情况,如居民情况、生活水平、堆放时间,还要考虑在收集、运输、储存过程等可能的变化,然后制定周密的采样计划,采样过程必须详细记录地点、时间、种类、表观特性等,在记录卡传递过程,必须由专人签署,便于查核。

采样量通常依据被分析的量、最大粒度和体积来确定各类垃圾样品的最低量。例如,前联邦德国按下式计算:

$$G = 0.06d$$

式中　G——样品重量(kg)

d——垃圾的最大粒度(mm)

样品根据情况进行粉碎、干燥在存储。其水分含量、pH 值、垃圾的重量、体积、容量等应按要求测定、记录。

2.粒度的测定

粒度的测定采用筛分法,按筛目排列,依次连续摇动 15 分钟,转到下一号筛子,然后计算每一粒度为例所占百分比。如果需要在试样干燥后再称重,则需在 70℃烘 24 小时,然后再在干燥中冷却后筛分。

3.淀粉的测定

垃圾在堆肥处理过程中,需借助掂分量分析来鉴定堆肥的腐熟程度。该分析化验的基础,是利用垃圾在堆肥过程中形成的淀粉典化络合物的颜色变化与堆肥降解度的关系,当堆肥降解尚未结束时,淀粉典化络合物成蓝色,当降解结束即呈黄色。堆肥颜色的变化过程是深蓝→浅蓝→灰→绿→黄。分析实验的步骤是:①将 1 g 堆肥置于 100 ml 烧杯中,滴入几滴酒精使其湿润,再加 20 ml 36%的高氯酸;②用网纹滤纸(90 号纸)过滤;③加入 20 ml 碘反应剂到滤液中并搅动;④将几滴滤液滴到白色板上,观察期颜色变化。试剂是:①碘反应剂:将 2 g 反应剂溶解到 500 ml 水中,再加入 0.08 gI_2;② 36%的高氯酸;③酒精。

4.生物降解度的测定

垃圾中含有大量天分的和人工合成的有机物质,有的容易生物降解、有的难以生物降解。目前,通过试验已经寻找出一种可以在室温下对垃圾生物降解做出相当估计的 COD 试验方法。其分析步骤是:①称取 0.5 g 已烘干磨碎试样于 500 ml 锥形瓶中;②准确量取 20 ml C_6($K_2Cr_2O_7$)=2 mol/L 重铬酸钾溶液加入试样瓶中并充分混合;③用另一只吸量管取 20 ml 硫酸加到试样瓶中;④在室温下将这一混合物放置 12 小时且不断摇动;⑤加入大约 15 ml 蒸馏水;⑥再依次加入 10 ml 磷酸、0.2 g 氟化钠和 30 滴指示剂,每加入一种试剂后必须混合;⑦用标准硫酸亚铁铵溶液滴定,在滴定过程中颜色的变化是从棕绿→绿蓝→蓝→绿,在等当点时出现的是纯绿色;⑧用同样的方法在不放试样的情况下做空白试验;⑨如果加入指示剂时已出现绿色,则试验必须重做,必须再加 30 ml 重铬酸钾溶液;⑩生物降解物质的计算:

$$BDM = \frac{(b-a)Vc(1.28)}{b}$$

式中　BDM——生物降解度;

　　　a——试样滴定体积(ml);

　　　b——空白试验滴定体积(ml);

　　　V——重铬酸钾的体积(ml);

　　　c——种鸽酸钾的浓度。

5.垃圾热值的测定

热值是垃圾焚烧处理的重要指标。

热值分高热值(H_0)和低热值(H_u)垃圾中可燃物质的热值为高热值。但实际上垃圾中总含有一定量不可燃的惰性物质和水。当燃烧升温时这些惰性物和水要消耗热量,同时燃烧过程中产生的水也以水蒸气形式挥发而消耗热量。所以实际的热值要低很多,这一热值称为低热值。显然低热值的实际意义更大。

$$H_u = H_0\left[\frac{100-(I+W)}{100-W_L}\right]\times 5.85\,W$$

两者换算公式为:

式中　H_u——低热值(kJ/kg);

H_0——高热值（kJ/kg）；

I——惰性物质含量（%）；

W——垃圾的表面湿度（%）；

W_L——剩余的和吸湿性的湿度（%）。

通常 W_L 对结果的精确性影响不大，因而可以不计。

热值的测定方法有量热计法和热耗法，前者困难是要了解比热值，因为垃圾组分变化范围大，其中塑料和纸类比热差异大。热耗大约同干物质的有机物所占比例相关联，所以能在垃圾的热耗和高热值之间建立相关性。

（三）渗沥水分析

渗沥水是指从生活垃圾接触中渗出来的水溶液，它提取或溶出了垃圾组成中的物质。由于渗沥水中的水量主要来源于降水，所以在生活垃圾三大处理方法中，渗沥水是填埋处理中最主要的污染源。合理的堆肥处理一般不会产生渗沥水，焚烧和企划处理也不产生渗沥水，只有露天堆肥。裸露堆场可能产生渗沥水。

渗沥水的特性决定于它的组成和浓度。由于不同国家、不同地区、不同季节的生活垃圾组分变化很大，并且随着填埋时间的不同，渗沥水组分和浓度也会变化。因此，它的特点是：①成分的不稳定性，主要取决于垃圾的组成；②浓度的可变性，主要取决于填埋时间；③组成的特殊性，渗沥水是不同于生活污水的特殊污水。例如，一般生活污水中，有机物质主要是蛋白质（40%~60%），碳水化合物（25%~50%）以及脂肪、油类（10%）。但在渗沥水中几乎不含油类，因为生活垃圾具有吸收和保持油类的能力，在数量上至少达到 2.5 g/kg 干废物。此外，渗沥水中几乎没有氰化物、金属铬和金属汞等水质必测项目。

渗沥水分析项目各种资料上大体相近，典型的有下列几项：pH 值、COD、BOD、脂肪酸、氨、氮、钠、镁、钾、钙、铁和锌，没有细菌学项目的原因是在厌氧的填埋场，不存在各类致病菌和肠道菌。但实际情况要复杂得多，因此近年来已增加了这类项目。

我国根据实际情况，由上海环境卫生设计科研所起草，建设部标准定额研究所提出的"渗沥水理化分析和细菌学检验方法"内容包括：色度、总固体、总溶解性固体与总悬浮性固体、硫酸盐、氨态氮、凯式氮、氯化物、总磷、pH 值、COD、BOD、钾、钠、细菌总数、总大肠菌群等并将逐步补充完善。垃圾堆物周围易滋生苍蝇、蚊子等各种有害生物，测定苍蝇密度时最具代表性项目。

四、固体废物样品的采集与制备

固体废物的监测包括：采样计划的设计和实施、分析方法、质量保证等方面，各国都有具体规定。例：美国环境保护局固体废弃物办公室根据资源回收法（RCRA）编写的《固体废物试验分析评价手册》（U.S.EPA，Test Methods for Evaluating Solid Waste）较为全面地论述采样计划的设计和实施；质量控制；方法选择；金属分析方法；有机物分析方法；综合指标试验方法；物理性质测定方法；有害废物的特性，法规定义和可燃性、腐蚀性、反应性、浸出毒性的试验方法；地下水、土地处理检测和废物焚烧监测等。我国于 1986 年颁发了《工业固体废物有害特性试验与监测分析方法(试行)》。

为了使采集样品具有代表性,在采集之前要调查研究生产工艺过程、废物类型、排放数量、堆积历史、危害程度和综合利用情况。如采集有害废物则应根据其有害特性采取相应的安全措施。

(一)样品的采集

1.采样工具

固体废物的采样工具包括:尖头钢锹;钢尖镐(腰斧);采样铲(采样器);具盖采样桶或内衬塑料的采样袋。

2.采样程序

(1)根据固体废物批量大小确定应采的份样(由一批废物中的一个点或一个部位,按规定量取出的样品)个数。

(2)根据固体废物的最大粒度(95%以上能通过的最小筛孔尺寸)确定份样量。

(3)根据采样方法,随机采集份样,组成总样(如图9-4所示),并认真填写采样记录表。

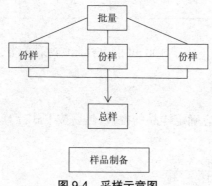

图9-4　采样示意图

3.份样数

按表9-5确定应采份样个数。

表9-5　批量大小与最少份样数

批量大小	最少份样个数
<5	5
5~10	10
50~100	15
100~500	20
500~1 000	25
1 000~5 000	30
>500	35

4.份样量

按表9-6确定每个份样应采的最小重量。所采的每个份样量应大致相等,其相对误差不大于20%。表中要求的采样铲容量为保证一次在一个地点或部位能取到足够数量的份样量。

表9-6　份样量和采样铲容量

最大粒度(mm)	最小份样重量(kg)	采样铲容量(ml)
>150	30	
100~150	15	16 000
50~100	5	7 000
40~50	3	1 700
20~40	2	800
10~20	1	300
<10	0.5	125

液态的废物的份样量以不小于100 ml的采样瓶(或采样器)所盛量为宜。

5.采样方法

(1)现场采样

在生产现场采样,首先应确定样品的批量,然后按下式计算出采样间隔,进行流动间隔采样。

$$采样间隔 \leq \frac{批量(t)}{规定的份样数}$$

注意事项:采第一个份样时,不准在第一间隔的起点开始,可在第一间隔内任意确定。

(2)运输车及容器采样:在运输一批固体废物时,当车数不多于该批废物规定的份样数时,每车应采份样数按下式计算。当车数多于规定的份样数时,按表4-5选出所需最少的采样车数,然后从所选车中各随机采集一个份样。

$$每车应采份样数(小数应进为整数)= \frac{规定份样数}{车数}$$

在车中,采样点应均匀分布在车厢的对角线上(如图9-5所示),端点距车角应大于0.5 m,表层去掉30 cm。

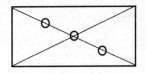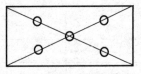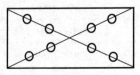

图9-5　车厢中的采样布点

对于一批若干容器盛装的废物,按表4-5选取最少容器数,并且每个容器中均随机采两个样品。

表 9-7　所需最少的采样车数表

车数（容器）	所需最少采样车数
<10	5
10~25	10
25~50	20
50~100	30
>100	50

注意事项：当把一个容器作为一个批量时，就按表 9-7 中规定的最少份样数的 1/2 确定；当把 2~10 个容器作为一个批量时，就按下式确定最少容器数。

（3）废渣堆采样法

在渣堆两侧距堆底 0.5 m 处画第一条横线，然后每隔 0.5 m 画一条横线；再每隔 2 m 画一条横线的垂线，其交点作为采样点。确定的份样数，确定采样点数，在每点上从 0.5~1.0 m 深处各随机采样一份。

6. 样品的制备

（1）制样工具

制样工具包括粉碎机（破碎机）；药碾；钢锤；标准套筛；十字分样板；机械缩分器。

（2）制样要求

①在制样全过程中，应防止样品产生任何化学变化和污染。若制样过程中，可能对样品的性质产生显著影响，则应尽量保持原来状态。

②湿样品应在室温下自然干燥，使其达到适于破碎、筛分、缩分的程度。

③制备的样品应过筛后（筛孔为 5 mm），装瓶备用。

（3）制样程序

①粉碎

用机械或人工方法把全部样品逐级破碎，通过 5 mm 筛孔。粉碎过程中，不可随意丢弃难于破碎的粗粒。

②缩分

将样品于清洁、平整不吸水的板面上堆成圆锥形，每铲物料自圆锥顶端落下，使均匀地沿锥尖散落，不可使圆锥中心错位。反复转堆，至少三周，使其充分混合。然后将圆锥顶端轻轻压平，摊开物料后，用十字板自上压下，分成四等份，取两个对角的等份，重复操作数次，直至不少于 1 kg 试样为止。在进行各项有害特性鉴别试验前，可根据要求的样品量进一步进行缩分。

7. 样品水分的测定

称取样品 20 g 左右，测定无机物时可在 105℃下干燥，恒重至 ±0.1 g，测定水分含量。

测定样品中的有机物时应于 60℃下干燥 24 h，确定水分含量。固体废物测定结果以干样品计算，当污染物含量小于 0.1% 时以 mg/kg 表示，含量大于 0.1% 时则以百分含量表示，并说明是水溶性或总量。

8. 样品的保存

制好的样品密封于容器中保存(容器应对样品不产生吸附、不使样品变质),贴上标签备用。标签上应注明:编号、废物名称、采样地点、批量、采样人、制样人、时间。特殊样品,可采取冷冻或充惰性气体等方法保存。

制备好的样品,一般有效保存期为三个月,易变质的试样不受此限制。

最后,填好采样记录表一式三份,分别存于有关部门。

五、有害特性的监测方法

1. 急性毒性的初筛试验

有害废物中会有多种有害成分,组分分析难度较大。急性毒性的初筛试验可以简便地鉴别并表达其综合急性毒性,方法如下:

以体重 18~24 g 的小白鼠(或 200~300 g 大白鼠)作为实验动物,若是外购鼠,必须在本单位饲养条件下饲养 7~10 天,仍活泼健康者方可使用。实验前 8~12 h 和观察期间禁食。

称取制备好的样品 100 g,置于 500 ml 具磨口玻璃塞的三角瓶中,加入 100 ml(pH 值为 5.8~6.3)水(固液比为 1∶1),振摇 3 min 于室温下静止浸泡 24 h,用中速定量滤纸过滤,滤液留待灌胃用。

灌胃采用 1(或 5)ml 注射器,注射针采用 9(或 12)号,去针头,磨光,弯曲成新月形。对 10 只小白鼠(或大白鼠)进行一次性灌胃,每只灌浸出液 0.50(或 4.80)ml,对灌胃后的小白鼠(或大白鼠)进行中毒症状观察,记录 48h 内动物死亡数。

2. 易燃性的试验方法

鉴别易燃性是测定闪点,闪点较低的液态状废物和燃烧剧烈而持续的非液态状废物,由于摩擦、吸湿、点燃等自发的化学变化会发热、着火,或可能由于它的燃烧引起对人体或环境的危害。

仪器采用闭口闪点测定仪。温度计采用 1 号温度计(-30~+170℃)或 2 号温度计(100~300℃)。防护屏采用镀锌铁皮制成,高度 550~650 mm,宽度以适用为度,屏身内壁漆成黑色。

测定步骤为:按标准要求加热试样至一定温度,停止搅拌,每升高 1℃点火一次,至试样上方刚出现蓝色火焰时,立即读出温度计上的温度值,该值即为测定结果。

操作过程的细节可参阅 GB/T261 石油产品闪点测定法(闭口杯法)

3. 腐蚀性的试验方法

腐蚀性指通过接触能损伤生物细胞组织或腐蚀物体而引起危害。测定方法一种是测定 pH 值,另一种是指在 55.7℃以下对钢制品的腐蚀率。现介绍 pH 值的测定。

仪器采用 pH 值计或酸度计,最小刻度单位在 0.1pH 值单位以下。

方法是用与待测样品 pH 值相近的标准溶液校正 pH 值计,并加以温度补偿。对含水量高、呈流态状的稀泥或浆状物料,可将电极直接插入进行 pH 值测量。对黏稠状物料可离心

或过滤后,测其液体的 pH 值,对粉、粒、块状物料,称取制备好的样品 50 g(干基),置于 1L
塑料瓶中,加入新鲜蒸馏水 250 ml,使固液比为 1 : 5,加盖密封后,放在振荡机上(振荡频率
110 ± 10 次/min,振幅 40 mm)于室温下,连续振荡 30 min,静置 30 min 后,测上清液的 pH
值,每种废物取两个平行样品测定其 pH 值,差值不得大于 0.15,否则应再取 1~2 个样品重
复进行试验,取中位值报告结果。对于高 pH 值(10 以上)或低 pH 值(2 以下)的样品,两个
平行样品的 pH 值测定结果允许差值不超过 0.2,还应报告环境温度、样品来源、粒度级配;
试验过程的异常现象;特殊情况下试验条件的改变及原因。

4. 反应性的试验方法

测定方法包括①撞击感度测定;②摩擦感度测定;③差热分析测定;④爆炸点测定;⑤火
焰感度测定等五种,具体测定方法见标准。

5. 浸出毒性试验

固体废物受到水的冲淋、浸泡,其中有害成分将会转移到水相而污染地面水、地下水,导
致二次污染。

浸出试验采用规定办法浸出水溶液,然后对浸出液进行分析。我国规定的分析项目有:
汞、镉、砷、铬、铅、铜、锌、镍、锑、铍、氟化物、氰化物、硫化物、硝基苯类化合物。

浸出办法如下:

称取 100 g(干基)试样(无法采用干基重量的样品则先测水分加以换算),置于浸出容
积为 2 L($\varphi130 \times 160$)具盖广口聚乙烯瓶中,加水 1 L(先用氢氧化钠或盐酸调 pH 值至
5.8~6.3)。

将瓶子垂直固定在水平往复振荡器上,调节振荡频率为 110 ± 10 次/min,振幅 40 mm,
在室温下振荡 8 h,静止 16 h。

通过 0.45 μm 滤膜过滤。滤液按各分析项目要求进行保护,于合适条件下储存备用。
每种样品做两个平行浸出试验,每瓶浸出液对欲测项目平行测定两次,取算术平均值报告结
果;对于含水污泥样品,其滤液也必须同时加以分析并报告结果;试验报告中还应包括被测
样品的名称、来源、采集时间、样品粒度级配情况、试验过程的异常情况、浸出液的 pH 值、颜
色、乳化和相分层情况;试验过程的环境温度及其波动范围、条件改变及其原因。

考虑到试样与浸出容器的相容性,在某些情况下,可用类似形状与容器的玻璃瓶代替聚
乙烯瓶。例如测定有机成分宜用硬质玻璃容器,对某些特殊类型的固体废物,由于安全及样
品采集等方面的原因,无法严格按照上述条件进行试验时,可根据实际情况适当改变。浸出
液分析项目按有关标准的规定及相应的分析方法进行。

六、有害物质的毒理学研究方法

环境质量的恶化,不管起因是由于物质因素,还是由于能量因素,测定这些因素,还是由
于能量因素,测定这些因素的量或其他理化数据时环境监测的重要内容。但是单凭理化数
据,是难以对环境质量做出准确评价的。因为环境是一个复杂体系,污染种类繁多又含量多
变,各种污染因素之间存在拮抗和加成作用。环境综合质量很难以各污染物个别影响来评

价。利用生物在该环境中的反应,确定环境的综合质量,无疑是理想的和重要的手段。生物监测包括对生物体内污染物的测定、生态学评价法、生理生化评价法和细菌学评价法等,其中环境毒理学研究方法是通过用实验动物进行毒性实验,确定污染物的毒性和计量的关系,找出毒性作用的阈剂量(或阈浓度),为制订该物质在环境中的最高允许浓度提供资料;为防治污染提供科学依据;也是判断环境质量的一种方法。例如,有些有机合成化工厂,其排放废水成分复杂,有微量的原料、溶剂、中间体和产品等,他们性质又不稳定,因此要分别测定这些物质和确定主要有害因素往往是很困难,甚至实际上难以做到。但如果用鱼类做毒性实验,并制定一个反映这些污染物的综合指标(例化学需氧量),那么确定该废水的毒性和剂量是比较容易实现的。

(一)试验动物的选择及毒性实验分类

1.实验动物的选择

试验动物的选择应根据不同要求来决定。同时还要考虑动物的来源、经济价值和饲养管理等方面的因素。国内外常用的动物有小鼠、大鼠、兔、豚鼠、猫、狗和猴等。鱼类有鲢鱼、草鱼和金鱼等。金鱼对某些毒物较敏感,特别是室内饲养方便,鱼苗易得,为国内外普遍采用。

不同的动物对毒物反应并不一致。例如,苯在家兔身上所产生的血项变化和人很相似(白细胞减少及造血器官发育不全),而在狗身上却出现完全不同的反映(白细胞增多及脾脏淋巴结节增殖);又如,苯胺及其衍生物的毒性作用可导致变性血红蛋白出现,而对小白鼠则完全不产生变性血红蛋白。要判断某物质在环境中的最高允许浓度,除了根据它的毒性外,还要考虑感官性状、稳定性以及自净过程(地面水)等因素。另外,根据实验动物所得到的毒性大小、安全浓度和半致死浓度等数据也不能直接推断到人体,还要进行流行病学调查研究才能反映人体受影响情况。当然,实验动物的毒性实验无疑是极为重要的。

2.毒性试验分类

毒性试验可分为急性毒性试验、亚急性毒性试验、慢性毒性试验和终生试验等。

(1)急性毒性试验

一次(或几次)投给实验动物加大剂量的化合物,观察在短期内(一般24小时到二周以内)中毒反应。

急性毒性试验由于变化因子少,时间短、经济以及溶剂试验,所以被广泛采用。

(2)亚急性毒性实验

一般用半致死计量的1/5~1/20,每天投毒,连续半个月到三个月左右,主要了解该毒性有否积蓄作用和耐受性。

(3)慢性毒性试验

用较低计量进行三个月到一年的投毒,观察病理、生理、生化反应以及寻找中毒诊断指标,并为制定最大允许浓度提供科学依据。

3.污染物的毒性作用剂量

污染物的毒性和剂量关系可用系列指标区分:半数致死量(浓度),简称 LD_{50},如气体用

浓度简称 LC_{50}；最小致死量（浓度），简称 MLD（LMC）；绝对致死量（浓度），简称 LD_{100}（LC_{100}）；最大耐受量浓度，简称 MTD（MTC）。

半数致死量（浓度）是评价毒物毒性的主要指标之一。由于其他毒性指标波动较大，所以评价相对毒性常以半数致死量（浓度）为依据。在鱼类、水生植物毒性试验中采用半数存活浓度（或中间忍受限度，半数忍受限度等，简称 TL_m）。

半数致死量的计算方法很多，这里介绍一种简便方法——曲线法，这是根据一般毒物的死亡曲线多为"S"形而提出来的。取若干组（每组至少 10 只）试验动物进行实验，在试验条件下，有一组全部存活，一组全部死亡，其他各组有不同的死亡率，以横坐标表示投毒剂量，纵坐标为死亡率。根据试验结果在图上作点，连点成曲线，在纵坐标死亡率 50% 处引出一水平线交于曲线，于交点作一垂线交于横坐标，其所指剂量（浓度）即为半数致死量（浓度）。

（二）吸入毒性实验

对于砌体或挥发性液体，通常是经呼吸道侵入机体而引起中毒。因此，在研究车间和环境空气中有害物质的毒性以及最高允许浓度需要用吸入毒性试验。

1.吸入染毒法的种类

吸入染毒法主要有静态染毒法和动态染毒法两种。此外，还有单个口罩吸入法、喷雾染毒法和现场模拟染毒法等。

（1）动态染毒法

将实验动物放在染毒柜内，连续不断地将由受检毒物和新鲜空气配置成一定浓度的混合气体通入染毒柜，并排除灯亮的污染空气，形成一个稳定的、动态平衡染毒环境。此法常用于慢性毒性试验。

（2）静态染毒法

在一个密闭容器（或称染毒柜）内，加入一定量受检物（气体或挥发性液体），使均匀分布在染毒柜，经呼吸到侵入实验动物体内，已由于静态染毒是在密闭容器内进行，试验动物呼吸过程消耗氧，并排出二氧化碳，使染毒柜内样的含量随染毒时间的延长而降低，故而只适宜做急性毒性试验。在吸入染毒期间，要求氧的含量不低于 19%，二氧化碳含量不超过1.7%。所以，10 只小鼠的染毒柜的容积需要 60 L。染毒柜一般分为柜体、发毒装置和气体混匀装置等三部分。柜体要有出入口、毒物加入孔、气体采样孔和气体混匀装置的孔口。对于气体毒物，可在染毒柜两端接两个橡皮囊，一个空的，一个加入毒气，按计算实验浓度加入染毒柜，为一个橡皮囊即鼓起，再压回橡皮囊，如此反复多次，即可混匀。也可直接将毒气按计算压入，借电风扇混匀。

2.吸入染毒法的注意事项

实验动物应挑选健康、成年并同龄的动物，雌雄各半。以小白鼠为例，选用年龄为两个月，体重为 20 g 左右，太大、太小均不适宜。每组 10 只，取若干组用不同浓度进行试验，要求一组在试验条件下全部存活，一组全部死亡，其他各组有不同的死亡率，然后求出半数致死浓度（LC50），对未死动物取出后继续观察 7~14 天。了解恢复或发展状况，对死亡动物（必要时对未死亡动物）做病理形态学检验。

(三)口服毒性实验

对非气态毒物,可用经消化道染毒方法。

1.口服染毒法的种类

口服染毒法可分为灌胃法和饲喂法两种。

(1)饲喂法

将毒物混入动物饲料或饮用水中,为保证使动物吃完,一般在早上将毒物混在少量动物喜欢吃的饲料中,待吃完后再继续喂饲料和水。饲喂法符合自然生理条件,但计量较难控制得精确。

(2)灌胃法

此法是将毒物配置成一定浓度的液体或糊状物。对于水溶性物质可用水配制,粉状物用淀粉糊调匀。所用注射器的针头是用较粗的 8 号或 9 号针头,将针头磨成光滑的椭圆形,并使之微弯曲。灌胃时用左手捉住小白鼠,尽量使之呈垂直体位。右手持已吸取毒物的注射器及针头导管,使针头导管弯曲面向腹侧,从口腔正中沿咽后壁慢慢插入,切勿偏斜。如遇有阻力应稍向后退再徐徐前进。一般插入 2.5~4.0 cm 即可达胃内。

2.注意事项

灌胃法中将注射器向外抽气时,如无气体抽出说明已在胃中,即可将试验液推入小白鼠胃内,然后将针头拔出。如注射器抽出大量气泡说明已进入肺脏或气管,应拔出重插。如果注入后迅速死亡,很可能是穿入胸腔或肺内。小白鼠一次灌胃注入量为体重的 2%~3%,最好不超过 0.5 ml(以 1 g/ml 计)。

(四)鱼类毒性实验

在自然水域中,鱼类如能正常生活,说明水体比较清洁;当有毒工业废水排入水体,常常引起大批鱼的死亡或消失(回避)。因此,鱼类毒性实验室检测成分复杂的工业废水和废渣浸出液的综合毒性的有效方法。

1.实验鱼类的选择和驯养

实验用鱼以金鱼最适宜,实验用鱼必须是无病、健康的,其外观是行动活泼,体色发亮、鱼鳍完整舒展,逆水性强,食欲强,并无任何鱼病,与的大小和品种都可能对毒物敏感度不同,因此同一实验中要求选用同一批同属、同种和同龄的金鱼体长(不包括尾部)约 3 cm,最大鱼的体长不超过最小鱼体长的一倍半。新选来的鱼必须经过驯养,使它适应新的环境才能进行实验。一般是在与实验条件显示的生活条件下(水温、水质等)驯养一周或 10 天以上,实验前四天最好不发生死亡现象。正式实验的前一天应停止喂食。因为喂食会增加与的呼吸代谢和排泄物,影响实验液的毒性。

2.实验准备

每种实验浓度为一组,每组至少 10 尾鱼。为便于观察,容器用玻璃缸,容积 10 L(以 10 尾鱼计)左右,以保证每升水中鱼重不超过 2 g。

(1)实验液中溶解氧

温水鱼不小于 4 mg/L,冷水鱼不小于 5 mg/L。如实验液中含有大量耗氧物质时,为防止因缺氧引起死亡,应采取措施。可采用更换实验液,采用恒流装置等。最好不要采用人工曝气法。

（2）实验液中的温度

一般温度高毒性大。所以通常以对鱼类生存适宜的温度进行实验。冷水鱼的适宜温度在 12~18℃,温水鱼的适宜温度在 20~28℃,同一实验中温度变化为 ±2℃。

（3）实验液中的 pH 值

pH 值对鱼类生存有影响,通常控制在 6.7~8.5 之间。

实验和驯养用水是未受污染的喝水和湖水。如用自来水必须经过人工曝气或自然曝气三天以上,以赶走余氯和增加溶解氧,蒸馏水与实际差距太大,不宜做实验用水。

3.实验步骤

（1）预试验（探索性试验）

为保证正式实验顺利进行,必须线进行探索性试验,以观察现象,确定实验的浓度范围。选用的浓度范围可大一些,每组鱼的尾数可少一些。观察 24 小时（或 48 小时）鱼类中毒的反应和死亡情况,找出不发生死亡、全部死亡和部分死亡的浓度。

（2）食盐浓度设计和毒性判定

合理设计实验浓度,对实验的成功和精确有很大影响。通常选 7 个浓度（至少 5 个）,浓度间取等对数间距,例如: 100、5.6、3.2、1.8、1.0（对数间距 0.25）或 10.0、7.9、6.3、5.0、4.0、3.6、2.5、2.0、1.6、1.26、1.0（对数间距 0.1）。上面数值可用百分体积或 mg/L 表示。需要时也可用 10 的指数来成或除,这些数值在对数纸上是等距的。另设一对照组,对账族在试验期间与死亡超过 10%,则整个实验结果不能采用。

实验开始的钱 8 小时应连续观察,随时记录。如正常,开始实验,做第 24 小时, 48 小时和 96 小时的观察记录。实验过程发现特异变化应随时记录,根据与的死亡情况、中毒症状判断毒物或工业废水毒性大小。如毒物的饱和溶液或所试工业废水在 96 小时内不引起实验鱼的死亡时,可以认为毒性不显著。

鱼类毒性实验的 TL_m,是反映毒物或工业废水对鱼类生存影响的重要排标, TL_m 值的计算要求必须有使实验鱼存活半数以上和半数以下的各浓度。在半数对数纸上用直线内插法推导,方法是以对数坐标在图上。并将 50%存活率上下二点连成直线,直线与 50%存活直线相交,再从交点引入一垂线至浓度坐标,即为 TL_m 值。

（3）鱼类毒性实验结果的实际应用

鱼类毒性试验的重要目的是推到毒物的安全浓度。用 TL_m 推导安全浓度的公式有多种,下面介绍两种公式:

$$安全浓度 = \frac{48TL_m \times 0.3}{\left(24TL_m / 48TL_m\right)^2}$$

$$安全浓度 = 48TL_m \times 0.1$$

按公式推导得到鱼类生存安全浓度后,要进一步做验证实验,特别是具有挥发性和不稳定性毒物或废水,应当用恒流装置进行长时间的验证实验, 96 小时内不发生死亡或中毒的浓度往往不能代表鱼类长期生活在被污染水体的安全或无毒浓度。

验证实验是以推导所得的安全浓度水溶液饲养实验鱼一个月或几个月并设对照组进行比较,如发现由中毒症状,则应降低浓度再实验。

鱼类毒性实验所得安全浓度可为制定该物质在水中最高允许浓度的依据之一,也可作为管理工业废水(成分复杂)排放的一种坚定方法。在河流、湖泊或海岸受污染时,可以通过各工厂废水的鱼类毒性实验结果找出主要污染源。鱼类毒性实验也可作为废水处理效果的鉴定指标,即根据废水处理前后的毒性改变,确定处理效果。

生物毒性实验在环境监测、环境管理和卫生评价等许多方面所显示的优点将会得到广泛的应用和发展。

(五)固体废物的渗漏模型试验

固体废物长期堆放可能通过渗漏污染地下水和周围土地,应进行渗漏模型试验。这一试验对研究废物堆场对周围环境影响有一定的作用。

思考与练习

1.什么叫油盖工业固体废物? 其主要判别依据有哪些?

2.如何采集固体废物样品? 采集后应做怎样处理才能保存? 为什么固体废物采样量与力度有关?

3.固体废物的 pH 值测定要注意哪些方面?

4.什么叫急性毒性试验? 为什么这时测定化学物质毒性的常用方法?

5.以急性毒性试验为例,简述化学毒物最高允许浓度的试验求证方法?

6.鱼类毒性试验在判别水体污染情况有何优点?

7.进行工业废渣渗漏试验,对工业废渣的处置有和现实意义?

8.生活垃圾有何特性,其监测指标主要是哪一些?

9.试述生活垃圾的处置方式,及其监测的重点。

10.试述高热值、低热值的定义和他们之间的关系。

任务三　指标测定

技能训练 1.土壤中铜含量的测定——原子吸收分光光度法

一、目的和要求

1.了解原子吸收分光光度法的原理;

2.掌握土壤样品的消化方法,掌握原子吸收分光光度计的使用方法。

二、原理

火焰原子吸收分光光度法是根据某元素的基态原子对该元素的特征谱线产生选择性吸收来进行测定的分析方法。将试样喷入火焰,被测元素的化合物在火焰中离解形成原子蒸气,由锐线光源(空心阴极灯)发射的某元素的特征谱线光辐射通过原子蒸气层时,该元素的基态原子对特征谱线产生选择性吸收。在一定条件下特征谱线光强的变化与试样中被测元素的浓度比例。通过对自由基态原子对选用吸收线吸收度测量,确定试样中该元素的浓度。

湿法消化是使用具有强氧化性酸,如 HNO_3、H_2SO_4、$HClO_4$ 等与有机化合物溶液共沸,使有机化合物分解除去。干法灰化是在高温下灰化、灼烧,使有机物质被空气中氧所氧化而破坏。本实验采用湿法消化土壤中的有机物质。

三、仪器与试剂

(1)原子吸收分光光度计、铜空心阴极灯。

(2)铜标准液。准确称取 0.100 0 g 金属铜(99.8%)溶于 15 ml 1∶1 硝酸中,移入 1 000 ml 容量瓶中,用去离子水稀释至刻度,此液含铜量为 100 mg/L。

四、实验步骤

1.标准曲线的绘制

取 6 个 25 ml 容量瓶,依次加入 0.0、1.00 ml、2.00 ml、3.00 ml、4.00 ml、5.00 ml 的浓度为 100 mg/L 的铜标准溶液,用 1%的稀硝酸溶液稀释至刻度,摇匀,配成含 0.00、0.40 mg/L、0.80 mg/L、1.20 mg/L、1.60 mg/L、2.00 mg/L 铜标准系列,然后在 324.7 nm 处测定吸光度,绘制标准曲线。

2.样品的测定

(1)样品的消化

准确称取 1.000 g 土样于 100 ml 烧杯中(2 份),用少量去离子水润湿,缓慢加入 5 ml 王水(硝酸∶盐酸= 1∶3),盖上表明皿。同时做 1 份试剂空白,把烧杯放在通风橱内的电炉上加热,开始低温,慢慢提高温度,并保持微沸状态,使其充分分解,注意消化温度不易过高,防止样品外溅,当激烈反应完毕,使有机物分解后,取下烧杯冷却,沿烧杯壁加入 2~4 ml 高氯酸,继续加热分解直至冒白烟,样品变为灰白色,揭去表明皿,赶出过量的高氯酸,把样品蒸至近干,取下冷却,加热 5 ml 1%的稀硝酸溶液加热,冷却后用中速定量滤纸过滤到 25 ml 容量瓶中,滤渣用 1% 稀硝酸洗涤,最后定容,摇匀待测。

(2)测定

将消化液在与标准系列相同的条件下,直接喷入空气—乙炔火焰中,测定吸收值。

土壤中铜的测定——AAS 法

①标准溶液制备:制备各种重金属标准溶液推荐使用光谱纯试剂;用于溶解土样的各种

酸皆选用高纯或光谱纯级;稀释用水为蒸馏去离子水。使用浓度低于 0.1 mg/ml 的标准溶液时,应于临用前配制或稀释。标准溶液在保存期间,若有混浊或沉淀生成时须重新配制。

②土样预处理:称取 0.5~1 g 土样于聚四氟乙烯坩埚中,用少许水润湿,加入 HCl 在电热板上加热消化(<450℃,防止 Cd 挥发),加入 HNO$_3$ 继续加热,再加入 HF 加热分解 SiO$_2$ 及胶态硅酸盐。最后加入 HClO$_4$ 加热(<200℃)蒸至近干,冷却,用稀 HNO$_3$ 浸取残渣、定容。同时作全程序空白实验。

③Cu 标准系列混合溶液的配制:各元素标准工作溶液是通过逐次稀释其标准贮备液而得。

注意:配制标准系列溶液时,所用酸和试剂的量应与待测液中所含酸和试剂的数量相等,以减少背景吸收所产生的影响。

④采用 AAS 法测定 Cu。

⑤结果计算

铜(mg/kg)=M/W

式中　M——自标准曲线中查得铜含量,μg;

　　　W——称量土样干重量,g。

五、数据处理

所测得的吸收值(如试剂空白有吸收,则应扣除空白吸收值)在标准曲线上得到相应的浓度 M(mg/ml),则试样中:

$$铜或锌的含量(mg/kg)=\frac{M \times V}{m}\times 1\,000$$

式中　M——标准曲线上得到的相应浓度,mg/ml;

　　　V——定容体积,ml;

　　　m——试样质量,g。

六、注意事项

(1)细心控制温度,升温过快反应物易溢出或炭化。

(2)土壤消化物若不足呈灰白色,应补加少量高氯酸,继续消化。由于高氯酸对空白影响大,要控制用量。

(3)高氯酸具有氧化性,应待土壤里大部分有机质消化完反应物,冷却后再加入,或者在常温下,有大量硝酸存在下加入,否则会使杯中样品溅出或爆炸,使用时务必小心。

(4)若高氯酸氧化作用进行过快,有爆炸可能时,应迅速冷却或用冷水稀释,即可停止高氯酸氧化作用。

原子吸收测量条件:

元素	Cu	Zn
λ/nm	324.8	213.9
I/mA	2	4

光谱通带（A）	2.5	2.1
增益	2	4
燃气	C_2H_2	C_2H_2
助气	空气	空气
火焰	氧化	氧化

表 9-8

元素	溶解方法	测定方法	最低检出限（μg/kg）
As	HNO_3-H_2SO_4 消化	二乙基二硫代氨基甲酸银比色法	0.5
Cd	HNO_3-HF-$HClO_4$ 消化	石墨炉原子吸收法	0.002
Cr	HNO_3-H_2SO_4-H_3PO_4 消化	二苯碳酰二肼比色法	0.25
	HNO_3-HF-$HClO_4$ 消化	原子吸收法	2.5
Cu	HCl-HNO_3-$HClO_4$ 消化	原子吸收法	1.0
	HNO_3-HF-$HClO_4$ 消化	原子吸收法	1.0
Hg	H_2SO_4-$KMnO_4$ 消化	冷原子吸收法	0.007
	HNO_3-H_2SO_4-V_2O_5 消化	冷原子吸收法	0.002
Mn	HNO_3-HF-$HClO_4$ 消化	原子吸收法	5.0
Pb	HCl-HNO_3-$HClO_4$ 消化	原子吸收法	1.0
	HNO_3-HF-$HClO_4$ 消化	石墨炉原子吸收法	1.0
氟化物	Na_2CO_3-Na_2O_2 熔融法	F选择电极法	5.0
氰化物	Zn（AC）$_2$-酒石酸蒸馏分离法	异烟酸-吡唑啉酮分光光度法	0.05
硫化物	盐酸蒸馏分离法	对氨基二甲基苯胺比色法	2.0
有机氯农药（DDT、六六六）	石油醚-丙酮萃取分离法	气相色谱法（电子捕获检测器）	40
有机磷农药	三氟甲烷萃致取分离法	气相色谱法	40

技能训练 2.土壤中农药六六六和滴滴涕残留的测定——气相色谱法

一、目的和要求

1.了解气象色谱法的原理；

2.掌握土壤样品的预处理方法,掌握气相色谱的使用方法。

二、原理

色谱分析法实质上是一种物理化学分离方法,即利用不同物质在两相(固定向和流动相)中具有不同的分配系数(或吸附系数),当两相做相对运动时,这些物质在两相中反复多次分配(即组分在两相之间进行反复多次的吸附、脱附或溶解、挥发过程)从而使各物质得到完全分离。

气相色谱法是基于色谱柱分离样品中各组分,检测器能连续相应,能同时对各组分进行定性定量的一种分离分析方法,所以气相色谱法具有分离效率高、灵敏度高、分析速度快、应用范围广等优点。

气相色谱法的而上述特点,扩展了它在工业生产中的应用。它不仅可以分析气体,还可以分析液体和固体。只要样品在 450℃以下,能气化都可以用气相色谱法进行分析。

气相色谱法的不足之处,首先是由于色谱峰不能直接给出定性的结果,它不能用来直接分析未知物,必须用已知纯物质的色谱图和它对照;其次,当分析无机物和高沸点有机物时比较困难,需要采用其他的色谱分析方法来完成。

色谱分力的基本原理是试样组分通过色谱柱时与填料之间发生相互作用,这种相互作用大小的差异使各组分分离而按先后次序从色谱柱后流出。这种在色谱柱内不移动、起分离作用的填料称为固定相。

气相色谱的分离原理,试样气体有载气携带进入色谱柱,与吸附剂接触时,很快被吸附剂吸附。随着载气的不断通入,被吸附的组分又从固定相中洗脱下来(这种现象称为脱附),脱附下来的组分随着载气向前移动时又再次被固定向吸附。这样,随着载气的流动,组分吸附-脱附的过程反复进行。显然,由于组分性质的差异,固定相对它们的吸附能力有所不同。易被吸附的组分,脱附较难,在柱内移动的速度慢,停留的时间长;反之,不易被吸附的组分在柱内移动速度快,停留时间短。所以,经过一定的时间间隔(一定柱长)后,性质不同的组分便达到了彼此分离。

三、仪器与试剂

(1)气相色谱仪、进样器、色谱柱、试样预处理时使用的仪器(蒸发浓缩器、脂肪提取器、水浴锅、振荡器、离心机)。

(2)色谱标准样品、石油醚、丙酮、异辛烷、苯、浓硫酸、无水硫酸钠、硫酸钠溶液、硅藻土、三氯甲烷。

四、实验步骤

1.样品的采集及贮存

(1)样品的采集

在田间根据不同的分析目的多点采集,风干去杂,研碎过 60 目筛,充分混合,取 500 g 装入样品瓶备用。土壤样品采集后应尽快分析,如暂不分析应保存在-18 ℃冷冻箱中。

（2）样品的预处理

准确称取 20 g 土壤至于小烧杯中，加蒸馏水 2 ml，硅藻土 4 g，充分混匀，无损地移入滤纸桶内，上部盖一片滤纸，将滤纸桶装入索氏提取器中，加 100 ml 石油醚-丙酮（1∶1），用 30 ml 浸泡图样 12 h 后在 75~95℃恒温水浴锅上加热提取 4 h，待冷却后，将提取液移入 300 ml 的分液漏斗中，用 10 ml 石油醚分三次冲洗提取器及烧瓶，将洗液并入分液漏斗中，加入 100 ml 硫酸钠溶液，振摇 1 min，静止分层后，弃去下层丙酮水溶液，留下石油醚提取液待净化。

浓硫酸净化法：适用于土壤、生物样品。在分液漏斗中加入石油醚提取液体积的十分之一的浓硫酸，振摇 1 min，静止分层后，弃去硫酸层（注意：用硫酸净化过程中，要防止发热爆炸，加硫酸后，开始要慢慢振摇，不断放气，然后再剧烈振摇），按上述步骤重复数次，直至加入的石油醚提取液二相界面清晰均呈无色透明时止。然后向弃去硫酸层的石油醚提取液中加入其体积一半左右的硫酸钠溶液。振摇十余次。待其静止分层后弃去水层。如此重复至提取液呈中性时止（一般 2~4 次），石油醚提取液再经装有少量无水硫酸钠的桶型漏斗脱水，滤入适当规格的容量瓶中，定容，供气相色谱测定。

2.色谱测定操作步骤

（1）仪器的调整

气化室温度：220℃；柱温度：195℃；检测器温度：245℃；载气流速：40~70 ml/min；根据仪器的情况选用；记录仪纸速：5 mm/min；衰减：根据样品中被测组分含量适当调节记录器衰减。

（2）校准

标准样品的制备：准确称取一定量的色谱纯标准样品每种 100 mg，溶于异辛烷（β-六六六先用少量苯溶解），在容量瓶中，定容 100 ml，在 4℃下贮存。

中间溶液：用移液管量取八种储备液，移至 100 ml 容量瓶中，用异辛烷稀释至刻度。八种储备液取的体积比为：

$$V_{\alpha\text{-六六六}}:V_{\gamma\text{-六六六}}:V_{\beta\text{-六六六}}:V_{\delta\text{-六六六}}:V_{p,p,\text{-DDE}}:V_{o,p,\text{-DDT}}:V_{p,p,\text{-DDD}}:V_{p,p,\text{-DDT}}=1:1:3.5:1:3.5:5:3:8$$

标准工作液的配置：根据检测器的灵敏度及线性要求，用石油醚稀释中间溶液，配制成几种浓度的标准工作液，在 4℃下贮存。

调整仪器重复性条件：一个样品连续注射进样两次，其峰高相对偏差不大于 7%，即认为仪器处于稳定状态。

（3）校准数据的表示

试样中组分按下式校准：

$$X_i = \frac{A_i}{A_E} E_i$$

式中　X_i——试样中组分 i 的含量，mg/kg；

　　　E_i——标准溶液中组分 i 的含量，mg/kg；

　　　A_i——试样中组分 i 的峰高，cm（或峰面积 cm²）；

A_E——标准溶液中组分 i 的峰高,cm(或峰面积 cm²)。

3.进样

用清洁的注射器在待测样品中抽吸几次,排除所有气泡后,抽取所需进样体积(3~6 μL),迅速注射入色谱仪中,并立即拔出注射器。

4.色谱图的考查

(1)标准色谱图

柱填充剂: 1.5%OV-17+1.95%QF-1/chromosorb W AW-DMCS,80~100 目;或 1.5%OV-17+1.95%OV-210/chromosorb W AW-DMCS-HP,80~100 目。

载气:氮气,40~70 ml/min。柱温 185~195℃。

(2)定性分析

标准色谱图中组分的出峰次序,α-六六六、γ-六六六、β-六六六、δ-六六六、p,p′-DDE,o,p′-DDT,p,p′-DDD,p,p′-DDT。

检验可能存在的干扰,采用双柱定性。用另一根色谱柱(1.5%OV+1.95%QF-1/ chromosorb W AW-DMCS,80~100 目)进行准确校验色谱分析,可确定各组分及有无干扰。

(3)定量分析

①色谱峰的测量:以峰的起点和终点的连线作为峰底,以峰高极大值对时间轴作垂直线,对应的时间即为保留时间,此线峰顶至峰底间的线段即为峰高。

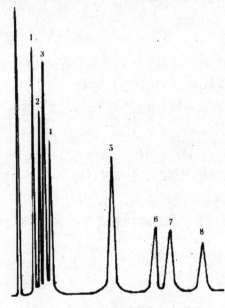

图 9-6 六六六、滴滴涕气相色谱图

1—α-六六六;2—γ-六六六;3—β-六六六;4—δ-六六六;5—p,p′-DDE;6—o,p′-DDT;7—p,p′-DDD;8—p,p′-DDT

②计算

$$R_i = \frac{h_i \times W_{is} \times V}{h_{is} \times V_i \times G}$$

式中　R_i——样品中 i 组分农药的含量，mg/kg；

　　　h_i——样品中 i 组分农药的峰高，cm（或峰面积 cm²）；

　　　W_{is}——标样中 i 组分农药的绝对量，ng；

　　　V——$G(g)$ 样品定容体积，ml；

　　　h_{is}——标样中 i 组分农药的峰高，cm（或峰面积 cm²）；

　　　V_i——样品的进样量，μL；

　　　G——样品的重量，g。

五、结果的表示

（1）定性结果

根据标准色谱图各组分的保留时间来确定被测试样中出现的组分数目和组分名称。

（2）定量结果

根据上面的公式计算出各组分的含量，以 mg/kg 表示。

精密度见表 1；准确度见表 2；当气相色谱仪仪器的灵敏度最大时以噪音的 2.0 倍作为仪器的检测限，本方法要求仪器的最小检测量低于 10^{-12} g 见表 3。

表 9-9　精密度（重复性和再现性）　　　　　　　（土壤样）mg/kg

项目			α-六六六	β-六六六	γ-六六六	δ-六六六	p，p′-DDE	o，p′-DDT	p，p′-DDD	p，p′-DDT
浓度			H=0.200	H=1.000	H=0.200	H=0.500	H=0.500	H=1.000	H=0.500	H=1.000
加入量			M=0.040	M=0.200	M=0.040	M=0.100	M=0.100	M=0.200	M=0.100	M=0.200
试样			L=0.004	L=0.020	L=0.004	L=0.010	L=0.010	L=0.020	L=0.010	L=0.0200
重复性	H	重复性	8.0×10^{-3}	6.9×10^{-3}	6.9×10^{-3}	4.0×10^{-2}	2.4×10^{-2}	5.2×10^{-2}	2.9×10^{-2}	3.3×10^{-2}
	M	重复性	0.8×10^{-3}	6.4×10^{-3}	1.2×10^{-3}	3.4×10^{-3}	3.2×10^{-3}	9.1×10^{-3}	3.9×10^{-3}	5.7×10^{-3}
	L	重复性	2.0×10^{-4}	1.3×10^{-3}	1.0×10^{-4}	3.0×10^{-4}	5.0×10^{-4}	6.0×10^{-4}	4.0×10^{-4}	4.0×10^{-4}
再现性	H	再现性	1.0×10^{-2}	8.3×10^{-3}	6.9×10^{-3}	4.6×10^{-2}	2.8×10^{-2}	8.1×10^{-2}	3.4×10^{-2}	5.9×10^{-2}
	M	再现性	$1.8*10^{-3}$	9.3×10^{-3}	1.9×10^{-3}	6.6×10^{-3}	5.6×10^{-3}	11.3×10^{-3}	5.0×10^{-3}	8.6×10^{-3}
	L	再现性	1.3×10^{-3}	9.0×10^{-4}	2.00×10^{-4}	3.0×10^{-4}	6.0×10^{-4}	9.0×10^{-4}	5.0×10^{-4}	1.2×10^{-4}
协作实验室数量			5	5	5	5	5	5	5	5

注：H-高浓度；M-中浓度；L-低浓度。

表 9-10　准确度（土壤样加标回收率，%）

项目		α-六六六	β-六六六	γ-六六六	δ-六六六	p,p′-DDE	o,p′-DDT	p,p′-DDD	p,p′-DDT
浓度		H=0.200	H=1.000	H=0.200	H=0.500	H=0.500	H=1.000	H=0.500	H=1.000
加入量		M=0.040	M=0.200	M=0.040	M=0.100	M=0.100	M=0.200	M=0.100	M=0.200
试样		L=0.004	L=0.020	L=0.004	L=0.010	L=0.010	L=0.020	L=0.010	L=0.0200
H	回收率,%	94.8	93.8	93.8	94.3	97.0	99.2	97.1	91.8
M	回收率,%	95.0	90.0	91.0	93.6	93.8	95.7	93.9	97.5
L	回收率,%	95.0	94.0	92.5	91.0	95.0	94.0	92.0	96.0
协作实验室数量		5	5	5	5	5	5	5	5

表 9-11　检测限

农药种类	最小检测量,g
α-六六六	3.577×10^{-13}
β-六六六	2.523×10^{-12}
γ-六六六	1.190×10^{-12}
δ-六六六	9.770×10^{-13}
p,p′-DDE	1.756×10^{-12}
o,p′-DDT	6.960×10^{-12}
p,p′-DDD	5.572×10^{-12}
p,p′-DDT	1.460×10^{-12}

表 9-12　专业名词

序号	中文	英文
1	土壤监测	soil monitoring
2	土壤矿物质	soil mineral
3	土壤有机质	soil organic matter
4	土壤背景值	Soil background value
5	固体废物	solid waste
6	工业有害固体废物	hazardous industrial solid wastes
7	城市垃圾	city waste
8	生活垃圾	domestic garbage
9	垃圾热值	Calorific value of garbage
10	渗沥水	Leachate

项目十 噪声监测
Noise Monitoring

知识目标

1.掌握声音的基础知识；

2.掌握声环境质量监测的知识；

3.掌握关于噪声技能综合实训方法，如工业企业厂界噪声监测；城市道路交通噪声监测；校园环境噪声监测。

技能目标

1.能够制订各类噪声监测方案；

2.能够熟练使用噪声监测仪器。

工作情境

1.工作地点：噪声监测实训室及校园。

2.工作场景：对校园、交通干线噪声污染情况监测，主要进行具体噪声监测的布点、数据分析和监测报告的书写等工作。

Knowledge goal

1. Grasp the basic knowledge of sound;

2. Knowledge of sound environment quality monitoring;

3. Master the comprehensive training methods of noise skills, such as factory boundary noise monitoring in industrial enterprises; urban road traffic noise monitoring; campus environmental noise monitoring.

Skills goal

1. To develop various noise monitoring programmes;

2. Able to use noise monitoring instruments skillfully.

Work situation

1. work place：Noise monitoring training room and campus；

2. Work scene：To monitor the noise pollution of campus and traffic arteries, the work mainly includes the arrangement of specific noise monitoring, the analysis of data and the writing of monitoring reports.

项目导入

声音给我们与人们的生活生产息息相关,带来了快乐,但同时也会给我们造成了困扰。作为社会发展的产物,噪声污染和水污染、空气污染、固体废物污染等一样是当代主要的环境污染之一。但噪声与后者不同,它是物理污染(或称能量污染)。一般情况下它并不致命,且与声源同时产生同时消失,噪声源分布很广,较难集中处理。由于噪声渗透到人们生产和生活的各个领域,且能够直接感觉到它的干扰,不像物质污染那样只有产生后果才受到注意,所以噪声往往是受到抱怨和控告最多的环境污染。

噪声一直是困扰人类的一大难题,与水污染、大气污染、光污染被看成是世界范围内的四大环境问题。因此,我们需要了解声音,了解噪声及它的危害与用途。学会控制噪声,共同创造舒适的居住、工作环境。

思考与练习

1.噪声的定义?

2.噪声的基础知识?

3.声级计的使用方法?

Project import

Sound is closely related to people's life and production and brings us happiness, but it also causes us trouble. As a product of social development, noise pollution and water pollution, air pollution, solid waste pollution is one of the main environmental pollution. But noise is different from the latter, it is physical pollution (or energy pollution). Generally, it is not fatal, and it disappears at the same time with the sound source. Noise sources are widely distributed and difficult to centralize. Because noise penetrates into all fields of people's production and life, and can directly feel its interference, unlike material pollution, only the consequences of attention, so noise is often the most complained and accused of environmental pollution.

Noise has always been a big problem for mankind, and water pollution, air pollution and light pollution are regarded as the four major environmental problems in the world. Therefore, we need to understand the sound, understand the noise and its hazards and uses. Learn to control noise and create comfortable living and working environment together.

Thinking and practicing

　　1. definition of noise?

　　2. basic knowledge of noise?

　　3. How to use the sound level meter?

任务一　声音的基础知识

　　声音的本质是波动。受作用的空气发生振动,当振动频率在 20~20 000 Hz 时,作用于人的耳鼓膜而产生的感觉称为声音。声源可以是固体、也可以是流体(液体和气体)的振动。声音的传媒介质有空气、水和固体,它们分别称为空气声、水声和固体声等。噪声监测主要讨论空气声。

　　人类是生活在一个声音的环境中,通过声音进行交谈、表达思想感情以及开展各种活动。但有些声音也会给人类带来危害。例如,震耳欲聋的机器声,呼啸而过的飞机声等。这些为人们生活和工作所不需要的声音叫噪声,从物理现象判断,一切无规律的或随机的声信号叫噪声;噪声的判断还与人们的主观感觉和心理因素有关,即一切不希望存在的干扰声都叫噪声,噪声可能是由自然现象所产生,也可能是由人类活动所产生,它可以是杂乱无章的声音,也可以是和谐的乐音,只要它超过了人们生活、生产和社会活动所允许的程度都称为噪声,所以在某些时候,某些情绪条件下音乐也可能是噪声。

　　噪声主要危害是,损伤听力、干扰人们的睡眠和工作,影响睡眠、诱发疾病、干扰语言交流、强噪声还会影响设备正常运转和损坏建筑结构。噪声会使人听力损失。这种损失是累积性的,在强噪声下工作一天,只要噪声不是过强(120 分贝以上),事后只产生暂时性的听力损失,经过休息可以恢复;但如果长期在强噪声下工作,每天虽可以恢复,经过一段时间后,就会产生永久性的听力损失,过强的噪声还能杀伤人体。

　　环境噪声的来源有四种:一是交通噪声,包括汽车、火车和飞机等所产生的噪声;二是工厂噪声,如鼓风机、汽轮机,织布机和冲床等所产生的噪声;三是建筑施工噪声,像打桩机、挖土机和混凝土搅拌机等发出的声音;四是社会生活噪声,例如,高音喇叭、收录机等发出的过强声音。

一、声音的发生、频率、波长和声速

　　当物体在空气中振动,使周围空气发生疏、密交替变化并向外传递,且这种振动频率在 20~20 000 Hz 之间,人耳可以感觉,称为可听声,简称声音。频率低于 20 Hz 的叫次声,高于 20 000 Hz 的叫超声,它们作用到人的听觉器官时不引起声音的感觉,所以不能听到。

　　声源在一秒钟内振动的次数叫频率,记作 f,单位为 Hz。

　　振动一次所经历的时间叫周期,记作 T,单位为 s。显然,频率和周期互为倒数,即 $T=1/f$。

沿声波传播方向,振动一个周期所传播的距离,或在波形上相位相同的相邻两点间的距离称作波长,记为 λ,单位为 m。

一秒时间内声波传播的距离叫声波速度,简称声速,记作 c,单位为 m/s。频率、波长和声速三者的关系是:

$$c = f\lambda$$

声速与传播声音的媒质和温度有关。在空气中,声速(c)和温度(t)的关系可简写为:

$$c=331.4+0.607t$$

常温下,声速约为 345 m/s。

二、声功率、声强和声压

(一)声功率(W)

声功率是指单位时间内,声波通过垂直于传播方向某指定面积的声能量。在噪声监测中,声功率是指声源总声功率,单位为 W。

(二)声强(I)

声强是指单位时间内,声波通过垂直于声波传播方向单位面积的声能量,单位为 W/s²。

(三)声压(P)

声压是由于声波的存在而引起的压力增值。声波是空气分子有指向、有节律的运动。声压单位为 Pa。声波在空气中传播时形成压缩和稀疏交替变化,所以压力增值是正负交替的。但通常讲的声压是取均方根值,叫有效声压,故实际上总是正值。

三、分贝、声功率级、声强级和声压级

(一)分贝

人们日常生活中遇到的声音,若以声压值表示,由于变化范围非常大,可以达六个数量级以上,同时由于人体听觉对声信号强弱刺激反应不是线性的,而是成对数比例关系。所以采用分贝来表达声学量值。

所谓分贝是指两个相同的物理量(例 A_1 和 A_0)之比取以 10 为底的对数并乘以 10(或 20)。

$$N=10 \ \log_{10}\frac{A_1}{A_0}$$

分贝符号为"dB",它是无量纲的。在噪声测量中是很重要的参量。式中 A_0 是基准量(或参考量),A 是被量度量。被量度量和基准量之比取对数,这对数值称为被量度量的"级"。亦即用对数标度时,所得到的是比值,它代表被量度量比基准量高出多少"级"。

(二)声功率级

$$L_w =10\lg\frac{W}{W_0}$$

式中　L_w——声功率级(dB);

　　　W——声功率(W);

　　　W_0——基准声功率,为 10^{-12} W。

（三）声强级

$$L_I = 10\lg\frac{I}{I_0}$$

式中 I_1——声强级（dB）；

I——声强（W/m²）；

I_0—基准声强，为 $10^{-12}/m^2$。

（四）声压级

$$L_P = 20\lg\frac{P}{P_0}$$

式中 L_P——声压级（dB）；

P——声压（Pa）；

P_0——基准声压，为 2×10^{-5} Pa，该值是对 1 000 Hz 声音人耳刚能听到的最低声压。

四、噪声的叠加和相减

（一）噪声的叠加

两个以上独立声源作用于某一点，产生噪声的叠加。

声能量是可以代数相加的，设两个声源的声功率分别为 W_1 和 W_2，那么总声功率 $W_{总}$ $=W_1+W_2$。而两个声源在某点的声强为 I_1 和 I_2 时，叠加后的总声强 $I_{总}=I_1+I_2$。但声压不能直接相加。

[例] 两声源作用于某一点得声压级分别为 Lp_1=96 dB，Lp_2=93 dB，由于 Lp_1-Lp_2=3 dB，查曲线得 ΔLp=1.8 dB，因此 $Lp_{总}$=96+1.8=97.8 dB。

两个噪声相加，总声压级不会比其中任一个大 3 分贝以上；而两个声压级相差 10 分贝以上时，叠加增量可忽略不计。掌握了两个声源的叠加，就可以推广到多声源的叠加，只需逐次两两叠加即可，而与叠加次序无关。

应该指出，根据波的叠加原理，若是两个相同频率的单频声源叠加，会产生干涉现象，即需考虑叠加点各自的相位，不过这种情况在环境噪声中几乎不会遇到。

（二）噪声的相减

噪声测量中经常碰到如何扣除背景噪声问题，这就是噪声相减的问题。通常是指噪声源的声级比背景噪声高，但由于后者的存在使测量读数增高，需要减去背景噪声。

[例] 为测定某车间中一台机器的噪声大小，声级计上测得声级为 104 dB，当机器停止工作，测得背景噪声为 100 dB，求该机器噪声的实际大小。

解： 由题可知 104 dB 是指机器噪声和背景噪声之和（Lp），而背景噪声是 100 dB（Lp_1）。$Lp-Pp_1$=4 dB，ΔLp=2.2 dB，因此该机器的实际噪声噪级 Lp_2 为：$Lp_2=Lp-\Delta Lp$=101.8 dB。

任务二 噪声的物理量和主观听觉的关系

从噪声的定义可知：它包括客观的物理现象（声波）和主观感觉两个方面。但最后判别噪声的是人耳。所以确定噪声的物理量和主观听觉的关系十分重要。不过这种关系相当复杂,因为主观感觉牵涉到复杂的生理机构和心理因素。这类工作是用统计方法在实验基础上进行研究的。

一、响度和响度级

(一)响度(N)

人的听觉与声音的频率有非常密切的关系,一般来说两个声压相等而频率不相同的纯音听起来是不一样响的。响度是人耳判别声音由轻到响的强度等级概念,它不仅取决于声音的强度(如声压级),还与它的频率及波形有关。响度的单位叫"宋",1 宋的定义为声压级为 40 dB,频率为 1 000 Hz,且来自听者正前方的平面波形的强度。如果另一个声音听起来比这个大 n 倍,即声音的响度为 n 宋。

(二)响度级(L_N)

响度级的概念也是建立在两个声音的主观比较上的。定义 1 000 Hz 纯音声压级的分贝值为响度级的数值,任何其他频率的声音,当调节 1 000 Hz 纯音的强度使之与这声音一样响时,则这 1 000 Hz 纯音的声压级分贝值就定为这一声音的响度级值。响度级的单位叫"方"。

利用与基准声音比较的方法,可以得到人耳听觉频率范围内一系列响度相等的声压级与频率的关系曲线,即等响曲线,该曲线为国际标准化组织所采用,所以又称 ISO 等响曲线。

图 10-1 中同一曲线上不同频率的声音,听起来感觉一样响,而声压级是不同的。从曲线形状可知,人耳对 1 000~4 000 Hz 的声音最敏感。对低于或高于这一频率范围的声音,灵敏度随频率的降低或升高而下降。例如,一个声压级为 80 dB 的 20 Hz 纯音,它的响度级只有 20 方,因为它与 20 dB 的 1 000 Hz 纯音位于同一条曲线上,同理,与它们一样响的 1 万赫纯音声压级为 30 分贝。

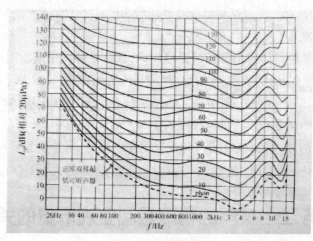

图 10-1　等响曲线

（三）响度与响度级的关系：根据大量实验得到，响度级每改变 10 方，响度加倍或减半。例如，响度级 30 方时响度为 0.5 宋；响度级 40 方时响度为 1 宋；响度级为 50 方时响度为 2 宋，以此类推。它们的关系可用下列数学式表示：

$$L_N = 40 + 33\lg N$$

响度级的合成不能直接相加，而响度可以相加。例如：两个不同频率而都具有 60 方的声音，合成后的响度级不是 60+60=120（方），而是先将响度级换算成响度进行合成，然后再换算成响度级。本例中 60 方相当于响度 4 宋，所以两个声音响度合成为 4+4=8（宋），而 8 宋按数学计算可知为 70 方，因此两个响度级为 60 方的声音合成后的总响度级为 70 方。

二、计权声级

上面所讨论的是指纯音（或狭频带信号）的声压级和主观听觉之间的关系，但实际上声源所发射的声音几乎都包含很广的频率范围。为了能用仪器直接反映人的主观响度感觉的评价量，有关人员在噪声测量仪器——声级计中设计了一种特殊滤波器，叫计权网络。通过计权网络测得的声压级，已不再是客观物理量的声压级，而叫计权声压级或计权声级，简称声级。通用的有 A、B、C 和 D 计权声级。

A 计权声级是模拟人耳对 55 dB 以下低强度噪声的频率特性；B 计权声级是模拟 55 dB 到 85 dB 的中等强度噪声的频率特性；C 计权声级是模拟高强度噪声的频率特性；D 计权声级是对噪声参量的模拟，专用于飞机噪声的测量。计权网络是一种特殊滤波器，当含有各种频率的声波通过时，它对不同频率成分的衰减是不一样的。A、B、C 计权网络的主要差别是在于对低频成分衰减程度，A 衰减最多，B 其次，C 最少。A、B、C、D 计权的特性曲线见图 10-2，其中 A、B、C 三条曲线分别近似于 40 方、70 方和 100 方三条等响曲线的倒转。由于计权曲线的频率特性是以 1 000 Hz 为参考计算衰减的，因此以上曲线均重合于 1 000 Hz，后来实践证明，A 计权声级表征人耳主观听觉较好，故近年来 B 和 C 计权声级较少应用。A 计权声级以 L_{PA} 或 L_A 表示，其单位用 dB（A）表示。

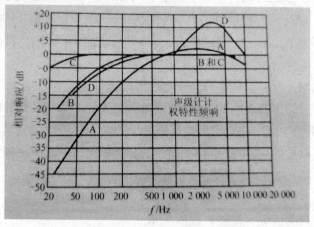

图 10-2　A、B、C、D 计权特性曲线

三、等效连续声级、噪声污染级和昼夜等效声级

(一)等效连续声级

A 计权声级能够较好地反映人耳对噪声的强度与频率的主观感觉,因此对一个连续的稳态噪声,它是一种较好的评价方法,但对一个起伏的或不连续的噪声, A 计权声级就显得不合适了。例如,交通噪声随车辆流量和种类而变化;又如,一台机器工作时其声级是稳定的,但由于它是间歇地工作,与另一台声级相同但连续工作的机器对人的影响就不一样。因此提出了一个用噪声能量按时间平均方法来评价噪声对人影响的问题,即等效连续声级,符号“L_{eq}”或“$L_{aeq \cdot T}$”。它是用一个相同时间内声能与之相等的连续稳定的 A 声级来表示该段时间内的噪声的大小。例如,有两台声级为 85 dB 的机器,第一台连续工作 8 小时,第二台间歇工作,其有效工作时间之和为 4 小时。显然作用于操作工人的平均能量是前者比后者大一倍,即大 3 dB。因此,等效连续声级反映在声级不稳定的情况下,人实际所接受的噪声能量的大小,它是一个用来表达随时间变化的噪声的等效量。

$$L_{aeq \cdot T} = 10 \lg \left[\frac{1}{T} \int_0^T 10^{0.1 L_{PA}} \, dt \right]$$

式中　L_{PA}——某时刻 t 的瞬时 A 声级(dB);

　　　T——规定的测量时间(s)。

如果数据符合正态分布,其累积分布在正态概率纸上为一直线,则可用下面近似公式计算:

$$L_{aeq \cdot T} \approx L_{50} + d^2/60, \, d = L_{10} - L_{90}$$

其中　L_{10}, L_{50}, L_{90} 为累积百分声级,其定义是:

　　　L_{10}——测定时间内,10%的时间超过的噪声级,相当于噪声的平均峰值。

　　　L_{50}——测量时间内,50%的时间超过的噪声级,相当于噪声的平均值。

　　　L_{90}——测量时间内,90%的时间超过的噪声级,相当于噪声的背景值。

累积百分声级 L_{10}、L_{50} 和 L_{90} 的计算方法有两种:其一是在正态概率纸上画出累积分布曲线,然后从图中求得;另一种简便方法是将测定的一组数据(例如 100 个),从大到小排列,第 10 个数据即为 L_{10},第 50 个数据为 L_{50},第 90 个数据即为 L_{90}。目前大多数声级机都有自动计算并显示功能,不需手工计算。

(二)噪声污染级

许多非稳态噪声的实践表明,涨落的噪声所引起人的烦恼程度比等能量的稳态噪声要大,并且与噪声暴露的变化率和平均强度有关。经试验证明,在等效连续声级的基础上加上一项表示噪声变化幅度的量,更能反映实际污染程度。用这种噪声污染级评价航空或道路的交通噪声比较恰当。故噪声污染级(L_{NP})公式为:

$$L_{NP} = L_{eq} + K\sigma$$

式中　K——常数,对交通和飞机噪声取值 2.56;

　　　σ——测定过程中瞬时声级的标准偏差。

$$\sigma = \sqrt{\frac{1}{n-1}\sum_{i=1}^{n}\left(L'_{PA}-L_{PA}\right)^2}$$

式中　　L_{PA}——测得第 i 个瞬时 A 声级；

　　　　L'_{PA}——所测声级的算术平均值；

　　　　n——测得总数。

对于许多重要的公共噪声，噪声污染级也可写成：

$$L_{NP}=L_{eq}+d$$

或

$$L_{NP}=L_{50}+d^2/60+d$$

式中　　$d=L_{10}-L_{90}$

（三）昼夜等效声级

考虑到夜间噪声具有更大的烦扰程度，故提出一个新的评价指标——昼夜等效声级（也称日夜平均声级），符号"L_{dn}"。它是表达社会噪声——昼夜间的变化情况，表达式为：

$$L_{dn}=10\lg\frac{16\times10^{0.1L_d}+8\times10^{0.1(L_n+10)}}{24}$$

式中　　L_d——白天的等效声级，时间是从 6:00—22:00，共 16 个小时；

　　　　L_n——夜间的等效声级，时间是从 22:00 至第二天的 6:00，共 8 个小时。

昼间和夜间的时间，可依地区和季节不同而稍有变更。

为了表明夜间噪声对人的烦扰更大，故计算夜间等效声级这一项时应加上 10 dB 的计权。

为了表征噪声的物理量和主观听觉的关系，除了上述评价指标外，还有语言干扰级（SIL）、感觉噪声级（PNL）、交通噪声指数（TN_1）和噪声次数指数（NN_1）等。

四、噪声的频谱分析

一般声源所发出的声音，不会是单一频率的纯音，而是由许许多多不同频率，不同强度的纯音组合而成。将噪声的强度（声压级）按频率顺序展开，使噪声的强度成为频率的函数，并考查其波形，叫作噪声的频率分析（或频谱分析）。研究噪声的频谱分析很重要，它能深入了解噪声声源的特性，帮助寻找主要的噪声污染源，并为噪声控制提供依据。

频谱分析的方法是使噪声信号通过一定带宽的滤波器，通带越窄，频率展开越详细；反之通带越宽，展开越粗略。以频率为横坐标，相应的强度（例声压级）为纵坐标作图。经过滤波后各通带对应的声压级的包络线（即轮廓）叫噪声谱。

滤波器有等带宽滤波器、等百分比带宽滤波器和等比带宽滤波器。等带宽滤波器是指任何频段上的滤波，通带都是固定的频率间隔，即含有相等的频率数；等百分比带宽滤波器具有固定的中心频率百分数间隔，故它所含的频率数随滤波通带的频率升高而增加，例如，等百分比为 3% 的滤波器，100 Hz 的通带为 100 ± 3 Hz；1 000 Hz 的通带为 1 000 ± 30 Hz，而 10 000 Hz 的通带为 10 000 ± 300 Hz。噪声监测中所用的滤波器是等比带宽滤波器，它是指滤波器的上、下截止频率(f_2 和 f_1)之比以 2 为底的对数为某一常数,常用的有倍频程滤波器和 1/3 倍频程滤波器等。它们的具体定义是:

1 倍频程:$\log_2 \dfrac{f_2}{f_1} = 1$

$\dfrac{1}{3}$ 倍频程:$\log_2 \dfrac{f_2}{f_1} = \dfrac{1}{3}$

其通式为:$\dfrac{f_2}{f_1} = 2^n$

1 倍频程常简称为倍频程,在音乐上称为一个八度,是最常用的。表 10-1 列出了 1 倍频程滤波器最常用的中心频率值(f_m)以及上、下截止频率。这是经国际标准化认定并作为各国滤波器产品的标准值。

表 10-1　常用 1 倍频程滤波器的中心频率和截止频率

中心频率 f_m(Hz)	上截止频率 f_2(Hz)	下截止频率 f_1(Hz)	中心频率 f_m(Hz)	上截止频率 f_2(Hz)	下截止频率 f_1(Hz)
31.5	44.547 3	22.273 7	1 000	1 414.20	707.100
63	89.094 6	44.547 3	2 000	2 828.40	1 414.20
125	176.775	88.387 5	4 000	5 656.80	2 828.40
250	353.550	176.775	8 000	11 313.6	5 656.80
500	707.100	353.550	16 000	22 627.2	11 313.6

中心频率(f_m)的定义是:$f_m = \sqrt{f_2 \cdot f_1}$

任务三　噪声测量仪器

噪声测量仪器的测量内容有噪声的强度,主要是声场中的声压,至于声强,声功率的直接测量较麻烦,故较少直接测量,只在研究中使用;其次是测量噪声的特征,即声压的各种频率组成成分。

噪声测量仪器主要有:声级计、声频频谱仪、记录仪、录音机和实时分析仪器等。

一、声级计

声级计,又叫噪声计,是一种按照一定的频率计权和时间计权测量声音的声压级和声级的仪器,是声学测量中最常用的基本仪器。它是一种电子仪器,但又不同于电压表等客观电子仪表。在把声信号转换成电信号时,可以模拟人耳对声波反应速度的时间特性;对高低频有不同灵敏度的频率特性以及不同响度时改变频率特性的强度特性。因此,声级计是一种主观性的电子仪器。

声级计可用于环境噪声、机器噪声、车辆噪声以及其他各种噪声的测量,也可用于电声学、建筑声学等测量。为了使世界各国生产的声级计的测量结果互相可以比较,国际电工委员会(IEC)制定了声级计的有关标准,并推荐各国采用。当前我国有关声级计的国家标准是 GB/T 3785.1-2010《电声学 声级计 第 1 部分:规范》、GB/T 3785.2-2010《电声学 声级计 第 2 部分:型式评价试验》、GB/T 3785.3-2010《电声学 声级计 第 3 部分:周期试验》。2017 年我国根据国际标准制定了 JJG188-2017《声级计检定规程》。新的声级计国际标准和国家检定规程与老标准比较作了较大的修改。

（一）声级计的工作原理

声压由传声器膜片接收后,将声压信号转换成电信号,经前置放大器作阻抗变换后送到输入衰减器,由于表头指示范围一般只有 20 dB,而声音范围变化可高达 140 dB,甚至更高,所以必须使用衰减器来衰减较强的信号。再由输入放大器进行定量放大。放大后的信号由计权网络进行计权,它的设计是模拟人耳对不同频率有不同灵敏度的听觉响应。在计权网络处可外接滤波器,这样可做频谱分析。输出的信号由输出衰减器减到额定值,随即送到输出放大器放大。使信号达到相应的功率输出,输出信号经 RMS 检波后(均方根检波电路)送出有效值电压,推动电表或数字显示器,显示所测的声压级分贝值。

（二）声级计的分类

按其精度将声级计分为 1 级和 2 级。二种级别的声级计的各种性能指标具有同样的中心值,仅仅是容许误差不同,而且随着级别数字的增大,容许误差放宽。按体积大小可分为台式声级计、便携式声级计和袖珍式声级计.按其指示方式可分为模拟指示(电表、声级灯)和数字指示声级计。根据 IEC651 标准和国家标准,二种声级计在参考频率、参考人射方向、参考声压级和基准温湿度等条件下,测量的准确度(不考虑测量不确定度)如下表 10-2 所示。

表 10-2　两种声级计测量准确度(分贝)

声级计级别	1	2
准确度	± 0.7	± 1.0

仪器上有阻尼开关能反映人耳听觉动态特性,快挡"F"用于测量起伏不大的稳定噪声。如噪声起伏超过 4 dB 可利用慢挡"S",有的仪器还有读取脉冲噪声的"脉冲"挡。

老式声级计的示值采用表头刻度方式,通常采用由-5(或-10)到 0,以及 0 到 10,跨度共 15(或 20)dB。现在使用的声级计一般具有自动加权处理数据的功能。

二、其他噪声测量仪器

（一）声级频谱仪

噪声测量中如需进行频谱分析,通常在精密声级配用倍频程滤波器。根据规定需要使用十挡,即中心频率为 31.5 Hz、63 Hz、125 Hz、250 Hz、500 Hz、1 kHz、2 kHz、4 kHz、8 kHz、16 kHz。

（二）录音机

有些噪声现场，由于某些原因不能当场进行分析，需要储备噪声信号，然后带回实验室分析，这就需要录音机。供测量用的录音机不同于家用录音机，其性能要求高得多。它要求频率范围宽（一般为 20~15 000 ）Hz，失真小（ 小于 3% ），信噪比大（ 35 dB 以上 ），此外，还要求频响特性尽可能平直，动态范围大等。

（三）记录仪

记录仪是将测量的噪声声频信号随时间变化记录下来，从而对环境噪声做出准确评价，记录仪能将交变的声谱电信号作对数转换，整流后将噪声的峰值，均方根值（ 有效值 ）和平均值表示出来。

（四）实时分析仪

实时分析仪是一种数字式谱线显示仪，能把测量范围的输入信号在短时间内同时反映在一系列信号通道示屏上，通常用于较高要求的研究、测量。目前使用尚不普遍。

任务四　噪声标准

噪声对人的影响与声源的物理特性、暴露时间和个体差异等因素有关。所以噪声标准的制订是在大量实验基础上进行统计分析的，主要考虑因素是保护听力、噪声对人体健康的影响、人们对噪声的主观烦恼度和目前的经济、技术条件等方面。对不同的场所和时间分别加以限制。即同时考虑标准的科学性、先进性和现实性。

从保护听力而言，一般认为每天 8 小时长期工作在 80 dB 以下听力不会损失，而声级分别为 85 dB 和 90 dB 环境中工作 30 年，根据国际标准化组织（ ISO ）的调查，耳聋的可能性分别为 8% 和 18%。在声级 70 dB 环境中，谈话就感到困难。而干扰睡眠和休息的噪声级阀值白天为 50 dB，夜间为 45 dB，我国提出环境噪声允许范围见表 10-3。

表 10-3　我国环境噪声允许范围（ 单位：dB ）

人的活动	最高值	理想值
体力劳动	90	70
脑力劳动	60	40
睡眠	50	30

环境噪声标准制订的依据是环境基本噪声。各国大多参考 ISO 推荐的基数（ 例如睡眠为 30 dB ），根据不同时间、不同地区和室内噪声受室外噪声影响的修正值以及本国具体情况来制订（ 见表 10-4、表 10-5 和表 10-6 ）。我国城市区域环境噪声标准（ GB3096-93 ）摘录于表 10-7。

表 10-4 一天不同时间对基数的修正值(单位 :dB)

人的活动	修正值
白天	0
晚上	−5
夜间	−10 至−15

表 10-5 不同地区对基数的修正值(单位 :dB)

地区	修正值
农村、医院、休养区	0
市郊、交通量较少区域	+5
城市居住区	+10
居住、工商业交通混合区	+15
城市中心	+20
工业区	+25

表 10-6 室内噪声受室外噪声影响的修正值(单位 :dB)

窗户状况	修正值
开窗	−10
关闭的单层窗	−15
关闭的双层窗或不能开的窗	−20

表 10-7 城市各类区域环境噪声标准值[单位:等效声级 $L_{eq} \cdot dB(A)$]

类别	昼间	夜间
0	50	40
1	55	45
2	60	50
3	65	55
4	70	55

该标准规定了城市五类区域的环境噪声最高限值,适用于城市区域。乡村生产区域可参照本标准执行。表中"0 类标准"适用于疗养区、高级别墅区、高级宾馆区等特别需要安静的区域,位于城郊和乡村的这一类区域分别按严于 0 类标准 5 dB 执行;"1 类标准"适用于以居住、文教机关为主的区域,乡村居住环境可参照执行该类标准;"2 类标准"适用于居住、商业、工业混杂;"3 类标准"适用于工业区;"4 类标准"适用于城市中的道路交通干线道路的两侧区域,穿越城区的内河航道两侧区域,穿越城区的铁路主、次干线两侧区域的背景噪声(指不通过列车时的噪声水平)限值也执行该类标准。

上述标准值指户外允许噪声级,测量点选在居住或工作建筑物外,离任一建筑物的距离不小于 1 m 处。传声器距地面的垂直距离不小于 1.2 m。如必须在室内测量,则标准值应低于所在区域 10 dB(A),测点距墙面和其他主要反射面不小于 1 m,距地板 1.2~1.5 m,距窗户约 1.5 m,开窗状态下测量。铁路两侧区域环境噪声测量,应避开列车通过的时段。夜间频繁出现的噪声(如风机等),其峰值不准超过标准值 10 dB(A),夜间偶尔出现的噪声(如短促鸣笛声)其峰值不准超过标准值 15 dB(A)。我国工业企业噪声标准见表 10-8 和表 10-9。

表 10-8　新建、扩建、改建企业标准

每个工作日接触噪声时间(h)	允许标准:dB(A)
8	85
4	88
2	91
1	94
最高不得超过 115	

表 10-9　现有企业暂行标准

每个工作日接触噪声时间(h)	允许标准:dB(A)
8	90
4	93
2	96
1	99
最高不得超过 115	

由于接触噪声时间与允许声级相联系,故而定义实际噪声暴露时间($T_\text{实}$)除以容许暴露时间(T)之比为噪声剂量(D):

$$D = \frac{T_\text{实}}{T}$$

如果噪声剂量大于 1,则在场工作人员所接受的噪声已超过安全标准。通常每天所受的噪声往往不是某一固定声级,这时噪声剂量应按具体声级和相应的暴露时间进行计算,即:

$$D = \frac{T_{\text{实}1}}{T_1} + \frac{T_{\text{实}2}}{T_2} + \dots$$

[例]某工人在车床上工作,8 小时定额生产 140 个零件,每个零件加工 2 分钟,车床工作时声级为 93 dB(A),试计算噪声剂量(D),并以现有企业标准评价是否超过安全标准?

解: 总暴露时间为 $T_{实}$=2 分钟 ×140=280 分钟

即 4.67 小时

从表 10-9 可知:T=4 小时,故

$$D = \frac{4.67}{4} \approx 1.17$$

结论是工作噪声环境已超过噪声安全标准。我国机动车辆允许噪声标准见表 10-10。

表 10-10　机动车辆允许噪声标准

车辆种类		85 年以前生产的车辆 dB(A)	85 年以后生产的车辆 dB(A)
载重汽车	8 t ≤载重量 < 15 t	92	89
公共汽车	3.5 t ≤载重量 < 8 t	90	86
	载重量 < 3.5 t	89	84
	总重量 4 t 以上	89	86
总重量 4 t 以下		88	83
轿车		84	82
摩托车		90	84
拖拉机		91	86

注:1.各类机动车辆加速行驶车外最大噪声级应不超过表 10-10 的标准。

2.表中所列各类机动车辆的改型车也应符合标准,轻型越野车按其公路载重量使用标准。

机场周围飞机噪声标准(GB9660-88)标准值见表 10-11。

表 10-11　机场周围飞机噪声标准(dB)

适用区域	标准值
一类区域	≤ 70
二类区域	≤ 75

其中,"一类区域"指特殊住宅区,居住、文教区;"二类区域"指除一类区域以外的生活区。

任务五　噪声监测

关于噪声的测量方法,目前国际标准化组织和各国都有测量规范,除了一般方法外,对许多机器设备,车辆、船舶和城市环境等均有相应的测量方法。

一、城市环境噪声监测方法

城市环境噪声监测包括:城市区域环境噪声监测、城市交通噪声监测、城市环境噪声长

期监测和城市环境中扰民噪声源的调查测试等。

测量仪器应为精度 2 型以上的积分式声级计及环境噪声自动监测仪器,其性能符合标准 JJG188-2017《声级计检定规程》的要求。测量仪器和声校准器应按规定定期检定。

测量应在无雨、无雪的天气条件下进行,风速为 5.5 m/s 以上时停止测量。测量时传声器加风罩以避免风噪声干扰,同时也可保持传声器清洁。铁路两侧区域环境噪声测量,应避开列车通过的时段。

测量时间分为白天(6:00—22:00 时)和夜间(22:00—6:00 时)两部分。白天测量一般选在 8:00—12:00 时或 14:00—18:00 时,夜间一般选在 22:00—5:00 时,随着地区和季节不同,上述时间可由当地人民政府按当地习惯和季节变化划定。

在昼间和夜间的规定时间内测得的等效 A 声级分别称为昼间等效声级 L_d 或夜间等效声级 L_n。昼夜等效声级为昼间和夜间等效声级的能量平均值,用 L_{dn} 表示,单位 dB。

考虑到噪声在夜间要比昼间更吵人,故计算昼夜等效声级时,需要将夜间等效声级加上 10 dB 后再计算。如昼间规定为 16 h,夜间为 8 h,昼夜等效声级为:

$$L_{dn} = 10 \lg \frac{16 \times 10^{0.1 L_d} + 8 \times 10^{0.1(L_n + 10)}}{24}$$

(一)城市区域环境噪声监测

城市区域环境噪声普查方法适用于为了解某一类区域或整个城市的总体环境噪声水平,环境噪声污染的时间与空间分布规律而进行的测量。基本方法有网格测量法和定点测量法两种。

1.网格测量法

将要普查测量的城市某一区域或整个城市划分成多个等大的正方格,网格要完全覆盖住被普查的区域或城市。每一网格中的工厂、道路及非建成区的面积之和不得大于网格面积的 50%,否则视为该网格无效。有效网格总数应多于 100 个。测点布在每一个网格的中心。若网格中心点不宜测量(如为建筑物、厂区内等),应将测点移动到距离中心点最近的可测量位置上进行测量。

应分别在昼间和夜间进行测量。在规定的测量时间内,每次每个测点测量 10 min 的连续等效 A 声级(L_{Aeq})。将全部网格中心测点测得的 10 min 的连续等效 A 声级做算术平均运算,所得到的平均值代表某一区域或全市的噪声水平。

将测量到的连续等效 A 声级按 5 dB 一挡分级(如 60~65, 65~70, 70~75)。用不同的颜色或阴影线表示每一挡等效 A 声级,绘制在覆盖某一区域或城市的网格上,用于表示区域或城市的噪声污染分布情况。

2.定点测量法

在标准规定的城市建成区中,优化选取一个或多个能代表某一区域或整个城市建成区环境噪声平均水平的测点,进行 24 h 连续监测。测量每小时的 L_{Aeq} 及昼间的 L_d 和夜间的 L_n 可按网格测量法的测量方法测量。将每一小时测得的连续等效 A 声级按时间排列,得到 24 h 的声级变化图形,用于表示某一区域或城市环境噪声的时间分布规律。

（二）城市交通噪声监测

测点应选在两路口之间,道路边人行道上,离车行道的路沿 20 cm 处,此处离路口应大于 50 m,这样该测点的噪声可以代表两路口间的该段道路交通噪声。

为调查道路两侧区域的道路交通噪声分布,垂直道路按噪声传播由近及远方向设测点测量。直到噪声级降到临近道路的功能区(如混合区)的允许标准值为止。

在规定的测量时间段内,各测点每隔 5 秒记一个瞬时 A 声级(慢响应),连续记录 200 个数据,同时记录车流量(辆/小时)。

将 200 个数据从小到大排列,第 20 个数为 L_{90},第 100 个数为 L_{50},第 180 个数为 L_{10}。并计算 L_{eq},因为交通噪声基本符合正态分布,故可用:

$$L_{eq} \approx L_{50} + \frac{d^2}{60}, d = L_{10} - L_{90}$$

目前使用的积分式声级计大多带有计算 L_{eq} 的功能,可自动将所测数据从大到小排列后计算显示 L_{eq} 的值。

评价量为 L_{eq} 或 L_{10},将每个测点 L_{10} 按 5 dB 一挡分级(方法同前),以不同颜色或不同阴影线画出每段马路的噪声值,即得到城市交通噪声污染分布图。

全市测量结果应得出全市交通干线 L_{eq}、L_{10}、L_{50}、L_{90} 的平均值(L)和最大值以及标准偏差,以作为城市间比较。

$$L = \frac{1}{l} \sum_{i=0}^{n} L_k l_k$$

式中　l——全市干线总长度(km);

　　　L_k——所测 K 段干线的声级 L_{eq}(或 L_{10});

　　　l_k——所测第 K 段干线的长度(km)。

二、工业企业噪声监测方法

测量工业企业噪声时,传声器的位置应在操作人员的耳朵位置,但人需离开。

测点选择的原则是:若车间内各处 A 声级波动小于 3 dB,则只需在车间内选择 1—3 个测点;若车间内各处声级波动大于 3 dB,则应按声级大小,将车间分成若干区域,任意两区域的声级应大于或等于 3 dB,而每个区域内的声级波动必须小于 3 dB,每个区域取 1—3 个测点。这些区域必须包括所有工人为观察或管理生产过程而经常工作、活动的地点和范围。

如为稳态噪声则测量 A 声级,记为 dB(A),如为不稳态噪声,测量等效连续 A 声级或测量不同 A 声级下的暴露时间,计算等效连续 A 声级。测量时使用慢挡,取平均读数。

测量时要注意减少环境因素对测量结果的影响,如应注意避免或减少气流、电磁场、温度和湿度等因素对测量结果的影响。

测量结果记录于表 10-12 和表 10-13。在表 10-16 中,测量的 A 声级的暴露时间必须填入对应的中心声级下面,以便计算。如 78—82 dB(A)的暴露时间填在中心声级 80 之下,83—87 dB(A)的暴露时间填在中心声级 85 之下。

表 10-12   工业企业噪声测量记录表

_____厂_____车间,厂址_____,_____年___月___日

测量仪器		名称	型号		校准方案				备注	
设备分布测点示意图										
数据记录	测点	声级(dB)		倍频带声压级(dB)						
	A	C	31.5	63	125	250	500	1 k	2 k	4 k	8 k	16 k

表 10-13   等效连续声级记录表

	测点	中心声级										等效连续声级
		80	85	90	95	100	105	110	115	120	125	
暴露时间（min）												
备注												

三、机动车辆噪声测量方法

机动车辆包括各类型汽车、摩托车、轮式拖拉机等。机动车辆所发出的噪声是流动声源,故影响面很广,在城市环境噪声中以交通运输噪声最突出。

我国机动车辆噪声测量方法(GB1496-79)和摩托车噪声测量方法(GB5467-85)简要摘录如下:

(一)车外噪声测量

1.测量条件

(1)测量场地应平坦而空旷,在测试中心以 50 m 为半径的范围内,不应有大的反射物,如建筑物、围墙等;

(2)测试场地跑道应有 100 m 以上平直、干燥的沥青路面或混凝土路面,路面坡度不超过 0.5%;

(3)本底噪声(包括风噪声)应比所测车辆噪声低 10 dB,并保证测量不被偶然的其他声源所干扰;

（4）为避免风的噪声干扰，可采用防风罩，但应注意防风罩对声级计灵敏度的影响；

（5）声级计附近除读表者外，不应有其他人员，如不可缺少时，则必须在读表者背后；

（6）被测车辆不载重。测量时发动机应处于正常使用温度。若车辆带有其他辅助设备亦是噪声源，测量时是否开动，应按正常使用情况而定。

2.测量场地及测点位置

测试话筒位于 20 m 跑道中心点 O 两侧，各距中线 7.5 m，距地面高度 1.2 m，用三脚架固定，话筒平行于路面，其轴线垂直于车辆行驶方向。

3.加速行驶，车外噪声测量方法

（1）车辆须按下列规定条件稳定地到达始端线：

行驶挡位：前进挡位为 4 挡以上的车辆用第三挡；挡位为 4 挡或 4 挡以下的用第二挡。

发动机转速为发动机额定转速的 3/4。如果此时车速超过 50 km/h，那么车辆应以 50 km/h 的车速稳定地到达始端线。

拖拉机以最高挡位，最高车速的 3/4 稳定地到达始端线。

对于自动换挡车辆，使用在试验区间加速最快的挡位。

在无转速表时，可以控制车速进入测量区，即以所定挡位所能达到最高车速的 3/4 稳定地到达始端线。

（2）从车辆前端到达始端线开始，立即将油门踏板踏到底，直线加速行驶，当车辆后端到达终端线时，立即停止加速。车辆后端不包括拖车以及和拖车联结的部分。

本测量要求被测车辆在后半区域发动机达到最高转速。如果车辆达不到这个要求，可延长 OC 距离为 15 m，如仍达不到这个要求，车辆使用挡位要降低一挡。

（3）声级计用"A"计权网络，"快挡"进行测量，读取车辆驶过时的声级计表示的最大读数。

（4）同样的测量往返进行二次，车辆同侧两次测量结果之差不应大于 2 dB。并把测量结果记入表 7-18，取每侧二次声级的平均值中最大值即为被测车辆的最大噪声级，若只用一个声级计测量，同样的测量应进行四次，即每侧测量二次。

4.匀速行驶，车外噪声测量方法

（1）车辆用直接挡位，油门保持稳定，以 50 km/h 的车速匀速通过测量区域。拖拉机以最高挡位，最高车速的 3/4 匀速驶过测量区域；

（2）声级计用"A"计权网络，"快挡"进行测量，读取车辆驶过时声级计表示的最大读数；

（3）同样的测量往返进行二次，车辆同侧两次测量结果之差不应大于 2 dB。并把测量结果记入表 10-14，若只用一个声级计测量，同样的测量应进行四次，即每侧测量二次。

表 10-14　车外噪声测量记录表

测量日期	出厂日期
测量地点	额定载客量

路面状况		发动机额定转数		
测量仪器		前进挡数		
本底噪声		加速起始发动机转数		
车辆牌号		匀速行驶车速		
车辆型号		匀速行驶里程		
	测量位置	次数	噪声级（dB）	平均值（dB）
加速行驶	左侧	1		
		2		
	右侧	1		
		2		
匀速行驶	左侧	1		
		2		
	右侧	1		
		2		
测量人员＿＿＿＿＿＿　　驾驶人员＿＿＿＿＿＿				
车辆最大行驶噪声＿＿＿＿＿＿＿＿＿＿dB（A）				

（二）车内噪声测量

1.车内噪声测量条件

（1）测量跑道应有足够试验需要的长度。应是平直、干燥的沥青路面或混凝土路面；

（2）测量时风速（指相对于地面）应不大于 20 km/h（即 5.6 m/s）；

（3）测量时车辆门窗应关闭。车内带有其他辅助设备，若是噪声源，测量时是否开动，应按正常使用情况而定；

（4）车内环境噪声必须比所测车内噪声低 10 dB，并保证测量不被偶然的其他声源所干扰；

（5）车内除驾驶和测量人员外，不应有其他人员。

2.车内噪声测点位置

车内噪声通常在人耳附近布置测点；客车室内噪声测点可选在车厢中部及最后一排座位的中间位置。

3.测量方法

（1）车辆挂挡位，以 50 km/h 以上的不同车速匀速行驶，进行测量；

（2）用声级计"快"挡测量 A、C 计权声级。分别读取表头指针最大读数的平均值，测量结果记入表 10-15；

（3）进行车内噪声频谱分析时，应包括中心频率为 31.5 Hz、63 Hz、125 Hz、250 Hz、500 Hz、1 000 Hz、2 000 Hz、4 000 Hz、8 000 Hz 的倍频带。测量结果记入表 10-16。

对摩托车需测定排气管后方噪声,方法如下:摩托车发动机采用无负荷运转(即空挡),调整到标定转速的60%进行测量。声级计用"A"计权网络,"快"挡进行测量,取声级计最大读数。用平行测量二次以上(摩托车应调向进行)。取其平均值作为被测摩托车的排气管后方噪声测量值。测量数据和结果,按表10-17填写。

表 10-15　车内噪声测量记录表

测量日期		车辆牌号		
测量地点		车辆型号		
路面状况		额定载客量		
测量仪器		行驶里程		
测点位置	挡位	车速	噪声级(dB)	
			A	C
驾驶室				
中部				
后部				

表 10-16　车内噪声频谱　　　　　　　　　车速_____km/h

频率	A	C	31.5	63	125	250	500	1 k	2 k	4 k	8 k
前部											
中部											
后部											
测量人员 驾驶人员											

表 10-17　摩托车排气管后方噪声测量记录表

摩托车型号_____　车架编号_____　发动机编号_____

试验地点_____　路面状况_____　实　　验　　日

期____年____月____日

汽油_____　润滑油_____　混合比_____

大气压_____　气温_____　相对湿度_____　风

速_____

测试装置_____　试验员_____　驾驶员_____

测定序号	本底噪声(dB)	噪声级 dB(A)		备注
		测定值	平均值	
1				
2				
3				

四、机场周围飞机噪声测量方法

机场周围飞机噪声测量方法（GB9661-88）包括精密测量和简易测量。精密测量需要作时间函数的频谱分析，简易测量只需经频率计权的测量，现介绍简易测量方法。

测量条件：气候条件为无雨、无雪，地面上 10 m 高处的风速不大于 5 m/s，相对湿度不应超过 90%，不应小于 30%。

传声器位置：测量传声器应安装在开阔平坦的地方，高于此地面 1.2 m，离其他反射壁面 1 m 以上，注意避开高压电线和大型变压器。所有测量都应使传声器膜片基本位于飞机标称飞行航线和测点所确定的平面内，即是掠入射。

在机场的近处应当使用声压型传声器，其频率响应的平直部分要达到 10 kHz。要求测量的飞机噪声级最大值至少超过环境背景噪声级 20 dB，测量结果才被认为可靠。

测量仪器：精度不低于 2 型的声级计或机场噪声监测系统及其他适当仪器。声级计的性能要符合 GB3785 的规定（注：我国已经颁布实施新标准 JJG188-2002《声级计检定规程》）。

声级计接声级记录器，或用声级计和测量录音机。读 A 声级或 D 声级最大值，记录飞行时间、状态、机型等测量条件。读取一次飞行过程的 A 声级最大值，一般用慢响应；在飞机低空高速通过及离跑道近处的测量点用快响应。当用声级计输出与声级记录器连接时，记录器的笔速对应于声级计上的慢响应为 16 mm/s，快响应为 100 mm/s。在记录纸上要注明所用纸速、飞行时间、状态和机型。没有声级记录器时可用录音机录下飞行信号的时间历程，并在录音带上说明飞行时间、状态、机型等测量条件，然后在实验室进行信号回放分析。测量记录填入表 10-18。

表 10-18 机场周围飞机噪声测量记录表

测点编号_____ 测点位置_____ 环境背景噪声_____dB

测量日期____年____月____日 监测人_____

气象条件：气温_____ 湿度_____ 风向_____ 风速_____

测量仪器：名称_____ 型号_____ 备注_____

监测时间 时分秒	飞行状态 起降	飞机型号	$L_{A\max}$ （dB）	持续时间 （s）	$L'_{A\max}$ （dB）	L_{EPN} （dB）	备注

注：风速指 10 m 高处风速。

任务六　校园环境噪声监测

一、校园环境概况

我校处于天津海河教育园区。天津现代职业技术学院(Tianjin Modern Technology College)是天津市人民政府正式批准,国家教育部备案的一所集应用文科、应用理科、工科及艺术学科于一体的全日制普通高校,成立于 2001 年,是首批进入中国天津海河教育园院校之一。学院占地 800 亩,四条环绕交通道路,其中南门为交通主要干线,车流量较大,其他三条为园区内部道路,校园整体绿化率 51%。

二、现状调查

(1)校区内噪声种类主要有车辆行驶噪声,生活区噪声(宿舍区),食堂噪声。

(2)区内敏感目标、功能区划情况:主要有校门口、超市采购区、食堂等。

(3)区内环境噪声现状、超标情况 、受影响的人口及分布:校区内噪声环境一般,受影响的人口分布主要在学生宿舍,靠近南部交通干线的教学楼区域以及食堂餐饮区域。

三、监测目的

(1)了解校园噪声随时间的变化情况,并了解噪声的主要来源。

(2)评价校园噪声环境是否超过相应的标准。

四、监测仪器与方法

1. 监测仪器

(1)测量精度为 2 型以上噪声自动监测仪器,其性能符合 GB-3785 要求。

(2)定期检测应在无雨、无雪天气条件下进行,风速 5.5 m/s 以下。

2. 测量方法

(1)测点选择:测量点选在居住或工作建筑物外,离任一建筑物的距离不小于 1 m。传声器距地面的垂直距离不小于 1.2 m。

(2)测量时间:分昼间和夜间两部分进行。昼间(6:00~22:00)。

(3)采样方法:仪器的时间计权特性为 "快/F" 挡,采样时间间隔不大于 1 s。

(4)不得不在室内测量时,室内噪声限值低于所在区域标准值 10 dB。测点距墙面不小于 1 m,据地板 1.2~1.5,距窗户 1.5 m。

(5)在规定时间内,每次每个测点测量 10 min 的连续等效 A 声级(LArq)。

四、网格与监测点

选用网格测量法

1.网格的划分方法

将要测量的某一区域划分成多个等大的正方格,网格要完全覆盖整个区域。每网格中的工厂,道路及非建成区面积之和不得大于网格面积的50%,否则无效。

2.布点方法

布放的测点在每一个网格中心,若中心不宜测量就选在其附近。

五、原始数据记录

表 10-19

测量区域	时间段	测量结果	气象条件	主要声源	监测人员
D					
E					
F					

记录时间段: 9:30-10:30,11:30—12:30,15:30—16:30,19:30-20:30,22:00-23:00分别测一次。用仪器直接读取数据。

六、评价标准

(1)噪声平均水平:将全部网格中心测得的 10 min 的连续等效 A 声级做平均算数运算,所得平均值就是噪声水平。

(2)评价:平均值可用该区域使用的区域环境噪声标准进行评价。

任务七　道路交通噪声的测量

一、道路交通噪声测量的实验目的

（1）掌握道路交通噪声测量条件及布点方法。
（2）掌握声级计的使用方法及道路交通噪声测量方法。
（3）掌握道路交通噪声测量数据的统计方法及评价方法。

二、实验条件

测量仪器准确度为Ⅱ型及其以上的声级计，其性能符合 GB3785-83 的要求。测量前后均需使用声级校准器进行校准，要求测量前后校准偏差≤0.5 dB，否则测量无效。

测量应在无雨、无雪的天气条件下进行（要求在有雨、有雪的特殊条件下测量时，应在报告中给出说明），风速大于 5 m/s 时，停止测量。

三、测点选择

测点必须选择在市区主、次交通干线（车流量大于 100 辆/h）自然路段两路口之间，测点距任一路口距离大于 50 m，长度不足 100 m 的路段，测点设于路段的中间。传声器位于马路一边的人行道上距路面（含慢车道）20 cm 处，距地面高度 1.2 m 垂直指向路面中心线，手持（手持时传声器应距离身体 0.5 m 以上）或用三脚架固定声级计。

四、实验步骤

（1）仪器准备及校准
准备好符合测量要求的声级计，打开电源待读数稳定后，用校准器校准仪器。

使用活塞发声器进行校准时，声级计计权开关应置于"线性"或"C"计权位置。把活塞发生器紧密套入电容传声器的头部，推开活塞发生器的电源开关，发出 124 dB 声压级的声音。调节声级计的"校准"电位器，使其读数刚好是 124 dB。

使用声级校准器进行校准时，声级计可以置任意计权开关位置。把声级校准器套入电容传声器头部，调节声级计"校准"电位器，使声级计读数刚好是声级校准器产生的声压级，对于 1 inch（24 mm）外径的自由场响应电容传声器，校准值为 93.6 dB 对于 1/2 inch（12 mm）外径的自由场响应电容传声器，校准值为 93.8 dB。

（2）噪声测量
在选定的测点上进行测量。将声级计"设定—测量"开关置于"测量"位置，"线性—A"计权转换开关置于"A"位置，时间计权开关置于"慢"响应。每 5 s 读取一个瞬时 A 声级，连续读取 200 个数据（大约 17 min）。同步记录 15 min 的车流量。按记录表的要求如实填写实验记录。测量结束后，再次校准仪器，检查前后校准误差是否≤0.5 dB，否则应重新测量。

表 10-20　道路交通噪声测量记录表

测点编号			测量人			记录人			测量地点		
仪器编号			测量日期			测量时段			噪源说明		
干线长度			干线宽度			车流量			天气状况		
备注											

使用积分式声级计或统计分析仪测量时,因其具有连续测量和自动记录、自动分析功能,设定测量时间应为 20 min。测量完毕,记录下仪器所输出的等效声级 L_{eq} 统计声级 L_{10}、L_{50}、L_{90} 和标准偏差 σ。

五、数据处理与评价

（1）数据处理

测量结果一般用统计噪声级和等效连续 A 声级来表示。将测量的 200 个瞬时 A 声级从大到小排列,找出第 20 个、第 100 个及第 180 个读数的测量值,它们依次为统计声级 L_{10}、L_{50}、L_{90}。

（2）评价方法

①（公式法）数据平均法用等效声级 L_{eq} 和统计声级 L_{10}、L_{50}、L_{90} 的算术平均值、最大值及标准偏差表示该路段的交通噪声水平。采用等时间间隔测量时,测量时段 T 内的等效连续 A 声级。

②图示法是用噪声污染图表示。如有条件可对全市道路交通噪声进行测量,由各自然路段测得的等效声级加权平均值得出城市通干线噪声平均值,绘制城市交通噪声污染图。0当用噪声污染图表示时,按 5 dB（A）一个等级,以不同颜色或不同阴影线画出每段马路的

噪声值,即得到全市交通噪声污染分布图。

本项目小结

学习内容总结

知识内容	实践技能
噪声污染 噪声指标 噪声标准 噪声数据的处理	噪声污染监测方案的制定 噪声监测布点 声级计的使用方法 校园噪声的测定 交通干线噪声的测定 企业厂界噪声的测定

专业名词

序号	中文	英文
1	噪声监测	Noise monitoring
2	噪声污染	sound pollutio
3	声环境质量	Acoustic environment quality
4	工业企业厂界	Boundary of industrial enterprises
5	交通噪声	traffic noise
6	声级计	Sound level meter
7	响度	loudness
8	等效连续声级	Equivalent continuous sound level
9	频谱分析	Spectrum analysis
10	噪声标准	Noise standard